工业和信息化普通高等教育"十三五"
规划教材

普通物理实验

刘栓江 李现常 主编

张石定 崔朝军 高倩倩 窦立璇 郑桂梅 副主编

人民邮电出版社

北 京

图书在版编目（ＣＩＰ）数据

普通物理实验 / 刘栓江，李现常主编． -- 北京：
人民邮电出版社，2017.8（2024.1重印）
ISBN 978-7-115-45921-3

Ⅰ．①普… Ⅱ．①刘… ②李… Ⅲ．①普通物理学－
实验 Ⅳ．①O4-33

中国版本图书馆CIP数据核字（2017）第202997号

内 容 提 要

本书是参照教育部高等学校物理学与天文学教学指导委员会制定的《理工科类大学物理实验课
程教学基本要求》和《高等学校应用物理学本科指导性专业规范》，结合普通工科院校物理实验教学
的特点编写而成的。内容包括：绪论、力学和热学实验、电磁学实验、光学实验、近代物理实验、
设计性实验和演示实验 7 部分。其内容涉及面广，涵盖性强。本书采用了微课视频技术，学生通过
手机扫描书中的二维码就可观看每一个实验项目的实验操作演示视频（全书共提供 60 个视频），方
便学生进行实验项目的预习和学习。

本书可作为普通高等学校本科理工科类和应用物理学专业普通物理实验教学用书，也可供专科院校作为
教材使用。

◆ 主　编　刘栓江　李现常
　副 主 编　张石定　崔朝军　高倩倩　窦立璇　郑桂梅
　责任编辑　邹文波
　责任印制　陈　犇

◆ 人民邮电出版社出版发行　　北京市丰台区成寿寺路 11 号
　邮编　100164　　电子邮件　315@ptpress.com.cn
　网址　http://www.ptpress.com.cn
　北京科印技术咨询服务有限公司数码印刷分部印刷

◆ 开本：787×1092　1/16
　印张：21　　　　　　　　　2017 年 8 月第 1 版
　字数：503 千字　　　　　　2024 年 1 月北京 第 12 次印刷

定价：49.80 元

读者服务热线：**(010)81055256**　印装质量热线：**(010)81055316**
反盗版热线：**(010)81055315**
广告经营许可证：京东工商广登字 20170147 号

前　言

本书是按照教育部高等学校物理学与天文学教学指导委员会制定的《理工科类大学物理实验课程教学基本要求》和《高等学校应用物理学本科指导性专业规范》，依据普通工科院校物理实验教学的特点编写而成的。本书内容包括：绪论、力学和热学实验、电磁学实验、光学实验、近代物理实验、设计性实验和演示实验共 7 部分。在本书的编写过程中，我们力求做到以下几点。

1. 本书在编写过程中采用了微课视频技术，书中的每个实验项目都附有二维码，学生在预习过程中可以通过手机扫描二维码直接登录网站观看微课视频，方便学生实验前的预习，这样可以大大地增强实验课的效果。全书共提供 57 个微课视频。

2. 突出综合性。将力学、热学、电磁学、光学、近代物理学统一考虑，按知识层次安排；强调基础知识、基本方法、基本测量的训练，注意基础物理设计思想、实验方法及技术的归纳与培养；绪论部分较为全面地阐述测量误差、不确定度以及数据处理的基础知识。在不确定度的介绍中，从大学物理实验教学实际出发，由详到简，便于学生学习和具体应用；在每个分组实验项目后都有精心选择的思考题，供学生进行分析讨论，从而提高其学习的主动性；在本书的后半部分安排了部分综合性、设计性实验，这是考虑到学生在做了一定数量的基本实验后具备了一定的实验基础知识和实验技能，通过设计性实验的训练可以提高学生综合素质，使其具备解决实验问题的能力。

3. 内容较新。实验内容、实验方法和实验设备反映了当前实验教学技术水平，有些实验项目用两种以上的方法，或者选用不同的仪器来测量同一物理量。通过比较，学生可了解不同实验方法的优缺点；以及在不同的测量范围，需要采用不同的实验仪器、不同的测量方法和技术，从而开阔思路，拓展视野。

4. 本书各章内容和实验项目既相对独立，又相互配合，且循序渐进。在内容叙述上，注意了实验原理叙述清晰，计算公式推导完整，实验步骤简明扼要，数据处理要求规范。通过实验，可培养学生良好的实验习惯，严格细致、实事求是、一丝不苟的科学态度和工作作风。总之，通过实验课，学生在获取知识的能力、运用知识综合分析的能力、动手实践能力、设计创新能力等方面得到训练和提高。

5. 在实验技能训练上，采取突出基础，逐步提高的方式；在实验项目的选题上，注意了起点低，终点高，可选择性大。在内容的编排上注意启发学生的创造性，鼓励学生勤思考，以增加学习兴趣，在内容中适当加入部分"注意"事项，提醒学生重视安全操作和仪器保护，以养成良好的实验习惯。

实验教学是一项集体的事业，本书的编写是我校教师多年来的工作总结。本书由刘栓江，李现常担任主编并负责全书统稿，参加编写的还有张石定、崔朝军、高倩倩、窦立璇、郑桂梅，其中刘栓江编写绪论、实验四十六到实验六十，计约 7.0 万字；李现常编写实验二十七到实验三十四，计约 7.4 万字；张石定编写实验三十五到实验四十，计约 7.4 万字；崔朝军编写实验二十六、实验四十一到实验四十五，计约 7.3 万字；高倩倩编写实验十八到实验二十五，计约 6.6 万字；窦立璇编写实验九到实验十七，计约 6.7 万字；郑桂梅编写实验一到实验八，计约 6.7 万字。

由于编者水平有限，书中难免有不妥或疏漏之处，敬请广大师生提出建议并指正。

编者

2017 年 6 月

目 录

近代物理实验

设计性实验

演示实验

绪　　论

一、物理实验课的任务

物理学是一门建立在实验基础上的学科，无论是物理概念的建立，还是物理规律的发现，都必须以严格的科学实验为基础，并通过以后的科学实验来证实。物理实验是物理理论的基础，是理论正确与否的试金石。不可否认，一些实验问题的提出，以及实验的设计、分析、概括和对物理现象进行观测分析都必须应用已有的理论。历史的发展表明，物理学的发展是在实验和理论两方面相互结合、相互推动、共同发展的结果，因此在学习物理时，要正确处理好理论课与实验课的关系，要善于动脑、乐于动手，使两者共同发展。

物理实验是理工科类大学学生进行科学实验训练的一门基础课程，是各专业后继实验课程的基础之一，是大学生今后从事科学研究工作的启蒙，它的主要任务是：

（1）学习物理实验的基本知识、基本方法，培养实验技能。这其中包括：弄懂实验的基本原理，熟悉一些物理量的测量方法；熟悉常用仪器及测量工具的基本结构原理，掌握使用方法；学会如何记录原始数据和处理数据，并能对实验结果进行正确的分析与判断，写出完整的实验报告；从对实验结果的分析，进一步分析实验方法是否正确，实验方法带来多大误差，仪器带来多大误差，从而提出自己的看法和意见。对仪器和装置的一些小毛病和小故障力求自己动手解决。

（2）通过实验，加深对物理概念和规律的认识。

（3）通过实验，培养良好的实验习惯，以及严格、细致、实事求是、一丝不苟的科学态度和工作作风。

总之，学生通过实验课应达到提高和培养科学实验素养的目的，在获取知识的自学能力、运用知识的综合分析能力、动手实践能力、设计创新能力等方面得到训练和提高。

二、物理实验课的教学环节

物理实验课，每做一个实验都有三个重要的环节。

1. 预习

要在规定的时间内高质量地完成实验任务，必须在实验之前做好充分的预习工作。只有这样，才能掌握实验工作的主动性，自觉地、创造性地获得知识，否则，就只能机械地、盲目地照搬实验教材，更谈不上理解物理现象的实质、分析实验中的各种现象了。

预习时应仔细阅读实验教材。了解实验的原理和方法时，应以理解原理为主，搞清实验内容是什么，要用的方法是什么，所依据的理论基础是什么，同时写出预习报告。为了防止遗漏测量数据，应根据实验的要求，正确设计好数据记录表格。

2. 进行实验

进入实验室后，首先要了解实验室的规章制度及注意事项；其次，要熟悉仪器的结构、性能和操作方法。一切准备工作就绪后，便可以开始操作并记录数据了。测量的原始数据应整齐地记录在实验笔记本上，原始数据应用钢笔或圆珠笔填写。如果发现错误应用铅笔划掉，而不应毁掉；情况允许时，可以将错误的原因记下来，实验结束后应让实验教师检查，并在原始数据上签字，将原始数据附在实验报告之后。实验记录的内容包括：日期、时间、地点、合作者、仪器编号、名称、规格、原始数据及有关现象。

3. 写出实验报告

实验报告一方面是实验的总结，另一方面是实验工作的继续。因此，要养成完成实验后尽早将实验报告写出来的习惯，这样就可以收到事半功倍的效果。通常实验报告包括下列部分。

（1）实验名称。

（2）实验目的。

（3）仪器和用具：应注明所用仪器的规格、精度或分度值。

（4）实验原理：在理解的基础上，用简短的文字简述实验原理（切忌整篇照抄），并列出实验所要用的主要公式、电路或光路图。若讲义与实际情况不相符合，应记录实际情况。

（5）实验内容及步骤：概括性地、条理分明地把实验步骤写出，不要照搬书上的步骤，怎样完成的测量就怎样写步骤。

（6）数据记录与处理：（a）在写预习报告时，就要将所需要测量的数据列出，做到整齐、清晰、条理，尽量采用列表法。注意在标题栏内应注明单位，不要遗漏所需要的数据。（b）做实验记录时应注意，在进入实验室后，应将所需的数据一一填写清楚。如果当时实验室的条件，即当时实验室的温度、气压和空气的相对湿度与实验结果有关时，就要记下实验进行时的室温、大气压和空气的相对湿度等。需要测量的数据，要根据仪表的最小刻度单位或准确度等级决定实验数据的有效数字位数。各个数据之间、数据与图表之间不要太挤，应留有空隙，以供必要的补充和更正。测量计数时应认真仔细，未经重复测试，不得任意涂改数据。（c）数据处理与计算应在实验后进行，包括计算实验结果与误差估算及作图。计算结果时应先将文字公式化简，再代入数值运算；误差估算应先写出公式再代入数据，最后按标准形式写出实验结果。

（7）讨论：对实验进行讨论，包括回答实验的思考题、实验中观察到的异常现象及其可能的解释。讨论的内容一般不受限制，也可以提出对实验装置及实验方法的改进和建设性的意见。

三、测量与误差

测量误差是一门专门的科学，深入讨论，需要丰富的实验经验与大量的数学知识。下面我们仅介绍误差的基本知识，读者应着重了解其物理内容，学会误差的计算，领会误差分析的思想。

1. 测量

物理实验大致可包括两方面内容，定性地观察物理现象和定量地测量物理量的大小。测量的意义就是将待测的物理量与一个选来作为标准的同类量进行比较，得出它们之间的倍数关系。测量又可以分为直接测量和间接测量两类。用量具或仪表直接读出测量值的测量称为直接测量，相应的物理量称为直接测量量。例如，用千分尺测量圆柱体的直径。从几个直接测量的结果，按一定的函数关系求出的量称为间接测量量。例如，钢球的体积可由测得球的直径得出 $V = \frac{1}{6}\pi D^3$，其中直径 D 为直接测量量，体积 V 为间接测量量。又如一段电路的电阻 R，可由这段电路的电流 I 和加在这段电路的电压 U 而得到 $R = \frac{U}{I}$，这里 U、I 为直接测量量，R 为间接测量量。

2. 误差

在一定的条件下，对一定的被测对象，标志其特性的某一物理量的大小都有一客观存在的真实值，称为"真值"。测量的最终目的就是要获得物理量的真值。在进行测量时都必须使用一定的仪器、一定的方法，在一定的环境中，由某一观察者对某一待测量进行测量，而其中必定存在某种不理想的情况，对测量产生某种影响，使一切测量量一般不可能与客观存在的真实值（即真值）相等，它们之间总是存在差异，我们称为误差，设测量量为 x，对应的真值为 a，我们定义误差为

$$\varepsilon = x - a$$

ε 又称为绝对误差，但绝对误差的表示方法往往不能反映测量的优劣，评价一个测量结果的准确程度，不仅要看误差的绝对值大小，还要看被测量本身的大小，于是又引入了相对误差的概念。相对误差的定义为

$$E_r = \frac{\varepsilon}{a} \times 100\%$$

对于大多数测量来讲，被测物的真值是不可知的，严格地说根本无法用以上两个公式计算误差。通常，在等精密测量中，多次测量量的算术平均值为

$$\bar{x} = \sum_{i=1}^{k} \frac{x_i}{k}$$

我们称 $\bar{x}$ 为最佳值或近真值，用以代替 a，其中 k 为测量次数。如果设其中某一次测量值为 x_i，那么我们称

$$v_i = x_i - \bar{x}$$

为每次测量的偏差。

总之，误差可以说是存在于每个实验步骤中，而且贯穿于整个实验过程的始终。误差理论的任务就是要对测量误差的影响做出正确的估价。另一方面就是要根据误差理论设法减小测量误差，以便获得更好的测量效果。

3. 误差的分类

误差的分类方法很多，我们通常将误差分为系统误差、偶然误差和粗大误差三类。

（1）系统误差：由于测量仪表的不完善，或实验理论和实验方法的不完善以及环境改变（温度、压强等影响）和个人习惯的偏向引起的误差。系统误差的特征是其

确定性，即它的大小与正负是恒定不变的或遵守某一规律（如递增、递减或周期性等）。

（2）偶然误差（随机误差）：偶然误差是指由于某些偶然的或不确定的因素所造成的误差。它的大小与正负都带有随机性。即在相同的条件下，对同一物理量做多次测量，其测量值有时偏大，有时偏小；当测量次数足够多时，这种偏离引起的误差服从统计规律。当测量次数趋于无限多时，偶然误差的代数和趋近于零。因此，增加测量次数可以减小偶然误差。

（3）粗大误差（又称过失误差或疏忽误差）：粗大误差是由于实验者不正确地使用实验仪器，粗心大意，观察错误或记录错数据等不正常情况下引起的误差。这种误差是人为的，它的出现必将严重歪曲测量结果。我们在实验中，只要端正态度，采取一丝不苟的工作作风，粗大误差是可以避免的。

4. 精密度、准确度、精确度

当我们剔除了粗大误差、综合系统误差和偶然误差之后，其综合误差通常用精密度、准确度和精确度来评价。

精密度：表示测量数据集中的程度。测量的精密度高，说明测量数据集中，偶然误差小。

准确度：表示测量值与真值的符合程度。测量的准确度高，说明测量结果的最佳值与真值的偏离比较小，系统误差比较小。

精确度：是对测量的精密度与准确度的综合评定。表明测量结果与"真值"的一致程度，精确度高是指测量数据不仅比较集中，而且接近真值，即系统误差与偶然误差都小。

图 0-1 中的（a）、（b）、（c）是我们以打靶为例，表示的三种射击的结果。图（a）表示系统的偶然误差大，而系统误差小，即准确度好而精密度差；图（b）表示系统误差大而偶然误差小，即准确度差而精密度好；图（c）表示系统误差和偶然误差都小，即准确度和精密度都好，即结果的精确度好。由此可见，偶然误差和系统误差一般不会单独存在。常常是兼而有之，甚至在某些实验中，一些误差有时无法准确判断其从属类型，需要我们认真分析。

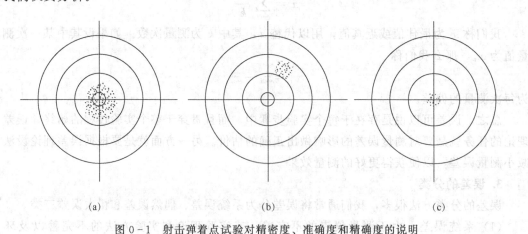

| (a) | (b) | (c) |

图 0-1　射击弹着点试验对精密度、准确度和精确度的说明

四、误差的估算

1. 系统误差的估算与处理

虽然系统误差的出现都具有某种确定的规律性，但这种规律性对不同的实验是不同的，所以，处理系统误差是比较困难的。

系统误差的种类很多，按其来源我们可分为：工具误差、装置误差、环境误差、人员误差、方法误差。按其出现的规律，我们可分为：固定系统误差、线性变化系统误差、按多项式变化的系统误差、周期性变化的系统误差、复杂的规律性的系统误差……虽然形成系统误差的因素多种多样，但是，人们通过长期实践和理论研究总结出了不少发现系统误差的方法。下面，我们只简单介绍几种常用的方法。

（1）理论分析法：理论分析方法是发现、确定系统误差的最基本的方法，是观测者凭借所掌握的有关某项实验测量的物理理论、实验方法、实验经验去对实验所依据的理论公式的近似性、实验方法的完善性进行研究、分析，从中找出系统误差的某些主要根源。

（2）实验对比法：实验对比的方法有许多种，其中包括不同实验方法和不同测量方法的对比、不同实验仪器的对比、改变实验条件与换人测量等方法的对比，从而对测量结果的量值变化的分析来发现系统误差。

（3）数据分析法：通过分析多次测量的数据分布规律来发现系统误差。

由以上叙述可知，通过对系统误差的分析和研究，我们可以知道系统误差的来源与性质，也就为减小和消除系统误差提供了依据。减小或消除实验误差可以从以下几个方面着手。

（1）消除产生系统误差的因素。对可能产生系统误差的原因进行分析，并在测量前采用一些针对性措施，使这些因素得到减弱或消除。

（2）用修正值对测量结果加以修正。可用标准仪器进行校准。除此以外，还可采用理论分析法对实验结果进行修正。

（3）采用适当的测量方法。例如，可采用以下的一些测量方法。

（a）交换法：测量中将某些条件进行交换，以消除该条件对测量结果的不利影响。例如，天平不等臂问题的解决。如果天平的左右两臂不相等，我们可采用交换被测物与砝码位置的方法来进行测量，如果两次测量砝码的质量分别为 m_1、m_2，则物体的质量应为

$$m = \sqrt{m_1 m_2}$$

（b）代替法：在测量条件不变的情况下，对被测量进行测量后用一标准量来代替被测量，如不引起指示值的改变，则被测量就等于标准量。

（c）抵消法：改变测量中的某些条件，使两次测量结果中系统误差的符号相反，可部分抵消系统误差。例如，用电位差计及标准电阻测量电阻值，由于电压接头存在热接触电势，因此，测得的电压并非电阻本身的电压，这必然会引起系统误差。为了消除这种系统误差，可用正反两种方向的电流测量两次，以抵消热电动势的影响。

（d）对称观测法：进行互相对称的两次测量，以此来削弱或消除系统误差。例如，用分光计测量角度时，为了消除由于刻度盘转轴与游标盘转轴不重合所造成的系统误差，我们采用在直径两端各设置一游标，两个游标转过角度的平均值就是载物台实际转过的

角度。

（e）周期性系统误差的消除：可以采用每半个周期进行一次测量，并测量偶数次，此方法也可称为半周期偶数观测法。

上面，我们讨论了如何减小或消除系统误差，在下面的讨论中，我们约定粗大误差以及系统误差都已经消除或得到修正，只有偶然误差。

2. 偶然误差的估算

假设系统误差已经消除，而被测量本身又是稳定的，在同样条件下多次重复测量，其结果彼此互有差异，这就是偶然误差引起的。下面，我们来介绍偶然误差的估算。

（1）单次直接测量的误差估计：在物理实验过程中，有时被测的物理量是随时在变化着的。例如，混合法测固体的比热时，热平衡时的温度的测量是不容许我们进行多次重复测量的。还有一些测量是在整个实验中对它的测量精密度要求不高，没有必要进行重复测量，只要进行单次测量就可以了。这时，可根据实验情况，对测定值的误差进行合理的、具体的估算，不能一概而论。一般情况下，对于偶然误差很小的测定值，可按仪器厂检定书或仪器上直接注明的仪器误差作为单次测量的误差。如果没有注明，也可取仪器最小刻度的一半作为单次测量的误差。例如：用一根最小刻度为毫米的米尺去测量一长度，假设没有其他误差因素存在，这时读数最大绝对误差为：±0.5mm，这样估计而得的误差是一种极限误差，或称为最大误差，但这样却使测量结果有了足够的可靠性。

（2）多次测量的平均值及误差：我们在可能的情况下，为了减小偶然误差，总是采用多次测量。在等精度的多次测量中，偶然误差遵循统计规律，测量服从正态分布（或称高斯分布）。根据误差理论，在一组 k 次测量的数据中，算术平均值 $\bar{x}$ 最接近于真值，当测量次数无限增加时，算术平均值将无限接近于真值，这便是在测量中通常以算术平均偏差代替算术平均误差的理由。

估计偶然误差的方法有许多种，但在上述情况下，测定值的误差可用算术平均偏差或均方根偏差（标准偏差）表示出来。设 x_1，x_2，$\cdots$，x_n 为 n 次等精度测量列，该测量列的平均值为 $\bar{x}$，则我们称

$$\Delta x' = \frac{1}{n}\sum_{i=1}^{n}(x_i - \bar{x}) \tag{0-1}$$

为该测量列的算术平均偏差。

如果我们设测量列的真值为 a，则

$$\Delta x = \frac{1}{n}\sum_{i=1}^{n}(x_i - a) \tag{0-2}$$

为该测量列的算术平均误差。

（3）多次测量的均方根偏差（标准偏差）：上面我们曾指出，偶然误差服从正态分布。图 0-2 所示为两条正态分布曲线，其横坐标为误差值，纵坐标 $f(\varepsilon)$ 表示误差概率密度函数。大量的事实及统计理论证明，服从正态分布的偶然误差具有以下特点。

（a）单峰性：绝对值小的误差比绝对值大的误差出现的概率大。

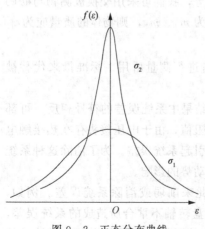

图 0-2　正态分布曲线

（b）有界性：超过一定范围的误差出现的概率趋近于零。

（c）对称性：绝对值相等的正负误差出现的概率相同。

正态分布曲线可由公式

$$f(\varepsilon) = \frac{h}{\sqrt{\pi}} e^{-h^2 \varepsilon^2} \tag{0-3}$$

表示。由上式可看出参数 h 能反映曲线的特性：h 大，对应的曲线就高而狭，这表示数据的离散性小，精密度高；反之，h 小，对应的正态分布曲线便低且矮，表示测量的精密度低，所以常称 h 为精密度常数。由概率分布的计算，我们可得出

$$h = \frac{1}{\sqrt{\dfrac{2\sum \varepsilon_i^2}{n}}}$$

设

$$\sigma = \sqrt{\frac{\sum \varepsilon_i^2}{n}}$$

则有

$$h = \frac{1}{\sigma \sqrt{2}}$$

则式（0-3）可写为

$$f(\varepsilon) = \frac{1}{\sigma \sqrt{2\pi}} e^{\frac{-\varepsilon^2}{2\sigma^2}} \tag{0-4}$$

其中，σ 称为标准误差。

到目前为止，我们已经知道了，当有一组等精密度测量的数据时，可用算术平均值

$$\bar{x} = \frac{\sum\limits_{i=1}^{n} x_i}{n}$$

来作为这组测量值的大小，还可用公式 $\sigma = \sqrt{\dfrac{\sum \varepsilon_i^2}{n}}$ 计算出标准误差，那么，我们是否能用

$$x = \bar{x} \pm \sigma$$

来表示测量结果呢？这是不能的。因为我们所求得的 σ 是测量列的误差，它只能反映测量列数据的离散性，而不能表示测量列的平均值偏离真值的情况，而 $\bar{x}$ 本身仍具有离散性，设 $\sigma_{\bar{x}}$ 为平均值的标准偏差，这时实验结果就可以写成

$$x = \bar{x} \pm \sigma_{\bar{x}}$$

由前面介绍我们得知

$$\sigma = \sqrt{\frac{\sum\limits_{i=1}^{n} \varepsilon_i^2}{n}} = \sqrt{\frac{\sum\limits_{i=1}^{n} (x_i - a)^2}{n}}$$

为测量列的"标准误差"。

可以证明测量次数 n 为有限次时，n 次测量中有 $n-1$ 次是独立的，标准误差可改写成

$$\sigma = \sqrt{\frac{\sum_{i=1}^{n} v_i^2}{n-1}} = \sqrt{\frac{\sum_{i=1}^{n} (x_i - \overline{x})^2}{n-1}}$$

称为测量列的"标准偏差"。上式也称为贝塞尔（Bessel）公式。

我们根据概率知识，凡遵守正态分布的数据，其平均值也遵守正态分布，故对平均值的标准偏差 $\sigma_{\overline{x}}$ 也有

$$f(\delta) = \frac{1}{\sqrt{2\pi}\sigma_{\overline{x}}} e^{-\frac{\delta^2}{2\sigma_{\overline{x}}^2}}$$

其中 $f(\delta)$ 为平均值误差的概率密度函数。

通过误差理论可以证明，平均值的标准偏差与测量列的标准偏差有如下关系

$$\sigma_{\overline{x}} = \frac{\sigma}{\sqrt{n}} = \sqrt{\frac{\sum_{i=1}^{n} (x_i - \overline{x})^2}{n(n-1)}} \tag{0-5}$$

对于 σ 和 $\sigma_{\overline{x}}$ 有：当 n 较大时，σ 就会有较确定的值，而随着测量次数的增加，$\sigma_{\overline{x}} \rightarrow 0$。但在实际测量中，我们并不能随意增大测量次数。在物理实验中，我们一般情况下取 n 为 $5 \sim 10$ 次。

另外，我们取 σ 的不同倍数区间对偶然误差分布函数积分得

$$\int_{-\sigma}^{\sigma} f(\varepsilon) d\varepsilon = 0.6827$$

$$\int_{-2\sigma}^{2\sigma} f(\varepsilon) d\varepsilon = 0.9545$$

$$\int_{-3\sigma}^{3\sigma} f(\varepsilon) d\varepsilon = 0.9973$$

由此，我们可以看出 σ 的统计意义：对于一组测量数据，误差在 $\pm\sigma$ 之内的概率为 68.27%，而误差在 $\pm 2\sigma$ 之内的概率为 95.45%，误差在 $\pm 3\sigma$ 之内的概率为 99.73%。

在物理测量中，因为误差落在 $\pm 3\sigma$ 之内的概率为 99.73%，所以我们常将 $\pm 3\sigma$ 作为粗大偏差的界限，具体的计算步骤是：先将所有的测量数据求平均和标准偏差，然后计算每个数据的偏差值 v_i，若有哪个 $|v_i| > 3\sigma$，便将其剔除，再把其余数据求平均和标准偏差，然后再进行检查，直到没有超过 3σ 的数据为止。但应指出，这种方法只有在 n 较大时才适用；测量次数较少时，应采用其他方法，如 t 检验方法、肖维涅法、格拉布斯法等，具体方法我们不一一介绍了。

3. 间接测量的偶然误差

间接测量量 y 是由 n 个直接测量量 x_i 的测量结果所决定的，它们之间的函数关系设为

$$y = f(x_1, x_2, \cdots, x_n)$$

用微分学可证明：间接测量量的最佳结果是

$$\overline{y} = f(\overline{x}_1, \overline{x}_2, \cdots, \overline{x}_n)$$

上式表明，只需将每个直接测量量的最佳值 $\overline{x}_i$ 代入函数式，即可算出间接测量量的最佳值。各直接测量量的误差必然影响间接测量量的误差，称其为误差传递。表达各直接

测量值误差与间接测量值误差之间的关系式称为误差传递公式。

（1）和的误差

当 $y = ax_1 + bx_2$ 时（a、b 为常系数），在考虑误差之后可写成

$$y \pm \Delta y = a(x_1 \pm \Delta x_1) + b(x_2 \pm \Delta x_2)$$

所以　　　　　　　　　$\pm \Delta y = (\pm a \Delta x_1) + (\pm b \Delta x_2)$

（2）差的误差

当 $y = ax_1 - bx_2$ 时（a、b 为常系数），则有

$$y \pm \Delta y = a(x_1 \pm \Delta x_1) - b(x_2 \pm \Delta x_2)$$

所以　　　　　　　　　$\pm \Delta y = (\pm a \Delta x_1) - (\pm b \Delta x_2)$

在最不利的情况下，应取

$$\pm \Delta y = (\pm a \Delta x_1) + (\pm b \Delta x_2)$$

与和的误差结果相同。

（3）积的误差

当 $y = ax_1x_2$ 时（a 为常系数），则有

$$y \pm \Delta y = a(x_1 \pm \Delta x_1)(x_2 \pm \Delta x_2)$$

所以　　　　$\pm \Delta y = (\pm a \Delta x_1 x_2) + (\pm a \Delta x_2 x_1) + (\pm a \Delta x_1 \Delta x_2)$

上式中右侧第三项中有两个微小量的乘积，而第一、第二项中只有一个微小量，所以，与前两项相比，第三项可以忽略。即

$$\pm \Delta y = (\pm a \Delta x_1 x_2) + (\pm a \Delta x_2 x_1)$$

（4）商的误差

当 $y = a \dfrac{x_1}{x_2}$ 时（a 为常系数），则有

$$y \pm \Delta y = a \frac{x_1 \pm \Delta x_1}{x_2 \pm \Delta x_2}$$

在上式中右侧分子、分母均乘以 $(x_2 \mp \Delta x_2)$，则有

$$y \pm \Delta y = a \frac{x_1 x_2 + (\pm \Delta x_1 x_2) + (\pm \Delta x_2 x_1) + (\pm \Delta x_1 \Delta x_2)}{x_2^2 - \Delta x_2^2}$$

略去二阶微小量得

$$y \pm \Delta y = a \frac{x_1}{x_2} + \left(\pm a \frac{\Delta x_1}{x_2}\right) + \left(\pm a \frac{\Delta x_2 x_1}{x_2^2}\right)$$

则有　　　　　　　$\pm \Delta y = \left(\pm a \dfrac{\Delta x_1}{x_2}\right) + \left(\pm a \dfrac{x_1 \Delta x_2}{x_2^2}\right)$

为了计算方便，将几种常用的误差计算公式列入表 0-1 中。

表 0-1　常用运算关系的误差计算公式

函数表达式	绝对误差	相对误差
$y = \displaystyle\sum_{i=1}^{n} a_i x_i$	$\Delta y = \displaystyle\sum_{i=1}^{n} \lvert a_i \Delta x_i \rvert$	$\dfrac{\Delta y}{y} = \dfrac{1}{y} \displaystyle\sum_{i=1}^{n} \lvert a_i \Delta x_i \rvert$

续表

函数表达式	绝对误差	相对误差
$y = ax_1x_2$	$\Delta y = \mid ax_2\Delta x_1 \mid + \mid ax_1\Delta x_2 \mid$	$\dfrac{\Delta y}{y} = \left\lvert \dfrac{\Delta x_1}{x_1}\right\rvert + \left\lvert \dfrac{\Delta x_2}{x_2}\right\rvert$
$y = a\dfrac{x_1}{x_2}$	$\Delta y = \left\lvert \dfrac{a\Delta x_1}{x_2}\right\rvert + \left\lvert \dfrac{ax_1\Delta x_2}{x_2^2}\right\rvert$	$\dfrac{\Delta y}{y} = \left\lvert \dfrac{\Delta x_1}{x_1}\right\rvert + \left\lvert \dfrac{\Delta x_2}{x_2}\right\rvert$
$y = ax^n$	$\Delta y = nax^{n-1} \cdot \Delta x$	$\dfrac{\Delta y}{y} = \left\lvert n\dfrac{\Delta x}{x}\right\rvert$
$y = \mathrm{e}^{ax_1+bx_2}$	$\Delta y = \{\mid a\Delta x_1 \mid + \mid b\Delta x_2 \mid\}\mathrm{e}^{ax_1+bx_2}$	$\dfrac{\Delta y}{y} = \mid a\Delta x_1 \mid + \mid b\Delta x_2 \mid$
$y = \sin x$	$\Delta y = \mid \cos x \cdot \Delta x \mid$	$\dfrac{\Delta y}{y} = \cot x \cdot \Delta x$
$y = \cos x$	$\Delta y = \mid \sin x \cdot \Delta x \mid$	$\dfrac{\Delta y}{y} = \tan x \cdot \Delta x$
$y = \tan x$	$\Delta y = \mid \sec^2 x \cdot \Delta x \mid$	$\dfrac{\Delta y}{y} = \left\lvert \dfrac{2\Delta x}{\sin 2x}\right\rvert$
$y = \cot x$	$\Delta y = \mid \csc^2 x \cdot \Delta x \mid$	$\dfrac{\Delta y}{y} = \left\lvert \dfrac{2\Delta x}{\sin 2x}\right\rvert$

由以上公式我们可总结出，对一般运算关系的误差计算公式可用微分法求得。设

$$y = f(x_1, x_2, x_3, \cdots, x_n)$$

它的全微分方程为

$$\mathrm{d}y = \frac{\partial f}{\partial x_1}\mathrm{d}x_1 + \frac{\partial f}{\partial x_2}\mathrm{d}x_2 + \cdots + \frac{\partial f}{\partial x_n}\mathrm{d}x_n \tag{0-6}$$

视 $\mathrm{d}x_1$，$\mathrm{d}x_2$，$\cdots$，$\mathrm{d}x_n$ 分别为 x_1，x_2，$\cdots$，x_n 的相应直接测量量的误差；$\dfrac{\partial f}{\partial x_1}$，$\dfrac{\partial f}{\partial x_2}$，$\cdots$，$\dfrac{\partial f}{\partial x_n}$ 叫做误差传递系数。所以，若直接测量量误差已知，则间接测量量的误差可由上式求出，该式为绝对误差的传递公式。

若对函数 $y = f(x_1, x_2, \cdots, x_n)$ 取自然对数后，再求全微分，可得

$$\frac{\mathrm{d}y}{y} = \frac{\partial \ln f}{\partial x_1}\mathrm{d}x_1 + \frac{\partial \ln f}{\partial x_2}\mathrm{d}x_2 + \cdots + \frac{\partial \ln f}{\partial x_n}\mathrm{d}x_n \tag{0-7}$$

为相对误差的传递公式。传递函数中各量为乘除运算时易用相对误差的传递公式，各量为加减运算时易用绝对误差的传递公式。

将误差传递公式中以 Δx_1，Δx_2，$\cdots$，Δx_n 分别代替 $\mathrm{d}x_1$，$\mathrm{d}x_2$，$\cdots$，$\mathrm{d}x_n$，由于偏差可正可负，传递系数亦如此，直接相加可能互相抵消，考虑到最不利的情况，把各项取绝对值再相加。

$$\Delta y = \left| \frac{\partial f}{\partial x_1} \Delta x_1 \right| + \left| \frac{\partial f}{\partial x_2} \Delta x_2 \right| + \cdots + \left| \frac{\partial f}{\partial x_n} \Delta x_n \right| \qquad (0-8)$$

式（0-8）为算术平均偏差的传递公式。

$$\frac{\Delta y}{y} = \left| \frac{\partial \ln f}{\partial x_1} \Delta x_1 \right| + \left| \frac{\partial \ln f}{\partial x_2} \Delta x_2 \right| + \cdots + \left| \frac{\partial \ln f}{\partial x_n} \Delta x_n \right| \qquad (0-9)$$

式（0-9）为相对算术平均偏差的传递公式。

如果把各个直接测量量的误差用标准误差代替，在误差传递公式中，各项分偏差平方之后再开方，即

$$\sigma_y = \sqrt{\left(\frac{\partial f}{\partial x_1} \sigma_{x_1} \right)^2 + \left(\frac{\partial f}{\partial x_2} \sigma_{x_2} \right)^2 + \cdots + \left(\frac{\partial f}{\partial x_n} \sigma_{x_n} \right)^2} \qquad (0-10)$$

$$\frac{\sigma_y}{y} = \sqrt{\left(\frac{\partial \ln f}{\partial x_1} \sigma_{x_1} \right)^2 + \left(\frac{\partial \ln f}{\partial x_2} \sigma_{x_2} \right)^2 + \cdots + \left(\frac{\partial \ln f}{\partial x_n} \sigma_{x_n} \right)^2} \qquad (0-11)$$

以上两式为标准偏差的传递公式，其中 σ_y 为间接测量值的标准偏差，σ_{x_1}，σ_{x_2}，$\cdots$，σ_{x_n} 为直接测量值 x_1，x_2，$\cdots$，x_n 的标准偏差。

比较算术平均偏差和标准偏差的传递，算术平均偏差是在极端的条件下合成的，各部分偏差都是同方向相加，因而，Δy 的估算值偏大；标准偏差的传递考虑了各项分误差抵偿的可能性，合成的 σ_y 值较为符合实际。

表 0-2 为常用函数表的标准偏差传递公式。

表 0-2　标准偏差的传递公式

函数形式	偏差传递公式
$y = \sum_{i=1}^{n} a_i x_i$	$\sigma_y = \sqrt{\sum_{i=1}^{n} a_i^2 \sigma_{x_i}^2}$
$y = a x_1 x_2$	$\sigma_y = y \sqrt{\left(\frac{\sigma_{x_1}}{x_1} \right)^2 + \left(\frac{\sigma_{x_2}}{x_2} \right)^2}$
$y = a \dfrac{x_1}{x_2}$	$\sigma_y = y \sqrt{\left(\frac{\sigma_{x_1}}{x_1} \right)^2 + \left(\frac{\sigma_{x_2}}{x_2} \right)^2}$
$y = a x^n$	$\sigma_y = n y \left(\frac{\sigma_x}{x} \right)$
$y = e^{a x_1 + b x_2}$	$\sigma_y = y \sqrt{a^2 \sigma_{x_1}^2 + b^2 \sigma_{x_2}^2}$
$y = \ln(x_1^a \cdot x_2^b)$	$\sigma_y = \sqrt{a^2 \left(\frac{\sigma_{x_1}}{x_1} \right)^2 + b^2 \left(\frac{\sigma_{x_2}}{x_2} \right)^2}$
$y = x_1^a \cdot x_2^b$	$\sigma_y = y \sqrt{a^2 \left(\frac{\sigma_{x_1}}{x_1} \right)^2 + b^2 \left(\frac{\sigma_{x_2}}{x_2} \right)^2}$
$y = \sin x$	$\sigma_y = \cos x \sigma_x = \sqrt{1 - y^2} \sigma_x$
$y = \cos x$	$\sigma_y = \sin x \sigma_x = \sqrt{1 - y^2} \sigma_x$
$y = \tan x$	$\sigma_y = \sec^2 x \sigma_x = (1 + y^2) \sigma_x$

续表

函数形式	偏差传递公式
$y = \cot x$	$\sigma_y = \csc^2 x \sigma_x = (1 + y^2)\sigma_x$
$y = \sec x$	$\sigma_y = \sec x \tan x \sigma_x = y\sqrt{y^2 - 1}\sigma_x$
$y = \csc x$	$\sigma_y = \csc x \cot x \sigma_x = y\sqrt{y^2 - 1}\sigma_x$

使用标准误差的公式，能更真实地反映直接测量误差对间接测量误差的影响，但在许多简单的物理实验中，仍采用算术平均误差的公式，这样，要简单得多。

如果实验中系统误差是主要的，或不必区分系统误差和偶然误差，或假定偶然误差在极端条件下的情况发生，我们将计算绝对误差与相对误差，不计算均方误差。均方误差常用在误差分析、实验设计或粗略的误差计算中。

例　通过测定直径 D 及高 h，求圆柱体的体积 V。已知：$D \approx 0.8\text{cm}, h \approx 3.2\text{cm}$，只考虑偶然误差，问：

（1）D 和 h 的误差 σ_D 和 σ_h 对 σ_V 的影响如何？

（2）如果用米尺测量的误差 $\sigma_米 \approx 0.01\text{cm}$，用游标卡尺测量的误差 $\sigma_游 \approx 0.002\text{cm}$，用螺旋测微计测量的误差 $\sigma_螺 \approx 0.001\text{cm}$。问如果要求 $\dfrac{\sigma_V}{V} \approx 0.5\%$，应如何选用仪器？

解：（1）根据
$$V = \frac{\pi}{4}D^2 h$$

所以
$$\sigma_V = \sqrt{\left(\frac{\partial V}{\partial D}\right)^2 \sigma_D^2 + \left(\frac{\partial V}{\partial h}\right)^2 \sigma_h^2}$$
$$= \sqrt{\left(\frac{1}{2}\pi D h\right)^2 \sigma_D^2 + \left(\frac{1}{4}\pi D^2\right)^2 \sigma_h^2}$$
$$\approx \sqrt{16\sigma_D^2 + 0.25\sigma_h^2}$$

如果 $\sigma_D \approx \sigma_h$，则 $16\sigma_D^2 \gg 0.25\sigma_h^2$，故误差 σ_D 对 σ_V 的影响大。

（2）根据标准偏差的传递公式可知
$$\frac{\sigma_V}{V} = \sqrt{\left(\frac{\partial \ln V}{\partial D}\right)^2 \sigma_D^2 + \left(\frac{\partial \ln V}{\partial h}\right)\sigma_h^2} = \sqrt{2^2\left(\frac{\sigma_D}{D}\right)^2 + \left(\frac{\sigma_h}{h}\right)^2}$$

如果都用米尺测，则
$$\sqrt{2^2\left(\frac{\sigma_D}{D}\right)^2} \approx \sqrt{4\left(\frac{0.01}{0.8}\right)^2} \approx 0.03 = 3\%$$

单这一项已超过要求，故不能用米尺。

如果都用游标卡尺测量，则
$$4\left(\frac{\sigma_D}{D}\right)^2 \approx 4\left(\frac{0.002}{0.8}\right)^2 \approx \left(\frac{5}{1000}\right)^2$$

而
$$\left(\frac{\sigma_h}{h}\right)^2 \approx \left(\frac{0.002}{3.2}\right)^2 = \left(\frac{1}{1600}\right)^2$$

上述两项相比，$\left(\dfrac{\sigma_h}{h}\right)^2$ 可忽略，则

$$\frac{\sigma_V}{V} = \sqrt{4\left(\frac{\sigma_D}{D}\right)^2} = 2\frac{\sigma_D}{D} \approx 0.5\%$$

故可都用游标卡尺，亦可选用螺旋测微计测 D，游标卡尺测 h，这样可以更好地达到要求或减少测量次数。

五、有效数字及其运算

1. 有效数字的一般概念

任何一个物理量，其测量的结果都或多或少存在着误差，因此，表示测量值的数字都是具有一定精确度的近似值，对这些数值的记录和计算都应与纯粹的数字记录与运算不同，所以，我们引入测量结果的有效数字的概念。有效数字的定义是多种多样的，我们认为用"有效数字的最后一位是误差所在位"来定义有效数字较为妥当；或者说，有效数字是测量结果的可靠位数加上一位可疑位。这时，我们可以将可疑位理解为误差所在的位，那么这两种说法也是一致的。

由以上有效数字的定义我们可知，有效数字的位数是由绝对误差来确定的，也就是测量结果有效数字的最后一位是绝对误差出现的那一位。测量结果用有效数字表示，可以反映测量的准确度。如果我们用一米尺去量一物体，测得其长度为

$$L = (36.3 \pm 0.2) \text{ mm}$$

其中最后一位是估计出来的，是可疑数字，测量值有 3 位有效数字。如果同样这个物体用游标卡尺来测，得

$$L = (36.30 \pm 0.02) \text{ mm}$$

此时，所测得的数据为 4 位有效数字，测量的准确度要高些。如果用千分尺来测，测得该长度为

$$L = (36.300 \pm 0.002) \text{ mm}$$

结果为 5 位有效数字，准确度更高。

由此例我们也可看出，一数值有效数字的多少，往往能反映一些实际情况，如测量时所用的仪器、测量方法等。所以，在进行计算或记录数据时，小数最后面的零也是有效数字，不能随意增加或删掉。

2. 几个与有效数字定义有关的问题

（1）在十进制单位中，测量结果的单位的变换不会影响有效数字的位数。例如

$$5.003 \text{cm} = 50.03 \text{mm} = 0.05003 \text{m} = 5.003 \times 10^{-5} \text{km}$$

在上面的数据中，无论小数点的位置如何变化，它的有效数字都是 4 位。由此，我们也可总结出，末位为"0"和数字中间出现的"0"都属于有效数字，而在小数点前和小数点后紧接着的"0"不算作有效数字。

为了避免含混，例如 0.04020kg 为 4 位有效数字。若把这个数据用 mg 表示，可以写成 40200mg。这样就出现问题了，即误差位发生了变化。为了解决这一矛盾，应采用科

学记数法，将上述质量记为 $4.020×10^4$ mg 或 $4.020×10^{-2}$ kg，这样，既表达了有效数字的位数，又表达了数字的大小，而且在计数时也容易定位。

（2）在非十进制单位中，测量结果的单位变换，要用误差来定有效数字的位数。例如

$$t = (1.8±0.1)\ \text{min} = (108±6)\ \text{s}$$

（3）根据有效数字的定义，当测量结果给出误差时，通常要求把误差所在的一位与有效数字的最后一位对齐，而在一般情况下，误差的有效数字只取一位。

（4）根据有效数字的含义，有效数字的最后一位是误差位。所以，大体上说，有效数字越多，相对误差就越小，有效数字越少，相对误差就越大。例如

$$(2.36±0.01)\ \text{cm}$$

有效数字为 3 位，相对误差为 0.4%，而

$$(2.3600±0.0001)\ \text{cm}$$

有效数字为 5 位，相对误差为 0.004%。

3. 有效数字的四则运算规则

在介绍有效数字的四则运算前，应先介绍舍入规则。以前，我们熟知"四舍五入"的规则，这会使从 1 到 9 的 9 个数字中，入的机会大于舍的机会。我们在本书中约定，在运算过程中采取"四舍六入奇配偶"的办法，即末位是 4 就舍去，6 入上，是 5 时看其前一位是偶数还是奇数，是奇数时入上，是偶数时舍去。

（1）加减法：在下面的运算中，我们在有效数字的误差位下画"—"，以使计算更加直观、清楚。例

```
    3 0. 4                     8 2. 4 4
  +   6. 2 7 6               −   2. 0 1 7
  ─────────────             ─────────────
    3 6. 6 7 6                 8 0. 4 2 3
```

在上面的结果中，36.676 应记为 36.7。80.423 应记为 80.42，所以，当有效数字相加减时，其运算结果的有效数字应保留到参加运算的数当中绝对误差最大的那个数的最后一位。

（2）乘除法：例

```
                                        1 7 3. 4 …
                              2 1 7 √ 3 7 6 4 3
        3. 1 5  1 7                   2 1 7
    ×       2. 1 1               ─────────────
  ───────────────────               1 5 9 4
        3  1 5  1 7                   1 5 1 9
      3 1  5 1  7                   ─────────────
    6 3 0  3 4                         7 5 3
  ───────────────────                  6 5 1
    6. 6 5  0 0  8 7                 ─────────────
                                      1 0 2 0
                                        8 6 8
                                    ─────────────
                                        1 5 2
```

在运算中，存疑数字只保留一位，其后面的存疑数字是没有意义的。可见，6.650087 应记为 6.65。173.4 应记为 173。其中在上述商的运算中，第 2 步（159 4）中的 9 虽为存疑数，但不影响商 7，所以 7 还是准确数。所以，乘除法的运算结果，有效数字的位数与各数中有效数字位数最少的一个相同，在运算过程中可以多保留一位存疑数字，最后结果只要一位存疑数字。

（3）有效数字的乘方、开方运算：其结果的有效数字与其底的有效数字位数相同。

对于对数运算、指数运算和三角函数运算的有效数字位数的确定都有规律可循，在此，我们不做一一讨论。

还应指出，有效数字讲的是对实验数据进行记录和运算的规则，它不能代替绝对误差和相对误差的计算。在实验中，数据的计算总是按有效数字运算的规则进行的，由于各次误差的积累，会使间接测量的误差比较大，那么，在最后的结果中，只要使结果的最后一位与绝对误差的位数对齐，而舍去其他多余的数字就可以了。

六、测量结果的不确定度评价

在测量结果中指明不确定度，目的在于说明测量结果的可信赖程度。测量结果的不确定度也称为实验不确定度，有时简称不确定度。不确定度表明真值出现的范围。不确定度越小，标志着误差的可能值越小，测量的可信赖程度越高；反之，不确定度越大，误差的可能值也可能越大，测量量的可信赖程度也越低。不确定度是对测量质量的一种描述，如果缺少这个描述，测量结果就不完善。

根据国际计量局（BIPM）于 1980 年建议并推广的用不确定度来表述测量结果可信赖程度的方法［（INC—1）1980］，我国计量部门也相继制定了一系列相应的规范，几乎覆盖了计量系统的各个领域，这些规范中一般都采用了不确定度表示体系。所以正确评定测量结果应引入不确定度的概念。

本书根据实际教学和实验的需要介绍不确度的简化方案。

1. 不确定度的概念

不确定度是表征被测量值的真值以一定的概率落在某一范围内的评定，把除已定系统误差以外的每一误差分量用一定概率意义的标准偏差形式的表征值表示出来，借鉴某些工业化的国家标准，可以认为某一测量量 L 的不确定度若为 Δ，则 L 的真值在 $(L-\Delta, L+\Delta)$ 的区间内的可能性（概率）为 95.5%。

测量中的误差是不同性质分误差的总体表现。同理，测量结果不确定度一般包含几个分量，按其数值评定方法，这些分量可归入两类：A 类不确定度和 B 类不确定度。这两类不确定度可合成总的不确定度。

（1）用统计方法计算的分量，简称 A 类分量。例如，偶然误差中的标准偏差，对于有限次测量，它们可以用贝塞尔（Bessel）法求得，即平均值 $\bar{x}$ 的标准误差 $\sigma_{\bar{x}}$ 为不确定度的 A 类分量。

（2）用其他方法计算的分量，简称 B 类分量。例如，以估算方法评定的仪器误差是我们在普通物理实验中经常遇到的不确定度的 B 类分量。

我们用符号"Δ_A"表示 A 类不确定度，用符号"Δ_B"表示 B 类不确定度，设 A 类不确定度由一些分量组成，各分量用符号"s_i"表示，B 类不确定度由另一些分量组成，各分量用符号"u_i"表示，则 A 类不确定度和 B 类不确定度分别表示为

$$\Delta_A = \sqrt{\sum_{i=1}^{m} s_i^2} \qquad\qquad (0-12)$$

$$\Delta_B = \sqrt{\sum_{i=1}^{n} u_i^2} \tag{0-13}$$

式中 m 和 n 分别表示 A、B 两类不确定度各自分量的个数。

（3）合成不确定度。总的不确定度又称为合成不确定度。为

$$\Delta = \sqrt{\Delta_A^2 + \Delta_B^2} \tag{0-14}$$

将式（0-12）和式（0-13）代入式（0-14）为

$$\Delta = \sqrt{\sum_{i=1}^{m} s_i^2 + \sum_{i=1}^{n} u_i^2} \tag{0-15}$$

应注意，第一，A、B 两类不确定度不一定与通常讲的偶然误差和系统误差存在简单的对应关系；第二，不确定度和误差是两个不同的概念，误差是客观存在但又无法精确计量的，不确定度在某种意义上讲是不确定性误差分布范围的描述，二者既有区别又有联系，既不能混淆，也不能相互取代。

2. 直接测量量的不确定度的估算

（1）与读数分散对应的不确定度分量 s：在等精度测量中，由于偶然误差，多次测量值一般不相同，称为读数分散。与读数分散对应的不确定度分量 s，可用正态分布计算标准误差的方法计算。多次测量对某一测量列和对平均值的标准偏差分别为

$$s = \sqrt{\frac{\sum\limits_{i=1}^{k}(x_i - \overline{x})^2}{k-1}}$$

$$s'_{\overline{x}} = \sqrt{\frac{\sum\limits_{i=1}^{k}(x_i - \overline{x})^2}{k(k-1)}}$$

式中 k 表示测量次数。当然上式是根据 k 趋于无限多次，偶然误差分布是在严格服从正态分布的情况下导出的。但我们实际测量时，k 为有限次，并不严格服从正态分布，而是遵循 t 分布（当 $k \rightarrow \infty$ 时，t 分布趋于正态分布），在 t 分布中，当置信概率为 95.5% 时，t 取表 0-3 中的值，此时随机误差的不确定度可表示为

$$s_{\overline{x}} = t s'_{\overline{x}} = t \sqrt{\frac{\sum\limits_{i=1}^{k}(x_i - \overline{x})^2}{k(k-1)}}$$

表 0-3 在 t 分布中 $P = 95.5\%$ 时对应的 t 值

测量次数	4	5	6	7	8	9	10	11
t	3.18	2.78	2.57	2.45	2.36	2.31	2.26	1.96

这种不确定度是用统计方法直接估算的，属于 A 类不确定度。

（2）与仪器不准对应的不确定度分量 u：用仪器误差 Δ_x 表示仪器的不准确程度。与仪器不准对应的不确定度分量的计算公式为

$$u = \frac{\Delta_x}{C}$$

式中 C 称为置信系数。C 的取值与误差分布规律有关。$\dfrac{\Delta_x}{C}$ 是近似标准差。由于仪器误差是通过仪器鉴定而得出的，不是对测量值直接进行统计估算出的，不属于 A 类不确定度，而是 B 类不确定度。表 0-4 中列出了几种常见的标准化了的概率分布置信系数。

表 0-4　概率分布置信系数表

概率分布	置信系数 C
正态分布	$C_{0.0027}=3$　$C_{0.01}=2.58$
三角分布	$\sqrt{6}$ (≈ 2.45)
梯形分布	2.3
椭圆分布	2
均匀分布	$\sqrt{3}$ (≈ 1.73)
反正弦分布	$\sqrt{2}$ (≈ 1.41)
双三角分布	$\sqrt{2}$ (≈ 1.41)
两点分布	1

一般情况下，我们认为非统计误差服从两类分布：正态分布和均匀分布，即

$$C=3$$

或

$$C=\sqrt{3}$$

若不能确定其分布时一般认为是正态分布。

在最简单的情况下，A 类不确定度的分量只与读数分散的不确定度分量 s 或 $s_{\bar{x}}$ 对应；B 类不确定度的分量只与仪器不准的不确定度分量 u 对应，读数误差的分布也只限于正态分布和均匀分布。在实际中，还应有与环境因素（温度、压强、湿度等）、人为因素等大量误差对应的各种不确定度。读数误差的分布除正态、均匀分布外，还有多种分布，这就需要今后在数学能力及分析能力等方面逐步加强，才能更加合理地估算出总的不确定度，并且在分析测量不确定度时尽可能地做到对不确定度的来源不遗漏、不重复。

总结以上各种因素，多次测量量总的不确定度为

$$\Delta=\sqrt{s_{\bar{x}}^{2}+u^{2}} \tag{0-16}$$

（3）单次测量的不确定度：在单次测量中不能用统计方法求标准偏差，但由于测量的随机分布特征是客观存在的，不随测量次数的变化而不同，看起来似乎单次测量不确定度只是由 B 类不确定度构成，其值反而比多次测量不确定度的值减小了。其实不然，在实际测量中只进行单次测量时，一般被测量结果的不确定度对实验总结果影响很小，可以忽略，或已知其标准偏差远小于仪器误差，即 $s_{\bar{x}} \ll \Delta_{仪}$，因此单次测量的不确定度可以认为

$$\Delta=\Delta_{B}=u=\Delta_{仪} \tag{0-17}$$

3. 间接测量量的不确定度的估算

设间接测量量 y 与直接测量量 x_1，x_2，…，x_n 之间的函数关系为

$$y=f(x_1,\ x_2,\ \cdots,\ x_n)$$

若对直接测量量进行多次测量（或单次测量），仅需把各测量量的平均值（或单次测量值）代入上式求得 $\bar{y}$（或 y），其不确定度的计算用下列方式：首先求得各个直接测量量的分不确定度，然后将它们代入标准偏差的传递公式，可得

$$\Delta_y = \sqrt{\left(\frac{\partial f}{\partial x_1}\Delta_{\bar{x}_1}\right)^2 + \left(\frac{\partial f}{\partial x_2}\Delta_{\bar{x}_2}\right)^2 + \cdots + \left(\frac{\partial f}{\partial x_n}\Delta_{\bar{x}_n}\right)^2} \tag{0-18}$$

或

$$\frac{\Delta_y}{\bar{y}} = \sqrt{\left(\frac{\partial \ln f}{\partial x_1}\Delta_{\bar{x}_1}\right)^2 + \left(\frac{\partial \ln f}{\partial x_2}\Delta_{\bar{x}_2}\right)^2 + \cdots + \left(\frac{\partial \ln f}{\partial x_n}\Delta_{\bar{x}_n}\right)^2} \tag{0-19}$$

其中 $\Delta_{\bar{x}_1}$，$\Delta_{\bar{x}_2}$，$\cdots$，$\Delta_{\bar{x}_n}$ 分别为直接测量量 x_1，x_2，$\cdots$，x_n 的最佳值的不确定度。由此可以再计算出间接测量量 y 的不确定度 Δ_y。

4. 用不确定度表示测量结果

实验中用不确定度来表示测量结果时，应为

$$y = (\bar{y} \pm \Delta)（单位） \tag{0-20}$$

此式表明，测量量 y 的真值出现在 $(\bar{y} - \Delta) \sim (\bar{y} + \Delta)$ 范围内的概率约为 95.5% 左右（当进行多次测量时）。一般情况下，分不确定度的计算中取两位有效数字，最后总的不确定度只取一位有效数字。最佳值 y 的末位应与不确定度 Δ 的末位对齐。

例 1 由标准证书知 1kg 不锈钢质量标准：$m = 1000.000325g$，该标定值在 $P = 0.9973$ 下的不确定度为 $240\mu g$，求该值的标准不确定度。

解：

因为

$$3\Delta = 240 （\mu g）$$

所以标准不确定度为

$$\Delta = \frac{240\mu g}{3} = 80 （\mu g）$$

此不确定度叫 B 类标准不确定度。

例 2 用米尺（最小刻度 mm）直接测量一圆柱体的高 H，得到 10 个数据：8.34，8.36，8.35，8.33，8.32，8.37，8.37，8.37，8.36，8.33（单位为 cm），试估算高 H 的不确定度 Δ，并表示出结果。

解：首先计算最佳值（平均值）

$$H = \sum_{i=1}^{10} H_i / 10 = \frac{1}{10}(8.34 + 8.36 + \cdots + 8.33)$$
$$= 8.350 （cm）$$

根据表 0-3 查出 $n = 10$ 时，$t = 2.26$，则与读数分散相对应的 A 类不确定度分量为

$$s_{\bar{H}} = t\sqrt{\frac{\sum_{i=1}^{10}(H_i - \bar{H})^2}{10 \times (10-1)}}$$

$$= 2.26 \times \sqrt{\frac{(8.34 - 8.35)^2 + \cdots + (8.33 - 8.35)^2}{10 \times 9}}$$

$$= 0.013 （cm）$$

再计算与仪器不准确对应的 B 类不确定度分量 u，因为米尺的最小刻度为 mm，则其

仪器误差

$$\Delta_x = \frac{0.1}{2} = 0.05 \text{ (cm)}$$

用它测得的数据服从正态分布，因而 $C=3$，则有

$$u = \frac{\Delta_x}{C} = \frac{0.05}{3} = 0.017 \text{ (cm)}$$

最后计算总的不确定度

$$\Delta = \sqrt{s_{\bar{H}}^2 + u^2} = \sqrt{(0.013)^2 + (0.017)^2} = 0.02 \text{ (cm)}$$

测得结果

$$H = (8.35 \pm 0.02) \text{ (cm)}$$

说明高度 H 的真值有大约 95.5% 的可能性出现在 (8.33～8.37) cm 的范围内。

　　例3　用螺旋测微器测得圆柱体的直径 d，以精度为 0.02mm 的游标卡尺测得圆柱体的高 h，用物理天平称得该圆柱体的质量 m。试用密度公式计算此圆柱体的密度 ρ 和标准不确定度。

　　测量数据和仪器规格如下所示：

物理天平规格表

量程	示值误差	不等臂误差	读数误差	每个砝码的允许误差
0～500g	20mg	20mg	2mg	10mg

称得质量 $m = (20+5+2+1+0.440) = 28.440$ (g)。

螺旋测微计规格表

量程	仪器误差
0～25mm	0.005mm

螺旋测微计测量数据表　　　　　　　　初读数：$d_0 = +0.003\text{mm}$

n	1	2	3	4	5	6	7	8	9	10
d (mm)	12.124	12.127	12.128	12.125	12.127	12.125	12.124	12.127	12.125	12.126

游标卡尺测量数据表　　　　　　　　初读数：$h_0 = 0.00\text{mm}$

n	1	2	3	4	5	6	7	8	9	10
h (mm)	31.56	31.54	31.56	31.54	31.56	31.54	31.52	31.58	31.56	31.54

　　解：先计算圆柱体直径 d 合成的不确定度。

　　(1) d 的算术平均值 $\bar{d}$ 和合成标准不确定度

$$d = \frac{1}{10} \sum_{i=1}^{10} d_i = 12.1258 \text{ (mm)}$$

因螺旋测微计有初读数，所以

$$\bar{d} = d - 0.003 = 12.1258 - 0.003 = 12.1228 \text{ (mm)}$$

多次重复引起的 A 类标准不确定度为（其中 $n=10$，$t=2.26$）

$$s_{\bar{d}} = t\sqrt{\frac{\sum\limits_{i=1}^{10}(d_i - \bar{d})^2}{10 \times (10-1)}} = 9.9 \times 10^{-4} \text{ (mm)}$$

螺旋测微计的仪器误差引起的 B 类标准不确定度（设为正态分布）

$$u_d = \frac{\Delta_{仪}}{3} = \frac{0.005}{3} = 0.0017 \text{ (mm)}$$

d 的合成标准不确定度

$$\Delta_d = \sqrt{s_{\bar{d}}^2 + u_d^2} = 0.002 \text{ (mm)}$$

所以　　　　　　　　$d = \bar{d} \pm \Delta_d = (12.123 \pm 0.002) \text{ (mm)}$

（2）h 的算术平均值 $\bar{h}$ 和合成标准不确定度

$$h = \frac{1}{10} \sum_{i=1}^{10} h_i = 31.55 \text{ (mm)}$$

$$\bar{h} = h - h_o = 31.55 \text{ (mm)}$$

多次重复引起的 A 类标准不确定度为（$n = 10$，$t = 2.26$）

$$s_{\bar{h}} = t \sqrt{\frac{\sum_{i=1}^{10}(h_i - \bar{h})^2}{10 \times (10-1)}} = 1.22 \times 10^{-2} \text{ (mm)}$$

游标卡尺的仪器误差引起的 B 类不确定度（设为正态分布）

$$u_h = \frac{0.01}{3} \text{ (mm)} = 0.0033 \text{ (mm)}$$

h 的合成标准不确定度

$$\Delta_h = \sqrt{s_{\bar{h}}^2 + u_h^2} = 0.013 \text{ (mm)}$$

$$h = \bar{h} \pm \Delta_h = 31.55 \pm 0.013 \approx (31.55 \pm 0.02) \text{ (mm)}$$

（3）质量 m 的测量值和合成标准不确定度（设为正态分布）

（a）砝码示值引起的 B 类标准不确定度

$$u_1 = \sqrt{\left(\frac{0.01}{3}\right)^2 + \left(\frac{0.01}{3}\right)^2 + \left(\frac{0.01}{3}\right)^2 + \left(\frac{0.01}{3}\right)^2} = \frac{0.02}{3}(\text{g})$$

（b）天平不等臂误差引起的 B 类标准不确定度

$$u_2 = \frac{0.02}{3}(\text{g})$$

（c）天平示值误差引起的 B 类标准不确定度

$$u_3 = \frac{0.02}{3}(\text{g})$$

（d）天平的游码读数引起的 B 类标准不确定度

$$u_4 = \frac{0.002}{3}(\text{g})$$

故质量 m 的合成标准不确定度为

$$\Delta_m = \sqrt{u_1^2 + u_2^2 + u_3^2 + u_4^2} = 0.012(\text{g})$$

$$m = (28.440 \pm 0.012)(\text{g})$$

（4）将 $\bar{d}$、$\bar{h}$、m 的测量值代入密度计算公式

$$\bar{\rho} = \frac{m}{V} = \frac{m}{\frac{\pi}{4}\bar{d}^2\bar{h}} = 7.8094 \text{ (g · cm}^{-3})$$

由误差传递公式估算 ρ 的标准不确定度 $\Delta\rho$。

$$\Delta\rho = \bar{\rho}\sqrt{\left(\frac{\Delta_h}{\bar{h}}\right)^2 + \left(\frac{2\Delta_d}{\bar{d}}\right)^2 + \left(\frac{\Delta_m}{m}\right)^2}$$

$$= 7.809 \times \sqrt{\left(\frac{0.02}{31.55}\right)^2 + \left(\frac{2 \times 0.002}{12.123}\right)^2 + \left(\frac{0.012}{28.440}\right)^2}$$

$$= 0.006 \ (\text{g} \cdot \text{cm}^{-3})$$

最后的测量结果表示为

$$\rho = \bar{\rho} \pm \Delta\rho = (7.809 \pm 0.006)(\text{g} \cdot \text{cm}^{-3})$$

七、数据处理的一般方法

在物理实验中，数据处理问题贯穿于整个实验过程的始终，数据处理的能力对于培养和提高实验能力的各个方面，都有直接的、密切的关系。数据处理往往是实验方法的一个不可分的组成部分。我们常用的方法有列表法、作图法、逐差法，以及最小二乘法和内插法、外推法等许多种方法。下面我们只简单介绍几种常用的实验数据的处理方法。

1. 列表法

列表法就是将一组实验数据中的自变量的各个数值依照一定的形式和顺序列成表格，实验中也常将任一组测量结果的多次测量值，列成一适当的表格，这样可以提高处理数据的效率，减少和避免错误，也可以避免不必要的重复计算，利于计算和分析误差，以后必要时可对数据随时查对。列表时要注意，必须交待清楚表中各符号所代表的物理意义，并写明单位，单位应写在标题栏中，一般不要重复记在各个数字上。

2. 作图法

作图法是用几何手段寻找与表示待求函数关系的方法。由已作出的图形可进一步求出某些间接测量值，并且可以作出校正曲线。在很多复杂的情况下，有时只能用实验曲线来表示实验结果。为了保证我们所作的实验曲线"直观、清晰、简明、准确"，对于作图，我们有以下规则。

(1) 选用坐标纸：作图要用坐标纸。一般情况下，我们都用直角坐标纸，但也可根据实际情况采用双对数坐标纸、单对数坐标纸、极坐标纸或其他坐标纸等。

(2) 选轴：坐标纸的大小及坐标轴的比例，应根据所测得数据的有效数字和结果的需要确定，要适当选取 x 轴与 y 轴的比例及坐标的起点，使图线比较清晰、对称地充满整个图纸。

(3) 写图名、定标尺：标明图名，并在轴上标数，在图上要画出坐标轴的方向，标明其所代表的物理量（或符号）并注明单位。

(4) 标数据点：在图上用"＋"标出数据点的坐标。"＋"要用直尺、细笔清楚地画出。一张图纸上要画几条线时，每条曲线要用不同的标记，如"×""·""△"和"○"等。

(5) 联线：根据不同的情况和要求，用直尺、曲线尺（板）等把数据点连成直线或光滑曲线，连线不一定要通过所有的数据点，而是要求数据点在曲线的两侧均衡分布，个别偏离过大的点要重新核对，并在作图连线时酌情处理，联线时要充分尊重实验事实，不要硬往理论上凑。

（6）求直线的斜率和截距：当图线为直线时，其经验公式为

$$y = kx + b$$

可在直线上选两点 $P_1(x_1，y_1)$ 和 $P_2(x_2，y_2)$。为了便于计算，其坐标最好选整数，并不得使用原始数据，将 P_1、P_2 的坐标代入

$$k = \frac{y_2 - y_1}{x_2 - x_1}$$

中，计算出其直线的斜率 k，斜率的有效数字要按有效数字的规则去计算。当 x 轴的坐标起点为零时，我们就可直接从图上读出截距 b 的数值（即 $x = 0$，$y = b$），否则，就要在图线上再选一点 $P(x_3、y_3)$，代入方程求得

$$b = y_3 - \left(\frac{y_2 - y_1}{x_2 - x_1}\right) x_3$$

（7）曲线的改直：有时实验曲线不是线性的，但由于线性问题是我们能够研究并解决得最好的，而且图线为直线后也变得更加直观，所以在许多情况下，我们希望通过坐标代换将曲线改为直线，下面我们举例来说明。

（a）$y = ax^b$ 型曲线改直，其中 a、b 为常量。例如，测量单摆周期 T 随摆长 L 的变化，我们可以得到一组数据$(T_i、L_i)$，在直角坐标纸上画出 $L - T$ 曲线，可得一条抛物线；若以 T^2 为横轴，L 为纵轴作图，将得到一条通过原点的直线，由图中可直接得出斜率为 k，而截距 $b = 0$，所以有经验公式

$$L = kT^2$$

然后就可以由 $k = \frac{g}{4\pi^2}$ 计算出实验所在地的重力加速度 g。

（b）有时物理量之间的关系虽不太清楚，但从实验图线可以大致判断出它们所具有的关系

$$y^2 = 2px$$

式中 p 为常量，我们仍可将 x 作为横坐标，y^2 作为纵轴，则该直线的斜率为 $2p$。

以上我们只列举了两个较为简单的例子，对于较复杂的问题，也可以用类似的方法解决，有兴趣的读者可参考数据处理的专著。需指出的一点是，函数线性化后，如果原来的测点是等精度的，线性化以后就不一定是等精度的了。

3. 逐差法

逐差法常应用于处理自变量等间距变化的数据组，计算简便，可以随测随检，及时发现数据差错和数据规律，同时也具有减小误差的效果。具体做法是将测量得到的偶数组数据分成前后两组，将对应项分别相减，然后再求平均值。

例如，在利用光杠杆法测金属丝的杨氏模量的实验中，如果每次增加砝码的重量为 1kg，连续增重 7 次，则可读得 8 个标尺读数，它们分别为 n_0，n_1，n_2，n_3，$\cdots$，n_7，其相应的差值是 $\Delta n_1 = n_1 - n_0$，$\Delta n_2 = n_2 - n_1$，$\cdots$，$\Delta n_7 = n_7 - n_6$，根据平均值的定义

$$\overline{\Delta n} = \frac{(n_1 - n_0) + (n_2 - n_1) + \cdots + (n_7 - n_6)}{7} = \frac{n_7 - n_0}{7}$$

中间值全部抵消，只有首末两次起作用，与增重 7kg 的单次测量等价。

为了仍保持多次测量的优越性，将数据分成两组：一组是 n_0，n_1，n_2，n_3；另一组是 n_4，n_5，n_6，n_7，取

$$\Delta n_1 = n_4 - n_0$$
$$\Delta n_2 = n_5 - n_1$$
$$\Delta n_3 = n_6 - n_2$$
$$\Delta n_4 = n_7 - n_3$$

再取平均值

$$\overline{\Delta n} = \frac{\Delta n_1 + \Delta n_2 + \Delta n_3 + \Delta n_4}{4} = \frac{(n_4 - n_0) + (n_5 - n_1) + (n_6 - n_2) + (n_7 - n_3)}{4}$$

其中 $\overline{\Delta n}$ 为增重 4kg 的平均差值，这种方法，我们就称为逐差法。

4. 最小二乘法（线性回归）

由实验记录的一系列数据，用某种方法求得适合于这些数据所反映的函数规律的解析方程式的方法称为方程的"回归"。我们下面仅介绍最简单的一种"线性回归"，该回归方程的形式为

$$y = A + Bx \tag{0-21}$$

我们讨论最简单的情况，即每个测量值都是等精度的，而且假定在 x、y 中，只有 y 是有测量误差的。

若测得一组数据

$$x = x_1, x_2, \cdots, x_n$$
$$y = y_1, y_2, \cdots, y_n$$

我们只要确定了常数 A 和 B，便知道了该直线方程，而 A 和 B 的值由计算机和比较高级的计算器是很容易求出的。

下面我们简单介绍一下 A、B 的推导过程。

我们将测得的数据代入方程（0-21）中，并设 y 的测量偏差为

$$\varepsilon_1, \varepsilon_2, \cdots, \varepsilon_n$$

有

$$\left.\begin{array}{l} y_1 - A - Bx_1 = \varepsilon_1 \\ y_2 - A - Bx_2 = \varepsilon_2 \\ \cdots\cdots \\ y_n - A - Bx_n = \varepsilon_n \end{array}\right\} \tag{0-22}$$

将式（0-22）中的各式平方相加得

$$s = \sum_{i=1}^{n} \varepsilon_i^2 = \sum_{i=1}^{n} (y_i - A - Bx_i)^2 \tag{0-23}$$

若使 $\sum_{i=1}^{n} \varepsilon_i^2$ 有最小值，应使 $\dfrac{\partial s}{\partial A} = 0$，$\dfrac{\partial s}{\partial B} = 0$，$\dfrac{\partial^2 s}{\partial A^2} > 0$ 和 $\dfrac{\partial^2 s}{\partial B^2} > 0$，将式（0-23）分别对 A 和 B 求偏导，得以下两个方程

$$-2 \sum (y_i - A - Bx_i) = 0$$
$$-2 \sum x_i (y_i - A - Bx_i) = 0$$

令
$$n\overline{x} = \sum_{i=1}^{n} x_i$$

$$n\overline{y} = \sum_{i=1}^{n} y_i$$

$$n\overline{x^2} = \sum_{i=1}^{n} x_i^2$$

$$n\overline{xy} = \sum_{i=1}^{n} x_i y_i$$

则有
$$\begin{cases} \overline{y} - A - B\overline{x} = 0 \\ \overline{xy} - A\overline{x} - B\,\overline{x^2} = 0 \end{cases} \qquad (0\text{-}24)$$

解方程组（0-24）可得

$$A = \overline{y} - B\overline{x}$$

$$B = \frac{\overline{x} \cdot \overline{y} - \overline{xy}}{(\overline{x})^2 - \overline{x^2}}$$

对于回归法处理数据，困难在于函数形式的选取，为了判断选取结果是否合理，在待定常数确定以后，需要计算一下相关系数 r，对于一元线性回归，r 定义为

$$r = \frac{\overline{xy} - \overline{x} \cdot \overline{y}}{\sqrt{(\overline{x^2} - \overline{x}^2)(\overline{y^2} - \overline{y}^2)}}$$

可以证明：r 的值总是在 0 与 ±1 之间，$|r|$ 越接近 1，说明数据分布越密集，实验数据越符合所求得的直线。相反，$|r|$ 越接近于 0，说明 x、y 的相关性越小，即用线性回归不妥，必须用其他函数重新试探。

习　题

1. 有甲、乙、丙、丁 4 人，用螺旋测微计测一铜球的直径，他们所测得的结果分别是：

甲：(2.2832 ± 0.0002) cm　　　乙：(2.283 ± 0.0002) cm

丙：(2.28 ± 0.00002) cm　　　丁：(2.3 ± 0.0002) cm

问哪个人表示得正确？其他人的表达式错在哪里？

2. 根据误差传递与合成的关系，由直接测量值的误差或相对误差来表示出间接测量值的误差或相对误差。

(1) $N = x + y - z$ 　　　(2) $f = \dfrac{uv}{u + v}$ 　　　(3) $I_2 = I_1 \dfrac{r_2^2}{r_1^2}$

(4) $f = \dfrac{l^2 - d^2}{4l}$ 　　　(5) $n = \dfrac{\sin i}{\sin r}$

3. 将下列各数据改成 3 位有效数字：

1.0751；0.86249；27.053；3.1415；0.0003017；257540000；0.000006275

4. 单位变换。

(1) $m = (2.395 \pm 0.001)$ kg = (　　　　　　) g = (　　　　　　) T

(2) $\theta = (1.8 \pm 0.1)$ 度 = (　　　　　　) 分

5. 测一弹簧的长度与所加砝码质量的数据如下：

m（g）	0	1.0	2.0	3.0	4.0	5.0	6.0
l（cm）	6.55	10.28	14.05	17.30	21.51	25.25	28.93

用线性回归法求弹簧的弹性系数，并求相关系数。

6. 运用有效数字运算规则计算下列结果（以下所有数据皆为仪器读数）。

(1) $4.237+3.14=$？　　　　　　　(2) $18.856-9.24=$？

(3) $2.58\times3.7=$？　　　　　　　(4) $19.34\times4.2=$？

(5) $9.54\div2.83=$？　　　　　　　(6) $237.5\div0.10=$？

7. 用米尺测量一物体的长度，测得的数值为 98.98cm、98.94cm、99.00cm、98.97cm、98.96cm、98.97cm、98.95cm。试求其平均值、绝对误差和相对误差。

8. 一个铅圆柱体，测得其直径 $d=$（2.04±0.01）cm，高度 $h=$（4.12±0.01）cm，质量 $m=$（194.18±0.05）g（已知各量的不确定度置信概率为 95.5%）。

(1) 计算铅的密度。

(2) 计算密度的不确定度，并写出结果的表达式。

力学和热学实验

实验一　长度的测量

长度是基本的物理量，实验中常用的长度测量仪器是米尺、游标卡尺、螺旋测微计、读数显微镜等，通常用量程和分度值表示这些仪器的规格。量程是指仪器的测量范围；分度值是仪器所标示的最小分划单位，分度值的大小反映仪器的精密程度，一般情况下，分度值越小，仪器越精密。

【实验目的】

1. 了解误差及有效数字的基本概念。
2. 掌握游标卡尺的测量原理和正确的使用方法。
3. 了解螺旋测微计的结构与原理，并学会螺旋测微计的正确使用方法。

长度的测量

【仪器和用具】

游标卡尺、螺旋测微计、待测圆柱体。

【实验原理】

1. 游标卡尺

游标卡尺的外形如图 1-1 所示，它可以用来测量物体的长、宽、高、深以及圆环的内、外直径。

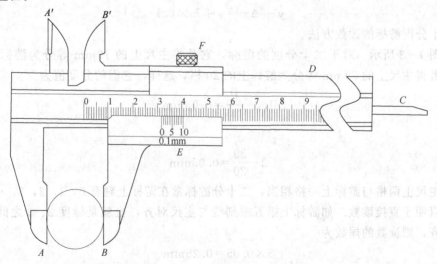

图 1-1　游标卡尺

游标卡尺的主尺 D 是一根钢制的毫米分度尺，主尺头上有钳口 A 和刀口 A'。卡尺上套有一个滑框，其上装有钳口 B、刀口 B' 和尾尺 C。滑框上刻有游标 E。当钳口 A 与 B 合拢时，游标上的零线应与主尺的零刻度线对齐，这时的读数应为"0"。测量物体的长度时，应将物体放在 A、B 之间，用 A、B 钳口轻轻夹住物体，这时游标的零线在主尺上所指示的读数即为物体的长度。同理，测物体的内径时，可用刀口 A'、B'，尾尺 C 用来测量槽的深度，F 为固定螺钉。

常用的游标卡尺一般有 3 种规格，一种是"十分游标"，另一种是"二十分游标"，还有一种是"五十分游标"。"几分游标"便是将游标等分为几个分格。

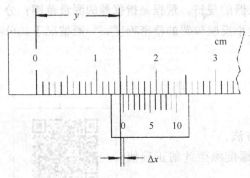

图 1-2　十分游标卡尺的读数

在游标卡尺上读数时，利用游标至少可以直接读出毫米以下一位读数而不必估读。例如在"十分游标"中，十个分度的游标刚好与主尺上 9 个毫米的长度相等，每个游标的分度比主尺的最小分度小 0.1mm。例如，在测量某一物体的长度时，游标对在主尺的位置如图 1-2 所示，从主尺上可直接读出毫米以上的整数部分

$$y = 14mm$$

读毫米以下的位数时，应细心寻找游标上哪一根线与主尺上的刻度对得最齐，从图 1-2 中可以看出，游标上的第四条线与主尺刻度对得最齐，有

$$\Delta x = 4 - 4 \times 0.9 = 4 \times (1 - 0.9) = 4 \times 0.1 = 0.4mm$$

依此类推，如果是第三条线与主尺刻度对得最齐，有

$$\Delta x = 3 \times 0.1 = 0.3mm$$

当第 k 线对得最齐时，则有

$$\Delta x = k \times 0.1$$

读出的结果便是

$$y + \Delta x = y + k \times 0.1$$

这就是十分度游标的读数方法。

如图 1-3 所示，对于二十分度的游标，它是将主尺上的 19mm 等分为游标上的 20 格，或者将主尺上的 39mm 等分为游标上的 20 格，这样，它们的分度值为

$$1.0 - \frac{19}{20} = 0.05mm$$

或

$$2 - \frac{39}{20} = 0.05mm$$

此时，主尺上两格与游标上一格相当，二十分游标常在游标上刻有 0，1，2，3，…，9 等标度，以便于直接读数。如游标上第五根刻线与主尺对齐，也就是标度 2、3 之间的线与主尺对齐，则读数的尾数为

$$5 \times 0.05 = 0.25mm$$

如果是第六根，也就是标度为 3 的线与主尺对得最齐，则读数的尾数是

$$6 \times 0.05 = 0.30mm$$

如图 1-4 所示，对于五十分游标，即主尺上 49mm 与游标上 50 格相当，它的分度值为

$$1 - \frac{49}{50} = 0.02mm$$

为了便于读数，游标上刻有 0，1，2，…，9 几个标度，如果是第 7 条线，也就是标度
"1" 后面的第二条线与主尺对得最齐，则该读数的尾数部分为

$$7 \times 0.02 = 0.14 \text{mm}$$

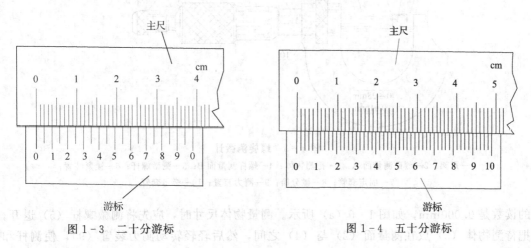

图 1-3　二十分游标　　　　　　　　　　图 1-4　五十分游标

综上所述，游标尺的分度值是由主尺与游标尺刻度的差值决定的，即是由游标的分度
数目决定的。如果设 a 为主尺的最小分度的长度，b 为游标的最小分度的长度，n 为游标
的分度数，则游标卡尺的分度值为

$$a - b = a - \frac{n-1}{n}a = \frac{a}{n}$$

如果游标的第 k 条刻线与主尺上的刻线对齐，那么游标零线与主尺上左边的相邻刻
线的距离就是

$$\Delta x = ka - kb = k(a - b) = k\frac{a}{n}$$

根据上面的关系，对于任何一种游标，只要弄清了它的分度数与主尺最小分度的长
度，就可以直接利用它来读数。

2. 螺旋测微计

螺旋测微计，也称螺纹千分尺，它是比游标卡尺更精密的仪器，常见的一种螺旋测微
计如图 1-5 所示，它的量程是 25mm，分度值是 0.01mm，螺旋测微计结构的主要部分
由一个测微螺杆（5）和螺母套管（10）组成，测微螺杆的后端还带有一个具有 50 个分度
的微分筒（8）。当微分筒相对于螺母套管（10）转过一周时，测微螺杆（5）就会在螺母
套管（10）内沿轴线方向前进或后退 0.5mm。同理，当微分筒（8）转过一个分度时，测
微螺杆（5）就会前进或后退 $\frac{1}{50} \times 0.5$mm（即 0.01mm）。因此，从微分筒（8）转过的刻
度就可以准确地读出测微螺杆（5）沿轴线移动的微小长度，这就是所谓的机械放大原理。
为了读出测微螺杆（5）沿轴线移动的毫米数，在固定套管（7）上刻有毫米分度的标尺。

在螺旋测微计上，有一弓形尺架（1），在它的两端安装了测砧和测微螺杆，它们正好
相对。当转动螺杆使两测量面 A（2）与 B（4）之间刚好接触时，微分筒锥面的端面就应
与固定套管上的零线对齐，同时微分筒上的零线也应与固定套管上的水平准线对齐，这时

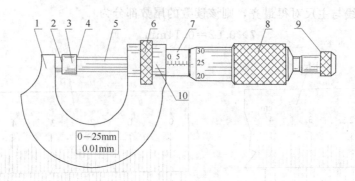

图 1-5 螺旋测微计

1—尺架；2—测砧测量面 A；3—待测物体；4—螺杆测量面 B；5—测微螺杆；6—锁紧装置；

7—固定套管；8—微分筒；9—测力装置；10—螺母套管

的读数是 0.000mm，如图 1-6（a）所示。测量物体尺寸时，应先将测微螺杆（5）退开，把待测物体（3）放在测量面（2）与（4）之间，然后轻轻转动测力装置（9），使测杆和测砧的测量面刚好与物体接触，这时在固定套管（7）的标尺上和微分筒锥面上的读数就是待测物体的长度。读数时，应从标尺上读整数部分（读到半毫米），从微分筒上读小数部分（估计到最小分度的十分之一，即千分之一毫米），然后两者相加。例如。图 1-6（b）中的读数是 8.172mm，而图 1-6（c）中的读数 8.672mm，二者的差别就在于微分筒端面的位置，前者没超过 8.5mm，而后者超过了 8.5mm。

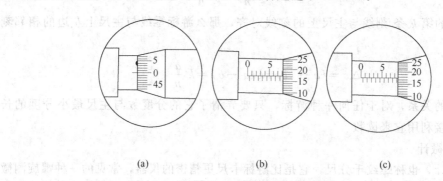

（a）   （b）   （c）

图 1-6 螺旋测微计的读数

在许多精密仪器上，我们都可以看到测微螺旋的装置，它们的螺距可能是不一样的，有 0.25mm、0.5mm、1mm，而在微分筒上的分度，有 25 分度、50 分度和 100 分度的。在使用螺旋测微计之前，应先弄清螺杆、螺距和微分筒的分度，确定它们之间的读数关系。另外，螺旋测微计是精密仪器，使用时应该注意：

（1）记录零点读数，并对测量数据作零点修正，螺旋测微计的零点可以调整，但各种牌号的螺旋测微计调零点的方法不同，可参考仪器说明书。

（2）记录零点及将待测物体夹紧测量时，当测微螺杆接近待测物时就不要直接旋转微分筒了，以免夹得太紧，影响测量结果及损坏仪器。应该转动测力装置（9），它是靠摩擦带动微分筒的，当测杆接触物体时，它会自动打滑，并会发出喀、喀的声音，此时，就不要再继续推进螺杆而可以进行读数了。

（3）千分尺使用后，量面间要留有一定的空隙，避免热胀时损坏测微螺杆上的精密螺纹，然后放回盒内。

【实验内容及步骤】

1. 用游标卡尺测量圆柱体的高度 h

（1）记下游标的分度数和跟它对应的主尺分度数，利用主尺最小分度的长度值，确定主尺上一小格与游标上一小格的差值，并且确定游标卡尺的最小分度值。

（2）检查内卡的测量刀口和外卡的测量钳口有无损伤；推动卡尺使两个钳口接触，再检查有无缝隙或缺口。

（3）记下卡尺的零点读数 L_0，注意其正负，以便对测量值进行修正。用外卡测量圆柱体的高度 h，在圆柱体的轴线方向不同部位测量 5 次，将测得的数据填在表格中，并计算测量平均值、绝对误差和相对误差，最后写出测量结果。

2. 用螺旋测微计测圆柱体的直径 d

（1）弄清仪器的结构和读数方法，如微分筒转一圈测杆移动了多少毫米，微分筒上有多少小格，旋转一小格相当于测砧与测杆之间的距离改变多少毫米等。

（2）记下零点读数 D_0，注意其正负。

（3）用螺旋测微计测圆柱体的直径 d，在圆柱体直径的不同部位测量 9 次，将数据填入表格中。并计算平均值、绝对误差和相对误差，并写出最后结果。

【参考表格】

表1-1 测量圆柱体的高度 h

仪器：　　　　分度值：　　　　单位：　　　　零点读数 L_0：

测量次数	1	2	3	4	5	平均值
卡尺上的读数 L_i						
圆柱体的高度 $h=L_i-L_0$						
Δh						

表1-2 测量圆柱体的直径 d

仪器：　　　　单位：　　　　零点读数 D_0：

次数	1	2	3	4	5	6	7	8	9	平均值
直径 d										
Δd										

【思考题】

1. 用游标卡尺测量时，从尺上何处读出被测量的毫米整数位？如何求出不足 1mm 的小数？

2. 螺旋测微计以毫米为单位可估读到哪一位？

3. 使用螺旋测微计时应注意哪些问题？

实验二　物体密度的测定

（一）规则物体密度的测定

【实验目的】

1. 掌握测定规则物体密度的方法。
2. 学习使用物理天平的方法。
3. 进一步掌握有效数字及误差的计算。
4. 进一步熟悉游标卡尺和螺旋测微计的使用。

物体密度的测定

【仪器和用具】

游标卡尺、螺旋测微计、物理天平、待测圆柱体。

【实验原理】

若一物体的质量为 M，体积为 V，密度为 ρ，则按密度的定义有

$$\rho = \frac{M}{V} \tag{2-1}$$

当待测物体是规则几何体时，其体积可用数学方法算出。例如，待测物体是一直径为 d，高为 h 的圆柱体时，公式变为

$$\rho = \frac{4M}{\pi d^2 h} \tag{2-2}$$

由上式可知，只要测出圆柱体的质量 M、外径 d 和高度 h，代入式(2-2)，就可以算出该圆柱体的密度 ρ。一般说来，待测圆柱体各个断面的大小和形状都不尽相同。从不同方位测量它的直径，数值会稍有差异；圆柱体各处的高度也不完全一样。为此，要精确测定圆柱体的体积，必须在它的不同位置测量直径和高度，求出直径和高度的算术平均值。测圆柱体的直径时，可选圆柱体的上、中、下 3 个部位进行测量，每一部位至少要测量 3 次。每测得一个数据后，应转动一下圆柱再测下一个数据。最后利用测得的全部数据求直径的平均值。同样，高度也应在上、下两底面的不同位置进行多次测量。

【装置介绍】

1. 物理天平的构造

天平是利用杠杆原理称衡质量的仪器，其外形示意图如图 2-1 所示，天平的横梁 B 上有 3 个刀口，横梁由中间刀口 a 支于直立支架上，两端分别有刀口 b，其上有挂钩 H_1、H_2，钩下各挂一盘 D_1 和 D_2，底座上有两个螺旋 C_1、C_2 可调节底座水平，横梁上有一可以左右滑动的游码 R，根据游码在横梁上的位置可读出 $0 \sim 1\text{g}$ 的读数(具体情况视所用的天平来定)。秤量前，应使游码 R 放在横梁上刻度为零的地方。横梁下面有一固定的指针 P。当横梁摆动时，指针尖端就在支柱下方的标尺 S 前摆动。制动旋钮 Q 可以控制横梁的升降，横

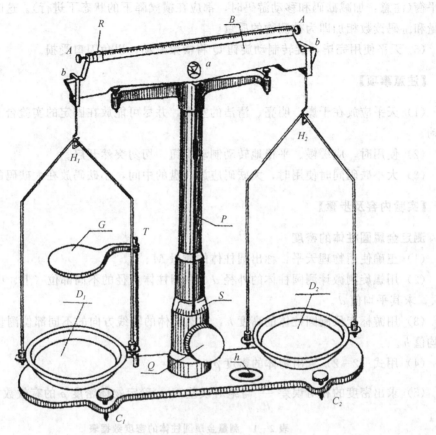

图 2-1　物理天平

梁下降时，制动架就会把它托住，以免磨损刀口，横梁两端各有一平衡螺母 A，是天平空载时调平衡用的，G 是可以绕 T 杆水平旋转和能上下移动的小平台，可以放置杯子等物，天平架底座上有一水平气泡 h，秤量前应将水准气泡内的气泡调节到最小的黑圈内。

天平有两个重要的技术指标。

(1) 感量　感量是指天平指针偏转标尺上一个分度格时，天平称盘上应增加（或减少）的砝码值。感量的倒数称为天平的灵敏度。

(2) 称量（极限负载）　是允许称衡的最大质量。本实验所用的天平的最大称量为 500g。

天平的仪器误差一般取感量的一半。

2. 物理天平的使用

(1) 首先看天平的感量和称量，以决定该天平是否适用。

(2) 天平架的水平调节，旋转底脚螺丝 C_1、C_2，使水准泡 h 的气泡位于中心位置。

(3) 零点调节（又称调节平衡），将横梁两端的秤盘放在刀口 b 上，用制动旋钮 Q 将横梁 B 升上去，置于刀口 a 上，观察指针 P 是否静止或在标度尺 S 左右作等幅摆动，如果不是，将横梁放下，反复多次调节螺旋 A，直至横梁上升时指针 P 静止或左右等幅摆动。

(4) 称物体时，被称物体放在左盘，砝码放在右盘，加减砝码时应该使用镊子，严禁用手。如果加上或减去 1g 砝码使指针摆动幅度左右交替增大，就可移动游码 R，直至横梁平衡(注意：加减砝码和移动游码时，都应在横梁降下的状态下进行)。这时，将砝码的质量和游码读数相加即为被测物的质量。

(5) 天平使用完毕，旋转制动旋钮 Q 将横梁制动，以免刀口受损。

【注意事项】

(1) 天平应放在干燥、明亮、清洁的室内，并尽可能放在固定的实验台上，不宜经常搬动。

(2) 使用时，应缓慢、平稳地转动制动旋钮，切勿突然开启。

(3) 大小砝码同时使用时，大砝码应放在盘的中间，小砝码放在大砝码的周围。

【实验内容及步骤】

测定金属圆柱体的密度

(1) 正确使用物理天平，称出圆柱体的质量 M。

(2) 用螺旋测微计测圆柱体的外径 d，在圆柱体直径的不同部位 (上、中、下) 测量 9 次，求其平均值 $\bar{d}$。

(3) 用游标卡尺测圆柱体的高度 h，在圆柱体的轴线方向的不同部位测量 5 次，求其平均值 $\bar{h}$。

(4) 用式 (2-2) 算出物体的密度 ρ。

(5) 求出密度的相对误差 $\dfrac{\Delta\rho}{\rho}$ 与绝对误差 $\Delta\rho$，确定物体密度 ρ 的有效数字位数。

表 2-1　测量金属圆柱体的密度数据表　　　　　　　单位 10^{-3} m

直径 d									平均值 $\bar{d}$
上　端			中　端			下　端			
d_1	d_2	d_3	d_4	d_5	d_6	d_7	d_8	d_9	

高度 h					平均值 $\bar{h}$
h_1	h_2	h_3	h_4	h_5	

$$M=\qquad\text{kg};\qquad\Delta M=\qquad\text{kg}$$

$$\Delta d=\qquad\text{m};\qquad\Delta h=\qquad\text{m}$$

密度为 $\qquad\rho\pm\Delta\rho=\qquad$ kg·m^{-3}

相对误差为 $\quad E_r=\dfrac{\Delta\rho}{\rho}=\dfrac{\Delta M}{M}+2\,\dfrac{\Delta d}{\bar{d}}+\dfrac{\Delta h}{\bar{h}}=\qquad$ %

(二) 不规则物体和液体密度的测定

在生产和科学实验中，为了对材料成分进行分析和纯度鉴定，需要测定各种形状不规则的固体或液体材料的密度。流体静力称衡法和比重瓶法是常用的两种方法。此外比重计和比重秤也常用来测定液体的密度。下面我们介绍流体静力称衡法和比重瓶法两种测量密度的方法。

【实验目的】

1. 学会物理天平的正确使用方法。
2. 用流体静力称衡法和比重瓶法测固体和液体的密度。
3. 掌握间接测量误差的估算方法。

【仪器和用具】

物理天平、比重瓶、烧杯、待测固体、食盐水、纯水、温度计。

【实验原理】

1. 流体静力称衡法

按照阿基米德定律，浸在液体中的物体要受到向上的浮力。浮力的大小等于物体所排开的液体的重量。根据这一定律，我们可以求出物体的体积。先将质量为 m 的待测物体用细线扎好，吊在天平挂钩上，称出物体和吊线的总质量 m_1。然后把物体全部浸入水中（见图 2-2），用天平进行称衡，天平平衡时，所加砝码的质量为 m_2。根据阿基米德定律，物体所受的浮力

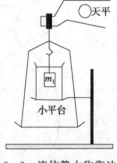

$$F = m_1 g - m_2 g$$

且

$$F = \rho_0 V g$$

图 2-2 流体静力称衡法

式中 ρ_0 为实验室温度下水的密度，V 为固体体积，

所以

$$m_1 g - m_2 g = \rho_0 V g$$

于是固体的体积

$$V = \frac{m_1 - m_2}{\rho_0} \qquad (2-3)$$

所以待测物体的密度

$$\rho = \frac{m}{V} = \frac{m}{m_1 - m_2} \rho_0$$

如果吊线的质量与待测固体的质量相比可以忽略不计时，可以认为 $m \approx m_1$，于是有

$$\rho = \frac{m_1}{m_1 - m_2} \rho_0 \qquad (2-4)$$

如果将上述物体再浸入密度为 ρ' 的待测液体中，天平平衡时所加砝码的质量为 m_2'，有

$$m_1 g - m_2' g = \rho' V g$$

所以

$$\rho' = \frac{m_1 - m_2'}{V}$$

将式（2-3）代入上式

$$\rho' = \frac{m_1 - m_2'}{m_1 - m_2} \rho_0 \qquad (2-5)$$

此式即为待测液体的密度表达式。

2. 比重瓶法

实验所用的比重瓶如图 2−3 所示，在比重瓶内注满液体，当用中间有毛细管的玻璃塞子塞住时，多余的液体就从毛细管溢出，这样瓶内盛有的液体的体积就是固定的。比重瓶内腔的体积 V 通常标明在比重瓶上，图 2−4 所示是带有毛细管和温度计的比重瓶，它应用起来更为方便。温度计和瓶颈之间是磨口连接。瓶内液体的温度可以用温度计直接观测。这样就避免了在瓶外用温度计间接测量瓶内液体所造成的系统误差。

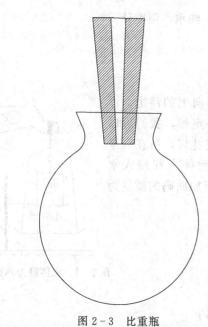

图 2−3　比重瓶

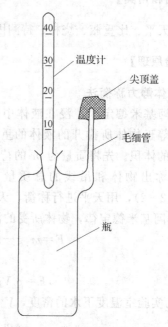

图 2−4　带有温度计的比重瓶

如果要测待测液体的密度时，可先称出比重瓶的质量 M_0，然后再分两次将温度相同的(室温的)待测液体和纯水注满比重瓶，称出纯水和比重瓶的总质量 M_1 以及待测液体和比重瓶的总质量 M_2。于是，同体积的纯水和待测液体的质量分别为 $(M_1 − M_0)$ 与 $(M_2 − M_0)$，设待测液体的密度为 ρ'，则有

$$(M_1 − M_0)g = \rho_0 Vg$$
$$(M_2 − M_0)g = \rho' Vg$$

所以有
$$\rho' = \frac{M_2 − M_0}{M_1 − M_0}\rho_0 \qquad\qquad (2−6)$$

要是用比重瓶法来测量不溶于水的小块物体的密度 ρ''，可称出小块物体的总质量 M_3，盛满纯水后的比重瓶的总质量为 M_1，在盛满纯水的瓶内投入小块固体后的总质量为 M_4。显然，被小块固体排出比重瓶外的水的质量是 $(M_3 + M_1 − M_4)$，排出的水的体积也就是质量为 M_3 的小块固体的体积，所以小块固体的密度为

$$\rho'' = \frac{M_3}{M_3 + M_1 − M_4}\rho_0 \qquad\qquad (2−7)$$

做以上实验时，应注意以下事项：

称比重瓶的质量 M_0 时，比重瓶内外必须保持干燥，当比重瓶装过待测液体再装纯水

时，必须先用纯水把比重瓶洗干净，以免由于残留的待测液体改变纯水的密度，在拿比重瓶时，不要用手"一把抓"，以免改变液体的温度，从而使液体的密度发生变化。另外，使用比重瓶时，一般是使用移液管将液体注入到满为止，注入液体时注意，应使液体沿瓶壁流下，以免使比重瓶内留有气泡，并用吸水纸将瓶外及瓶口和塞子间隙中的液体擦干。如果进行精密测量时，要把充满液体的比重瓶敞口放在恒温器中加热到液体沸腾，以除去液体中的空气，待比重瓶冷却到室温以后，再进行测量。

【实验内容及步骤】

1. 用流体静力称衡法测金属圆柱体的密度

（1）按照物理天平的使用方法，称出物体在空气中的质量 m_1。

（2）把盛有大半杯水的杯子放在天平左边的托盘上，然后将用细线挂在天平左边小钩上的物体全部浸入水中（注意不要让物体接触杯子），称出物体在水中的质量 m_2。

（3）由附表查出室温下纯水的密度 ρ_0，按式（2-4）算出物体的密度，并计算误差。

2. 用流体静力称衡法测量食盐水的密度

将上述杯子中的水倒掉，用待测食盐水将杯子冲洗两遍，然后将盛有大半杯食盐水的杯子放在天平左边的托盘上，重复实验内容 1 中的步骤（2），测出物体在盐水中的质量 m_2'。将 m_2' 及内容 1 中所测出的 m_1 代入式（2-5）中，即可算出食盐水的密度 ρ'，并计算误差。

3. 用比重瓶法重新测量 2 中的食盐水的密度

（1）洗净、烘干比重瓶（注意瓶内外都要干燥），称出其质量 M_0。

（2）将比重瓶注满纯水，塞上塞子，擦去溢出来的水，这时水面恰好到达毛细管顶部。用天平称出比重瓶和纯水的总质量 M_1。

（3）擦净、烘干比重瓶，再装满待测液体，称出装满待测液体的比重瓶的质量 M_2。

（4）将 M_1、M_2 和 M_0 代入式（2-6）中，即可求出食盐水的密度 ρ'。

（5）比较本实验所测出的 ρ' 和 2 中所得出的结果是否相同，求出其相对误差。

4. 用比重瓶法测量不规则铅粒的密度

（1）用天平称出铅粒的质量 M_3。

（2）盛满纯水的比重瓶的质量为 M_1，在盛满纯水的比重瓶内加入上述质量为 M_3 的铅粒，用吸水纸吸干溢出瓶外的水，称出其总质量 M_4。

（3）将 M_3、M_1 和 M_4 代入式（2-7）中，求出铅粒的密度 ρ''。

（4）求出其相对误差。

下面以式（2-4）为例，介绍一下推导密度 ρ 的相对误差的一种方法。

由式（2-4）即

$$\rho = \frac{m_1}{m_1 - m_2} \rho_0$$

两边取对数得

$$\ln\rho = \ln m_1 - \ln(m_1 - m_2) + \ln\rho_0$$

求全微分

$$\frac{d\rho}{\rho} = \frac{dm_1}{m_1} - \frac{1}{m_1 - m_2}dm_1 + \frac{1}{m_1 - m_2}dm_2 + \frac{1}{\rho_0}d\rho_0$$

ρ_0 为已知，所以

$$\frac{\Delta\rho}{\rho} = \left|\frac{1}{m_1} - \frac{1}{m_1 - m_2}\right| \Delta m_1 + \left|\frac{1}{m_1 - m_2}\right| \Delta m_2$$

当测量 m_1、m_2 所用为同一架天平时，有

$$\Delta m_1 = \Delta m_2 = \Delta m$$

所以

$$\frac{\Delta\rho}{\rho} = \left|\frac{1}{m_1} - \frac{1}{m_1 - m_2}\right| \Delta m + \left|\frac{1}{m_1 - m_2}\right| \Delta m$$

$$= \frac{m_1 + m_2}{m_1(m_1 - m_2)} \cdot \Delta m$$

所以将 m_1、m_2、Δm 代入上式即可求出相对误差 $\dfrac{\Delta\rho}{\rho}$，同理，也可求出其他几项的相对误差表达式。

【思考题】

1. 用物理天平称量物体前，必须对天平作哪些调整？

2. 在使用天平时，应如何注意保护天平的刀口？

3. 用物理天平称量物体质量时，可否把砝码与待测物体位置交换？为什么？

4. 实验中所用的水能否用当时从水笼头里放出来的自来水？为什么？

5. 怎样正确使用比重瓶？

6. 用流体静力称衡法测物体密度时，要将物体全浸入水中进行称量，此时应注意哪些问题？

实验三　声速的测量

声波是一种能在气体、液体和固体中传播的弹性机械波。频率低于 20Hz 的声波称为次声波；频率在 20Hz～20000Hz 的声波称为可闻声波，就是平常所说的声音；频率高于 20000Hz 的声波称为超声波。声波的传播速度，简称声速。在同一介质下，声速基本与频率无关。

声速的测量在声波探伤、航海、军事探测、定位、交通违章检测以及医学诊断等方面有诸多应用，学习声速的测量方法，在工业生产和现实生活中具有一定的实用意义。

声速的测量方法大致可分为两类：一类是根据运动学理论 $v = \dfrac{\Delta L}{\Delta t}$，通过测量声波在介质中的传播距离 ΔL 和传播时间 Δt，得到声速；另一类是根据波动学理论 $v = f\lambda$，通过测量声波在介质中的振动频率和传播波长得到声速。本实验根据波动学理论测量声速。

【实验目的】

1. 学会用共振干涉法、相位比较法以及时差法测量声波在空气中的传播速度。

2. 学会用逐差法处理数据。

声速的测量

3. 加深对振动合成、波动干涉等理论知识的理解。

【仪器和用具】

HLD-SV-II型声速测量仪；双踪示波器；低频信号发生器。

【实验装置】

1. 低频信号发生器

低频信号发生器为一正弦波发生器，如图3-1所示，其输出信号频率在25kHz~45kHz范围内连续可调，由信号源频率显示窗口读出。输出电压在$2V_{p-p}$左右，同样可连续调节。

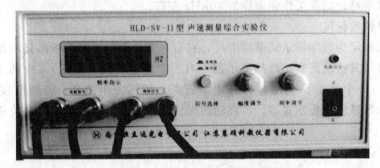

图3-1　HLD-SV-II型声速测量信号发生器

2. 超声波传感器

超声波传感器结构如图3-2所示，有金属外壳屏蔽，抗干扰能力强，反射与接收信号强。

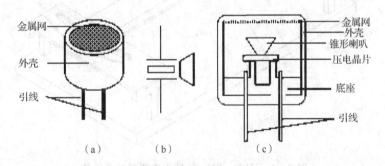

图3-2　超声波传感器
(a) 外形图；(b) 电路符号；(c) 内部结构

超声波传感器是根据压电效应及逆压电效应原理制作而成，内部结构主要为压电晶片。压电效应及逆压电效应原理是由法国人居里兄弟1880年在研究热电现象和晶体对称性时发现的。压电晶片受到应力F后，在其内部产生电场E，$E=\sigma \cdot F$，σ为压电常数，这就是压电效应。压电晶片接收到超声波信号后使之转换为电信号，从而将机械能转换为电能。当超声波频率与压电晶片固有（共振）频率一致时，产生的电信号最强。超声接收器的内部结构主要为压电晶片，其功能就是将超声波信号转化为交流电信号输送给示波器。

压电晶片在电场E作用下还产生伸缩现象，形变$S=d \cdot E$（d为伸缩常数），这就是逆压电效应。压电晶片在交变电场作用下产生周期性的收缩和伸长，当外加电场的频率和压电晶片固有频率相同时振动振幅最大。超声发射器的内部结构亦为压电晶片，它是把电能转换成超声振动能，在周围媒质（空气）中激发超声波。

3. HLD－SV－II 型声速测量仪

HLD－SV－II 型声速测量装置结构如图 3－3 所示，主要由超声发射器、接收器和数显读数标尺以及固定支架组成。

（1）超声发射器和超声接收器

超声发射器 S_1 和超声接收器 S_2 结构相似，只是压电晶片的性能有所差别。超声发射器 S_1 的压电晶片将电能转变为机械能的效率高，而超声接收器 S_2 的压电晶片使机械能转变为电能的效率高。二者工作频率皆为 40kHz 左右。

（2）数显读数标尺

数显读数标尺为数字显示式游标卡尺，它有一个位移传感器及液晶显示器。游标移动时，能直接显示其移动距离。液晶显示器上有一个电源开关（图 3－3 中的 1）和一个置零开关（图 3－3 中的 3）。使用时打开电源开关，使用完毕关断。使用前按一下置零开关，可使显示器显示的数字置零，再移动游标位置，液晶显示器显示的是位移增量值。读数准确可靠。

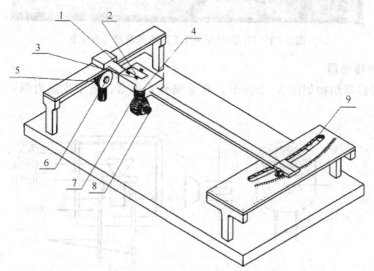

图 3－3　HLD－SV－II 型声速测量装置结构
1—数显读数标尺电源开关；2—数显读数标尺位移显示窗口；3—数显读数标尺位移置零开关；
4—超声接收器位移调节；5—超声发射器信号输入；6—超声发射器；
7—超声接收器；8—超声接收器信号输出；9—转动导轨；转动紧固导轨

超声波接收器与转动装置连接，并可读出转动角度，配合适当的双缝板和单缝板，可做声波的双缝干涉和单缝衍射实验。

由于超声波具有波长短，易于定向发射及抗干扰能力强等优点，声速测量综合实验装置不仅可观察驻波与共振干涉现象，测量声波在空气中的传播速度，而且可以观测声波的双缝干涉现象和单缝衍射现象，测量声波在空气中的波长。

在气体介质中，声波是纵波而不是横波，因而不出现偏振现象，与电磁振动有显著不同，但声波所产生的干涉和衍射效应与电磁波的干涉和衍射效应相似。

【实验原理】

1. 声速测量原理

声波为纵波，在空气中传播具有固定的振动频率 f 和传播波长 λ ，利用关系式 $v=f\lambda$ 可以测量声速。

2. 声波振动频率的测量

S_1 为声波波源，它被低频信号发生器输出的交流电信号激励后，由于逆压电效应，发生受迫振动，并向空气中定向发出平面声波；S_2 为超声波接收器，声波传播到它的接收面时，再被反射。这样在发射面与接受面间形成入射波与反射波的多次叠加。当发射面与接收面之间的距离 L 满足 $n\dfrac{\lambda}{2}$ 时，形成稳定的驻波，这时接收器 S_2 接收到的是驻波波节，亦是声压波腹。声波在传播时，空气介质在传播方向上会疏密变化，波腹处介质被"拉伸"变疏，波节处被"压缩"，所以波节处的声压最大。若超声波振动频率与 S_2 的谐振频率一致，S_2 产生谐振，声压波腹达到极大，接收器输出的交流信号振幅亦达到极大，从而在示波器上可以观察到电信号幅值极大值。为了提高测量声波的准确度和灵敏度，让 S_2 工作在谐振频率，信号发生器输出的频率就是声波振动频率，可以在液晶显示窗口读出。

3. 声波波长的测量

声波的波长用驻波法（共振干涉法）和行波法（相位比较法）测量。

（1）驻波法（共振干涉法）

能量转换器 S_2 的位置与声压的关系如图 3-4 所示。

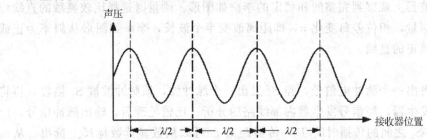

图 3-4　能量转换器 S_2 的位置与声压的关系

超声波接收器 S_2 与游标卡尺相连，超声波发射器 S_1 发出的超声波与 S_2 反射的超声波在它们之间的区域内叠加，因振动频率相同、振动方向相同和传播方向相反，当 S_1 与 S_2 的间距 L 为超声波半波长的整数倍时，即

$$L=n\frac{\lambda}{2}, \qquad n=0,1,2,\cdots$$

两波相干涉而形成驻波。沿波的传播方向逐渐移动 S_2 位置，示波器显示的交流电信号幅度呈周期性变化，当显示极大值时，在数显读数标尺上依次读出 S_2 的位置，就可测出超声波的波长。

（2）行波法（相位比较法）

波是振动状态的传播，也是位相的传播。沿波传播方向，超声波行波相位相同的两点之间的距离就是波长的整数倍。利用这个原理，可以精确测量波长，试验装置如图 3-3 所示。沿波的传播方向逐渐移动接收器 S_2 的位置，在同一时刻 S_1 与 S_2 处的波有一相位差。当相位差 $\Delta\varphi = 2n\pi$，S_2 就移动 $n\lambda$。在示波器上，可以观察 S_1 与 S_2 交流信号相位的变化，利用李萨如图形判断 S_1 与 S_2 处相位差的改变量，从而测出超声波的波长。

由波动理论可知，若超声波发射器 S_1 和超声波接收器 S_2 之间的距离为 L，则发射器 S_1 处的波与接收器 S_2 处的波的相位差为

$$\Delta\varphi = 2\pi\frac{L}{\lambda}$$

由此可见，改变 S_1 与 S_2 之间的距离，相当于改变发射波和接收波之间的相位差 $\Delta\varphi$。

实验中，输入示波器 X 通道和 Y 通道的信号是来自 S_1 与 S_2 的信号，它们的频率一致，方向垂直，所以李萨如图形是椭圆，椭圆的倾斜度与两信号的位相差有关；当两信号的位相差为 $n\pi$ 时，椭圆变成倾斜的直线，如图 3-5 所示。

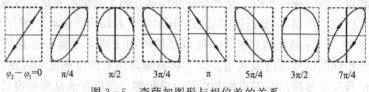

$$\varphi_2 - \varphi_1 = 0 \qquad \pi/4 \qquad \pi/2 \qquad 3\pi/4 \qquad \pi \qquad 5\pi/4 \qquad 3\pi/2 \qquad 7\pi/4$$

图 3-5 李萨如图形与相位差的关系

李萨如图形是由两个相互垂直的简谐振动信号叠加而成。为了在示波器上观察到李萨如图形，发射换能器的输入信号和接收换能器的输出信号必须一个作为示波器的"X 输入"，另一个作为"Y 输入"。适当调节"X"通道和"Y"通道的位移旋钮和灵敏度选择开关，可以在示波器上观察到完整的和稳定的李萨如图形。测量时选择比较灵敏的直线形李萨如图形进行测量，相位差每变化 π，即距离改变半个波长，李萨如图形从斜率为正或负的直线变为负或正的直线。

（3）时差法

信号发生器发出一个脉冲电信号，经 S_1 发出一个脉冲波，该脉冲波被 S_2 接收，再将该信号返回信号发生器，经信号发生器内部线路的分析、比较处理后，输出脉冲信号，记录脉冲波在 S_1 和 S_2 之间的传播时间 T，传播距离 L 可以从数显读数标尺上读出，从而测出超声波的波长。利用 $V = \dfrac{L}{T}$，可以求出声波在空气中的传播速度。

4. 数据处理

建议采用逐差法处理数据。逐差法就是把多次有序测量数据逐项相减，或按顺序分成两组进行对应项等间隔相减，所得差值作为因变量的数据处理方法。其优点是充分利用了测量数据，具有对数据取平均的效果，可及时发现测量差错或数据的分布规律，便于及时纠正或及时总结数据规律，它是物理实验中常用的数据处理方法。

在本实验中，用游标卡尺测出 $2n$ 个半波长的位置，并依次算出每经过 n 个 $\dfrac{\lambda}{2}$ 的距离为

$$n\frac{\overline{\lambda}}{2} = \frac{\sum\limits_{i=1}^{n}(L_{n+i}) - L_i)}{n}$$

这样就很容易计算出 $\bar{\lambda}$。若测不到超声波传播 20 个半波长的位置，则可少测几个（一定是偶数），用类似方法计算即可。

在 0℃时，空气的声速为 331.45m・s^{-1}，16℃时，空气的声速为 341.02m・s^{-1}。

【实验内容及步骤】

1. 仪器连接与调节

（1）将信号发生器的输出端与超声波发射器 S_1 和示波器的 X 输入（CH1 通道）并联连接。超声波接收器 S_2 的输出端与示波器的 Y 输入（CH2 通道）连接。将正弦波信号发生器的输出频率调至 40kHz，电压幅度调至适中。

（2）开启示波器，触发方式选择"自动"，选取适当的垂直偏转灵敏度（如 0.5V/DIV 即 0.5/格，下同）和扫描速度（如 20s/DIV），调节垂直和水平位移及垂直微调，使在示波器荧光屏上观察到的接收信号居于屏幕中央，波形幅度适中（4~5DIV）。

（3）将超声波接收器 S_2 从与超声波发射器 S_1 靠近处稍微移动（5~6cm）适当距离，在此范围内找出示波器接收信号幅度为最大值时接收器的位置，此位置设为 L_0。（数显读数标尺位移置零）。

2. 测量声波振动频率

在 40kHz 左右，小量反复调节正弦波信号发生器输出频率，信号发生器输出正弦信号，通过 S_1，使超声波接收器 S_2 发生谐振，这时示波器显示 S_2 输出信号振幅最强，记下信号发生器的显示频率 f，f 就是超声波的振动频率。改变 S_2 位置，旋动粗、细调旋钮，再次调节信号发生器的频率，同时观察示波器显示波形幅值变化情况，使 S_2 发生谐振，反复进行 5 次，依次将测量结果填入表 3－1，记下平均频率 f 值，使信号发生器输出该频率。实验过程中，该频率不许改变，否则影响实验数据。该平均频率作为声波在空气中传播的振动频率。

表 3－1　声波传播振动频率

测量次数 n	1	2	3	4	5	平均值
频率 f（Hz）						

（一）测量声波传播波长

1. 驻波法（共振干涉法）

调整超声波发射器 S_1、超声波接收器 S_2 端面与数显读数标尺的移动方向相互垂直，拧紧固定 S_1 和 S_2 的螺丝，以防测量过程中 S_1 和 S_2 松动。在示波器上，确定所选第一个波腹的位置，并初始化数显读数标尺。沿着超声波传播方向缓慢改变 S_2 位置，在示波器上观察 20 个 S_2 输出信号振幅最大值，这时读取数显读数标尺，分别记录 S_2 的 L_i 位置，填入表 3－2。

表 3－2　共振干涉法测波长

共振频率＿＿＿＿＿kHz

序号	L_i/mm	序号	L_{i+5}/mm	$5\Delta L_i = \mid L_{i+5} - L_i \mid$ /mm	平均 $\overline{\Delta L_i}$
1		6			
2		7			

序号	L_i/mm	序号	L_{i+5}/mm	$5\Delta L_i = \mid L_{i+5} - L_i \mid$ /mm	平均 $\overline{\Delta L_i}$
3		8			
4		9			
5		10			

注：L_i 为接收信号幅度极大值时接收器的位置

2. 行波法（相位比较法）

（a）示波器选择为 X—Y 工作方式，调节适当的垂直偏转灵敏度和扫描速度，在示波器荧光屏上即可观察到发射信号和接收信号叠加的结果。

（b）把接收器 S_2 置于 $L_0 = 0.00$mm 后由近及远慢慢移动，在示波器荧光屏上观察相位差从 $0 \sim \pi$ 变化的李萨如图形，图形由 "/" 直线变为 "\" 直线。

（c）记下出现 "\" 直线形时接收器 S_2 的位置，由近至远慢慢移动接收器 S_2，并注意观察图形的变化，逐个记下每发生一次半周期变化，即图形由 "\" 直线变为 "/" 直线时接收器 S_2 的位置 L_1、L_2，…，L_{20}，用逐差法求波长值。测量结果填入表 3-3。

表 3-3　相位法测波长

共振频率_____kHz

相位差	L_i /mm	相位差	L_{i+5} /mm	$5\Delta L_i = \mid L_{i+5} - L_i \mid$ /mm	平均 $\overline{\Delta L_i}$
π		6π			
2π		7π			
3π		8π			
4π		9π			
5π		10π			

注：L_i 为李萨如图形为直线时接收器的位置

（d）实验完毕，关掉仪器和示波器及数显标尺的电源开关。

3. 时差法

将 S_1 与 S_2 之间的距离调至 $\geqslant 50$mm，这是因为 S_1 与 S_2 两间距太近或太远时，信号干扰太多。固定 S_1，记录 S_2 时的 L_1 和 T_1；移动 S_2 至某一位置 L_2，测量 T_2。以此类推。若此时时间显示窗口数字变化太大，可通过调节接收增益来调整，当时间显示稳定时，记录时间 T，计算波速 v，$v = \dfrac{L_2 - L_1}{T_2 - T_1}$。测量 6 次，取平均值，利用 $V = \dfrac{1}{3}\sum\limits_{i=1}^{3} \dfrac{L_{i+3} - L_i}{T_{i+3} - T_i}$，计算波速。

表 3-4　时差法测声速

序号	L_i /cm	$T_i(10^{-6}S)$	序号	L_{i+3} /cm	$T_{i+3}(10^{-6}S)$	$\dfrac{L_{i+3} - L_i}{T_{i+3} - T_i}$
1			4			
2			5			
3			6			

【分析与讨论】

做实验时要仔细认真，小心操作，两人小组默契配合才能得到更精确的结果。在移动超声波接收器 S_2 时，操作不要太快，接近读数点时要放慢速度，最好不要逆向移动；示波器的图像要调节到合适的位置，以便观察和减小读数误差。观察李萨如图形重合时，要小心认真，否则会增大读数误差。

声波在含有水蒸气或尘埃的空气中传播时，速度都比在纯净空气中传播时要大，因此最后的测量结果都偏大。使用相位法测量声速，结果较为准确，因为这个方法是观察李萨如图像变化，到图像重合时记录 S_2 位置，判断"图像是否重合成直线时"是相对容易的，所以误差较小。

【思考题】

1. 怎样使示波器显示的超声波接收器 S_2 产生交流电压信号幅值最大？

2. 为何在声波形成驻波时，在波节位置处声压最大，因而超声波接收器 S_2 输出的信号幅度最大？

【注意事项】

1. 调节仪器旋钮时要轻缓，以免损坏仪器。

2. 实验时，要使信号发生器的输出频率等于超声波接收器 S_2 的谐振频率，并在实验过程中保持不变。

3. 使用数显读数标尺移动超声波接收器 S_2 位置时，必须轻而缓慢地调节，中途不要来回移动，否则取得的数据误差较大，手不要压读数标尺。

4. 超声波接收器 S_2 发射面与超声波接收器 S_2 接受面要保持相互平行。

5. 搬动仪器时，不能将数显游标卡尺当手柄使用。应两手抄拿底板，轻搬、轻放。

6. 不做实验时，声速测量仪应用防尘罩（或布）防尘，以避免灰尘进入。

【选做实验：（设计性实验）】

（二）声波的双缝干涉

图 3-6 为双缝干涉实验装置。对于不同的 α 角，如果从双缝到接收器的波程差是零或波长的整数倍，就会产生相长干涉，因而观察到干涉强度的极大值；当波程差是半波长的奇数倍时，干涉强度出现极小值。因此，干涉强度出现极大值与极小值的条件如下：

$$极大值：d\sin\alpha = n\lambda \tag{3-1}$$

$$极小值：d\sin\alpha = \left(n + \frac{1}{2}\right)\lambda \tag{3-2}$$

式中，n 为零或整数，d 为两个缝中心位置的距离，λ 为声波的波长。

为了减少由于两个缝处的衍射所引起的复杂性。最简单的办法是每个缝的宽度均小于 1 个波长（8~9mm 为一个波长），缝宽仅 2~3mm，而两个缝相隔为几个波长，（实际使用双缝间距约为 3 倍波长）。这时，测量主极大，次极大和极小值 α 的位置。要观察更多极大值和极小值位置，需将固定读数标尺与转动导轨的螺丝卸下，放好后，转动更大角度观察 α 的位置。

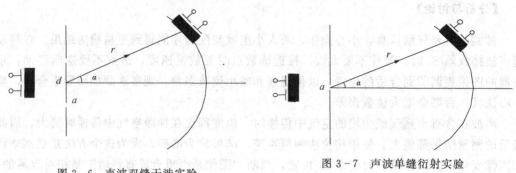

图 3-6　声波双缝干涉实验　　　　　　图 3-7　声波单缝衍射实验

(三) 声波的单缝衍射

图 3-7 为单缝衍射实验。将转动紧固螺丝卸下（注意螺丝和螺帽不能丢失）放入纸盒内，将超声波接收器 S_2 绕轴心转动，可以观察接收信号在不同角位置时强度的变化。当来自单缝一半的辐射与来自另一半的辐射相差半波长奇数倍时，$\frac{a}{2}\sin\alpha = (2k+1)\frac{\lambda}{2}$，会产生相消干涉。由图（3-7）估算一级极小值的角度。转动更大角度时，可观测到一级极大值。

$$\frac{a}{2}\sin\alpha = (2k+1)\frac{\lambda}{2} \tag{3-3}$$

式中，$n = 0, \pm 1, \pm 2, \cdots$，$a$ 为单缝缝宽，α 为超声波接收器 S_2 中心位置转过的角度。

实验四　牛顿第二定律的验证

牛顿第二运动定律的常见表述是：物体加速度的大小跟作用力成正比，跟物体的质量成反比，且与物体质量的倒数成正比；加速度的方向跟作用力的方向相同。该定律是由英国物理学家艾萨克·牛顿在 1687 年于《自然哲学的数学原理》一书中提出的。牛顿第二运动定律是经典力学中最基本的运动规律之一。

【实验目的】

1. 了解气垫导轨技术的原理，掌握气垫导轨和计时计的使用方法。
2. 掌握测量速度、加速度的方法。
3. 验证牛顿第二定律。

牛顿第二定律的验证

【仪器和用具】

气垫导轨（含气源等附件）、光电测量系统、数字毫秒计、电子天平。

【实验原理】

1. 瞬时速度测量

一个作直线运动的物体，在 Δt 时间内经过某点附近（例如气垫导轨上的光电门）的位移为 Δx ，则该物体在 Δt 时间内的瞬时速度为

$$v = \lim_{\Delta t \to 0} \frac{\Delta x}{\Delta t} \approx \frac{\Delta x}{\Delta t} \qquad\qquad (4-1)$$

若 Δt 不大，且物体的运动速度较小时，可以把平均速度看作通过该点的瞬时速度。

实验时，滑块上安装的挡光片宽度 $\Delta s = 1cm$ ，如图 4-1 所示，计时器与光电门连接，用计时器测出挡光片通过气垫导轨上的光电门时的挡光时间 Δt ，即可测出滑块通过光电门时的平均速度。因 Δs 很小，该平均速度近似为挡光片通过光电门时的瞬时速度。

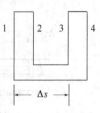

图 4-1　挡光片

2. 加速度的测量

若物体在水平方向上受一恒定外力作用，该物体将作匀加速直线运动。如果测得物体经过一段距离 s 和经过该距离两端的始末速度 v_1 和 v_2 ，则物体的加速度为

$$a = \frac{v_2^2 - v_1^2}{2s} \qquad\qquad (4-2)$$

装有挡光板的滑块 m_1 在气垫导轨上静止；在外力 F 作用下，m_1 开始做匀加速直线运动；经过光电门 1 的速度为 v_1，经过光电门 2 的速度为 v_2，代入式（4-2），即可算出 m_1 的加速度。

3. 验证牛顿第二运动定律

通过测量做匀加速直线运动物体的质量、物体的加速度以及所受外力，研究它们之间的关系，可以验证牛顿第二运动定律。

将质量为 m_1 的滑块置于已经调平的气垫导轨上，通过细线与滑轮和砝码盘连接，如图 4-2 所示，砝码盘与盘中砝码质量共计为 m_2，细线张力为 T，则有

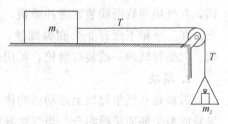

图 4-2　滑块受力装置

$$\begin{cases} m_2 g - T = m_2 a \\ T = m_1 a \end{cases}$$

解得

$$F = m_2 g = (m_1 + m_2)a$$

令

$$M = m_1 + m_2$$

则有

$$F = Ma \qquad\qquad (4-3)$$

滑块运动的加速度由上述式（4-2）求得，物体的质量由电子天平测得，滑块运动所受的外力由 $F = m_2 g$ 算得。

若物体的质量 M 一定，F 与 a 成正比；若 F 一定，M 与 a 成反比。

【实验装置】

1. 气垫导轨

气垫导轨是一种现代化的力学实验仪器。它利用小型气源将压缩空气送入气垫导轨内腔，空气再由气垫导轨表面上的小孔喷出，在气垫导轨表面与滑行器下表面之间形成一层薄薄的气垫层。气垫导轨装置如图 4-3 所示。

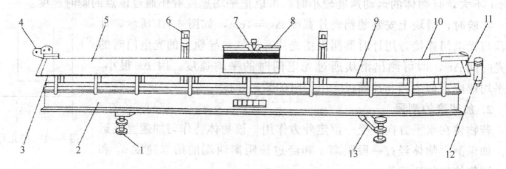

图 4-3　气垫导轨装置

1—垫脚；2—底座；3—测压口；4—滑轮；5—导轨面；6—光电门；7—挡光片；

8—滑块；9—标尺；10—发射架；11—端盖；12—进气口；13—底脚螺丝

气垫导轨由一根约 2 米长的三角形铝管做成的管腔，一端用堵头封死，另一端装有进气嘴，可向管腔送入压缩空气；在铝管的两个向上的侧面上，钻有两排等距离的喷气小孔。压缩空气经橡皮管从进气嘴进入气垫导轨管腔后，就从喷气小口喷出。为了避免碰伤，在气垫导轨两端装有缓冲弹簧，整个气垫导轨通过一系列直立螺杆安装在工字铸铝梁上。在工字梁下面有 3 个底脚螺丝，用来调节气垫导轨水平，底脚螺丝分居气垫导轨两端。气垫导轨的一端装有滑轮，可用来悬挂砝码。

2. 滑块

滑块是在气垫导轨上运动的物体，由长约 0.2m 的角铁和角铝做成，其内表面与气垫导轨的两个侧面精确吻合。当气垫导轨的喷气小孔喷气时，滑块与气垫导轨间形成很薄的气垫，滑块就可以"漂浮"在气垫上自由滑动。根据实验的需要，可以在滑块上面附加遮光板、遮光杆、遮光框、加重块、尼龙搭扣（或橡皮泥）及缓冲弹簧等附件。

3. 光电测量系统

光电测量系统由光电门和数字毫秒计组成。

（1）光电门

光电门可以固定在气垫导轨两侧，在光电门两侧对应的位置（或上下位置）上安装照明小灯泡和光敏二极管，小灯泡点亮时光线正好照在光敏二极管上，一般在气垫导轨上安装两个光电门。当两个光敏二极管被小灯泡照亮时，触发器没有信号输出，如果任一小灯泡的光线被挡住，触发器就输出一个脉冲信号，通过屏蔽线输入到数字毫秒计，数字毫秒计开始计时，此后，如果任一光敏二极管的光被挡住，触发器就输出一个脉冲信号，输入到数字毫秒计中，数字毫秒计停止计时。数字毫秒计记录了两次挡光之间的时间间隔。

（2）挡光片

挡光片如图 4-1 所示，中间 2 边与 3 边之间有一缺口，1 边、2 边、3 边和 4 边之间相互平行。如果挡光片随滑块一起自右向左运动时，经过光电门 1，挡光片 1 边将光电门上小灯泡光线挡住，触发器输出脉冲信号，数字毫秒计开始计时；当挡光片 3 边经过光电门时，小灯泡射入光敏二极管的光线第二次被挡，触发器输出第二个脉冲信号，数字毫秒计停止计时。数字毫秒计所记录的时间 Δt 就是滑块移动 Δs 所用的时间，Δs 是挡光片 1 边与 3 边之间的间距。Δs 足够小，一般定为 1cm。滑块经过光电门的瞬时速率就可以近似为

$$v \approx \frac{\Delta s}{\Delta t}$$

（3）数字毫秒计

数字毫秒计是一种数字式电子仪表。数字毫秒计的种类繁多，下面我们介绍两种不同型号的数字毫秒计。

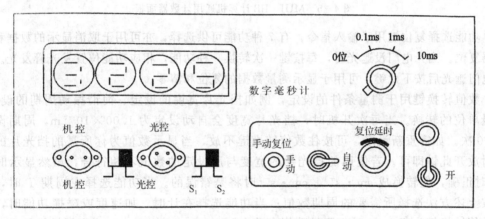

图 4-4 JSJ-787 数字毫秒计面板

图 4-4 所示为 JSJ-787 型数字毫秒计面板。数字毫秒计设计有机控与光控两种选择开关，采用光电信号计时时，选择光控工作状态，光控插座引入端为四眼插座。四眼插座通过连线与两个光电门相连，由光电门上的挡光信号控制"开始计数"和"停止计数"。S_1 和 S_2 为选择开关。选择开关拨向 S_1 时，数字毫秒计在两只光电管中任一只被挡时开始计时，挡光结束时停止计时，这时数字毫秒计的读数表示的是挡光时间的长短。拨向 S_2 时，毫秒计是在两只光电管中任一只第一次被挡光时开始计时，第二次被挡光时便停止计时，这时数字毫秒计的读数表示两次相邻挡光的时间间隔。实验中可根据要求选择使用 S_1 挡和 S_2 挡。手动复位仅在手动、自动选择开关拨向手动时才起作用。复位延时旋钮为一电位器，仅在手动选择开关、自动选择开关拨至自动时才起作用。用来控制自动复位时间的长短，顺时针旋转显示时间延长，逆时针旋转显示时间缩短。时基选择开关为选择计时单位的开关，拨向"零位"没有电脉信号输出，拨向"0.1ms"显示读数数字的最末位为 0.1ms，量程为 0.9999s；拨向"1ms"显示读数数字的最末位为 1ms，量程为 9.999s；拨向"10ms"显示读数数字最末一位为 10ms，量程为 99.99s。实验中要根据挡

光片宽度和计时长短、距离大小来选择量程。

图 4-5 所示为 MUJ-ⅡB 计算机通用计数器面板。它是以 51 系列单片微机为中央处理器，并编入与气垫导轨实验相适应的数据处理程序。计数器具有数据记忆存储功能。

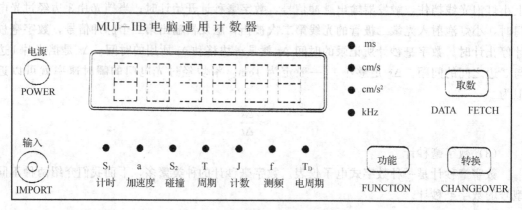

图 4-5　MUJ-ⅡB 计算机通用计数器面板

功能选择复位键用于输入指令，有 7 种功能可供选择，亦可用于取消显示的数据和计数器复位。当光电门没遮光时，每按键一次转换一种功能，相应功能位置发光管发光。当光电门遮光后按下此键，可用于显示测量数据的复位和清零。

数值转换键用于测量条件的设定，例如挡光片宽度的设定、简谐振动周期的设定、测量单位的转换。当每次开机时，挡光片宽度会自动设定为 1.00×10^{-2} m，周期设定为 10 次。如需重新设定，可按住数值转换键不放，当显示数值为你所需的挡光片的宽度时放开此键即可。若使用的挡光片的宽度与所设定的数值不相符合，虽然显示时间 ms 时正确，但转换成 cm·s^{-1}、cm·s^{-2} 时将是错误的。当功能选择在周期 T 时，仍可按上述方法选择所需要的周期数值；当功能选择在计时、加速度或碰撞功能时，按下数值转换键小于 1.5s 时，测量数值自动在 ms、cm·s^{-1}、cm·s^{-2} 之间转换显示，供使用者选择。

取数键用于提取已存入的实验数据，使用时计时数据会自动存入，当存储器存满后，数据便不再继续存入，可按取数键提取实验数值。清除记忆数据可采用：（a）改变实验功能；（b）改变挡光片设定的宽度；（c）按取数键，在数据未被全部取出时按功能选择复位键。

【实验内容及步骤】

1. 检查数字毫秒计

我们以 JSJ-787 型数字毫秒计为例阐述实验内容及步骤（若采用其他型号的数字毫秒计，应对其功能和使用方法了解和熟悉）。

（1）了解数字毫秒计面板上各开关、旋钮、按钮和插座功能及用途，将数字毫秒计和光电门用导线正确连接。

（2）打开仪器电源开关，将控制开关置于光控挡，光控方式选择开关置于 S$_2$，复位选择开关置于手动挡。

（3）用手遮住任意一光电门的发光二极管，计数器开始计数，再遮挡一次，计数器停止计数。

（4）按下手动复位按钮，显示数字复零，表示仪器工作正常。

2. 调节气垫导轨

（1）粗调

调节气垫导轨下的 3 只底脚螺丝，使气垫导轨大致水平。

（2）静态调节

将滑块放置在气垫导轨上（切忌来回摩擦），接通气源，这时滑块在气垫导轨上自由运动，调节气垫导轨下的单脚底脚螺丝，使滑块基本静止。

（3）动态调节

将图 4-1 所示的挡光片固定在滑块上，再将两个光电门妥当安置在气垫导轨上，使两者相距约 60.00×10^{-2} m。

接通数字毫秒计的电源，将光控选择开关置于 S_2 挡，复位选择开关置于自动挡。轻轻推动滑块（注意调节复位延时旋钮，使数字显示时间恰当），分别读取挡光片通过两个光电门的时间 Δt_1 和 Δt_2。若 Δt_1 和 Δt_2 不相等，则反复调节单脚螺丝，使 Δt_1 和 Δt_2 相差不超过百分之 1 秒，此时，可认为气垫导轨基本水平。

3. 验证牛顿第二定律

（1）验证恒定质量的物体在恒力作用下加速度相等

（a）将系有砝码盘的细线通过气垫导轨一端的滑轮（如图 4-2 所示）与滑块相连，滑块固定一个图 4-1 所示的挡光片。

（b）分别将两光电门之间的距离设置为：40.00×10^{-2} m、60.00×10^{-2} m 等，依次记录滑块通过光电门 1 和光电门 2 的时间 Δt_1 和 Δt_2。

（c）将数据填入表 4-1 中，并依次计算 $v_1 = \dfrac{\Delta x}{\Delta t_1}$，$v_2 = \dfrac{\Delta x}{\Delta t_2}$ 与 $a = \dfrac{v_2^2 - v_1^2}{2s}$，比较每次所得加速度的数值，判断是否相等，并求出误差。

（2）验证恒定质量的物体加速度与所受外力成正比

（a）在气垫导轨上，把系有砝码盘的细线通过定滑轮与滑块相连，将 2 个 5.00×10^{-3} kg 的砝码固定在滑块上，再将滑块移至远离滑轮的一端，松手后滑块便从静止开始做匀加速运动，分别记下滑块上的挡光片通过两个光电门的时间 Δt_1 和 Δt_2，重复数次。测出挡光片的宽带 Δx 和两个光电门的距离 s，由 $v_1 = \dfrac{\Delta x}{\Delta t_1}$、$v_2 = \dfrac{\Delta x}{\Delta t_2}$ 和 $a = \dfrac{v_2^2 - v_1^2}{2s}$，计算出加速度的数值。

（b）分两次从滑块上将两个砝码移至砝码盘中，重复步骤（a），将测量结果填入表 4-2 中。

（c）计算和分析测量数据，并进行误差运算。

（3）验证外力恒定时物体的加速度与质量成反比

保持砝码盘与砝码的总质量（约为 10.00×10^{-3} kg）不变，改变滑块的质量，重复步骤（a），测出不同质量的滑块的加速度，将测量结果填入表 4-3 中。

【参考表格】

表 4-1　测量恒定质量的物体在恒力作用下的加速度

挡光片 $\Delta x =$ _____ m;　　$M = m_1 + m_2 =$ _____ kg; $F = m_2 g$

次数	$s_1 = 40.00 \times 10^{-2}$ (m)					$s_2 = 50.00 \times 10^{-2}$ (m)					$s_3 = 60.00 \times 10^{-2}$ (m)				
	Δt_1	Δt_2	v_1	v_2	a	Δt_1	Δt_2	v_1	v_2	a	Δt_1	Δt_2	v_1	v_2	a
1															
2															
3															

注：Δt 的单位为 s，v 单位为 m·s^{-1}，a 单位为 m·s^{-2}，s 单位为 m，质量单位为 kg。

表 4-2　验证恒定质量的物体加速度与所受外力成正比

$S =$ _____ m;　　$\Delta x =$ _____ m;　　$M = m_1 + m_2 =$ _____ kg

次数	$m_2 = 5.0 \times 10^{-2}$ (kg)					$m_2 = 10.0 \times 10^{-2}$ (kg)					$m_2 = 15.0 \times 10^{-2}$ (kg)				
	Δt_1	Δt_2	v_1	v_2	a	Δt_1	Δt_2	v_1	v_2	a	Δt_1	Δt_2	v_1	v_2	a
1															
2															
3															

注：Δt 的单位为 s，v 单位为 m·s^{-1}，a 单位为 m·s^{-2}，s 单位为 m，质量单位为 kg。

表 4-3　验证外力恒定时物体的加速度与质量成反比

$S =$ _____ m;　　$\Delta x =$ _____ m;　　$m_1 =$ _____ kg;　　$m' =$ _____ kg

次数	$M_1 = m_1 + 10.00 \times 10^{-3}$ (kg)					$M_2 = m_1 + m' + 10.00 \times 10^{-3}$ (kg)				
	Δt_1	Δt_2	v_1	v_2	a_1	Δt_1	Δt_2	v_1	v_2	a_2
1										
2										

注：Δt 的单位为 s，v 单位为 m·s^{-1}，a 单位为 m·s^{-2}，s 单位为 m，质量单位为 kg。

【注意事项】

气垫导轨使用前须用蘸酒精的药棉将气垫导轨表面和滑块内表面擦干净，特别要注意防止小孔堵塞。气垫导轨轨面与滑块内表面是经过特别加工而成的，两者高度吻合，应配套使用，不得随意更换，气垫导轨未通气前，绝对不允许将滑块放在气垫导轨上来回滑动，实验完毕应先将滑块从气垫导轨上取下，再关闭气源。

【思考题】

1. 式（4-3）中的 M 指的是哪几个物体的质量？作用在 M 上的作用力是什么力？

2. 在验证牛顿第二定律的步骤（2）中，若进行多组数据的测量，即改变 m_1、m_2，而保持 M 不变，作图可得 F-a 曲线，若为一直线，其斜率为多少？

3. 分析实验误差产生的原因，并提出对本试验的改进措施。

4. 试提出利用本实验的装置测重力加速度的实验方案。

实验五　气垫导轨上守恒定律的研究

自然界中最重要的三大守恒定律是：动量守恒定律、动量矩守恒定律、能量守恒定律。这些守恒定律的发现和确立，是人类认识过程的巨大飞跃，它们不仅在许多工程技术中具有普遍和实际的意义，而且还被广泛应用于分子、原子和基本粒子等微观领域的研究中，所以，守恒定律在生产或科学实验中占有很重要的地位。

（一）动量守恒定律的研究

在本实验中，我们利用气垫导轨和数字毫秒计来验证动量守恒定律。在实验前，实验者应首先阅读实验四中"装置介绍"部分及注意事项的内容，以进一步了解和熟悉仪器的性能和用法。

动量守恒定律
的研究

【实验目的】

1. 深入了解完全弹性碰撞和完全非弹性碰撞的特点。
2. 在两种碰撞的情形下，验证动量守恒定律。
3. 进一步熟练掌握气垫导轨的调整和数字毫秒计的使用。

【仪器和用具】

气垫导轨、滑块（两端分别装有弹簧片与尼龙搭扣）2 个、数字毫秒计、气源、物理天平（使用方法参阅实验一）、游标卡尺。

【实验原理】

动量守恒定律指出：如果系统不受外力或所受的外力的矢量和为零，则系统的总动量（包括大小和方向）保持不变。根据这一定律，如果当两个物体在一条直线上对心碰撞时，若碰撞方向上没有外力，则两个物体组成的系统动量守恒。

如图 5-1 所示，设在已调成水平的导轨上，两滑块质量分别为 m_1 和 m_2，碰撞前两者的速度分别为 v_{10} 和 v_{20}，碰撞后的速度分别为 v_1 和 v_2，则按动量守恒定律有

$$m_1 v_{10} + m_2 v_{20} = m_1 v_1 + m_2 v_2 \tag{5-1}$$

上式中 v 值的正负号取决于速度方向与所选取的坐标轴的方向，两者方向一致取正号，

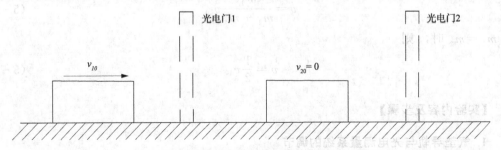

图 5-1　验证动量守恒定律原理图

若方向相反则一个取正号，另一个取负号。

下面分两种情况讨论。

1. 弹性碰撞

弹性碰撞的特点是碰撞前后系统的动量守恒，机械能也守恒。实验时，在两滑块相碰两端各装上弹性极好的缓冲弹簧片，相撞时，弹簧片就发生弹性变形而又迅速恢复原状，并将滑块弹开，系统的机械能近似无损，碰撞前后总动能保持不变。

$$\frac{1}{2}m_1v_{10}^2 + \frac{1}{2}m_2v_{20}^2 = \frac{1}{2}m_1v_1^2 + \frac{1}{2}m_2v_2^2 \tag{5-2}$$

由式（5-1）和式（5-2）可得

$$v_1 = \frac{(m_1 - m_2)v_{10} + 2m_2v_{20}}{m_1 + m_2} \tag{5-3}$$

$$v_2 = \frac{(m_2 - m_1)v_{20} + 2m_1v_{10}}{m_1 + m_2} \tag{5-4}$$

若两滑块质量相等，即 $m_1 = m_2 = m$ 且 $v_{20} = 0$，则由式（5-3）和式（5-4）可得

$$v_1 = 0 \qquad v_2 = v_{10}$$

这表示滑块 1 和滑块 2 在碰撞前后交换速度，若 $m_1 \neq m_2$，且 $v_{20} = 0$ 时，则有

$$v_1 = \frac{(m_1 - m_2)v_{10}}{m_1 + m_2} \tag{5-5}$$

$$v_2 = \frac{2m_1v_{10}}{m_1 + m_2} \tag{5-6}$$

2. 完全非弹性碰撞

如果在上述的碰撞中，两个滑块碰撞后以同一速度运动而不分开，就称为完全非弹性碰撞，即

$$v_1 = v_2 = v \tag{5-7}$$

完全非弹性碰撞的特点是：碰撞前后系统的动量守恒，但机械能却不守恒，由式（5-1）和式（5-7）知

$$m_1v_{10} + m_2v_{20} = (m_1 + m_2)v$$

$$v = \frac{m_1v_{10} + m_2v_{20}}{m_1 + m_2}$$

当 $v_{20} = 0$ 时

$$v = \frac{m_1}{m_1 + m_2}v_{10} \tag{5-8}$$

当 $m_1 = m_2$ 时，则

$$v = \frac{1}{2}v_{10} \tag{5-9}$$

【实验内容及步骤】

1. 气垫导轨与光电测量系统的调节

参阅实验四的"实验内容与步骤"部分。

2. 在弹性碰撞情形下验证动量守恒定律

（1）在质量相等（即 $m_1 = m_2$）的两个滑块上，分别装上凹形挡光片及缓冲弹簧片。接通气源，注意应将光电门置于导轨中部适当位置，两者相距不能太远。

（2）将 m_2 放在两光电门间且靠近光电门 2 的导轨上，并使其静止，将 m_1 放在导轨上光电门 1 的一端，轻轻将它推向滑块 m_2，记下滑块 m_1 通过光电门的时间 Δt_1。

（3）两滑块相碰后，滑块 m_1 静止，滑块 m_2 以速度 v_2 向前运动，记下 m_2 经过光电门 2 所需要的时间 Δt_2（注意，m_2 通过光电门 2 后，应用手将其拦住，并让它静止，否则用 JSJ 型数字毫秒计时，上面的时间记录就会打乱）。重复上述步骤 3 次，所得数据填入表 5-1，利用测得的数据分别验证碰撞前后动量是否守恒。

（4）在滑块 1 上加一砝码或配一重块，使 $m_1 \neq m_2$，再重复步骤（1）～步骤（3），记下滑块 m_1 在碰撞前经过光电门 1 的时间 Δt_{10}，以及碰撞后 m_2 和 m_1 先后经过光电门 2 所用的时间 Δt_2 和 Δt_1，注意在 m_2 经过光电门 2 后应使它静止。重复 3 次上述步骤，将所得数据填入表 5-2 中，通过计算验证动量是否守恒。

3. 在完全非弹性碰撞情形下验证动量守恒定律

（1）在两个滑块的相碰端按上尼龙搭扣或橡皮泥，分别记录两滑块的质量。

（2）按【实验内容】2 中步骤（2）的内容安排实验，记下滑块 1 在碰撞前通过光电门 1 的时间 Δt_{10} 及碰撞后 m_1 和 m_2 共同通过光电门 2 的时间 Δt_1。

（3）自拟该步骤的实验表格，将数据填入表格中，并计算实验结果，对误差进行讨论。

【参考表格】

表 5-1　等质量的弹性碰撞数据表

$m_1 = m_2 = $ _____ kg　　　　$v_{20} = 0$　　　　挡光片宽度 $\Delta x = $ _____ m

次数	Δt_{10} (s)	v_{10} ($m \cdot s^{-1}$)	Δt_2 (s)	v_2 ($m \cdot s^{-1}$)	$m_1 v_{10}$ ($kg \cdot m \cdot s^{-1}$)	$m_2 v_2$ ($kg \cdot m \cdot s^{-1}$)
1						
2						
3						

表 5-2　非等质量的弹性碰撞数据表

$m_1 = $ _____ kg　　　$m_2 = $ _____ kg　　　$v_{20} = 0$　挡光片宽度 $\Delta x = $ _____ m

次数	Δt_{10} (s)	v_{10} ($m \cdot s^{-1}$)	Δt_1 (s)	v_1 ($m \cdot s^{-1}$)	Δt_2 (s)	v_2 ($m \cdot s^{-1}$)	$m_1 v_{10}$ ($kg \cdot m \cdot s^{-1}$)	$m_1 v_1 + m_2 v_2$ ($kg \cdot m \cdot s^{-1}$)
1								
2								
3								

【思考题】

1. 若在两个滑块碰撞接触端装两个磁棒，那么碰撞后系统的动量是否守恒？

2. 在弹性碰撞情形下，当 $m_1 \neq m_2$，$v_{20} = 0$ 时，两个滑块碰撞前、后的总动能是否相等呢？

3. 把光电门放在远离或靠近碰撞的位置，对实验结果有何影响？

（二）机械能守恒定律的研究

【实验目的】

1. 通过测定物体在斜面上的运动过程中动能和势能的增减验证机械能守恒定律。

2. 进一步熟练气垫导轨和光电测量系统的操作方法。

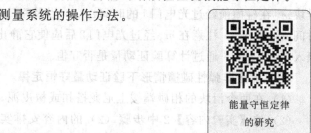

能量守恒定律
的研究

【仪器和用具】

同实验五（一）

【实验原理】

机械能守恒定律的内容是：在外力不做功，内力只是保守力的条件下，系统的动能与势能可以相互转化，但是其总和保持不变。

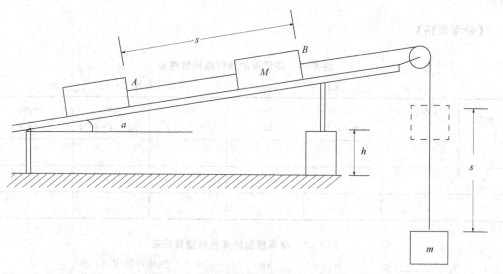

图 5-2 验证机械能守恒定律原理图

如图 5-2 所示，在气垫导轨上，调节气垫导轨的一端，使导轨与水平面成一夹角 α，再把质量为 m 的砝码以细绳跨过气垫滑轮与质量为 M 的滑块相连，在滑块、砝码及滑轮所组成的系统中，只有重力做功，所以，整个系统的机械能守恒。

我们考察滑块 M 在气轨上从 A 点运动到 B 点这个过程，设 A、B 两点间的距离为 s，显然，这时砝码 m 下落的距离为 s，滑块 M 上升的高度为 $s\sin\alpha$。当砝码下落的距离为 s

时，它的位能减少了 ΔE_{pm}，有

$$\Delta E_{pm} = mgs \tag{5-10}$$

其位能的减少，一部分转换为它本身动能的增加

$$\Delta E_{km} = \frac{1}{2}mv_2^2 - \frac{1}{2}mv_1^2 \tag{5-11}$$

另一部分转换为滑块位能的增加

$$\Delta E_{pM} = Mgs\sin\alpha \tag{5-12}$$

以及滑块的动能的增加

$$\Delta E_{kM} = \frac{1}{2}Mv_2^2 - \frac{1}{2}Mv_1^2 \tag{5-13}$$

式中的 v_1 和 v_2 分别为砝码下落距离 s 前后的速度，即滑块上升 $s\sin\alpha$ 高度前后的速度。根据机械能守恒定律

$$\Delta E_{pm} = \Delta E_{km} + \Delta E_{pM} + \Delta E_{kM} \tag{5-14}$$

将式（5-10）～式（5-13）代入式（5-14）中得

$$mgs = \frac{1}{2}(M+m)v_2^2 - \frac{1}{2}(M+m)v_1^2 + Mgs\sin\alpha \tag{5-15}$$

当导轨呈水平状态时，即 $\alpha = 0$，式（5-15）变为

$$mgs = \frac{1}{2}(M+m)v_2^2 - \frac{1}{2}(M+m)v_1^2 \tag{5-16}$$

本实验是在 $\alpha = 0$ 及 $\alpha \neq 0$ 的两种情况下，由式（5-15）与式（5-16）来验证机械能守恒定律的。

【实验内容】

1. 将导轨调成水平状态，具体步骤可参阅实验四的【实验内容】。

2. 使两个光电门之间的距离为 s，将砝码盘系以细线，绕过滑轮后，挂到质量为 M 的滑块上，在盘中加入砝码，连盘称其质量为 m。

3. 将滑块放在气轨的一端，调整好数字毫秒计的工作状态，然后使滑块从静止开始，沿水平气轨做匀加速直线运动。记下滑块 M 经过两个光电门的时间 Δt_1 和 Δt_2，并由此求出瞬时速度 $v_1 = \dfrac{\Delta x}{\Delta t_1}$ 及 $v_2 = \dfrac{\Delta x}{\Delta t_2}$，重复 3 次，将数据填入表 5-3 中，并根据式（5-16）计算，看等式两边是否相等，以 mgs 为准，计算相对误差。

4. 保持光电门的位置不变，在导轨靠近滑轮一端的底脚螺丝下加一个标准垫块，设标准垫块高为 h，使导轨与水平面的夹角为 α，在砝码盘内适当增加砝码，使滑块由静止开始运动。记下滑块经过两个光电门的时间 Δt_1 和 Δt_2，算出相应的 v_1 和 v_2，重复 3 次，将数据填入表 5-4 中。根据式（5-15）计算，看两边是否相等，其中 $\sin\alpha = \dfrac{h}{l}$（$l$ 为导轨长），计算其相对误差。

【参考表格】

表 5－3　$\alpha=0$ 时验证系统能量守恒定律

$s=50.00\times10^{-2}$ （m）			$M=$＿＿＿（kg）		$g=9.8$ （m·s^{-2}）	
$\Delta x=1.00\times10^{-2}$ （m）			$m=$＿＿＿（kg）		$mgs=$＿＿＿（J）	
次数	Δt_1	Δt_2	v_1	v_2	$\dfrac{1}{2}(m+M)v_2^2-\dfrac{1}{2}(m+M)v_1^2$	
	（s）		（m·s^{-1}）		$=$＿＿＿（J）	
1						
2						
3						

表 5－4　$\sin\alpha=\dfrac{h}{l}$ 时验证系统能量守恒定律

$s=50.00\times10^{-2}$ （m）			$M=$＿＿＿（kg）		$g=9.8$ （m·s^{-2}）	
$\Delta x=1.00\times10^{-2}$ （m）			$m=$＿＿＿（kg）		$mgs=$＿＿＿（J）	
次数	Δt_1 （s）	Δt_2 （s）	v_1 （m·s^{-1}）	v_2 （m.s^{-1}）	$\dfrac{1}{2}(m+M)v_2^2-\dfrac{1}{2}(m+M)v_1^2$ $+Mgs\sin\alpha=$＿＿＿（J）	
1						
2						
3						

【思考题】

1. 机械能守恒的条件是什么？

2. 当垫块厚度增加时，滑块的加速度 a 将如何变化？加速度 a 的大小满足什么样的关系式？

3. 考虑滑轮质量时，应如何对数据进行处理？不考虑滑轮质量会带来多大的误差？

实验六　杨氏弹性模量的测定

【实验原理】

固体在外力作用下发生形状变化，称为"形变"。当外力在一定限度内时，外力作用停止后，形变将完全消失，这种形变称为"弹性形变"。外力过大时，形变不能全部消除，留有剩余的形变，称为"范性形变"。逐渐增加外力到开始出现剩余形变，就称为达到了物体的弹性限度。在本实验中，只研究弹性形变，为此，应当控制外力的大小，以保证此外力

杨氏弹性模量的测定

去掉后，物体能恢复原状。

最简单的形变是棒状物体受力的伸缩。棒的伸长（或缩短）ΔL 与原长 L 的比 $\Delta L/L$ 称为"胁变"。如截面积为 S 的棒，受到的拉力为 F 时，棒伸长了 ΔL，按胡克定律，在弹性限度内，应变 $\Delta L/L$ 与棒的单位面积上所受的附加作用力 F/S（胁强）成正比，即

$$\frac{F}{S} = E \cdot \frac{\Delta L}{L}$$

其中 E 为比例系数，即

$$E = \frac{F/S}{\Delta L/L} \qquad (6-1)$$

比例系数 E 称为"杨氏弹性模量"。在国际单位制中 E 的单位为 $\mathrm{N \cdot m^{-2}}$。

实验证明，杨氏弹性模量与外力 F、物体的长度 L 和截面积 S 的大小无关，而只决定于棒的材料。杨氏弹性模量是描述固体材料抵抗形变能力的重要物理量，是选择机械构件材料的依据之一，是工程技术中常用的参数。

在式（6-1）中，F，S 和 L 都比较容易测量，只有 ΔL 是一个很小的长度变化。很难用普通测量长度的仪器将它测准。因此，实验装置的主要部分是为了解决测量这个微小长度变化的问题。

CCD 法杨氏弹性模量的测定

【实验目的】

1. 学习用拉伸法测量弹性模量的方法。
2. 进一步熟练掌握螺旋微计的使用及 CCD 成像系统的调整和使用。
3. 学会用逐差法处理数据。

【仪器和用具】

CCD 杨氏模量测定仪、卷尺、螺旋测微计。

【装置介绍】

仪器的结构如图 6-1 所示。

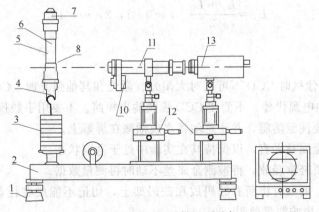

图 6-1 CCD 杨氏模量测试仪

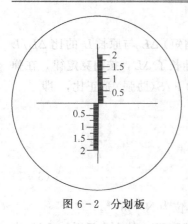

图 6-2　分划板

仪器的分划板如图 6-2 所示。

平台（2）由 4 个可调底脚（1）支撑，砝码（3）摆放在砝码支架上，两个磁力滑座（12）沿导轨安置在平台（2）上，两个力柱（5）固定在台面上，将上夹头（7）和下夹头（4）分别套在横梁上，横梁沿立柱可上下移动，下夹头（4）在横梁内上下活动自如，砝码托盘挂在下夹头（4）底部，可将砝码轻轻放在托盘中，将显微镜组对准十字叉丝板（8），接通照明光源（10），用眼睛直接可以看到分划板的像，如图 6-2 所示。增加或减少砝码十字叉丝像可上下移动，将 CCD 摄像头对准显微镜进行微调后，就可在监视器上观察到被测金属丝的长度变化 ΔL。

【实验内容及步骤】

1. 用卷尺测量金属丝的长度 L，用螺旋测微计量金属丝的直径 d，记录测量结果。

2. 将平台用 4 个可调底脚调平，将被测金属丝用上、下夹头的螺旋机构夹紧，上夹头及横梁固定在双立柱上端，下夹头及横梁固定在双立柱下端，调整螺钉使下夹头在横梁内无摩擦地上下自由移动，砝码托盘挂在下夹头底部，可随时加砝码。

3. 接通照明灯源，将显微镜组插入磁力滑座内，调整高底位置并沿导轨前后移动滑座，旋转目镜，直到能通过望远镜观察到清晰的十字叉线像。

4. 将 CCD 摄像机安装上 8mm 镜头，把视频电缆线的一端接摄像机视频输出端子，另一端接监视器的视频输入端子将 CCD 专用 12V 直流电源接到摄像机上的电源孔，并将直流电源和监视器分别接到 220V 交流电源上。仔细调整 CCD 的位置及镜头光圈和焦距，就可在监视器上观察到清晰的分划板像。

5. 通过对望远镜和 CCD 位置的进一步调整使在监视器中能够同时看到十字叉丝和分划板的像。

6. 记下初始位置时十字叉丝像在分划板上的刻度 L_0，在砝码托盘中逐次增加砝码，每次加 0.1kg。分别记录十字叉丝像在分划板上的刻度 L_i，共 10 次，然后将砝码逐次去掉（每次减 0.1kg），记下对应计数 L_i'，取两组对应数据的平均值得到：

$$\overline{L_i} = \frac{L_i + L_i'}{2} \quad i = 0, 1, 2, \cdots, 10$$

【注意事项】

1. 用 CCD 摄像机时 CCD 不可正对太阳光、激光和其他强光源，CCD 的 12V 直流电源不要随意用其他电源代替，不要使 CCD 视频输出短路。不要用手触摸 CCD 前表面。

2. 用监视器要注意防震，并注意勿将水或油溅在屏幕上。

3. 注意维护金属丝平直，以保持其在实验中处于垂直状态。

4. 增减砝码要轻拿轻放，待被测金属丝不动时再测量数据。

5. 实验完毕，要及时将所有砝码放在砝码架上，切记不能放在托盘上，否则钢丝长期处于拉伸状态会影响测量效果。

6. 实验完毕时应先关显示器，再拔电源插头。

7. 照明灯用 6V 直流电源，CCD 摄像头用 12V 直流电源，两者不可互换。

【数据处理】

1. 测金属丝的长度 L 及金属丝的直径 d

测金属丝直径时要求在测量杨氏弹性模量之前测 3 次，测量之后再测 3 次。将数据填入表 6-1 中。

表 6-1 测量金属丝的直径

单位：　　　　　零点计数 d_0：

序号	1	2	3	4	5	6	d
i							
d（m）							

金属丝的长度 $L=$（　　　$\pm$　　　）m。

2. 记录数据

记录砝码增减时十字叉丝的位置，并填入表 6-2 中。

表 6-2 金属丝的伸长与外力关系

i	砝码（kg）	L_i（m）	L_i'（m）	$\overline{L}_i$（m）	$\Delta L = \overline{L}_{i+5} - \overline{L}_i$（m）	ΔL（m）
0	0					
1	0.1					
2	0.2					
3	0.3					
4	0.4					
5	0.5					
6	0.6					
7	0.7					
8	0.8					
9	0.9					
10	1.0					

求出表 6-2 中 $\overline{\Delta L}$ 的平均值。

由式（6-1）可知
$$E = \frac{FL}{S \Delta L}$$

其中　　$F = Mg$（M 为 5 个砝码的质量），$S = \frac{1}{4}\pi d^2$（d 为金属丝的直径）

可知
$$E = \frac{4FL}{\pi d^2 \Delta L}$$

将测量数据代入，可求出金属丝的杨氏弹性模量。

3. 总不确定度计算

由公式 $E = \dfrac{4FL}{\pi d^2 \Delta L}$ 推导出 E 的相对不确定度的公式：

$$\frac{\Delta E}{E}=\sqrt{\left(\frac{\Delta F}{F}\right)^2+\left(\frac{\Delta L}{L}\right)^2+\left(\frac{2\Delta d}{d}\right)^2+\left(\frac{\Delta(\Delta L)}{\Delta L}\right)^2}$$

实验室给出的 $\dfrac{\Delta F}{F}=0.5\%$，$\Delta L=0.05\text{mm}$，其余的 Δd、$\Delta(\Delta L)$ 项按实验中数据

处理所得值代入，计算出 $\dfrac{\Delta E}{E}$ 及 ΔE，写出最后结果 $E\pm\Delta E$ 及单位。

实验七　刚体转动惯量的测定

本实验使物体作扭转摆动，由对摆动周期及其他参数的测定计算出物体的转动惯量。

【实验目的】

1. 用扭摆测定几种不同形状物体的转动惯量和弹簧的扭转常数，并与理论值进行比较。

2. 验证转动惯量的平行轴定理。

刚体转动惯量的测定

【仪器和用具】

转动惯量试验仪、待测物体、数字式电子台秤、游标卡尺。

【实验原理】

当一物体垂直于转轴旋转在一扭摆上时，将物体在水平面内转过
一角度 θ 后，在扭摆弹簧的恢复力矩作用下物体就开始垂直轴作往返扭转运动。

根据胡克定律，弹簧受扭转而产生的恢复力矩 M 与所转过的角度 θ 成正比，即

$$M=-K\theta \tag{7-1}$$

式中，K 为弹簧的扭转常数，根据转动定律 $M=I\beta$，式中 I 为物体绕转轴的转动惯量，β 为角加速度，由上式得

$$\beta=\frac{M}{I} \tag{7-2}$$

令 $\omega^2=\dfrac{K}{I}$，忽略轴承的摩擦阻力矩，由式（7-1）、式（7-2）得

$$\beta=\frac{\mathrm{d}^2\theta}{\mathrm{d}t^2}=-\frac{K}{I}\theta=-\omega^2\theta$$

上述方程表示扭摆运动具有角简谐振动的特性，角加速度与角位移成正比，且方向相反。此方程的解为

$$\theta=A\cos(\omega t+\varphi)$$

式中，A 为谐振动的角振幅，φ 为初相角，ω 为角速度，此简谐振动的周期为

$$T=\frac{2\pi}{\omega}2\pi\sqrt{\frac{I}{K}} \tag{7-3}$$

由式（7-3）可知，只要实验测得物体扭摆的摆动周期 T，并在 I 和 K 中任何一个量已知时即可计算出另一个量。

本实验中用一个几何形状规则的物体，它的转动惯量可以根据它的质量和几何尺寸用理论公式直接计算得到，再算出本仪器弹簧的扭转常数 K 值。若要测定其他形状物体的转动惯量，只需将待测物体安放在本仪器顶部的各种夹具上，测定其摆动周期，由式（7-3）即可算出该物体绕转动轴的转动惯量。

理论分析证明，若质量为 m 的物体绕通过质心轴的转动惯量为 I_0 时，当转轴平行移动距离 x 时，则此物体对新轴线的转动惯量变为 $I_0 + mx^2$，这称为转动惯量的平行轴定理。

【装置介绍】

1. 扭摆及几种有规则的待测转动惯量的物体

扭摆的构造如图 7-1 所示，在垂直轴 1 上装有一根薄片状的螺旋弹簧 2，用以产生恢复力矩。在轴的上方可以装上各种待测物体。垂直轴与支座间装有轴承，以降低摩擦力矩。3 为水平仪，用来调整系统平衡。

实验中要用到的待测物体有：空心金属圆筒、实心高矮塑料圆柱体、塑料球、验证转动惯量平行轴定理用的金属细杆，杆上有两块可以自由移动的金属滑块。

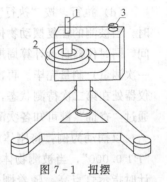

图 7-1　扭摆

2. 转动惯量测试仪

（1）转动惯量测试仪由主机和光电传感器两部分组成

主机采用新型的单片机作控制系统，用于测量物体转动和摆动的周期以及旋转体的转速，能自动记录、存储多组实验数据并能够精确地计算多组实验数据的平均值。

光电传感器主要由红外发射管和红外接收管组成，将光信号转为脉冲电信号，送入主机工作。人眼无法直接观察仪器工作是否正常，但可用遮光物体往返遮挡光电探头发射光束通路，检查计时器是否开始计时和到预定周期数时是否停止计时。为防止过强光线对光探头的影响，充电探头不能置放在强光下，实验时采用窗帘遮光，确保计时的准确。转动惯量测试仪面板如图 7-2 所示。

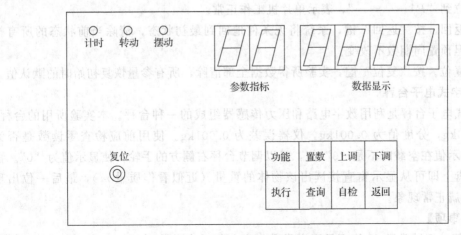

图 7-2　转动惯量测试仪面板图

（2）转动惯量测试仪的使用方法

（a）开启主机电源后摆动指标灯亮，表明开机默认状态为"摆动"，参数显示"P1"，数据显示"－－－－"。若情况异常如死机，按复位键便可恢复正常。按键"功能""置数""执行""查询""自检""返回"有效。默认周期数为10，按"执行"按钮，所有数据复零。

（b）功能选择。按"功能"键，可以选择摆动、转动两种功能，开机及复位默认值为摆动。

（c）置数。按"置数"键，参数显示"$n=$"，数据显示"10"，按"上调"键，周期数依次加1，按"下调"键，周期数依次减1，周期数能在1～20范围内任意设定，再按"置数"键确认，显示"F1 End"或"F2 End"。更改后的周期数不具有记忆功能，一旦切断电源或按"复位"键，便恢复原来的默认周期数。周期数一旦预置完毕，除切断电源、复位和再次置数外，其他操作均不改变预置的周期数。

（d）执行。按"执行"键，数据显示为"000.0"，表示仪器已处在等待测量状态。此时，当被测的往复摆动物体上的挡光杆第一次通过光电门时，由"数据显示"给出累计的时间，同时仪器自行计算周期C1予以存贮，以供查询和作多次测量求平均值，至此，P1（第一次测量）测量完毕。再次按"执行"键，"P1"变为"P2"，数据显示又回到"000.0"，仪器处在第二次待测状态，本机设定重复测量的最多次数为5次，即（P1，P2，…，P5）。通过"查询"键可知各次测量的周期值CI（$I=1$，2，…，5）以及它们的平均值CA。

以摆动为例，将刚体水平旋转约90°后让其自由摆动，按"执行"键，此时仪器显示"P1 0.000"，当被测物体上的挡光杆第一次通过光电门时开始计时，同时，状态指示的计时指示灯点亮，随着刚体摆动，仪器开始连续计时，直到周期数等于设定值时停止计时，计时指示灯随之熄灭，此时仪器上的数据显示每次测量的总时间。重复上述步骤，可进行多次测量。本机设定重复测量的最多次数为5次，即（P1、P2、P3、P4、P5）。另外，执行键还具有修改功能，例如要修改第三组数据，按"执行"键直到出现"P3 0.000"后，重新测量第三组数据。

（e）查询。按"查询"键，可查询每次测量的周期"C1～C5"和多次测量的周期平均值CA，及当前的周期数n，若显示"NO"表示没有数据。

（f）自检。按"自检"键，仪器依次显示"$n=N-1$"，"$2n=N-1$"，"SC GOOD"，并自动复位到"P1－－－－"，表示单片机工作正常。

（g）返回。按"返回"键，系统将无条件地回到最初状态，清除当前状态的所有执行数据，但预置周期数不改变。

（h）复位。按"复位"键，实验所得数据全部清除，所有参量恢复初始时的默认值。

3. 数字式电子台秤

数字式电子台秤是利用数字电路和压力传感器组成的一种台秤。本实验所用的台秤，称量为2.0kg，分度值为0.001kg，仪器误差为0.001kg。使用前应检查零读数是否为"0"。若显示值在空载时不是"0"值，可以调节台秤右侧方的手轮，使显示值为"0"。物体放在称盘上即可从显示窗直接读出该物体的重量（近似看作质量m），最后一位出现±1的跳动属正常现象。

【注意事项】

1. 弹簧的扭转常数K值不是固定常数，它与摆动角略有关系，摆角在90°左右基本相同，在小角度时变小。

2. 弹簧有一定的使用寿命和强度，千万不要随意玩弹簧，为了降低实验时由于摆动角度变化过大带来的系统误差，在测定各种物体的摆动周期时，摆角不宜过小，也不宜过大，摆幅也不宜变化过大。

3. 光电探头宜放置在挡光杆平衡位置处，挡光杆不能和它相接触，以免增大摩擦力矩。

4. 机座应保持水平状态。

5. 安装待测物体时，其支架必须全部套入扭摆主轴，并将止动螺丝旋紧，否则扭摆不能正常工作。

6. 在称塑料球与金属细杆的质量时，必须分别将支座和夹具取下，否则将带来极大误差。

【实验内容及步骤】

1. 测定扭摆的扭转常数 K

（1）用游标卡尺测出实心塑料圆柱体的外径 D_1、空心金属圆筒的内径 $D_内$、外径 $D_外$、塑料球直径 $D_直$、金属细杆长度 L；用数字式电子台秤测出各物体质量 m（各测量 3 次求平均值）。

（2）调整扭摆基座底脚螺丝，使水平仪的气泡位于中心。

（3）在转轴上安装对此轴的转动惯量为 I_0 的金属载物圆盘，并调整光电探头的位置，使载物圆盘上的挡光杆处于其缺口中央且能遮住发射、接收红外光线的小孔，并能自由往返地通过光电门。测量 10 个摆动周期所需的时间 $10T_0$。

（4）将转动惯量为 I_1'（转动惯量的数值可由塑料圆柱体的质量 m_1 和外径 D_1 算出，即 $I_1' = \dfrac{1}{8} m_1 D_1^2$）的塑料圆柱体放在金属载物圆盘上，则总的转动惯量为 $I_0 + I_1'$，测量 10 个摆动周期所需要的时间 $10T_1$。

由式（7-3）可得出 $\quad \dfrac{\overline{T_0}}{\overline{T_1}} = \dfrac{\sqrt{I_0}}{\sqrt{I_0 + I_1'}} \quad$ 或 $\quad \dfrac{I_0}{I_1'} = \dfrac{\overline{T_0^2}}{\overline{T_1^2} - \overline{T_0^2}}$

所以

$$\frac{I_0}{\overline{T_0^2}} = \frac{I_1'}{\overline{T_1^2} - \overline{T_0^2}}$$

则弹簧的扭转常数 $\qquad\qquad K = 4\pi^2 \dfrac{I_1'}{\overline{T_1^2} - \overline{T_0^2}}$ （7-4）

在 SI 制中 K 的单位为 $\mathrm{kg \cdot m^2 \cdot s^{-2}}$（N·m）。

2. 测定塑料圆柱体、金属圆筒、塑料球及金属细杆的转动惯量

（1）取下塑料圆柱体，装上金属圆筒，测量 10 个摆动周期需要的时间 $10T_2$。

（2）取下金属载物圆盘、装上塑料球，测量 10 个摆动周期需要的时间 $10T_3$（在计算塑料球的转动惯量时，应扣除支座的转动惯量 $I_支座$）。

（3）取下塑料球，装上金属细杆，使金属细杆中央的凹槽对准夹具上的固定螺丝，并保持水平。测量 10 个摆动周期需要的时间 $10T_4$（在计算金属细杆的转动惯量时，应扣除夹具的转动惯量 $I_夹具$）。

3. 验证转动惯量平行轴定理

将金属滑块对称放置在金属细杆两边的凹槽内，如图 7-3 所示，使滑块质心与转轴的距离 x 分别为 5.00cm，10.00cm，15.00cm，20.00cm，25.00cm，测量对应于不同距离时的 5 个摆动周期所需要的时间 $5T$。验证转动惯量平行轴定理（在计算转动惯量时，应扣除夹具的转动惯量 $I_{夹具}$）。

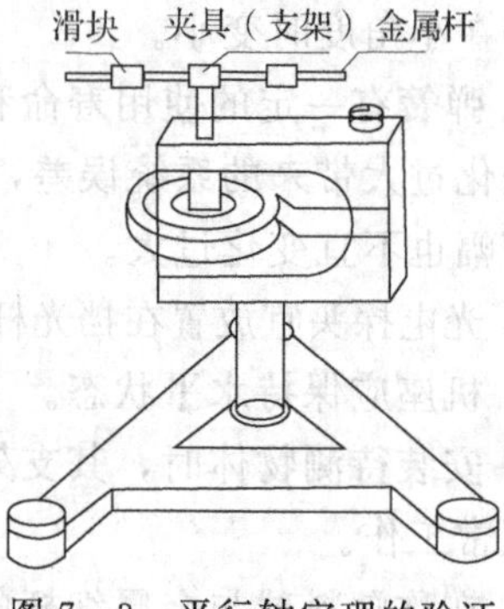

图 7-3　平行轴定理的验证

【参考表格】

表 7-1　弹簧扭转常数 K 和各物体转动惯量 I 的确定

物体名称	质量（kg）	几何尺寸 D/L (10^{-2}m)	周期 T（s）	转动惯量理论值 I' $(10^{-4}\text{kg}\cdot\text{m}^2)$	转动惯量实验值 I $(10^{-4}\text{kg}\cdot\text{m}^2)$	百分差 $E_0 = \dfrac{I'-I}{I'}\times 100\%$
金属载物圆盘			$10T_0$	$K = 4\pi^2\dfrac{I_1'}{\overline{T}_1^2 - \overline{T}_0^2}$	$I_0 = \dfrac{I_1'\overline{T}_0^2}{\overline{T}_1^2 - \overline{T}_0^2}$	
			$\overline{T}_0$			
塑料圆柱体	m_1	D_1	$10T_1$	$I_1' = \dfrac{1}{8}\overline{m}_1\overline{D}_1^2$	$I_1 = \dfrac{K\overline{T}_1^2}{4\pi^2} - I_0$	
	$\overline{m}_1$	$\overline{D}_1$	$\overline{T}_1$			
金属圆筒	m_2	$D_{外}$	$10T_2$	$I_2' = \dfrac{1}{8}\overline{m}_2$ $(\overline{D}_外^2 + \overline{D}_内^2)$	$I_2 = \dfrac{K\overline{T}_2^2}{4\pi^2} - I_0$	
		$\overline{D}_{外}$				
		$D_{内}$				
	$\overline{m}_2$	$\overline{D}_{内}$	$\overline{T}_2$			
塑料球	m_3	$D_{直}$	$10T_3$	$I_3' = \dfrac{1}{10}\overline{m}_3\overline{D}_直^2$	$I_3 = \dfrac{K}{4\pi^2}\overline{T}_3^2 - I_{支座}$	
	$\overline{m}_3$	$\overline{D}_{直}$	$\overline{T}_3$			
金属细杆	m_4	L	$10T_4$	$I_4' = \dfrac{1}{12}\overline{m}_4\overline{L}^2$	$I_4 = \dfrac{K}{4\pi^2}\overline{T}_4^2 - I_{夹具}$	
	$\overline{m}_4$	$\overline{L}$	$\overline{T}_4$			
金属滑块	m_5	x	$10T_5$	$I_5' = \overline{m}_5\overline{x}^2$		
	$\overline{m}_5$	$\overline{x}$	$\overline{T}_5$			

附：

金属细杆夹具转动惯量实验值

$$I_{夹具}=\frac{K}{4\pi^2}T^2-I_0=\frac{3.567\times10^{-2}}{4\pi^2}\times0.741^2-4.929\times10^{-4}=0.0321\times10^{-4}(\mathrm{kg\cdot m^2})$$

塑料球支座转动惯量实验值

$$I_{支座}=\frac{K}{4\pi^2}T^2-I_0=\frac{3.567\times10^{-2}}{4\pi^2}\times0.740^2-4.929\times10^{-4}=0.0187\times10^{-4}(\mathrm{kg\cdot m^2})$$

二滑块绕通过滑块质心转轴的转动惯量理论值

$$I_5'=2\left[\frac{1}{8}m(D_{外}^2+D_{内}^2)\right]=2\left[\frac{1}{8}\times0.239\times(3.50^2+0.60^2)\times10^{-4}\right]=0.753\times10^{-4}(\mathrm{kg\cdot m^2})$$

测单个滑块与载物盘转动周期 $T=0.767\mathrm{s}$ 可得到：

$$I=\frac{K}{4\pi^2}T^2-I_0=\frac{3.567\times10^{-2}}{4\pi^2}\times0.767^2-4.929\times10^{-4}=0.386\times10^{-4}(\mathrm{kg\cdot m^2})$$

$$I_5=2I=0.772\times10^{-4}(\mathrm{kg\cdot m^2})$$

表 7-2　转动惯量平行定理的验证

x $(10^{-2}\mathrm{m})$	5.00	10.00	15.00	20.00	25.00
摆动周期 $5T$（s）					
$\overline{T}$（s）					
实验值（$10^{-4}\mathrm{kg\cdot m^2}$） $I=\dfrac{K}{4\pi^2}\overline{T}^2$					
理论值（$10^{-4}\mathrm{kg\cdot m^2}$） $I'=I_4'+I_5'+2m^5x$					
百分差 $E_0=\dfrac{I'-I}{I'}\times100\%$					

【思考题】

1. 实验中为什么在称塑料球和细杆的质量时必须分别将支座和安装夹具取下？

2. 转动惯量实验仪计时精度为 $0.001\mathrm{s}$，实验中为什么要测量 $10T$？

3. 如何用本实验仪来测定任意形状物体绕特定轴的转动惯量？

实验八　空气比热容比的测定

【实验目的】

学习用振动法测空气的比热容比的方法。

【仪器和用具】

振动法测量装置、微型气泵、光电门计时器。

【实验原理】

气体的定压比热容 C_P 与定容比热容 C_V 之比 $\gamma = C_P/C_V$，在热力学过程特别是绝热过程中是一个很重要的参数。这里介绍一种通过测定钢球在特定容器中的振动周期来计算 γ 值的方法。实验基本装置如图 8-1 所示，振动物体（钢球）的直径比玻璃管直径仅小 $0.01\sim0.02$mm。它能在此精密的玻璃管中上下移动，在瓶子的壁上有一小口，并插入一根细管，通过它气泵流出的气体可以注入到烧瓶中。

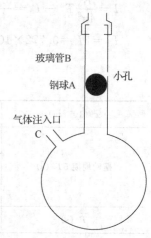

钢球 A 的质量为 m，半径为 r（直径为 d），当瓶子内压力 P 满足下面条件时，钢球 A 处于力平衡状态。这时 $P = P_L + \dfrac{mg}{\pi r^2}$，式中 P_L 为大气压力。为了补偿由于空气阻尼引起振动钢球 A 振幅的衰减，通过气体注入口 C 一直注入一个小气压的气流，在精密玻璃管 B 的中央开设有一个小孔。当振动钢球 A 处

图 8-1　实验基本装置

于小孔下方的半个振动周期时，注入气体使容器的内压强增大，引起钢球 A 向上移动，而当钢球 A 处于小孔上方的半个振动周期时，容器内的气体将通过小孔流出，容器内压强减小，钢球 A 下沉。以后重复上述过程，只要适当调整气泵、控制注入气体的流量，钢球 A 能在玻璃管 B 的小孔附近做上下简谐振动，振动周期可以利用计时装置来测得。

若钢球偏离平衡位置一个较小距离 x，则容器内的压力变化 $\mathrm{d}p$，物体（钢球）的运动方程为

$$m \frac{\mathrm{d}^2 x}{\mathrm{d}t^2} = \pi r^2 \mathrm{d}p \tag{8-1}$$

因为物体振动过程相当快，所以可以看作绝热过程，绝热方程

$$PV^r = 常数 \tag{8-2}$$

将式（8-2）求导数得出

$$\mathrm{d}p = -\frac{p\gamma \mathrm{d}V}{V}, \quad \mathrm{d}V = \pi r^2 x \tag{8-3}$$

将式（8-3）代入式（8-1）得

$$\frac{d^2 x}{dt^2} + \frac{\pi^2 r^4 p \gamma}{mV} x = 0$$

此式即为熟知的简谐振动方程，它的解为

$$\omega = \sqrt{\frac{\pi^2 r^4 p \gamma}{mV}} = \frac{2\pi}{T} \qquad (8-4)$$

由式（8-4）解得

$$\gamma = \frac{4mV}{T^2 p r^4} = \frac{64mV}{T^2 p d^4} \qquad (8-5)$$

式（8-5）中各量均可方便测得，因而可算出 γ 值。

由气体运动论可以知道，γ 值与气体分子的自由度数有关，对单原子气体（如氩）只有 3 个平均自由度，双原子气体（如氢）除上述 3 个平均自由度外还有 2 个转动自由度。对多原子气体，则具有 3 个转动自由度，比热容比 γ 与自由度 f 的关系为 $\gamma = \frac{f+2}{f}$。

理论上得出：

单原子气体（Ar，He）　　　　$f=3$，$\gamma=1.67$

双原子气体（N_2，H_2，O_2）　$f=5$，$\gamma=1.40$

多原子气体（CO_2，CH_4）　　$f=6$，$\gamma=1.33$

且与温度无关。

【装置介绍】

空气比热容比测定仪由振动法测量装置、微型气泵、光电门计时器等组成。如图8-2所示。

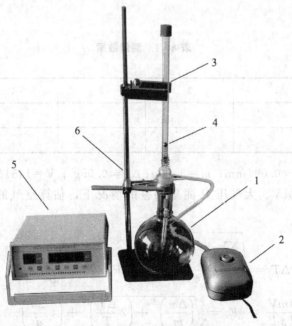

图8-2　空气比热容比装置

1—集气瓶；2—气泵；3—光电门；4—小钢球；5—仪器主机（光电数字计时器）；6—钢支架

在图 8-2 中，光电数字计时器的面板上左右各有一个数字显示窗口，其中左边的窗口显示设定的计时次数（默认值为 50 次），右边的窗口显示为计时的毫秒数。在面板的下方有一排按键，开机或按下"复位"键后，计时器进入默认的 50 次计时状态，当把光电门安装好后，按一下"开始"键，计时器就自动测量 50 个周期的振动时间，50 个周期测量完毕后，左边窗口显示为"0"，此时按一下"查询"键，右边窗口将显示 50 个测量周期的平均时间 $\overline{T}$。若要改变设定的测量周期数，可按面板上的"增"或"减"按键；若要用光电门仅测量两次遮光的时间间隔，可以按面板上的"通用"按键，然后再按一下"开始"按键，就可测量并显示两次遮光之间的时间间隔。

【实验内容及步骤】

（1）先将气泵上的出气量调节旋钮逆时针旋到最小位置（此步骤是必需的，以免气流过大将小球冲出管外造成钢球或瓶子损坏），然后接通电源，调节气泵上气量调节旋钮，使小球在玻璃管中以小孔为中心上下振动。

（2）把光电门固定在玻璃管中的小孔附近，使小球每一次经过光电门都能遮断一次光路。

（3）利用光电计时器来记录小球振动 50 次的平均周期时间，重复测量 5 次，将结果记录。

（4）取出振动物体（钢球）（取钢球的方法见注意事项 2），然后用螺旋测微计测出钢球的直径 d，重复测量 5 次，用物理天平测出钢珠的质量 m，将结果记录。

（5）烧瓶容积由实验室给出（或用注水排水法测量），大气压力由气压表自行读出，并换算成 N/m^2（$760\text{mmHg} = 1.013 \times 105\ N/m^2$），根据式（5）计算气体分子的比热容比。

【参考表格】

表 8-1　测量数据

$P =$

次数	1	2	3	4	5
t					
T					

$d = 10\text{mm}$；$\Delta_d = 0.004\text{mm}$；$m = 4.00\text{g}$；$\Delta_m = 0.05g$ ；$V = 1451\text{cm}^3$。

在忽略容器体积 V、大气压 P 测量误差的情况下，估算空气的比热容及其不确定度 $\gamma \pm \Delta\gamma$：

$$\overline{T} = \frac{\sum T_i}{5} \qquad \Delta T = \sqrt{\frac{\sum_{i=1}^{5}(T_i - \overline{T})^2}{4}} \qquad P = P_L + \frac{mg}{\pi r^2}$$

$$\gamma = \frac{4mV}{T^2 p r^4} = \frac{64mV}{T^2 p d^4} \qquad E_r = \sqrt{\left(\frac{\Delta m}{m}\right)^2 + \left(2\frac{\Delta T}{T}\right)^2 + \left(4\frac{\Delta d}{d}\right)^2} \times 100\%$$

$$\Delta\gamma = E_r \cdot \overline{r} \qquad \gamma = \overline{r} \pm \Delta r$$

【注意事项】

1. 气流过大或过小会造成钢球不以玻璃管壁上小孔为中心的上下振动，调节时需要用手挡住玻璃管上方，以免气流过大将小球冲出管外造成钢球或瓶子损坏。

2. 本实验装置主要系玻璃制成，且对玻璃管的要求特别高，振动钢球 A 的直径仅比玻璃管内径小 0.01mm 左右，因此振动钢球 A 表面不允许擦伤。平时它停留在玻璃管的下方（用弹簧托住）。若要将其取出，只需在它振动时，用手指将玻璃管壁中间的小孔堵住，稍稍加大大气流量，钢球便会上浮到管子上方开口处，就可以方便地取出，或将此管由瓶上取下，将球倒出来。

【思考题】

1. 玻璃管上的小孔有什么作用？
2. 振动钢球经过光电门时没有计时如何解决？
3. 为什么振动钢球要以玻璃管上的小孔为中心上下振动？
4. 计数器如何使用？

实验九　液体表面张力系数的测定

【实验目的】

1. 学习液体表面张力系数测定仪的使用方法。
2. 用拉脱法测定室温下液体的表面张力系数。

【实验仪器】

HLD－LST－Ⅱ型液体表面张力系数测定仪、片码、铝合金吊环、吊盘、玻璃器皿。

液体表面张力
系数的测定

【实验原理】

液体分子之间存在相互作用力，称为分子力。液体内部每一个分子周围都被同类的其他分子包围，它所受到的周围分子的作用，合力为零。而液体的表面层（其厚度等于分子的作用半径，约 10^{-8} cm）内的分子所处的环境比液体内部的分子缺少了一半和它吸引的分子。由于液体上的气相层的分子数很少，表面层内每一个分子受到向上引力比向下的引力小，合力不为零，出现一个指向液体内部的吸引力，所以液面具有收缩的趋势。这种液体表面的张力作用，被称为表面张力。

表面张力 f 是存在于液体表面上任何一条分界线两侧间的液体的相互作用拉力，其方向沿液体表面，且恒与分界线垂直，大小与分界线的长度成正比，即

$$f = \alpha L \tag{9-1}$$

式中 α 称为液体的表面张力系数，单位为 $N \cdot m^{-1}$，在数值上等于单位长度上的表面张

力。试验证明，表面张力系数的大小与液体的温度、纯度、种类和它上方的气体成分有关。温度越高，液体中所含杂质越多，则表面张力系数越小。

将内径为 D_1，外径为 D_2 的金属环悬挂在测力计上，然后把它浸入盛水的玻璃器皿中。当缓慢地向上拉金属环时，金属环就会拉起一个与液体相连的水柱。由于表面张力的作用，测力计的拉力逐渐达到最大值 F（超过此值，水柱即破裂），则 F 应当是金属环重力 G 与水柱拉引金属环的表面张力 f 之和，即

$$F = G + f \qquad (9-2)$$

由于水柱有两个液面，且两液面的直径与金属环的内外径相同，则有

$$f = \alpha\pi(D_1 + D_2) \qquad (9-3)$$

则表面张力系数为

$$\alpha = \frac{f}{\pi(D_1 + D_2)} \qquad (9-4)$$

表面张力系数的值一般很小，测量微小力必须用特殊的仪器。本实验用液体表面张力系数测定仪进行测量。液体表面张力系数测定仪用到的测力计是硅压阻力敏传感器，该传感器灵敏度高，线性和稳定性好，以数字式电压表输出显示。

若力敏传感器拉力为 F 时，数字式电压表的示数为 U，则有

$$F = \frac{U}{B} \qquad (9-5)$$

式中 B 表示力敏传感器的灵敏度，单位 V/N。

吊环拉断液柱的前一瞬间，吊环受到的拉力为 $F_1 = G + f$；拉断时瞬间，吊环受到的拉力为 $F_2 = G$。

若吊环拉断液柱的前一瞬间数字电压表的读数值为 U_1，拉断时瞬间数字电压表的读数值为 U_2，则有

$$f = F_1 - F_2 = \frac{U_1 - U_2}{B} \qquad (9-6)$$

故表面张力系数为

$$\alpha = \frac{f}{\pi(D_1 + D_2)} = \frac{U_1 - U_2}{\pi(D_1 + D_2)B} \qquad (9-7)$$

【实验装置及指标】

图 9-1 为液体表面张力测定实验装置。

HLD-LST-II 型液体表面张力测定仪由硅压阻力敏传感器和实验主机组成。

HLD-LST-II 型液体表面张力系数测定仪是一种新型拉脱法液体表面张力系数测定仪。它具有以下三个优点。

1. 用硅压阻力敏传感器测量液体与金属相接触的表面张力，该传感器灵敏度高，线性和稳定性好，以数字式电压表输出显示。

2. 用一定高度的薄金属环及金属片替代原细铂丝环或铂丝刀口，新的吊环不易变形，反复使用不易损坏或遗失。

3. 吊环的外型尺寸经专门设计和实验试验，对直接测量结果一般不需要校正，可得

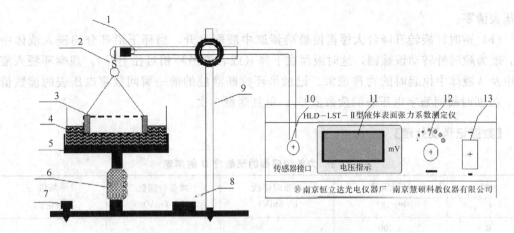

图 9－1　液体表面张力测定装置

1. 硅压阻力敏传感器，2. 吊环钩，3. 圆环形吊环，4. 盛液体的玻璃皿装测量液体，5. 托盘，
6. 升降台大旋钮，7. 水平调节的螺丝，8. 水平仪，9. 装有力敏传感器的固定架，10. 传感器
接口，11. 传感器信号显示，12. 调零旋钮，13. 电源开关

到较准确可靠的结果。

仪器组成及技术指标。

1. 硅压阻力敏传感器。

（1）受力量程：$0 \sim 0.098N$

（2）灵敏度：约 $3.00V/N$（用砝码质量作单位定标）

（3）非线性误差：$\leqslant 0.2\%$

（4）供电电压：直流 $5 \sim 12V$

2. 显示仪器。

（1）读数显示：$200\ mV$ 三位半数字电压表

（2）调零：手动多圈电位器

（3）连接方式：5 芯航空插头

3. 力敏传感器固定支架、升降台、底板及水平调节装置。

4. 吊环：外径 $\phi 3.5cm$、内径 $\phi 3.3cm$、高 $0.85cm$ 的铝合金吊环。

5. 直径约 $\phi 12.00cm$ 玻璃器皿一套。

【实验内容与步骤】

1. 开机预热 15 分钟后，在力敏传感器上吊上吊盘，并对电压表调零。

2. 清洗玻璃器皿和吊环。

3. 调节支架的底脚螺丝，使玻璃器皿保持水平。

4. 测定力敏传感器的灵敏度，将 7 个质量均为 0.5g 的片码依次放入吊盘中（注：用镊子将片码放入吊盘中。吊盘中晃动将带来电压表的数字跳动），分别记下电压表的读数 $U_0 \sim U_7$；再依次从吊盘中取走片码，记下读数 $U_7 \sim U_0$。将数据填入表 9－1 中。

5. 测定水的表面张力系数。

（a）将盛水的玻璃器皿放在平台上，并将洁净的吊环挂在力敏传感器的小钩上，并对

电压表清零;

（b）逆时针旋转升降台大螺帽使玻璃器皿中液面上升，当环下沿部分均浸入液体中时，改为顺时针转动该螺帽，这时液面往下降（或者说吊环相对往上升）。观察环浸入液体中及从液体中拉起时的物理现象。记录吊环拉断液柱的前一瞬间数字电压表的读数值 U_1，拉断时瞬间数字电压表的读数值 U_2。重复测量 5 次。

【数据记录及处理】

表 9 - 1　力敏传感器的灵敏度 B 的测定

次数 i	砝码质量 m_i (g)	增重时读数 U_i (mV)	减重时读数 U'_i (mV)	平均值 $\overline{U_i}$ (mV)
0	0.000			
1	0.500			
2	1.000			
3	1.500			
4	2.000			
5	2.500			
6	3.000			
7	3.500			

逐差法求 $\overline{\Delta U} = \dfrac{1}{4} \sum_{i=0}^{2} |\overline{U_{i+4}} - \overline{U_i}| = $ _____

$$B = \frac{\overline{\Delta U}}{mg} = $$ _____

表 9 - 2　水的表面张力系数的测定

测量次数	U_1 (mV)	U_2 (mV)	ΔU (mV)	$f (\times 10^{-3} \text{N})$	$\alpha (\times 10^{-3} \text{N/m})$
1					
2					
3					
4					
5					

吊环内径 $D_1 = 3.310$cm，外径 $D_2 = 3.496$cm

【注意事项】

1. 吊环应严格处理干净。可用 $NaOH$ 溶液洗净油污或杂质后，用清洁水冲洗干净，并用热吹风烘干，片码用酒精洗干净，并用热吹风烘干。

2. 必须使吊环保持竖直和干净，以免测量结果引入较大误差。

3. 实验之前，仪器须开机预热 15 分钟。

4. 在旋转升降台时，尽量不要使液体产生波动。

5. 实验室不宜风力较大，以免吊环摆动致使零点波动，所测系数不准确。

6. 若液体为纯净水，在使用过程中防止灰尘和油污以及其他杂质污染。特别注意手指不要接触液体。

7. 玻璃器皿放在平台上，调节平台时应小心、轻缓，防止打破玻璃器皿。

8. 调节升降台拉起水柱时动作必须轻缓，应注意液膜必须充分地被拉伸开，不能使其过早地破裂，实验过程中不要使平台摇动而导致测量失败或测量不准。

9. 使用力敏传感器时用力不大于 0.098N，过大的拉力传感器容易损坏，严禁手上施力。

10. 实验结束后须将吊环用清洁纸擦干并包好，放入干燥缸内。

【思考题】

1. 实验前，为什么要清洁吊环？

2. 为什么吊环拉起的水柱的表面张力为 $f = \alpha \pi (D_1 + D_2)$？

3. 当吊环下沿部分均浸入液体中后，旋转大螺帽使得液面往下降，数字电压表的示数如何变化？

实验十　落球法测量液体粘滞系数

各种实际液体具有不同程度的粘滞性，当液体流动时，平行于流动方向的各层流体速度都不相同，即存在着相对滑动，于是在各层之间就有摩擦力产生，这一摩擦力称为粘滞力，它的方向平行于接触面，其大小与速度梯度及接触面积成正比，比例系数 η 称为粘度，它是表征液体粘滞性强弱的重要参数。液体的粘滞性的测量是非常重要的。例如，现代医学发现，许多心血管疾病都与血液粘度的变化有关，血液粘度的增大会使流入人体器官和组织的血流量减少，血液流速减缓，使人体处于供血和供氧不足的状态，这可能引起多种心脑血管疾病和其他许多身体不适症状。因此，测量血液粘度的大小是检查人体血液健康的重要标志之一。又如，石油在封闭管道中长距离输送时，其输运特性与粘滞性密切相关，因而在设计管道前，必须测量被输送石油的粘度。

测量液体粘度有多种方法，本实验所采用的感应式落球法是一种绝对法测量液体的粘度。如果一小球在液体中铅直下落，由于附着于球面的液层与周围其他液层之间存在着相对运动，因此小球受到粘滞阻力，该阻力的大小与小球下落的速度有关。当小球作匀速运动时，测出小球下落的速度，就可以计算出液体的粘度。

【实验目的】

1. 观察液体的内摩擦现象。

2. 学会用落球法测量液体的粘滞系数。

3. 掌握本实验中基本测量仪器的用法。

落球法测量液体
粘滞系数

【实验原理】

1. 当金属小球在粘性液体中下落时，它受到 3 个铅直方向的力：小球的重力 mg（m 为小球质量）、液体作用于小球的浮力 $\rho g V$（V 是小球体积，ρ 是液体密度）和粘滞阻力 F

（其方向与小球运动方向相反）。如果液体无限深广，在小球下落速度 v 较小情况下，有

$$F = 6\pi\eta rv \tag{10-1}$$

上式称为斯托克斯公式，其中 r 是小球的半径；η 称为液体的粘度，其单位是 Pa·s。

小球开始下落时，由于速度尚小，所以阻力也不大；但随着下落速度的增大，阻力也随之增大。最后，3 个力达到平衡，即

$$mg = \rho gV + 6\pi\eta rv \tag{10-2}$$

于是，小球作匀速直线运动，由上式可得：

$$\eta = \frac{(m - V\rho)g}{6\pi vr} \tag{10-3}$$

令小球的直径为 d，并用 $m = \frac{\pi}{6}d^3\rho'$，$v = \frac{l}{t}$，$r = \frac{d}{2}$ 代入上式得

$$\eta = \frac{(\rho' - \rho)gd^2t}{18l} \tag{10-4}$$

其中 ρ' 为小球材料的密度，l 为小球匀速下落的距离，t 为小球下落 l 距离所用的时间。

2. 实验时，待测液体必须盛于容器中（如图 10-1 所示），故不能满足无限深广的条件，实验证明，若小球沿筒的中心轴线下降，式（10-4）须做如下改动方能符合实际情况：

$$\eta = \frac{(\rho' - \rho)gd^2t}{18l} \cdot \frac{1}{\left(1 + 2.4\dfrac{d}{D}\right)\left(1 + 1.6\dfrac{d}{H}\right)} \tag{10-5}$$

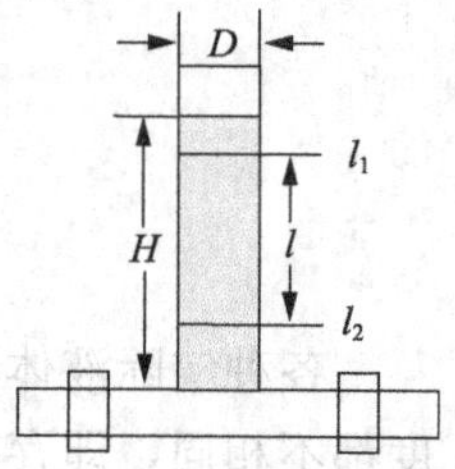

图 10-1　实验装置

其中 D 为容器内径，H 为液柱高度。

3. 实验时小球下落速度若较大，例如气温及油温较高，钢珠从油中下落时，可能出现湍流情况，使式（10-1）不再成立，此时要做另一个修正。

【实验装置】

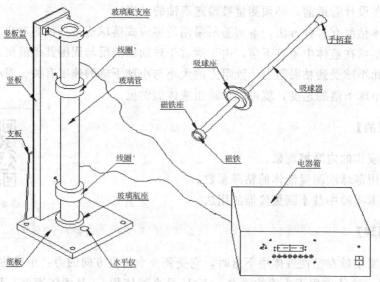

图 10-2　感应式落球法液体粘滞测定仪（参见图 10-1）

【实验内容及步骤】

1. 调整粘滞系数测定仪（图 10-2）及实验准备。

（1）调整底盘水平，调节底盘旋纽，使气泡位于中心圆点。

（2）将仪器主机背后通道 Ⅱ 上端与装置上端链接。通道 Ⅰ 下端与装置下端链接。然后底线相连。

（3）小球用乙醚、酒精混合液清洗干净，并用滤纸吸干残液，备用。（教师操作）

（4）用温度计测量油温，在全部小球下落完后再测量一次油温，取平均值作为实际油温。

2. 用电子分析天平测量 10～20 颗小钢球的质量 m，用比重瓶法测其体积，计算小钢球的密度 ρ'，用密度计测量蓖麻油的密度 ρ。用游标卡尺测量筒的内径 D，用钢尺测量油柱深度 H。

3. 用感应式测量下落小球的速度。

将参数设定菜单中的小球直径设置与投球的直径一样，然后按确定键，开始测量。当小球落下，小球经过上线圈，此时用秒表开始计时，到小球下落到下线圈时，计时停止，此时显示小球经线圈下落的时间。按一下查询显示液体的粘度系数（仅供参考数量级，不是计算值），再按一下确定又返回时间菜单，将测量结果与公认值进行比较。

4. 按表 10-1 画出蓖麻油的标准粘度系数和温度的关系，需画 T-η 图，并在图中拟合出曲线，由温度计读出试验温度，在图中标出来。

表 10-1　蓖麻油的标准粘度系数和温度

温度 T（℃）	0	10	15	20	25	30	35	40
粘度 η（P）	53.0	24.18	15.14	9.50	6.21	4.51	3.12	2.30

注：1P=0.1Pa・s

【参考表格】

表 10-2　测液体粘滞系数

内容	1	2	3	4	5
小球的直径 d（m）					
小球的质量 m（kg）					
下落时间 t（s）					
下落速度 v（m・s^{-1}）					
粘度 η（Pa・s）					
相对误差 $\dfrac{\eta'-\eta}{\eta'}\times100\%$					

【观察与思考】

1. 如何判断小球在作匀速运动？

2. 如果遇到待测液体的 η 值较小，而钢珠直径较大，这时为何须用式（10-5）计算？

3. 用感应法测量小球下落时间的方法测量液体粘滞系数有何优点？

附录一

为了判断是否出现湍流，可利用流体力学中一个重要参数雷诺数 $Re=\dfrac{\rho dv}{\eta'}$ 来判断。当 Re 不很小时，式（10-1）应予修正，但在实际应用落球法时，小球的运动不会处于高雷诺数状态，一般 Re 值小于 10，故粘滞阻力 F 可近似用下式表示：

$$F=6\pi\eta'vr\left(1+\frac{3}{16}Re-\frac{19}{1080}Re^2\right)$$

式中 η' 表示考虑到此种修正后的粘度。因此，在各力平衡时，并顾及液体边界影响，可得

$$\eta'=\frac{(\rho'-\rho)gd^2t}{18l}\frac{1}{\left(1+2.4\dfrac{d}{D}\right)\left(1+3.3\dfrac{d}{2H}\right)}\frac{1}{\left(1+\dfrac{3}{16}Re-\dfrac{19}{1080}Re^2\right)}$$

$$=\eta\left(1+\frac{3}{16}Re-\frac{19}{1080}Re^2\right)^{-1}$$

式中 η 即为式（10-3）求得的值，上式又可写为

$$\eta'=\eta\left[1+\frac{A}{\eta'}-\frac{1}{2}\left(\frac{A}{\eta'}\right)^2\right]^{-1}$$

式中 $A=\dfrac{3}{16}\rho dv$。上式的实际算法如下：先将式（10-3）算出的 η 值作为方括弧中第二、第三项的 η' 代入，于是求出答案为 η_1；再将 η_1 代入上述第二、第三项中，求得 η_2；……，因为此两项为修正项，所以用这种方法逐步逼近可得到最后结果 η'（如果使用具有储存代数公式功能的计算器，很快可得到答案）。一般在测得数据后，可先算出 A 和 η，然后根据 $\dfrac{A}{\eta}$ 的大小来分析。如 $\dfrac{A}{\eta}$ 在 0.5% 以下（即 Re 很小），就不再求 η'；如 $\dfrac{A}{\eta}$ 在 0.5%～10%，可以只作一级修正，即不考虑 $\dfrac{1}{2}\left(\dfrac{A}{\eta'}\right)^2$ 项；而 $\dfrac{A}{\eta}$ 在 10% 以上，则应完整地计算式 η'。

实验十一　固体线膨胀系数的测定

【实验目的】

1. 了解 HLD-XPZ-II 型线膨胀测定仪的基本结构和工作原理。
2. 掌握使用千分表和温度控制仪的操作方法。
3. 掌握测量固体线热膨胀系数的基本原理。
4. 测量铁、铜、铝棒的线膨胀系数。
5. 学会用图解图示法处理实验数据。

固体线膨胀系数的测定

【仪器和用具】

线膨胀测定仪装置、HLD - XPZ - Ⅱ型线膨胀测定仪、千分表、金属棒铜、铁、铝各一根。

【实验原理】

绝大多数物质具有"热胀冷缩"的特性，这是由于物体内部分子热运动加剧或减弱造成的。这个性质在工程结构的设计中，在机械和仪表的制造中，在材料的加工（如焊接）中都应考虑到。否则，将影响结构的稳定性和仪表的精度。考虑失当，甚至会造成工程结构的毁损，仪表的失灵以及加工焊接中的缺陷和失败等。固体材料的线膨胀是材料受热膨胀时，在一维方向上的伸长。线胀系数是选用材料的一项重要指标，在研制新材料中，测量其线胀系数更是必不可少的。HLD - XPZ - Ⅱ型线胀系数测定仪通过加热温度控制仪，精确地控制实验样品在一定的温度下，由千分表直接读出实验样品的伸长量，实现对固体线胀系数测定。

固体受热后其长度的增加称为线膨胀。经验表明，在一定的温度范围内，原长为 L 的物体，受热后其伸长量 ΔL 与其温度的增加量 Δt 近似成正比，与原长 L 亦成正比，即

$$\Delta L = \alpha L \Delta t \qquad (11-1)$$

式（11-1）中的比例系数 α 称为固体的线膨胀系数（简称线胀系数）。大量实验表明，不同材料的线胀系数不同，塑料的线胀系数最大，金属次之，殷钢、熔融石英的线胀系数很小。殷钢和石英的这一特性在精密测量仪器中有较多的应用。

表 11 - 1　几种材料的线胀系数

材料	铜、铁、铝（℃$^{-1}$）	普通玻璃、陶瓷（℃$^{-1}$）	殷钢（℃$^{-1}$）	熔凝石英（℃$^{-1}$）
α 数量级	~10^{-5}	~10^{-6}	$<2\times10^{-6}$	10^{-7}

实验还发现，同一材料在不同温度区域，其线胀系数不一定相同。某些合金，在金相组织发生变化的温度附近，同时会出现线胀量的突变。因此测定线胀系数也是了解材料特性的一种手段。但是，在温度变化不大的范围内，线胀系数仍可认为是一常量。

为测量线胀系数，我们将材料做成条状或杆状。由式（11-1）可知，测量出 t_1 时杆长 L、受热后温度达 t_2 时的伸长量 ΔL 和受热前后的温度 t_1 及 t_2，则该材料在（t_1，t_2）温区的线胀系数为

$$\alpha = \frac{\Delta L}{L(t_2 - t_1)} \qquad (11-2)$$

其物理意义是固体材料在（t_1，t_2）温区内，温度每升高 1 度时材料的相对伸长量，其单位为（℃）$^{-1}$。测线胀系数的主要问题是如何测伸长量 ΔL。先粗估算出 ΔL 的大小，若 $L \approx 350$mm，温度变化 $t_2 - t_1 \approx 100$℃，金属的 α 数量级为 10^{-5}（℃）$^{-1}$，对于这么微小的伸长量，用普通量具如钢尺或游标卡尺是测不准的。本实验中采用千分表（分度值为 0.001mm）测微小的线胀量。

【装置介绍】

1. 千分表

千分表是一种通过齿轮的多级增速作用，把一微小的位移，转换为读数圆盘上指针的读数变化的微小长度测量工具，它的传动原理如图 11-1 所示，结构如图 11-2 所示。

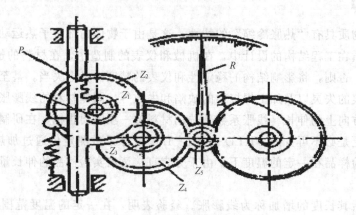

图 11-1　千分表的传动原理

P：带齿条的测杆；$Z_1 \sim Z_5$：传动齿

千分表在使用前，都需要进行调零，调零方法是：在测头无伸缩时，松开"调零固定旋钮"，旋转表壳，使主表盘的零刻度对准主指针，然后固定"调零固定旋钮"。调零好后，毫米指针与主指针都应该对准相应的 0 刻度。

千分表的读数方法：本实验中使用的千分表，其测量范围是 $0 \sim 1\text{mm}$。当测杆伸缩 0.1mm 时，主指针转动一周，且毫米指针转动一小格，而表盘被分成了 100 个小格，所以主指针可以精确到 0.1mm 的 $1/100$，即 0.001mm，可以估读到 0.0001mm。即

千分表读数 $=$ 毫米表盘读数 $+ \dfrac{1}{1000} \times$ 主表盘读数（单位：mm，毫米表盘读数不需要估

读，主表盘读数需要估读）例如，图 11-3 中千分表读数为：$0.2 + \dfrac{1}{1000} \times 59.8 = 0.2598\,\text{mm}$。

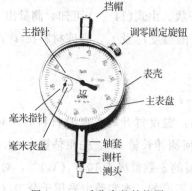

图 11-2　千分表的结构图

图 11-3　千分表的读数

2. 线热膨胀系数测定仪

线热膨胀系数测定仪由电加热箱和温控仪两部分组成。图 11 - 4 为电加热箱结构图，图 11 - 5 为主机面板示意图。

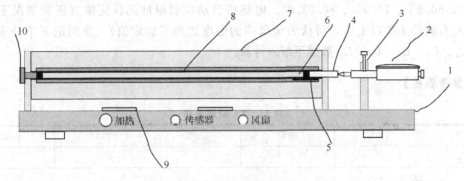

图 11 - 4　电加热箱结构图

1—仪器地板支架；2—千分表 A；3—千分表支架及锁紧螺丝；4—隔热棒；5—温度检测传感器；6—被测材料；
7—隔热罩；8—导热均匀管；9—风扇；10—紧固螺钉（可旋下换材料）

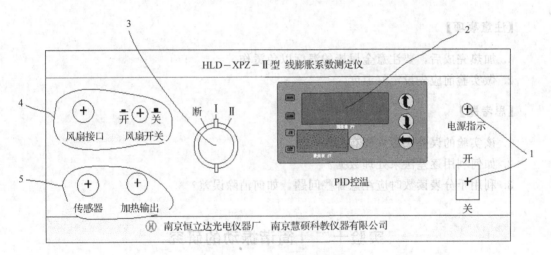

图 11 - 5　主机面板示意图

1—电源开关；2—PID 控温表；3—加热选择开关；4—风扇开关及接口；5—加热接口及控温检测温度接口

【实验内容及步骤】

1. 将仪器面板上风扇接口、加热输出、传感器接口与测量装置连接。

2. 将石英玻璃棒和待测材料放入加热器中、装上千分表稍用力压一下千分表滑络端，使千分表测量头能与隔热棒有良好的接触，再转动千分表圆盘，使指针指向零。

3. 开机将 PID 控温表调节到 40℃加热，当选择 II 挡通常预热 10 分钟。

4. 调节 PID 控温表，设置 SV。在表面板上按一下（SET）按键，SV 表头的温度显示个位将会闪烁；按面板上的"▲"或"▼"键调整设置个位的温度；再按"＜"键使表头的温度显示 10 位闪烁，按面板上的"▲"或"▼"键调整设置十位的温度；用同样方法还可设置百位的温度。调好 SV 所需设定的温度后，再按一下（SET）按键即可完成设置。将加热开关选择打到 II 挡加热，待 1 分钟后，仪器开始加热。一般可分别设定温度为 40.0℃、50.0℃、60.0℃、70.0℃、80.0℃（注意：调节不同温度的值，设定步骤参照上面进行调节）。

5. 测量。当加热盘温度恒定在设定温度 40.0℃，读出千分表数值 L_1，当温度分别为 50.0℃、60.0℃、70.0℃、80.0℃时。电脑将自动控制温度到设定值（正常情况下在 ±0.2℃左右波动 3 次以上后，可认为金属棒的温度达到了设定值），分别记下千分表读数 L_1、L_2、L_3、L_4、L_5。L_1 数据不带入计算。

【参考表格】

表 11 - 2　测量表格

T	40℃	50℃	60℃	70℃	80℃
L					
ΔL					
$\alpha = \dfrac{\Delta L}{L(t_2 t_1)}$					

【注意事项】

1. 加热完成后，要注意金属棒的温度以免烫伤。
2. 做实验前应先设定好温度。

【思考题】

1. 该实验的误差来源主要有哪些？
2. 如何利用逐差法来处理数据？
3. 利用千分表读数时应注意哪些问题，如何消除误差？

实验十二　简谐振动的研究

【实验目的】

1. 胡克定律的验证与弹簧劲度系数的测量。
2. 测量弹簧的简谐振动周期，求得弹簧的劲度系数。
3. 测量两个不同弹簧的劲度系数。
4. 了解并掌握集成霍尔开关传感器的基本工作原理和应用方法。

简谐振动的研究

【仪器和用具】

数字毫秒计、集成霍尔开关传感器固定板及引线、测量装置、砝码组、弹簧组

【实验原理】

1. 弹簧在外力作用下将产生形变（伸长或缩短）。在弹性限度内由胡克定律知：外力

F 和它的变形量 Δy 成正比, 即

$$F = K \cdot \Delta y \tag{12-1}$$

式 (12-1) 中, K 为弹簧的劲度系数, 它取决于弹簧的形状、材料的性质。通过测量 F 和 Δy 的对应关系, 就可由式 (12-1) 推算出弹簧的劲度系数 K。

2. 将质量为 M 的物体挂在垂直悬挂于固定支架上的弹簧的下端, 构成一个弹簧振子, 若物体在外力作用下 (如用手下拉, 或向上托) 离开平衡位置少许, 然后释放, 则物体就在平衡点附近作简谐振动, 其周期为

$$T = 2\pi \sqrt{\frac{M}{K}} \tag{12-2}$$

实际上弹簧本身具有质量 M_0, 它必对周期产生影响, 故式 (12-2) 可修正为

$$T = 2\pi \sqrt{\frac{M + PM_0}{K}} \tag{12-3}$$

式 (12-3) 中 P 是待定系数, 它的值近似为 1/3, 可由实验测得, M_0 是弹簧本身的质量, 而 PM_0 被称为弹簧的有效质量。通过测量弹簧振子的振动周期 T, 就可由式 (12-2) 计算出弹簧的劲度系数 K。

3. 集成开关型霍尔传感器。

如图 12-1 所示, 集成霍尔开关是由稳压器 A, 霍尔电势发生器 (即硅霍尔片) B, 差分放大器 C, 施密特触发器 D 和 OC 门输出 E 5 个基本部分组成。图 12-1 中的 (1), (2) (3) 代表集成霍尔开关的 3 个引出端点。

在输入端 (1) 输入电压 V_{cc}, 经稳压器稳压后加在霍尔发生器的两端。根据霍尔效应原理, 当霍尔片处于磁场中时, 在垂直于磁场的方向通以电流, 则与这二者相垂直的方向上将会有一个霍尔电势差 VH 输出, 该 VH 信号经放大器放大以后送至施密特触发器整形, 使其成为方波输送到 OC 门输出。当施加的磁场达到 "工作点" (即 Bop) 时, 触发器输出高电压 (相对于地电位), 使三极管导通, 此时, OC 门输出端输出低电压, 通常称这种状态为 "开"。当施加的磁场达到 "释放点" (即 Brp) 时, 触发器输出低电压, 三极管截止, 使 OC 门输出高电压, 这时称其为 "关" 态, 这样两次高电压变换, 使霍尔开关完成了一次开关动作。Bop 与 Brp 的差值一定, 此差值 Bh＝Bop－Brp 称为磁滞, 在此差值内, V_o 保持不变, 因而使开关输出稳定可靠, 这也就是集成霍尔开关传感器优良特性之一。集成霍尔开关传感器输出特性如图 12-2 所示。

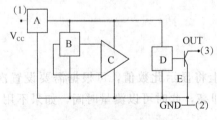

图 12-1　集成霍尔开关

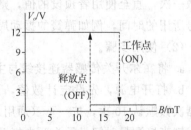

图 12-2　集成霍尔开关传感器
输出特性

【装置介绍】

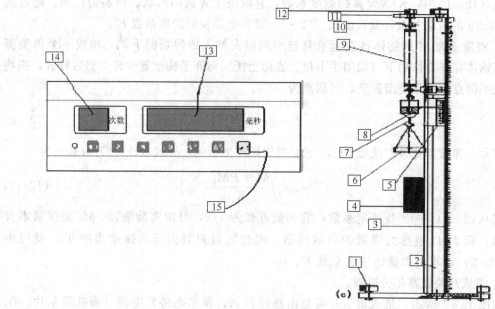

图 12 - 3　实验装置图

1—水平调节螺丝；2—主尺；3—标尺；4—霍尔开关传感器；5—调节旋钮（调节弹簧与主尺之间的距离）；
6—砝码托盘；7—吊钩；8—小指针；9—弹簧；10—挂钩；11—调节螺丝；12—横臂；13—计时显示；
14—计数显示；15— 操作键

1. 技术指标

（1）标尺量程：0～550mm。

（2）数字毫秒计读数精度为 0.1ms，周期有存储功能，计时结束后可查阅每个振动周期值。

（3）集成霍尔开关传感器使用临界距离：9mm。

2. 数字毫秒计使用说明

（1）工作原理。此仪器利用单片机芯片，同时具有计时和计数功能。为了适应实验要求，当单片机中断口前两次接收到下降沿信号或正在设定计数值时，不对其计数，只有当第三次接收到信号或设定完成时才开始计数，同时开始计时，每接收到一个下降沿信号就计数一次，直至使用者预设的值，则停止计数和计时。这时可从计时显示中读出发生触发信号所用的时间，例如弹簧的振动周期。

（2）使用步骤。

a. 将霍尔开关传感器连接线与主机相连。

b. 打开电源，先设定计数值，计数显示屏上将显示此数值，可根据需要设置次数。仪器次数默认 10 次，按一下（通用）键指示灯即亮，此时可以测量时间，如果不用（通用）键直接测量时间显示为两次振动的时间

c. 计时结束后，可读出计时值。这时，若按（查询），按一下（增、减）阅览前面每次触发间隔的时间。

【实验内容及步骤】

1. 用新型焦利秤测定弹簧劲度系数 K

（1）仪器底板放入水平仪，调节底板的三个水平调节螺丝。

（2）在主尺顶部安装弹簧，再依次挂入吊钩、初始砝码，使小指针被夹在两个初始砝码中间，下方的初始砝码通过吊钩和金属丝连接砝码托盘，这时弹簧已被拉伸一段距离。

（3）调整小游标的高度使小游标左侧的基准刻线大致对准指针，锁紧固定小游标的锁紧螺钉，然后调整视差，再调节小游标上的调节螺母，使得小游标上的基准刻线在观察者的视差已被调整好的情况下被指针挡住，通过主尺和游标尺读出读数（读数原理和方法与游标卡尺相同）。

（4）在砝码托盘中放入砝码之前，读出此时指针所在的位置值。先后放入 8 个 5g 砝码，通过主尺和游标尺依次读出每个砝码被放入后小指针的位置，再依次把这 8 个砝码取下拖盘，记下对应的位置值。

（5）根据每次放入或取下砝码时弹簧所受的重力和对应的拉伸值，绘出外力和拉伸值曲线图，从而得出弹簧的劲度系数。

2. 测量弹簧简谐振动周期，计算得出弹簧的劲度系数

（1）取下弹簧下的砝码托盘、吊钩和校准砝码、指针，挂入 50g 铁砝码，铁砝码下吸有磁钢片（磁极需正确摆放，否则不能使霍尔开关传感器导通）。

（2）把传感器附板夹入固定架中，固定架的另一端由一个锁紧螺丝把传感器附板固定在游标尺的侧面。

（3）分别把霍尔传感器与主机连接起来，打开计时器。

（4）调整霍尔传感器固定板的方位与横臂的方位，使磁铁与霍尔传感器正面对准，并调整小游标的高度，以便小磁钢在振动过程中触发霍尔传感器，当传感器被触发时，固定板上的白色发光二极管将被点亮。

（5）向下拖动砝码使其拉伸一定距离，使小磁钢面贴近霍尔传感器的正面，然后松开手，让砝码来回振动。（振子振幅不宜过大）

（6）计数器停止计数后，记录计时器显示的数值（计时器的使用参看前面计时计数毫秒仪的使用说明）。

【数据处理】

1. 方法一：胡克定律测量弹簧劲度系数。

表 12 - 1　1 号弹簧丝劲度系数的测量

M（g）	5	10	15	20	25	30	35	40
Y 增（cm）								
Y 减（cm）								
Y 平均（cm）								

表 12 - 2　2 号弹簧丝劲度系数的测量

M（g）	5	10	15	20	25	30	35	40
Y 增（cm）								
Y 减（cm）								
Y 平均（cm）								

M 是放入砝码的累计质量，Y（增）是依次加入砝码后弹簧的位置值，Y（减）是依次减少砝码后弹簧的位置值。

数据处理。根据表格作 $Y-M$ 图，求斜率 K'，弹簧劲度系数

$$K = \frac{1}{K'} \times g = \underline{\hspace{3cm}}$$

2. 方法二：用弹簧作简谐振动，测量振动周期的方法求 1 号弹簧丝的劲度系数。

表 12 - 3　方法二测量 1 号弹簧丝的劲度系数

计时	1	2	3	4	5	6	7	8	9	10	平均
一次											
二次											
砝码质量＋磁块质量＝＿＿＿＿＿g											
弹簧作简谐振动的平均时间＝＿＿＿＿＿s											

由公式　$T = 2\pi \left(\dfrac{M + \dfrac{1}{3}M_0}{K} \right)^{\frac{1}{2}}$，则 $K = \dfrac{4\pi \left(M + \dfrac{1}{3}M_0 \right)}{T^2} = \underline{\hspace{2cm}}$。

【注意事项】

此项实验配有三个弹簧，实验时可选一或两个，也可三个都做，观测弹簧的线径和外径与劲度系数的关系。但须注意，实验时弹簧需有一定伸长，即弹簧须每圈间要拉开些，克服静摩擦力，否则会带来较大的误差。

【思考题】

1. 弹簧在使用过程中应注意哪些问题？

2. 计数器如何使用？

3. 做完实验后，为什么要将弹簧取下？

电磁学实验

实验十三　学习使用万用表

万用电表简称万用表或多用表、三用表，在国家标准中称作复用表。万用表具有操作简单、携带方便、价格低廉、用途广泛等优点，是一般电工和无线电技术上最常使用的工具，是实验室中常用的仪表。

【实验目的】

1. 了解万用表的基本原理及基本使用方法。
2. 用电阻箱校准欧姆计。
3. 学习检查电路故障的一般方法。

学习使用万用表

【仪器和用具】

500 型万用表、电阻箱、电阻、稳压电源。

【实验原理】

万用表实际上是把多量程的交直流伏特计、安培计以及欧姆计组合在一起的多量程携带式仪表。下面介绍的 500 型万用表，如图 13-1 所示，它共有 24 个测量量限，能分别测量交直流电压、直流电流、电阻及音频电平。测量时由转换开关"S_1"、"S_2"来调节测量挡位。

1. 直流电压挡

将转换开关旋钮"S_1"旋至"Ⅴ"位置上，开关旋钮"S_2"至 2.5～500 范围内，就是一个多量程直流伏特计，各量程分别是 2.5V、10V、50V、250V、500V。它的线路原理如图 13-2 所示，从图中可看出多量程直流伏特计实际上就是由几个不同阻值的附加电阻与一个表头串联而成的。在测量中应根据不同情况选择不同量程。

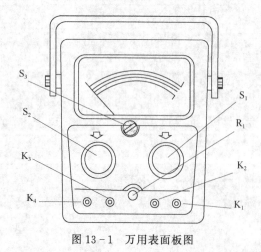

图 13-1　万用表面板图

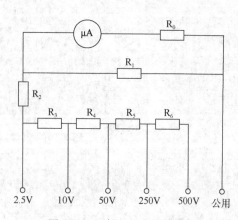

图 13-2　直流电压挡原理图

2. 直流电流挡

当把转换开关旋钮"S_2"旋至"A"位置上，转换旋钮"S_1"旋至 1～500mA 范围内时，就是一个多量程直流电流表，它的各量程分别是 1mA、10mA、100mA、500mA，线路原理如图 13-3 所示，如果测量较小的电流，可以使用 50μA 挡。电流挡是把表头直接接在电路中，所以测量时要小心操作。从图 13-3 可看出多量程直流电流表实际上是由一个表头与几个分流电阻并联而成的。

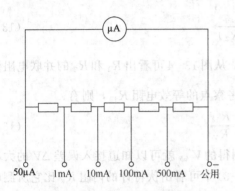

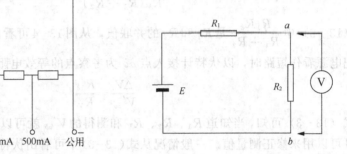

图 13-3　直流电流挡原理图　　　　　图 13-4　万用表接入误差

用万用表测量电路时，一般情况下万用表不是固连在待测电路上，而是在测量时连上，测量后就撤掉，由于电表总有一定的内阻，所以万用表接入电路后，电路的电压和电流分布发生变化，使测量值与实际值存在一定的差值，这种差值称为接入误差。例如，图 13-4 的电路中，我们想要知道的是电压表未接入时 ab 间的电压 V_{ab}，但是由于电压表的接入，ab 间的电阻有了变化，测出的电压却是 V'_{ab}，V_{ab} 和 V'_{ab} 之差即为接入误差，用式子表示为

$$\Delta V = V_{ab} - V'_{ab} \qquad\qquad (13-1)$$

在式（13-1）中

$$V_{ab} = \frac{R_2}{R_1 + R_2} E \qquad （设电源内阻为零）$$

$$V'_{ab} = \frac{R'_2}{R_1 + R'_2} E = \frac{\dfrac{R_V R_2}{R_V + R_2}}{R_1 + \dfrac{R_V R_2}{R_V + R_2}} E$$

即

$$V'_{ab} = \frac{1}{1 + \dfrac{R_1(R_V + R_2)}{R_V R_2}} E$$

上式中 R'_2 为伏特计的内阻 R_V 和 R_2 的并联值。显然 V'_{ab} 总是小于 V_{ab}。

用此值可以找出误差与电路中电阻之间的关系

$$\frac{\Delta V}{V'_{ab}} = \frac{V_{ab} - V'_{ab}}{V'_{ab}} = \frac{V_{ab}}{V'_{ab}} - 1$$

将 V'_{ab} 代入上式得

$$\frac{\Delta V}{V'_{ab}} = \frac{\dfrac{R_2}{R_1+R_2} \cdot E}{\dfrac{1}{1+\dfrac{R_1(R_V+R_2)}{R_V \cdot R_2}} \cdot E} - 1$$

$$= \frac{R_2}{R_1+R_2}\left[1+\frac{R_1(R_V+R_2)}{R_V \cdot R_2}\right] - 1$$

$$= \frac{R_1 R_2}{R_V(R_1+R_2)} \tag{13-2}$$

式（13-2）中 $\dfrac{R_1 R_2}{R_1+R_2}$ 是 R_1 和 R_2 的并联值，从图13-4可看出 R_1 和 R_2 的并联电阻值正是把电源看作短路时，以伏特计接入点 ab 为考察点的等效电阻 R_{12}，则有

$$\frac{\Delta V}{V'_{ab}} = \frac{R_{12}}{R_V} \tag{13-3}$$

由式（13-3）可知，当知道 R_1、R_2、R_V 和测得的 V'_{ab} 就可以知道接入误差 ΔV 的大小，并且可以用来修正测量值。一般情况从式(13-3)中可看出伏特计的内阻 R_V 比它所测电压的内阻(R_1 和 R_2 的并联值)大很多时，接入误差可以忽略。

在实际工作中，对于同一块万用表来说，为了减小测量误差，可以选用较大的电压量程，因为量程越大，内阻越高，当然，量程选得太大，测低电压时表针偏转的角度太小，反而增大读数误差。

接入误差在测电压时有，测量电流时也存在接入误差，这是因为安培计也有一定的内阻，当接入电路时，由于内阻的存在，必然有一定的电压降，所以也会产生测量误差。并且可以得知，安培计的内阻越低，测量误差也越小。

同电压测量一样，在实际工作中，对于同一块万用表来说，为了减小测量误差，可以选较大的电流量程，因为电流量程越大，电阻越小，测量误差也越小，但选择的量程不宜过大，以免增大测小电流时的读数误差。

3. 欧姆挡

图13-5是欧姆计的原理图。其中虚线框内部分为欧姆计。a、b 为两表笔插孔，待测电阻 R_x 接在 a 和 b 之间，E 为干电池，G 为表头(内阻为 R_g，满偏电流 I_g，表头实际上就是微安表)，R' 为限流电阻。由欧姆定律可知回路中的电流 I_x 为

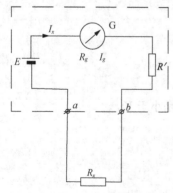

图 13-5　欧姆计原理图

$$I_x = \frac{E}{R_g + R' + R_x} \tag{13-4}$$

可见，对于一给定的欧姆计，它的 E、R'、R_g 一定，则 I_x 仅由 R_x 来决定，即表头指针的偏转 I_x 与 R_x 有一一对应的关系。这样就可以在表头刻度上标出相应的 R_x 值，成为一个欧姆计。

由式(13-4)可知，当 $R_x=0$ 时，回路中的电流最大，为 $\dfrac{E}{R_g+R'}$。如果适当设计 R' 的值，可使此最大电流等于表

头满偏电流 I_g，即

$$I_g = \frac{E}{R_g + R'} \tag{13-5}$$

由图 13-5 可以看出上式的电阻 $R_g + R'$ 即欧姆计内阻（虚线之内），当欧姆计外阻（虚线之外的电阻）等于欧姆计内阻，即

$$R_x = R_g + R'$$

时，式（13-4）变为

$$I_x = \frac{E}{2(R_g + R')} = \frac{I_g}{2} \tag{13-6}$$

通常用 $R_{中}$ 表示 $R_g + R'$，称之为欧姆计的中值电阻，即

$$R_{中} = R_g + R'$$

这时表头指针正指欧姆计刻度的中央。因此式（13-4）和式（13-5）可改写为

$$I_x = \frac{E}{R_{中} + R_x} \tag{13-7}$$

$$I_g = \frac{E}{R_{中}} \tag{13-8}$$

从式（13-7）中可以看出，欧姆计的刻度是不均匀（非线性）的，I_x 随 R_x 的变化而变化。当 $R_x \ll R_{中}$ 时，$I_x \approx \frac{E}{R_{中}} = I_g$，这时指针偏转接近满偏，且随 R_x 的变化不明显，因而测量误差很大；当 $R_x = R_{中}$ 时，有 $I_x = \frac{E}{2R_{中}} = \frac{I_g}{2}$，指针偏转为满偏的一半，偏转变化在接近 $R_x = R_{中}$ 范围内随 R_x 的变化非常明显，因而测量误差是比较小的。当 $R_x \gg R_{中}$ 时，$I_x = 0$，指针基本上不动，因而测量误差也很大。所以在实用中，用欧姆计测电阻，总是尽量用中央附近的刻度来测量。一般情况在 $\frac{1}{10}R_{中} \sim 10R_{中}$ 的刻度范围内，读数较准。如果在 $\frac{1}{5}R_{中} \sim 5R_{中}$ 的刻度范围内，相对来说更好些。例如 500 型万用表，$R \times 1k$ 挡中心值为 $10k\Omega$，适合测 $1k \sim 100k\Omega$ 的电阻。低于 $1k\Omega$ 可用 $R \times 100$ 挡，高于 $100k\Omega$ 应选 $R \times 10k$ 挡来测量。实际上欧姆计都有几个量程，原则上各挡均可测 $0 \sim \infty$ 电阻，但测量误差却相差极大。由于每个量程的 $R_{中}$ 不同，而且每个量程相对来说较准确的测量范围都是 $\frac{1}{10}R_{中} \sim 10R_{中}$，因此，测量时要选择比较合适的量程挡位来测量。

式（13-7）指出，欧姆计的刻度是按一定的电源电动势 E 设计刻出的，但实际上电源电动势不可能总是正好等于 E，因为一般情况使用的电池容量是有限的，工作时间稍长，电动势下降，内阻会增大。使欧姆零点改变，所以在欧姆计中还装有"欧姆零点调节旋钮"以解决 E 值不稳定的问题。具体的调节方法是，将红、黑两支笔相接（短路），调节"欧姆零点"旋钮，使指针指零欧姆，每次改变欧姆计的量程时，都需要重新进行调节。

【万用表使用常识及操作规程】

1. 准备

使用万用表之前，必须熟悉每个转换开关、旋钮、插孔和接线柱的作用，认清万用表面板和每条刻度线所对应的被测电量。测量前，必须清楚要测什么和怎样测法，然后根据待测量的种类（直流电流、电压、电阻）将转换开关拨至量程合适的挡位上。假如预先无法估计被测量的大小时，一般应先拨到最大量程挡，再逐渐减小量程到合适的挡位上。

通常习惯每一次拿起表笔准备测量时，要再次核对一下测量种类及量程转换开关是否拨对位置。

万用表使用时应水平放置。如果发现表针不指在机械零点，须用螺丝刀调节表头上的调节螺丝，使表针指到零点。把红色表笔插入"＋"插口中，黑色表笔插入"＊"插口中。

2. 测量

（1）测电流时应将万用表串联在被测电路中，测直流电流时，表笔的正负极不能接反，若表笔接反了，表针会反打，容易把表针碰弯，所以测量时，刚开始时使电路接通，然后马上断开，当确认没有异常现象时，再把表笔固连好。执表笔时，手不要接触其金属部分。测电流时，若电源内阻和负载电阻都很小，应尽量选择较大的电流量程，以降低万用表的内阻，减小对被测电路工作状态的影响。

（2）测电压时，应将万用表并联在被测电路的两端。测直流电压时同测直流电流一样要注意正负极性，防止表针反打。选取电压量程时，应尽量使表针偏转到满刻度的 $\frac{1}{2}$ 或 $\frac{1}{3}$。测量电压高于 36V 时要注意安全，手不要接触任何与导线相连的金属部分。

（3）测电阻时首先要调整零点。每次更换电池时要重新调整零点。严禁在被测电路带电的情况下测量电阻，不能用电阻挡直接测高灵敏度表头的内阻，以免烧毁线圈或打弯表针。测电阻时不允许两手同时接触两支表笔的金属端，特别是测高电阻时能引入人体电阻，使读数减小，因为人体电阻约为几百千欧。测电解电容（要先将其放电后才能测量）和晶体管等有极性元器件的等效电阻时，要注意两表笔的极性。红表笔（"＋"表笔），实际上是接表内电池负极，因此带负电；黑表笔（"－"表笔）接电池正极，因此带正电，所以测量时要注意两表笔的极性。

3. 结束工作

使用完毕，应将转换开关拨至空挡位置上，使万用表内部电路呈现开路状态，防止因误置开关旋钮位置进行测量而使万用表损坏。

如果万用表长期不用，需将电池取出，避免电池长期存放而变质，使漏出的电解液腐蚀电路板。

4. 用万用表检查电路

万用表在实际应用中是检查电路故障不可缺少的基本工具。一般故障可以用万用表来检查排除。在实际应用中电路发生故障的原因很多，有时在接线正确和工作条件正常时，合上开关，电器或电路也不能正常工作，这就需要检查电路了。这时，可以大致判断有以下几种产生故障的原因：

（1）电键、导线或接线柱接触不良，断路或短路。

（2）电表或元器件损坏等。一般情况下，可以根据具体情况判断出产生故障的原因或故障的大致部位，直接用万用表来确定判断是否正确。如果不行，则需要用万用表来仔细地检查电路，检查电路一般有两种方法，一种是欧姆计法，另一种是伏特计法。欧姆计法检查电路是在电路断电的情况下进行的，一般是对电路进行初步简单的检查所用的方法，虽然简单，但也很实用，检查时也比较直观明了。一般情况，实用于对元器件的检查，以及用以判断导线与接触点及电路之间通不通，在检查电路时需把待测部分与其他部分断开。因此，有时候也感到比较麻烦。伏特计法的突出优点就是不必拆开电路，并且可以带电测量，这就能够检查电路在工作状态下的情况，检查的方法大致为，如果是系统检查就需要从电源两端开始，按顺序对接点逐步检查，或已明确各部分的电压正常分布情况，直接检查某部分的电压分布是否正常。伏特计法虽然有它突出的优点，但也有不足之处，它在检查小电压时就不是太敏感。

【实验内容及步骤】

1. 测直流电压

按图 13-6 连接电路，把 S_1 旋至"$\underline{V}$"位置，首先估计所测电压的大致范围，选择 S_2 上合适的量程，分别测出 ad、ab、bc、cd、ac、bd 间的电压。计算 $U_{ab}+U_{bc}+U_{cd}$ 的值，并与 U_{ad} 进行比较，看它们是否相等，并解释这些结果。

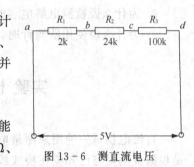

图 13-6　测直流电压

2. 测电阻

把 S_2 旋至"Ω"位置，选择 S_1 上的合适量程（尽可能使表针靠近中间位置），分别测出刚才使用过标称为 $2k\Omega$、$24k\Omega$、$100k\Omega$ 电阻的阻值。

3. 校准欧姆计

用电阻箱校准中值电阻为 100Ω（S_1 放在×10 挡）的欧姆计。校准 12 个点，这 12 个点分别为 0、1Ω、10Ω、30Ω、50Ω、70Ω、100Ω、150Ω、300Ω、500Ω、$1k\Omega$、$2k\Omega$。

4. 用万用表检查电路故障

由电源、电键、滑线变阻器、电阻、毫安表，通过导线、接线柱连成一个电路。然后由别组同学设置电路障碍，自己通过万用表用欧姆计法或伏特计法来排除故障，并记下发现故障的过程。

【参考表格】

表 13-1　测直流电压　　　　　　　　　　　　　　　　　　　　　　　　　　　　单位：V

测量名称	U_{ad}	U_{ab}	U_{bc}	U_{cd}	U_{ac}	U_{bd}
电表量程						
理论值						
测量值						

电源电压 5V

表 13 - 2　　测电阻值　　　　　　　　　　　　　　单位：Ω

测量名称	R_1	R_2	R_3
电表量程			
标称值			
测量值			

表 13 - 3　　用电阻箱校准中值电阻为 100Ω（×10）挡的欧姆计　　　单位：Ω

欧姆计值	0	1	10	30	50	70	100	150	300	500	1k	2k
电阻箱标称电阻												
相对误差												

【思考题】

1. 欧姆计的中值电阻是怎样定义的？500 型万用表的欧姆计各挡的中值电阻是多少？

2. 为什么说检测电解电容时，要先将电解电容正负极短路一下？

3. 为什么说使用欧姆计时，改变挡位后要重新调整欧姆计零点？

实验十四　用惠斯通电桥测电阻

　　直流电桥是一种用来测量电阻或与电阻数值之间有一定函数关系的量的较量仪器，它是根据被测量与已知量在桥式线路上进行比较而获得测量结果的，直流电桥按其结构又可分为直流单臂电桥（又称惠斯通电桥）和直流双臂电桥（又称凯尔文电桥）两种，惠斯通电桥是最简单的一种，主要用于测量 $10^{0} \sim 10^{6}$ Ω 范围内的电阻，凯尔文电桥主要用于测量 $10^{-5} \sim 10^{0}$ Ω 范围内的低值电阻。

　　电桥不仅可以测量电阻，不同的电桥还可以测量电容、电感等电学量。通过传感器，利用电桥电路还可以测量一些非电学量，例如温度、湿度、压力等。电桥具有操作简便，测量精度较高等特点，因此被广泛应用于电工技术和非电量电测法中。

【实验目的】

1. 了解惠斯通电桥的原理和特点。

2. 掌握调节电桥平衡的操作步骤。

3. 练习联接线路，熟悉检流计、电阻箱的使用方法。

【仪器和用具】

用惠斯通电桥测电阻

　　直流稳压电源、指针式检流计、单双臂电桥、待测电阻（电阻箱代）、导线。

【实验原理】

1. 惠斯通电桥的工作原理

惠斯通电桥的原理如图 14-1 所示，它是由 4 个电阻 R_1、R_2、R_x、R_M 用导线连成的封闭四边形 $ABCD$ 组成，每一边称作电桥的一个臂。使对角 A 和 C 与直流电源相连，而在对角 B 和 D 之间连接一检流计 G，使线路 BGD 构成"桥"，用以比较"桥"两端的电位，即通过观察检流计 G 的指针偏转，可知从"桥"上通过的电流大小和方向。当 B、D 两点电位相等时，检流计中无电流通过，就称之为电桥平衡。

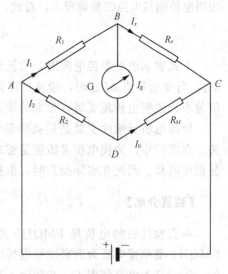

图 14-1　惠斯通电桥原理图

R_1、R_2、R_0 是可调电阻，调节这些电阻使 B、D 间的检流计中无电流通过（$I_g = 0$），使电桥达到平衡，这时 B、D 两点的电位相等，由此可得

$$U_{AB} = U_{AD}$$

即

$$I_1 R_1 = I_2 R_2 \qquad\qquad (14-1)$$

$$U_{BC} = U_{DC}$$

即

$$I_x R_x = I_0 R_M \qquad\qquad (14-2)$$

式（14-1）和式（14-2）两式相除，得

$$\frac{I_1 R_1}{I_x R_x} = \frac{I_2 R_2}{I_0 R_M}$$

因为 $I_g = 0$，这时 $I_1 = I_x$，$I_2 = I_0$。

所以有

$$R_x = \frac{R_1}{R_2} R_M = KR \qquad\qquad (14-3)$$

比例关系式（14-3）称为电桥平衡条件，式中 $K = \dfrac{R_1}{R_2}$ 叫作电桥的比率臂。从式（14-3）可以看出，找出 R_1、R_2 和 R_M 即可求出 R_x，在实际应用中，往往有了待测电阻的大致范围，可先选定 $\dfrac{R_1}{R_2}$ 的比值，再估算出 R_M 的大致范围，然后调节 R_M 就可以使电桥平衡，通过精确计算得出 R_x 的值。通常在使用时一般取比值 K 为 10 的整数次方，例如取 K 等于 0.01，0.1，1，10，100，1000 等，这样，就可以很方便地计算出 R_x 的值来。

2. 电桥的灵敏度

从式（14-3）可看出，只要恰当地选取桥臂电阻，就可使电桥达到平衡，在实际操作中，判断电桥是否平衡，主要是通过检流计指针有无偏转来判断。然而，检流计的灵敏度是有限的。例如，在实验中我们选用电流灵敏度为 1 格/μA 的指针式检流计作为指零仪，当指针偏转一格时所对应的电流为 1.1×10^{-6} A，如果通过它的电流比 10^{-7} A 还要小时，指针偏转不到 0.1 格，我们就很难分辨出来了，也就认为电桥已达平衡，因而带来测量误差。为了

说明电桥测量电阻的精确程度，对此，我们引入电桥灵敏度的概念。它定义为

$$S = \frac{\Delta d}{\Delta R_M}(格 / \Omega)$$

上式表示改变单位电阻时，检流计偏转的格数，即 Δd 为当电桥平衡后调节桥臂电阻 R_M，当变动某值 ΔR_M 时，检流计离开平衡位置的格数，S 越大，能检测到的电桥不平衡值越小，说明电桥越灵敏，带来的误差也越小。

提高电桥灵敏度主要是提高检流计的灵敏度，另外电桥灵敏度的大小与工作电压有关。在实验中，为使电桥灵敏度足够高，电源电压不能过低，但是也不能太高，太高了容易损坏电桥。因此在实际操作时，根据测量阻值的不同，适当地选择不同的电压。

【装置介绍】

本实验使用的电桥是 FMQJ19 型单双臂两用电桥，一般的电桥都大同小异，现以 FMQJ19 型单臂电桥为例来说明电桥的结构和使用方法。FMQJ19 型单臂电桥是直流电桥的一种。基本电路如图 14 - 2 所示，与图 14 - 1 比较，其结构形式基本相同，只是加了一些附件而稍微复杂些，它与别的箱式电桥不同的地方就是检流计和电源是需要外接的，其余的部件全部装在箱子内，测量时只需把电源及检流计、待测电阻接入即可使用。

电路结构如图 14 - 2 所示，面板结构如图 14 - 3 所示。

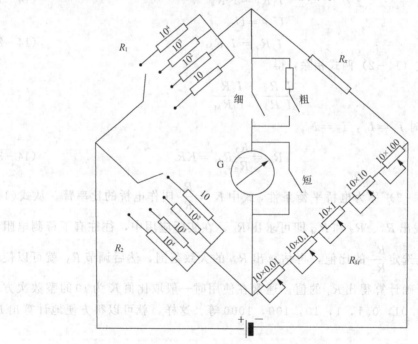

图 14 - 2　FMQJ19 型单臂电桥电路结构图

R_1 及 R_2——比例臂电阻。

I～V——R_M 及 R'_M 电阻箱式测量臂的读数盘（其和为 R_0）

K_1——单双臂电桥选择开关

K_2——内置外置检流计选择开关。

K_3——灵敏度调节旋钮。

K_4——调零旋钮。

1 及 2——外接检流计（G）的端钮。

3～6——双电桥时接标准电阻（R_N）的端钮。

7 及 8——单电桥时接未知电阻（R_X）的端钮。

9～12——双电桥时接未知电阻（R_X）的端钮。

13——电源开关。

14——静电屏蔽端钮。

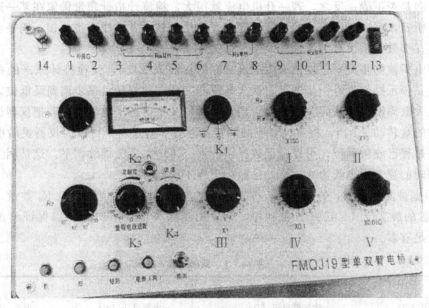

图 14 - 3　FMQJ19 型单双臂电桥面板结构图

当作单臂电桥使用时，只需在 7、8 端接上待测电阻即可，R_1 和 R_2 分别有 4 挡，各挡阻值 10Ω，100Ω、1000Ω、10000Ω，R_1 和 R_2 可以构成 16 种数据。测量时根据不同情况来选择 R_1 和 R_2（比例臂），其余 5 个有窗口的大旋钮为 R_M 的 5 个读数臂，即 5 个十进盘，电阻数据如下：

第一个十进盘每只电阻值为 100Ω；

第二个十进盘每只电阻值为 10Ω；

第三个十进盘每只电阻值为 1Ω；

第四个十进盘每只电阻值为 0.1Ω；

第五个十进盘每只电阻值为 0.01Ω。

【实验内容及步骤】

1. 连接好待测电阻 R_X。

2. 将检流计右侧的"单—双桥"转换开关 K_1 从"空"挡调到"单"挡。

3. 根据被测电阻 R_X 估计值的大小，按表 1 选择合适的电源电压。

具体方法是：调节检流计左下方的"灵敏度"旋钮 K_3，该旋钮又是"量程/电源适配区间"选择旋钮，旋钮周围按顺时针标有被测电阻 R_X 范围 10^0—10^1—10^2—10^3—10^4—10^{-1}—10^{-2}—10^5—10^6—10^{-3}—10^{-5}，单位是欧姆（Ω），这个数字链表明不同大小的 R_X 需要不同大小的测量电压。调节该旋钮不必很精确，电压越高（顺时针旋转）则灵敏度越高，但电阻元件发热会造成指针飘移，甚至烧毁元件。所以，只要灵敏度够用，电压尽量就低不就高。

开机前应将该旋钮逆时针转到底，以便使仪器从电流最小（也是灵敏度最小）状态开始工作，这样即使电桥偏离平衡态很远，检流计的偏转也不超量程，一方面能保护检流计，更重要的是接下来调节桥臂时（先调最高位即 ×100Ω 的测量盘），能根据检流计判断调节的方向是否正确；反之，若一开机电流就很大，检流计指针超量程偏在某一边，无论怎样调节桥臂，都看不出指针的偏转力度有无变化。初学者操作不得要领，调平费时甚至烧坏仪器，多数都是没有想清楚这一层逻辑关系。

随着电桥被初步调平，谨慎增大电流（亦即提高灵敏度），使检流计原来的微小偏移得以放大，提示操作者进一步调平，从次高位即 ×10Ω 的测量盘逐步调到最低位，类似调天平，从大砝码调到小砝码。一般地，当转动各位测量盘调平电桥时，若把仪器误差前一位所对应的盘转动 ±1 挡，检流计对应的偏转量能有 1 格左右，可以为仪器灵敏度已足够高，调平过程已收敛到位，可以读记数据了，不必再增大电流继续调平。这是因为，公认检流计偏转的视觉识别阈为 0.1 格，已经小于等于仪器误差。

4. 根据被测电阻 R_X 的估计值，按表 14-1 选择合适的比例臂 R_1、R_2 数量，尽量令 R_M 读数盘的最高位（×100Ω）被利用，至少用到次高位（×10Ω），以保证测量结果的有效数位足够多。

表 14-1　单桥电路

量程			电源电压（V）	误差（%）
被测电阻（Ω）	比例臂电阻（Ω）			
R_X	R_1	R_2		
$10^2 \sim 10^3$	100	1000	0~5	±0.05（基本）
	1000			
$10^3 \sim 10^4$	1000			±0.1
$10^4 \sim 10^5$				

5. 测中、低阻时每根外接导线的电阻均不应大于 0.001Ω。

6. 以上都是测量前应考虑的事项。准备好以后，按动面板右上角的电源开关（红色），通电预热 5 分钟。将检流计下方的 K_2 钮子开关扳向"内"，选择内置检流计，调节检流计右下的"调零"旋钮 K_4，使检流计指针准确指零。当变动某个桥臂电阻或电源电压之后，要记住在松开"电源（两）"按钮的状态下给检流计重新调零。

7. 先按下"粗"按钮（面板左下角），使检流计接通；再按下"电源（两）"按钮（面板左下角）使电源接通，此时检流计指示有偏转。从高位到低位调节 R_M 读数盘使检流计指零，松开"电源（两）"按钮将电源切断。

8. 再按下"细"按钮（面板左下角），后按下"电源（两）"按钮，发现检流计有偏转，再次调节 R_M 读盘使检流计指零，松开"电源（两）"按钮。适当增大灵敏度，重复

7、8 两项操作，可求得被测电阻值为 $R_X = \dfrac{R_1}{R_2} R_M$。

9. 电阻元件发热原因有二：电压太高或通电时间太长。测量中应经常松开"电源（两）"按钮，以免元件发热引起指针飘移、测量读数不稳。

10. 如果检流计灵敏度不能满足测量要求，可将检流计下方的钮子开关扳向"外"挡，另选 AC15、AZ19 等型号的高灵敏度检流计，接到本电桥面板左上角的"外接检流计"接线柱上。

11. 测试完毕应将"单-双桥"转换开关恢复到"空"挡；"灵敏度"旋钮逆时针旋到底；关闭电源开关；令"粗"、"细"、"电源（两）"按钮释放（向上弹起）；R_1、R_2、R_M 的各读数盘切不可回零，一般置于中间挡位较妥，以免误开机烧坏。

【参考表格】

表 14-2 测算电桥灵敏度 $f = 0.05$

	一	二	三	四
比率 $R_1 : R_2$（电压）	100 : 100（2V）	100 : 100（3V）	1000 : 100（6V）	10000 : 100（10V）
R_M（Ω）				
R_x（Ω）				
$\Delta R_x = R_x \cdot f \%$（Ω）				
ΔR_M				
Δd				
$S = \Delta d / \Delta R_M$				

表中 f 为电桥准确度等级。

【注意事项】

1. 应从最小挡调整 R_M。

2. 按表 14-1 的配比选择 R_x、R_1、R_2 与调节灵敏度。

3. 当 R_M 最小刻度也无法使电计回到零点，应以指针最接近零刻度时认为电桥平衡。

4. 先按下"粗"按钮（面板左下角），使检流计接通，调平后，再按下"细"按钮（面板左下角），再次调节 R_M 读盘使检流计指零。

5. 检流实验，应关闭电源，将单双臂选择开关 K_1 旋至空，检流计选择开关 K_2 旋至外。

【思考题】

1. 测量电阻时如果电桥的电源电压有变化，对实验有什么影响？

2. 电桥有哪几个部分组成？电桥的平衡条件是什么？

3. 电桥上的灵敏度旋钮与待测电阻有什么联系？

实验十五　直流电位差计的原理和使用

　　补偿法是电磁测量的一种基本方法。电位差计就是利用补偿原理来精确测量电动势或电位差的一种精密仪器。其突出优点是在测量电学量时，它不从被测量电路中吸取任何能量，也不影响被测电路的状态和参数，所以在计量工作和高精度测量中被广泛利用。电位差计又叫电位计，它有多种类型，其中十一线电位差计是一种教学仪器，它结构简单、直观性强，便于学习和掌握；而箱式电位差计是测量电位差的专用仪器，它使用方便、测量准确、稳定性好，在科学实验和工业生产中经常用到。

　　电位差计是电磁学测量中用来直接精密测量电动势或电位差的主要仪器之一。它用途很广泛，不但可以用来精确测量电动势、电压，与标准电阻配合还可以精确测量电流、电阻和功率等，还可以用来校准精密电表和直流电桥等直读式仪表，有些电器仪表厂则用它来确定产品的准确度和定标，而且在非电参量（如温度、压力、位移和速度等）的电测法中也占有极其重要的地位。它不仅被用于直流电路，也用于交流电路。因此在工业测量自动控制系统的电路中得到普遍的应用。

【实验目的】

　　1. 学习和掌握电位差计的补偿工作原理、结构和特点。

　　2. 学习用十一线式电位差计来测量未知电动势或电位差的方法和技巧。

　　3. 培养学生正确连接电学实验线路、分析线路和实验过程中排除故障的能力。

直流电位差计的
原理和使用

【仪器和用具】

　　直流电位差计实验仪、导线等。

【实验原理】

1. 补偿原理

　　在直流电路中，电源电动势在数值上等于电源开路时两电极的端电压。因此，在测量时要求没有电流通过电源，测得电源的端电压即为电源的电动势。但是，如果直接用伏特表去测量电源的端电压，由于伏特表总要有电流通过，而电源具有内阻，因而不能准确得到电动势的数值，所测得的电位差值总是小于电位差真值。为了准确地测量电位差，必须使分流到测量支路上的电流等于零，直流电位差计就是为了满足这个要求而设计的。

　　补偿原理就是利用一个电压或电动势去抵消另一个电压或电动势，其原理可用图 15-1 来说明。两个电源 E_n 和 E_x 正极对正极、负极对负极，其中 E_n 为可调标准电源电动势，E_x 为待测电源电动势，中间串联一个检流计 G 接成闭合回路。如果要测电源 E_x 的电动势，可通过调节电源 E_n，使检流计读数为 0，电路中没有电流，此时表明 $E_x = E_n$，E_x 两端的电位差和 E_n 两端的电位差相互补偿，这时电路处于补偿状态。若已知补

偿状态下 E_n 的大小，就可确定 E_x，这种利用补偿原理测电位差的方法称为补偿法，该电路称为补偿电路。由上可知，为了测量 E_x，关键在于如何获得可调节的标准电源，并要求该电源：（1）便于调节；（2）稳定性好，能够迅速读出其准确的数值。

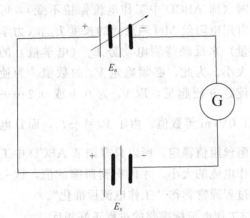

图 15-1 补偿法测电源电动势原理图

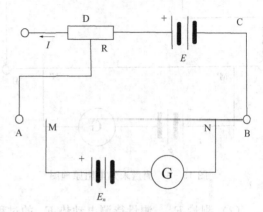

图 15-2 电位差计定标原理图

2. 电位差计原理

根据补偿法测量电位差的实验装置称为电位差计，其测量原理可分别用图 15-2 和图 15-3 来说明。图 15-2 为电位差计定标原理图，其中 ABCD 为辅助工作回路，由电源 E、限流电阻 R、11m 长粗细均匀电阻丝 AB 串联成一闭合回路；MN 为补偿电路，由标准电源 E_n 和检流计 G 组成。电阻箱 R 用来调节回路工作电流 I 的大小，通过调节 I 可以调整每单位长度电组丝上电位差 V_0 的大小，M、N 为电阻丝 AB 上的两个活动触点，可以在电阻丝上移动，以便从 AB 上取适当的电位差来与测量支路上的电位差补偿，它相当于补偿电路 15-1 图中的 E_n，为测量电路提供了一个可变电源。当回路接通时，根据欧姆定律可知，电阻丝 AB 上任意两点间的电压与两点间的距离成正比。因此，可以改变 MN 的间距，使检流计 G 读数为 0，此时 MN 两点间的电压就等于待测电动势 E_x。要测量电动势 E_x，必须分两步进行。

（1）定标 利用标准电源 E_n 高精确度的特点，使得工作回路中的电流 I 能准确地达到某一标定值 I_0，这一调整过程叫电位差计的定标。

本实验采用滑线式十一线电位差计，电阻 R_{AB} 是 11m 长粗细均匀电阻丝。根据定标原则，按图 15-2 连线，移动滑动触头 M、N，将 M、N 之间的长度固定在 L_{mn} 上，调节工作电路中的电阻 R，使补偿回路中的定标回路达到平衡，即流过检流计 G 的电流为零，此时，

$$E_n = V_{MN} = I_0 R_{MN} = I_0 \frac{\rho}{S} L_{MN}$$

在工作过程中，ABCD 中工作电流保持不变，因电阻 R_{AB} 是均匀电阻丝，令

$$V_0 = \frac{\rho}{S} I_0 \tag{15-1}$$

那么有 $$E_n = V_0 L_{MN} \tag{15-2}$$

很明显 V_0 是电阻丝 R_{AB} 上单位长度的电压降，称为工作电流标准化系数，单位是 V/m。

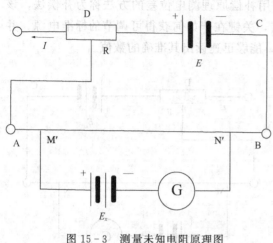

图 15-3 测量未知电阻原理图

在实际操作中，只要确定 V_0，也就完成了定标过程。

由（15-2）式可知，当 V_0 保持不变时（即 ABCD 中工作电流保持不变），可以用电阻丝 MN 两点间的长度 L_{MN}（力学量）来反映待测电动势 E_x（电学量）的大小。为此，必须确定 V_0 的数值。为使读数方便起见，取 V_0 为 0.1 或 0.2······1.0V/m 等数值。由于 $V_0 = \dfrac{\rho}{S} I_0$，而且电阻丝阻值稳定，所以只有调节 ABCD 中工作电流的大小，才能得到所需的值，这一过程通常称作"工作电流标准化"。

（2）测量 E_x 测量待测电动势 E_x 的过程与工作电流标准化的过程正好相反。

当定标结束后，按图 15-3 连线，调节 M′、N′ 之间长度，使 M′、N′ 两点间电位差 $V_{M'N'}$ 等于待测电动势 E_x，达到补偿，此时流过检流计 G 的电流为零。即

$$E_x = V_{M'N'} = I_0 \frac{\rho}{S} L_{M'N'}$$

结合式（15-2）得

$$E_x = V_0 L_{M'N'} \qquad (15-3)$$

下面用例子说明定标和测量过程，标准电源 $E_n = 1.0186\text{V}$，取 $V_0 = 0.10000\text{V/m}$。

定标：为了保证 R_{AB} 单位长度上的电压降 $V_0 = 0.10000\text{V/m}$，则要使电位差计平衡的电阻丝长度 $L_{MN} = \dfrac{E_n}{V_0} = 10.1860\text{m}$。调节限流电阻 R 使 $V_{MN} = E_n$，即检流计 G 的电流为 0，此时 R_{AB} 上的单位长度电压降就是 0.10000V/m 了。

测量：经过定标的电位差计就可用来测量待测电位差，调节 $L_{M'N'}$，使 $L_{M'N'}$ 和 E_x 达到补偿，即

$$E_x = V_{M'N'} = V_0 L_{M'N'}$$

若

$$L_{M'N'} = 14.864\text{m}$$

$$E_x = 0.10000 \times 14.864 = 1.4864(\text{V})$$

3. 电位差计的优缺点

十一线电位差计测量的准确度主要取决于以下因素：11m 电阻丝每段长度的准确性和粗细的均匀性；标准电源的准确度；检流计的灵敏度；工作电流的稳定性。

用电位差计测量电位差具有下述优点。

（1）准确度高，仅依赖于标准电阻、检流计、标准电源，因为本实验仪精密电阻丝 R_{AB} 很均匀准确，标准电源的电动势准确稳定，检流计很灵敏，而且是数字式，读数方便，故可作为标准仪器来校验电表。

（2）测量范围宽广，灵敏度高，可测量小电压或电压的微小变化。

（3）"内阻"高，不影响待测电路。它避免了伏特计测量电位差时总要从被测电路上

分流的缺点。由于采用电位补偿原理，测量时不影响待测电路的原来状态。用伏特计测量电压时总要从被测电路上分出一部分电流，从而改变了待测电路的原来状态，伏特表内阻越低，这种影响就越大。而用电位差计测量时，补偿回路中电流为零，虽然不是绝对的，检流计灵敏度越高，越接近于零，对待测电路的影响可以忽略不计。

用电位差计测量电位差的缺点有：

电位差计在测量过程中，其工作条件易发生变化（如辅助回路电源 E 不稳定、可变电阻 R 变化等），所以测量时为保证工作电流标准化，每次测量都必须经过定标和测量两个基本步骤，且每次达到补偿都要进行细致的调节，所以操作繁琐、费时。

【装置介绍】

本实验利用的是箱式十一线电位差计（如图 15-4 所示）、直流电位差计实验仪。实验仪集成了 4.5V 直流稳压电源、1.0186V 标准电动势、E_{x_1}、E_{x_2} 两个待测电动势、数字检流计 G、0~999 可调变阻器（电阻箱）、保护电阻 R_p 等。其中电阻丝 AB 长 11m，往复绕在木板的 11 个接线插孔 1、2、…、11 上，每两个插孔间电阻丝长为 1m，插头 M 可选插入孔 1、2、…、11 中任一孔，电阻丝 BO 附在带有毫米刻度的米尺上，触头 N 可在它上面滑动。

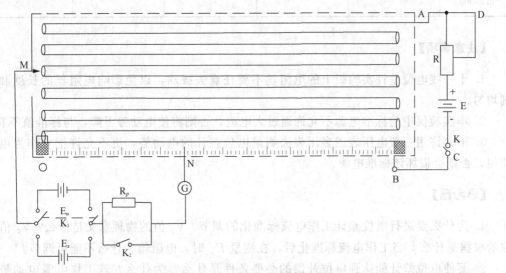

图 15-4　电位差计实验装置图

电路中标准电源 E_n 和检流计 G 都不能通过较大电流，但在测量时，可能因接头 MN 之间的电位差 V_{MN} 和 E_n（或 E_x）相差较大，而使标准电源和检流计中通过较大电流，因此在回路中串接一只大电阻 R_p，但这样就降低了电位差计的灵敏度，即可能接头 MN 之间电位差 V_{MN} 和 E_n（或 E_x）还没有完全平衡，由于大电阻 R_p 的存在而使检流计无明显偏转。因此，在电位差计平衡后，还应合上 K_2 以提高电位差计的灵敏度，由于电阻 R_p 起保护标准电源和检流计的作用，故称为保护电阻。

【实验内容及步骤】

1. 按图 15-4 连接线路。R 用电阻箱，注意电源正负极的连接。

2. 定标。取 $V_0 = 0.10000\text{V/m}$。将 MN 间长度固定在 10.186m 处，断开 K_2，将 K_1 倒向 E_n，选择 K_3 为内接，合上 K。调整 R 使检流计大致指零，合上 K_2 并反复调 R，直到检流计最终指零。此时，$V_0 = 0.10000\text{V/m}$。

3. 测量未知电动势 E_x（$x = 1, 2$）。断开 K_2，将 K_1 倒向 E_x，合上 K。调整 MN 间的长度 L_{MN}，使检流计大致指零，合上 K_2 并反复调节 MN 之间距离，直到检流计再次指零，记下此时的 L_{MN}，则待测电池电动势 $E_x = V_0 L_{MN}$。

4. 取 $V_0 = 0.20000\text{V/m}$，则取 $L_{MN} = 5.093\text{m}$；重复步骤 2，3。

5. 取 $V_0 = 0.30000\text{V/m}$，$L_{MN} = 3.395\text{m}$；重复步骤 2，3。

【参考表格】

表 15-1　直流电位差计

V_0（V/m）	L_{MN1}（m）	L_{MN2}（m）	L_{MN3}（m）	$\overline{L_{MN}}$（m）	E_x（V）
0.10000					
0.20000					
0.30000					

【注意事项】

1. 十一线电位差计实验板上的电阻丝不要任意去拨动，以免影响电阻丝的长度和粗细均匀。

2. 本实验仪中的标准电源不允许通过大电流，否则将使电动势下降，与标准值不符。

3. 不允许用一般电压表或多用表去测量电位差计的电动势，更不允许把它作为电源使用，否则会损坏该标准电源。

【思考题】

1. 为什么要进行电位差计工作电流标准化的调节，V_0 值的物理意义是什么？V_0 值选取的根据是什么？当工作电流标准化后，在测量 E_x 时，电阻箱为什么不能再调节？

2. 要使电位差计能达到电位补偿的必要条件是什么？为什么？若工作电源电动势小于待测电源电动势将产生什么结果？为什么？

3. 决定十一线电位差计准确度的因素是什么？

4. 检流计的灵敏度对电位差计测量的准确度有什么影响？

5. 工作电源的不稳定对电位差计的测量有什么影响？

6. 电位差计实验中如果电流计总是偏向一边而不能补偿，请分析一下故障有几种可能？如何检查和排除故障？

7. 当你用定标好的电位差计来测量时，如发现其量程不够大，应如何处理？

8. 电位差计实验中标准电源起什么作用？使用时应注意什么问题？

实验十六　　用电流场模拟静电场

（一）导电纸式静电场描绘仪

随着科学技术的发展，静电应用、静电防护和静电现象研究日益深入，常需确定带电体周围的电场分布情况。由于实验问题往往都很复杂，用理论计算会遇到数学上的困难，因此在精度要求不太高的情况下，常借助于实验的方法解决问题。但是，直接测量静电场也会遇到很大的困难，这不仅是因为设备复杂，而且还因为把探头伸入静电场时，探头上会产生感应电荷。这些电荷又产生电场，使原电场发生改变，不再是原来的待测电场了。若要降低对原电场的影响，则仪表又不容易得到足够的灵敏度。所以，通常处理这个问题的办法是用一种模拟法来解决。

模拟法是指不直接研究自然现象或过程的本身，而用与这些自然现象或过程相似的模型来进行科学研究的一种方法。例如：模拟法可应用于电子管、电子显微镜、示波管等多种电子束器件的设计和研究中。模拟可分为物理模拟和数学模拟，物理模拟是保持同一物理本质的模拟（如用振动台模拟地震对工程结构物强度的影响）；数学模拟是指把两个不同本质的物理现象或过程，用同一个数学方程进行描述。根据数学模拟的特点，我们可以用来模拟一个电场，使它与原静电场完全一样，当用探头去测模拟场时，它不受干扰，可间接地测出被模拟的静电场。

【实验目的】

1. 学习用模拟法研究静电场分布的概念和方法。
2. 测定给定形状的电极间的电场分布。
3. 加深对电场强度和电位概念的理解。

【仪器和用具】

静电场描绘仪、稳压电源、电压表、记录纸。

【实验原理】

1. 电场分布的描写

静电场是物质存在的一种模式，静电场传递一些带电体对另一些带电体的作用。电场强度 E 和电位 V 是描述静电场的两个基本物理量，电场的空间分布可以通过 E 的分布，也可以通过 V 的分布来描写，为了形象地描述电场中各点的场强和电位的分布情况，人们人为地用电力线和等位面在图上形象地描绘出电场强度 E 和电位 V 的分布情况。利用电力线垂直于等位面的关系，绘出电力线。根据电力线疏密程度和弯曲情况，利用场强矢量与电位梯度的关系，就可以分析得知各处场强的强弱和方向。

2. 电流场模拟静电场

众所周知，轮船、飞机之类如用实物进行实验，需要昂贵的费用；设计中的桥梁、房屋在实物尚未存在的情况下进行实验是不可能的。对于这些情况都只能用相似模型进行模拟实验，并且要求模型中的各个变量与所对应的原型中的各个变量都应有相似关系。电流场模拟静电场就是根据这个道理来实施的。这是因为稳恒电流场和静电场所遵守的规律在形式上具有相似性。稳恒电流场与静电场都是有源场和保守场，两种场都有电位的概念，它们都遵守拉普拉斯方程（此方程将在今后的电动力学中学习到），又都满足单值条件，它们都遵守高斯定理，对静电场是

$$\oiint E \, \mathrm{d}S = 0 \qquad （高斯面内无面荷）$$

对电流场则是

$$\oiint j \, \mathrm{d}s = 0 \qquad （稳恒）$$

我们就是用这种形式上的相似性，对容易测量的稳恒电流场进行研究，以此来代替对不容易测量的静电场的研究，也就是把稳恒电流场作为静电场的相似模型，把稳恒电流场中的电流线（也就是稳恒电流场中的电力线）代替静电场中的电力线，这种方法是比较方便的。

当采用电流场模拟研究静电场时，必须注意到它的适用条件：

（1）在用稳恒电流场模拟静电场时，必须注意相似模型应达到的相似条件。如果模拟的是真空（空气）中的静电场，则电流场中的导电介质应该是均匀介质，即导电率处处相等，否则，稳恒电流场中的导电介质应有相应的导电率分布。

（2）要模拟的静电场中的带电导体如果表面是等位面，则电流场中的导体上也应是等位面。这就要求采用良导体制作电极，而且导电介质的导电率不宜太大。

（3）测定导电介质中的电位时，必须保证探测电极支路中无电流通过。

（4）电力线和等位面互相垂直，即已知其一就可以画出其二来。

现从理论上推测一下长同轴柱面（电缆线）的电场分布规律，以便掌握实验原理进而与实验结果进行比较。

两同轴圆柱形电极间，其径向剖面是一个辐射状电场，即电力线呈辐射状，等位线是同心圆（无限长带电导线的电场也是类似的）。如图 16-1 所示，设小圆 A（代表同轴电缆的芯轴或无限长导线截面）的半径为 a，电位为 V_a；大圆 B 的半径为 b，电位为 V_b，则电场中距离轴心为 r 的一点的电位为

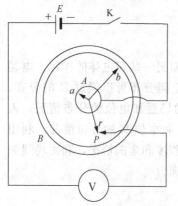

$$V_r = \int_a^r E \, \mathrm{d}r \qquad (V_a = 0) \qquad (16-1)$$

根据高斯定理，无限长圆柱面的场强分布为

$$E = \frac{K}{r} \qquad (a < r < b) \qquad (16-2)$$

式（16-2）中 K 由圆柱的线电荷密度决定。将式（16-2）代入式（16-1）得

$$V_r = \int_a^r \frac{K}{r} \, \mathrm{d}r = K \ln\left(\frac{r}{a}\right) \qquad (16-3)$$

图 16-1　静电场描绘仪原理图　在 $r = b$ 时　　　$V_b = K \ln\dfrac{b}{a}$

$$K = \frac{V_b}{\ln\left(\dfrac{b}{a}\right)} \tag{16-4}$$

如果取 $V_b = V_0$，将（16-4）式代入（16-3）式，得到

$$V_r = \frac{V_0 \ln\left(\dfrac{r}{a}\right)}{\ln\left(\dfrac{b}{a}\right)}$$

式中 r 为所测点到环中心的距离。

为了数据处理方便，上式可写成：$\ln r = \ln a + \left[\ln\dfrac{b}{a}\right]\dfrac{V_r}{V_0}$

【装置介绍】

用模拟法测绘静电场，目前主要有两类仪器。一类是用溶液槽作测量面，另一类是用电导率很小的导电纸作测量平面。本实验采用的是导电纸测量方法，导电纸是在纸上涂一薄层石墨。石墨相当薄，所以电导率不太大。

本装置（如图 16-2 所示）是为模仿无限长同轴电缆中的电场电位分布而设计的，分为上下两层，下层有一胶布板，在它的左半部装有导电纸和电极。为了使电极和导电纸接触良好，在内外电极下面有窄边，导电纸下面有软垫，而且用螺钉将电极、导电纸拧在胶布板底板上，保证电极和导电纸接触良好。上层是一块有机玻璃板，板上放记录纸，在导电纸和记录纸的上方，各有一探针，通过弹簧片探针臂把两探针固定在一个手柄座上，将手柄放在底板的右部，两探针始终保持在同一铅垂线上，这样移动手柄座时两探针的运动轨迹是一样的。导电纸上方的探针有一个较圆滑的顶尖，靠弹簧片的弹性和导电纸始终保持接触，记录纸上方的探针是尖的，它平时不和记录纸接触。做实验时，移动手柄座，由导电纸上的探针在电压表的指示下，找到所测等位线上的点后，按一下记录纸上方的探针扎孔为记。

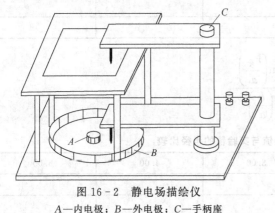

图 16-2　静电场描绘仪

A—内电极；B—外电极；C—手柄座

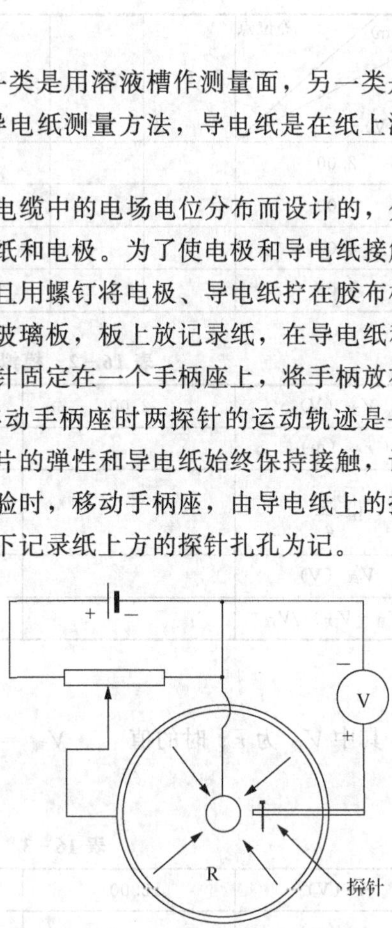

图 16-3　静电场描绘仪电路图

【实验内容及步骤】

测量同轴圆柱体间的电位分布。

1. 按图 16-3 连接电路，合上电源开关，调节电源，使输出电压为 6V。

2. 在上层放好记录纸，用探针通过连好的电路检查一下内外电极的电位差是否为 6V。

3. 把下层探针对准电极中心，然后把上层探针放在记录纸上按下小孔（电极中心）。

4. 移动手柄座由 $V=2V$ 开始，每隔 1V（测 8 个位置）测一条等位线，等位点是通过移动手柄座找出的，当电压表的指示为所测指示值时，按一下记录纸上方的探针扎孔为记。

5. 将等位点连成等位线，并根据电力线和等位线相垂直的关系，画出电力线。

6. 列表进行比较并找出误差。

【参考表格】

表 16-1   等位线表

r（m）\ 等位点 $V_实$（V）	1	2	3	4	5	6	7	8	$\bar{r}$（m）
2.00									
3.00									
4.00									
5.00									

表 16-2   模拟静电场实验数值与理论值的比较

$V_实$（V）	2.00	3.00	4.00	5.00
$\bar{r}_实$（m）				
$\ln\dfrac{\bar{r}_实}{a}$				
$V_理$（V）				
$(V_理-V_实)/V_理$				

其中 $V_理$ 为 $\bar{r}_实$ 时的值 $V_理 = \dfrac{V_0\ln\left(\dfrac{\bar{r}_实}{a}\right)}{\ln\left(\dfrac{b}{a}\right)}$

表 16-3   理论值与实验值的半径比较

V（V）	2.00	3.00	4.00	5.00
$r_理$（m）				
$r_理-\bar{r}_实$（m）				

上表中 $r_理$ 为当电压为某一值时，应该距中心的距离。$\bar{r}_实$ 即实际测量值。

内电极半径 $a=1\times10^{-2}$ m

外电极半径 $b=5\times10^{-2}$ m

【注意事项】

1. 由于下探针始终和导电纸保持接触，就要求下探针不要太尖，也不要压得太紧（可以调节探针的螺钉），这样可以防止它划破导电纸，以延长其寿命。

2. 导电纸必须保持平整无皱纹，无破损，否则不能将导电纸视为均匀的不良导体。

3. 如上、下探针及其他部位的螺钉松动时可将其拧紧。

4. 探针应与导电纸面垂直，移动手柄时尽量不要太快，手不要直接接触导电纸。

5. 应将实验所得的记录纸附在实验报告后，并在上面标明电力线及等位线。

【思考题】

1. 什么是模拟法？为什么要采用稳恒电流场来模拟静电场？

2. 寻找等势点时，怎样移动探针才能尽快找到？

（二）水槽式静电场描绘仪

前面我们介绍了用导电纸作测量平面，本节我们介绍用溶液槽作测量面进行静电场的描绘。

【仪器和用具】

静电场描绘仪、静电场实验仪专用电源、各种电极、毫米方格纸、游标卡尺等。

【装置介绍】

静电场描绘仪的实验装置如图 16 - 4 所示，装置的下层为一水槽，将图 16 - 2 所示的圆电极 A 与圆环电极 B 同心地置于水中，两电极接上电源。则 A、B 间形成的稳恒电流场即可模拟两个带等量异号电荷的无限长同轴圆柱面间的电场分布。实验电路如图 16 - 5 所示，利用探针，通过高阻电压表可以方便地测出电流场中各点的电势，设电极 A 的半径为 a，电极 B 的半径为 b，两电极间的电势差为 V_a，若电极 B 的电势为零，则稳恒电流场中距圆心 r 处的电势 V_r 为：

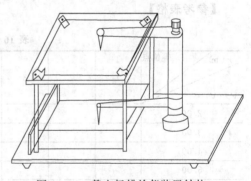

图 16 - 4　静电场描绘仪装置结构

$$V_r = \left[V_a \ln\left(\frac{r}{b}\right) \right] / \ln\left(\frac{b}{a}\right) \quad\quad (16-5)$$

为了数据处理的方便，式（16 - 5）可以改写为：

$$\ln r = \ln b + \left[\ln\left(\frac{b}{a}\right) \right]\left(\frac{V_r}{V_a}\right) \quad\quad (16-6)$$

由式（16 - 6）不难看出，$\ln r$ 与 V_r/V_a 呈线性关系。

本实验采用交流电流，优点是可以避免金属电极在水中因电解作用引起的显著腐蚀，并避免了极化电场干扰，所以交流电源特别适用水槽中描绘静电场。

【实验内容及步骤】

1. 按图 16-5 连接好线路（即静电场电源上的电压输出端分别与电极板的正、负极相接探针输入与探针相连），接通电源。

2. 将选择开关置于电压位置（内侧），旋转电压调节旋钮选择一合适的电压值，如 8V 或 10V（注：实验时电压选择不能超过 12V），此时电压即为两极间的电势差 V_a，然后将选择开关置于外侧。

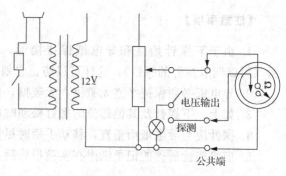

图 16-5 实验电路图

（1）移动同步探针测量不同电势的等势线。要求相邻两等势线间的电势差为 0.5V 或 1V，共测 4～5 条等势线，每条线测定出 8 个均匀分布的等势点。

（2）以每条等势线上各点到原点的平均距离 r 为半径画出等势线的同心圆簇，根据电力线与等势线正交原理，再画出电力线，并指出电场强度方向即得到一张完整的电场分布图。

（3）用游标卡尺测出两电极的半径 a 和 b，测出各条等势线的平均半径长 r，根据（16-5）式计算出 V_r。

（4）作出 $\ln r - \dfrac{V_r}{V_a}$ 曲线，判断它是否为一条直线，根据该直线的截距和斜率分别求出内外电极半径 a'、b'，并与实际测量值比较。

（5）任选一个其他的模拟板做实验，画出等势线和电力线来观测模拟带电体的电场情况。

【参考表格】

表 16-4 等位线表 $a=$ _____ ; $b=$ _____

r (m) \ 等位点 \ V_r (V)	1	2	3	4	5	6	7	8	$\bar{r}$ (m)
2.00									
3.00									
4.00									
5.00									
6.00									

【思考题】

1. 用稳恒电流场模拟静电场的理论依据是什么？

2. 用稳恒电流场模拟静电场的条件是什么？

3. 等势线和电力线之间有什么关系？

4. 在模拟同轴电缆电场分布时，电源电压加倍或减半，电极间的等势线、电力线的形状是否变化？电场强度与电势的分布和大小是否变化？

5. 根据测绘的等势线和电力线的分布情况，试分析哪些地方场强较强，哪些地方场强较弱。

实验十七　非线性电路混沌实验

非线性动力学以及与此相关的分岔混沌现象的研究是二十多年来科学界研究的热门课题，对此课题的研究已有大量论文发表。混沌现象涉及物理学、数学、生物学、电子学、计算机科学和经济学等领域，应用极为广泛，非线性电路混沌实验已列入新的综合大学普通物理实验教学大纲，是理工科院校新开设的备受学生欢迎的基础物理实验。

【实验目的】

1. 初步了解混沌的定义及其现象。
2. 了解产生混沌的条件。

【仪器和用具】

1. 直流稳压电源
2. 电压表
3. 非线性电路混沌实验仪

【实验原理】

1. 非线性电路与非线性动力学

实验电路如图 17－1 所示，图中只有一个非线性元件 R，它是一个有源非线性负阻器件。电感器 L 和电容器 C2 组成一个损耗可以忽略的谐振回路；可变电阻 R_V 和电容器 C1 串联将振荡器产生的正弦信号移相输出。本实验所用的非线性元件 R 是一个三段分段线性元件。图 17－2 所示的是该电阻的伏安特性曲线，可以看出加在此非线性元件上电压与通过它的电流极性是相反的。由于加在此元件上的电压增加时，通过它的电流却减小，因而将此元件称为非线性负阻元件。

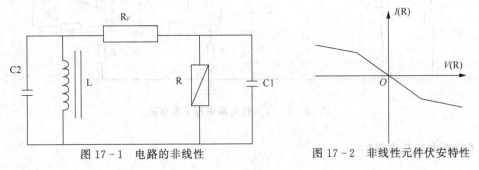

图 17－1　电路的非线性　　　　　　图 17－2　非线性元件伏安特性

动力学方程为：

$$C1\frac{dU_{C1}}{dt} = G(U_{C2} - U_{C1}) - gU_{C1}$$

$$C2\frac{dU_{C2}}{dt} = G(U_{C1} - U_{C2}) + i_L$$

$$L\frac{\mathrm{d}i_L}{\mathrm{d}t}=-U_{C2} \qquad (17-1)$$

式中，导纳 $G=1/R_V$，U_{C1} 和 U_{C2} 分别表示加在电容器 C1 和 C2 上的电压，i_L 表示流过电感器 L 的电流，g 表示非线性电阻的导纳。

2. 有源非线性负阻元件的实现

非线性负阻元件实现的方法有多种，这里使用的是一种较简单的电路。采用 2 个运算放大器（一个双运放 LF353）和 6 个配置电阻来实现，其电路如图 17-3 所示，它的伏安特性曲线如图 17-4 所示，实验所要研究的是该非线性元件对整个电路的影响，而非线性负阻元件的作用是使振动周期产生分岔和混沌等一系列非线性现象。

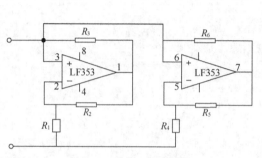

图 17-3　有源非线性器件

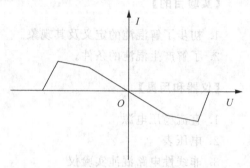

图 17-4　双运放非线性元件的伏安特性

实际非线性混沌实验电路如图 17-5 所示。

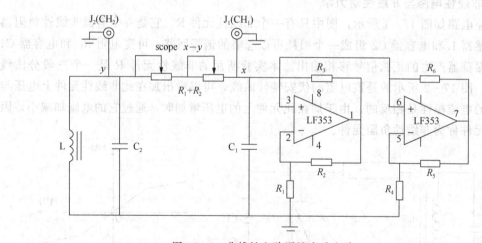

图 17-5　非线性电路混沌实验电路

【实验内容及步骤】

测量一个铁氧体电感器的电感量，观测倍周期分岔和混沌现象。

1. 按图 17-5 所示电路接线。其中电感器 L_1 仪器中已经给出，共 75 匝。L_2 由实验者用漆包铜线手工缠绕，可在线框上绕 70~75 匝，然后装上铁氧体磁芯，并把引出漆包线端点上的绝缘漆用刀片刮去，使两端点导电性能良好。

2. 串连谐振法测电感器电感量。把自制电感器、电阻箱（取 30.00Ω）串连，调节低频信号发生器正弦波频率，使电阻两端电压达到最大值。同时，测量通过电阻的电流值 I，要求达到 $I=5$mA（有效值）时，测量电感器的电感量。

3. 把电感器（L_1 或 L_2）接入图 17-5 所示的电路中，调节 R_1+R_2 阻值。在示波器上观测图 17-5 所示的 CH_1 一地和 CH_2 一地所构成的相图（李萨如图），调节 R_1+R_2 电阻值由大至小时，描绘相图周期的分岔混沌现象。将一个环形相图的周期定为 P，那么要求观测并记录 2P、4P、阵发混沌、3P、单吸引子（混沌）、双吸引子（混沌）共 6 个相图和相应的 CH_1 一地和 CH_2 一地 2 个输出波形。（用李萨如图观测周期分岔与直接观测波形分岔相比有何优点？）

以下提供 2 个电感样品的测量数据，仅供参考，因为不同的电感，其参数完全不一样，但需要掌握测量电感的 RLC 电路和记录数据的方法。

样品 A 测量的实验数据如表 17-1 所示。

表 17-1　电感 L 随电流 I 变化的数据表

f_0（kHz）	I（mA）	L（mH）
3.14	19.7	25.7
3.19	16.0	24.9
3.23	12.2	24.3
3.30	8.29	23.3
3.39	4.26	22.2
3.44	2.16	21.4
3.47	1.74	21.0
3.49	1.10	20.8

由表 17-1 作图，见图 17-6。

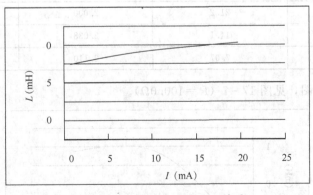

图 17-6　电感值 L 与电流 I 关系

上表可见电感量 L 随着电流 I 的增大而增加，由此得出电感中有铁芯，因为电流越大，铁磁效应越明显。

样品 B 测量的实验数据如表 17-2 所示。

表 17 - 2　电感参量的测量数据

参数	数值
R（Ω）	100.0
U_{CH_2}（V）	12.0
I（mA）	42.4
f_0（kHz）	1.995
L（mH）	29.6
R_L（Ω）	33.3

改变信号发生器输出电压后得到数据见表 17 - 3。

表 17 - 3　改变信号发生器输出电压后的测量数据

参数	数值
R（Ω）	100.0
U_{CH_2}（V）	4.00
I（mA）	14.1
f_0（kHz）	2.038
L（mH）	28.3

电感值 L 随电流 I 变化数据见表 17 - 4。

表 17 - 4　电感 L 随电流变化的数据表

U_{CH_2}（V）	I（mA）	f_0（kHz）	L（mH）
12.0	42.4	1.995	29.6
10.0	35.5	1.980	30.1
8.00	28.3	1.982	30.0
6.00	21.2	2.000	29.5
4.00	14.1	2.038	28.3
2.00	7.07	2.110	26.5

由表 17 - 4 作图，见图 17 - 7（$R = 100.0\Omega$）。

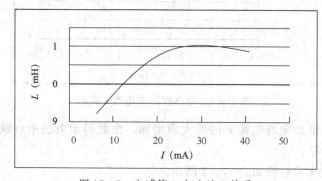

图 17 - 7　电感值 L 与电流 I 关系

可见，电感 L 随电流 I 的增加而增大，由此得出电感中有铁芯。当电流增加到 25mA 以后，电感量就基本饱和了，再随着电流的继续增大，电感量在渐渐减小，这是因为电感中通过的电流越大，其磁环的磁导率 μ 就会下降，所以电感量就会随之减小。

有源非线性电路的伏安特性曲线测量。

有源非线性负阻元件一般满足"蔡氏电路"的特性曲线。实验中，将电路的 LC 震荡部分与非线性电阻直接断开，图 17-8 的伏特表用来测量非线性元件两端的电压。由于非线性电阻是有源的，因此回路中始终有电流流过，R 使用的是电阻箱，其作用是改变非线性元件的对外输出。使用电阻箱可以得到很精确的电阻，尤其可以对电阻值作微小的改变，近而微小地改变输出。

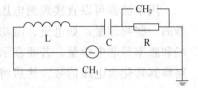

图 17-8　测量电感的电路

本实验测得数据见表 17-5（仅供参考）。

表 17-5

电压（V）	电流（mA）	电压（V）	电流（mA）	电压（V）	电流（mA）
−10.000m	0.015	−1.800	1.331	−10.600	4.089
−100.06m	0.081	−2.000	1.415	−10.800	3.685
−200.02m	0.155	−3.000	1.819	−11.000	3.266
−400.9m	0.304	−4.000	2.222	−11.200	2.839
−600.0m	0.451	−5.000	2.626	−11.400	2.408
−801.6m	0.600	−6.000	3.303	−11.600	1.969
−1.0050	0.751	−7.000	3.434	−11.800	1.528
−1.1955	0.893	−8.000	3.839	−12.000	1.085
−1.3957	1.042	−9.000	4.243	−12.200	0.635
−1.6082	1.197	−10.000	4.648	−12.400	0.146

把表 17-5 中的数据分三段进行线性拟合，同时根据方程 $I=AV+B$，可得参数如下所示：

$$A_1=-7.406\times10^{-4}\text{A/V} \qquad B_1=7.042\times10^{-3}\text{mA} \qquad r=0.99996$$
$$A_2=-4.042\times10^{-4}\text{A/V} \qquad B_2=0.605\text{mA} \qquad r=0.9999997$$
$$A_3=-2.185\times10^{-4}\text{A/V} \qquad B_3=27.30\text{mA}$$

对直线的交点，即转折点进行计算，可得：

$$V_1=-1.775\text{ V}; \quad I_1=0.323\text{ mA}; \quad V_2=-10.276\text{ V}; \quad I_2=4.759\text{ mA}.$$

上式中 A、B、r 分别代表斜率、截距和线性相关系数。

可见，实际的曲线三段分段线性度很高，因而对非线性元件的电压-电流特性曲线在一定分段内可作分段线性近似，以便于以下的理论讨论。对于正向电压部分的曲线，由理论计算可知是与反向电压部分曲线关于原点 180 度对称的。

【思考题】

实验中需自制铁氧体为介质的电感器，该电感器的电感量与哪些因素有关？此电感量可用哪些方法测量？非线性负阻电路（元件），在本实验中的作用是什么？

实验十八　示波器的认识及应用

用示波器可以直接观测电压信号波形，并能测量电压信号的电压大小。对于非电压信号的一些物理量，如电流、电功率、阻抗等电学量和温度、位移、压力、速度、光强、磁场和频率等非电学量，若要在示波器上观测其随时间的变化过程，则必须先通过适当的电路将其转化为电压信号。然后将该电压信号加到示波管内的 Y 偏转电极板上，在 Y 极板间即形成相应变化的电场，使进入反电场的电子束在 Y 方向上产生相应的偏转。若同时在 X 方向加一偏转电压（锯齿形电压信号），使得电子束在 X 方向匀速偏转，这样，电子束打到荧光屏上所形成的亮点的运动轨迹即为该电压信号波形。由于电子射线的惯性小，又能在荧光屏显示出可见的图形，所以示波器特别适用于观测瞬时变化过程，是一种用途很广泛的现代测量工具。

【实验目的】

1. 了解示波器的基本结构和工作原理，熟悉示波器的调节和使用。
2. 学会用示波器观测电压波形。
3. 通过观测李萨如图形，学会一种用示波器测量频率的方法。

示波器的认识及应用

【仪器和用具】

示波器、函数信号发生器等。

【实验原理】

1. 示波器的基本结构

示波器的规格和型号较多，但所有的示波器的基本结构都相同，大致可分为：示波管（又称阴极射线管）、X 轴放大器和 Y 轴放大器（含各自的衰减器）、锯齿波发生器等，如图 18-1 所示。

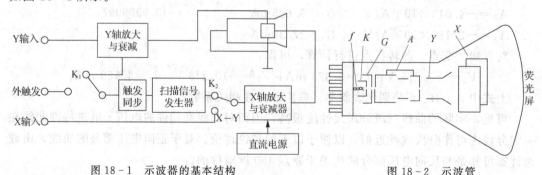

图 18-1　示波器的基本结构　　　　　　　　　　图 18-2　示波管

（1）示波管：示波管是示波器的核心部件，它主要包括电子枪、偏转系统和荧光屏 3 部分，这 3 部分全部被密封在高真空的玻璃外壳内（如图 18-2 所示）。电子枪有灯丝 f、阴极 K、控制栅极 G 及一组阳极 A 共 5 部分组成。灯丝通电后加热表面涂有氧化物的金属圆筒（即阴极），使之发射电子。控制栅极是一个套在阴极外面的金属圆筒，其顶端有一小孔，它的电位比阴极低，对阴极发射出来的电子起减速作用，只有初速度较大的电子才可能穿过栅极顶端的小孔，进入加速区的阳极。因此控制栅极实际上起控制电子流密度的作用。调整示波器面板上的"亮度"旋钮，其实就是调节栅极电位改变飞出栅极的电子数目，飞出的电子数目越多，荧光屏上亮斑就越亮。从栅极飞出来的电子再经过第一阳极和第二阳极的加速与聚焦后打到荧光屏上形成一个明亮清晰的小圆点。偏转系统是由两对相互垂直的电极板 X 和 Y 组成。电子束通过偏转系统时，同时受到两个相互垂直方向的电场的作用，荧光屏上小亮点的运动轨迹就是电子束在这两个方向上运动的叠加。

（2）X、Y 轴电压放大器和衰减器：由于示波管本身的 X 及 Y 偏转板的灵敏度不高（约 $0.1\sim1\text{mm/V}$），当加在偏转板上的信号电压较小时，电子束不能发生足够的偏转，屏上的光点位移较小，不便观测。这就需要预先将该小电压通过电压放大器进行放大。衰减器的作用是使过大的电压信号衰减变小，以适应轴放大器的要求，否则放大器不能正常工作，甚至受损。

（3）锯齿波信号（扫描信号）发生器：锯齿波信号发生器的作用就是产生周期性锯齿波信号，如图 18-3 所示。将锯齿波信号加在 X 偏转板上，可以证明，此时电子束打在荧光屏上的亮点将向一个方向作匀速直线运动。经过一个周期后，荧光屏上的亮点又回到起始点，重复运动。如果锯齿波的频率较大，由于荧光材料具有一定的余辉时间，在荧光屏上能看到一条水平亮线。

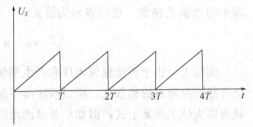

图 18-3　锯齿波信号

本实验中所用到的示波器上的"扫描选择开关"可以改变锯齿波信号的频率或周期。

2. 扫描原理

将一正弦电压信号加到 Y 轴偏转板上，即 $U_Y \neq 0$，若 X 轴偏转板上为零电压信号，则荧光屏上的光点将随着正弦电压信号作正弦振荡。若 Y 轴上的电压信号频率较快，则屏上只出现一条亮线。要直观地看到正弦波信号随时间的变化波形，必须将屏上光点在 X 方向（即时间方向）上"拉开"，这就要借助于锯齿波信号的作用。将锯齿波信号加到

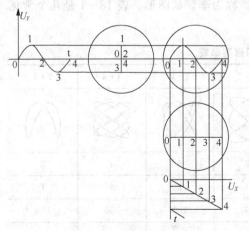

图 18-4　扫描过程图解

X 偏转板上（本实验中只要将"扫描选择开关"不要置于"$X-Y$"挡位即可），此时示波器内的电子束将既要在 Y 方向按正弦电压信号的规律作正弦振荡，又要在 X 方向作匀速直线运动，Y 方向的正弦振荡被"展开"，屏上光点留下的轨迹是一正弦曲线。锯齿波信号完成一个周期变化后，屏上光点又回到屏幕的起始点，又准备重复以前的运动。这一过程称为扫描过程，图 18-4 是这一过程的图解原理。图中假设加在 Y 偏转板上的电压信号为待测正弦电压信号，其频率与加在 X 偏转板上的锯齿波信号的频率相同，并将一个周期分为相同的 4 个时间间隔，U_Y 和 U_X

的值分别对应光点在 Y 轴和 X 轴偏离的位置。将 U_Y 和 U_x 各自对应的投影交汇点连接起来，即得被测电压的波形。完成一个波形后的瞬间，屏上光点立刻反跳回原点，并在荧光屏上留下一条"反跳线"，称为回归线。因这段时间很短，线条比较暗，有的示波器采取措施将其消除。

上面所讨论的波形因 U_Y 和 U_x 的周期相等，荧光屏上出现一个正弦波。当 $f_y = nf_x$，$n=1$、2、3……时，荧光屏上将出现 1 个、2 个、3 个……稳定的波形。

3. 示波器的整步（同步）

若待测正弦信号的频率与锯齿波信号的频率不成整数比，则每当扫描一个周期后荧光屏上的光点回到左侧起点时，U_Y 不能回到一个扫描周期以前的值，即每扫描一个周期，荧光屏上的光点回到起点时的位置将不一样，以致于整个波形在屏幕上"走动"，或者说波形不稳定。虽然锯齿波信号的频率是可调的，但 f_y 和 f_x 是来自于两个不同系统的频率，在实验中总是有不可避免的变化，因此很难长时间地维持两者成整数比的关系。换言之，对于连续的周期信号，构成简单而稳定的示波图形的条件是纵偏电压频率与横偏电压频率的比值是整数，也可表示为公式

$$\frac{f_y}{f_x} = n \quad n = 1, 2, 3, \cdots,$$

实际上，由于产生纵偏电压和产生横偏电压的振荡源是不相同的，它们之间的频率比不会自然满足简单的整数比，所以示波器中的锯齿扫描电压频率必须可调，细心调节它的频率就可以大体上满足上式，但如果要准确地满足该式，仅靠人工调节是不够的，特别是待测电压频率越高，问题就越加突出，为了解决这一问题，在示波器内部加装了自动频率跟踪的装置，称为"整步"装置。在两频率基本满足整数倍的基础上，此装置将自动用信号电压的频率 f_y 调节扫描电压的频率 f_x，使 f_x 准确地等于 f_y 的 $\frac{1}{n}$ 倍，从而获得稳定的波形。

4. 李萨如图形

若同时分别在 X、Y 偏转极板上加载 2 个正弦电压信号，结果又怎样呢？其实，此时荧光屏上运动的光点同时参与 2 个相互垂直方向的运动，荧光屏上的"光迹"就是 2 个相互垂直方向上的简谐振动合成的结果。可以证明，当这两个垂直方向上信号频率的比值为简单整数比时，光点的轨迹为一稳定的封闭图形，称为李萨如图形。表 18-1 是几个常见的李萨如图形。

表 18-1 李萨如图形列举表

$f_y : f_x$	1:1	1:2	1:3	2:3	3:2	3:4	2:1
李萨如图形							
N_x	1	1	1	3	3	3	2
N_y	1	2	3	2	2	4	1
f_y (Hz)	100	100	100	100	100	100	100
f_x (Hz)	100	200	300	150	$66\frac{2}{3}$	$133\frac{1}{3}$	50

利用李萨如图形可以测量待测信号的频率。令 N_x、N_y 分别代表沿 X 轴方向的切线与李萨如图形的切点数、Y 方向切线和李萨如图形的切点数，则

$$\frac{f_y}{f_x} = \frac{X \text{ 方向的切点数 } N_x}{Y \text{ 方向的切点数 } N_y} \tag{18-1}$$

实验中，若加载在 X 偏转板信号的频率 f_x 已知，则待测信号频率 f_y 可由（18-1）式求出。

【装置介绍】

1. 双踪示波器

示波器的型号和规格很多，但基本结构是相同的，下面我们仅以 YB4345 型示波器为例对示波器各旋钮及接线柱的使用方法作一下介绍。YB4345 双踪示波器的面板如图 18-5所示。

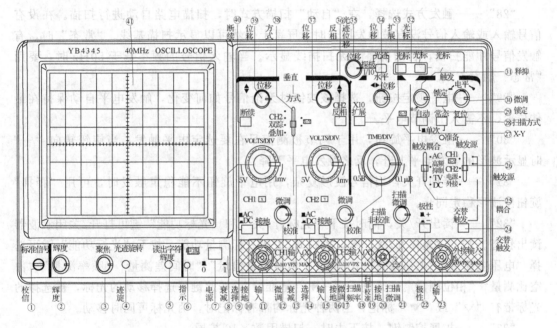

图 18-5 双踪示波器面板图

"1"——校准信号输出端子。　　"2"——辉度旋钮。

"3"——聚焦旋钮。　　　　　　"4"——光迹旋转。

"5"——读出字符辉度。　　　　"6"——电源指示灯。

"7"——电源开关。　　　　　　"8"——通道 1（CH1）衰减器开关。

"9"——交直流选择。　　　　　"10"——接地选择。

"11"——通道 1（CH1）输入端，该输入端用于垂直方向的输入，在 $X-Y$ 方式时，作为 X 轴输入端。

"12"——水平微调旋钮。

"13"——通道 2（CH2）衰减器开关。"14"——交直流选择。

"15"——通道 2（CH2）输入端，和通道 1 一样，但在 $X-Y$ 方式时，作 Y 轴输入端。

"16"——接地选择。　　　　　　　　　"17"——垂直微调旋钮。

"18"——主扫描时间系数选择开关。

"19"——扫描非校准状态开关键。

"20"——接地端子。

"21"——扫描微调控制键。

"22"——触发极性按钮，用于选择信号的上升沿和下降沿触发。

"23"——外触发输入插座。

"24"——交替触发，在双踪交替显示时，触发信号来自于两个垂直通道，此方式可用于同时观察两路不相关信号。

"25"——触发耦合。

"26"——触发器，即触发源选择开关。

"27"——$X-Y$ 控制键。

"28"——触发方式选择，在"自动"扫描方式时，扫描电路自动进行扫描。在没有信号输入或输入信号没有被触发同步时，屏幕上仍然可以显示扫描基线。"常态"时，有触发信号才能扫描，否则屏幕上无扫描线显示。当输入信号的频率低于 50Hz 时，要用"常态"触发方式。

"29"——电平锁定按钮，选择该按钮时无论信号如何变化，触发电平自动保持在最佳位置，不需人工调节电平。

"30"——触发电平旋钮，用于调节被测信号在要选定电平触发，当旋钮转向"＋"时显示波形的触发电平上升，反之触发电平下降。

"31"——释抑开关，当信号波形复杂，用电平旋钮不能稳定触发时，可用"释抑"旋钮使波形稳定同步。

"32"——读出开/关，同时按下"光标开/关"和"光标功能"键可打开/关闭示波器读出状态。按下"光标开/关"键，可打开/关闭光标测量功能；按下"光标功能"键可选择"电压差测量""电压差百分比测量""电压增益测量""时间差测量""频率测量""占空比测量""相位测量"。"光迹—▽—▼（基准）"，按此键可选择移动的光标，被选择的光标带有"▽"或"▼"标记，当两种光标均带有标记时，两光标可同时移动。

"33"——扩展控制键，按下去时，扫描因数×10 扩展。

"34"——水平位移，用于调节光迹在水平方向移动。

"35"——位移按钮，旋转此按钮可将选择的光标定位。按下"光迹—▽—▼（基准）"键的同时旋转该按钮，可选择"×1/×10"探极状态。

"36"——CH2 极性开关，按此开关时 CH_2 显示反相信号。

"37"——垂直位移旋钮，可调节光迹在屏幕中的垂直位置。

"38"——垂直方式工作开关，选择垂直方向的工作方式。分别有：通道1、通道2、双踪、叠加。

"39"——垂直位移旋钮，与"37"相同。

"40"——断续工作方式开关，CH_1、CH_2 二个通道按断续方式工作，断续频率约为 250kHz。如果在交替扫描时，需要"断续"方式可用此开关强制实现。

"41"——显示屏，仪器的测量显示终端。

在仪器的后面还有"交流电源插座";"Z 轴信号输入"接口,用于外接亮度调制输入端;"CH₁ 信号输入端"等。

2. 信号发生器的装置介绍

SG1651 函数信号发生器的面板如图 18 - 6 所示。

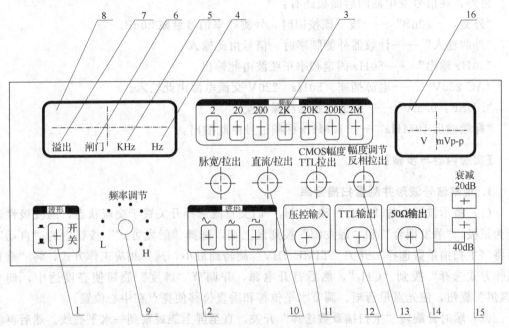

图 18 - 6　函数信号发生器面板图

面板各铵钮作用分别是:

"1"——电源。

"2"——波形选择按钮,可以进行输出波形的选择,还可与"幅度调节反相/拉出"旋钮和"50Hz 输出"旋钮配合得到正负向锯齿波和脉冲波。

"3"——频率选择开关。可与"频率调节"旋钮配合选择工作频率。测量频率时选择闸门时间。

"4"——Hz 频率单位,指示频率单位,灯亮有效。

"5"——kHz,频率单位,指示频率单位,灯亮有效。

"6"——闸门:闸门显示,此灯闪烁,说明频率计正在工作。

"7"——溢出:频率溢出显示,当频率超过 5 个 LED 所显示范围时灯亮。

"8"——频率 LED,所有内部产生频率或外测时的频率均由此 5 个 LED 显示。

"9"——频率调节,频率调节与"频率选择"开关配合选择工作频率。

"10"——直流/拉出:直流偏置调节旋钮,拉出此旋钮可设定任何波形的直流工作点,顺时针方向为正,逆时针方向为负,将此旋钮推进则直流电位为零。

"11"——压控输入:压控信号输入,外接电压控制频率输入端。

"12"——TTL 输出:输出波形为 TTL 脉种,可作同步信号。

"13"——幅度调节:反相/拉出,斜波倒置开关,幅度调节旋钮,可以与"脉宽/拉出"旋钮配合使用,拉出时波形反向,还可以调节输出幅度大小。

"14"——50Ω 输出，信号输出，主信号波形由此输出，阻抗为50Ω。

"15"——衰减按钮，分别按下两按键可产生−20dB/−40dB 的输出衰减。

"16"——V，mVp−p 电压显示，当电压输出端负载阻抗为50Ω 时，输出电压峰—峰值为显示值的 0.5 倍，若负载（RL）变化时，则输出电压峰—峰值＝[RL/(50＋RL)]×显示值。

另外，在信号发生器的后面板还有：

"外测，−20dB"——按下该按钮时，外测频率信号衰减 20dB。

"外测输入"——计数器外侧频率时，信号由此输入。

"50Hz 输出"——50Hz 固定频率正弦波由此输出。

"AC 220V"——电源插座。50Hz　220V 交流电源由此输入。

"FUSE：0.5A"——用于安装电源保险丝。

"标频输出 10MHz"——10MHz 标频信号由此输出。

【实验内容与步骤】

1. 观察信号波形并测量扫描频率

（1）将示波器上的"CH₁"和"CH₂"的交直流选择开关置于交流状态，触发极性选择为正极，"触发耦合"和"触发源"拨到最上端，选择"触发方式"按钮中的"自动"，再将"主扫描系数选择"开关"TIME/DIV"旋转到最小，选择相应工作方式，将"垂直工作方式选择"拨到"CH₂"，然后打开电源，并调节"辉度"旋钮使亮度适中，调节"聚焦"旋钮，使光点最清晰。调节水平位移和垂直位移使亮点在中心位置。

（2）顺时针旋转"主扫描系数选择"开关，直至屏上能观察到一水平亮线。然后再将"主扫描系数选择"开关旋到最小位置，将函数信号发生器前面板的"输出 50Ω"与示波器的"通道 2（CH₂）输入端"接通，调节输出任意波形频率为 1kHz 左右，这时屏上出现一条垂直亮线。

（3）继续增加"主扫描系数选择"的值，同时调节"通道 2（CH₂）衰减器开关"使幅度适中。若波形不稳定可以调节"触发电平"旋钮。记录波形、信号频率、周期个数，分别转换三角波、方波、正弦波输入，观察、记录并计算相应的扫描频率。

2. 测量信号电压

用示波器测量信号电压的基本方法是将待测信号与信号发生器的标准信号（电压和频率是已知的）在示波器的荧光屏上进行比较。其步骤如下：

（1）将"通道 2（CH₂）输入端"接函数信号发生器后面板的"50Hz 输出"，调节"主扫描系数选择"旋钮，使屏幕上出现几个周期的波形，调节"通道 2（CH₂）衰减器开关"使幅度适中，记录幅度所占的格数和衰减对应的值。

（2）改变信号发生器的电压和频率，尽可能使输入信号的波形与待测信号的波形成整数倍，从信号发生器上指示的电压和频率值就可以得到待测信号的电压值和频率值，如改变了衰减值，可根据表18－2进行电压值的计算。

表 18－2　分贝与衰减倍数关系表

衰减 dB 数	0	10	20	30	40	50	60	70	80	90
电压衰减倍数	1.00	3.16	10.0	31.6	100	316	1000	3160	10000	31600

3. 观察李萨如图形并测量频率

关闭函数信号发生器的扫描频率，将信号发生器前面板的"输出 50Ω"，接到示波器的"通道 1（CH_1）输入端"。调节信号发生器频率在 $100Hz\sim200Hz$ 之间，选择正弦波形，使 $N_x:N_y=1:1$；$3:4$；$2:3$；$1:2$ 等并分别按表格填写、计算，并写出测量频率结果。

【注意事项】

（1）使用时不可将光点和扫描线调得过亮，否则不仅会使眼睛疲劳，而且长时间过亮会使示波管的荧光屏变黑。

（2）为防止直接加到示波器输入端或控极输入端的电压过高，不可使用高于下列范围的电压。

输入电压（直接）：400V　　　　　　频率≤1kHz

使用电极时：400V　　　　　　　　　频率≤1kHz

外触发输入：100V　　　　　　　　　频率≤1kHz

Z 轴输入：50V

【数据处理】

表 18-3　观察波形

	三角波	方波	正（余）弦波
波形			
周期个数（N）			
信号频率（$f_信$）			
扫描频率（$f_扫$）			

表 18-4　观察李萨和图形（$N_x:N_y=f_y:f_x$）

$N_x:N_y$	2:1	1:1	1:2	1:3	2:3
李萨如图形					
f_x（Hz）	50	50	50	50	50
f_y（Hz）					
$\overline{f_y}$（Hz）					
$\Delta\overline{f_y}$					
$\Delta\overline{f_y}/\overline{f_y}$					
结果表达式 $f_y=\overline{f_y}\pm\Delta\overline{f_y}$					

【思考题】

1. 示波器的核心是示波管，示波管由哪几部分组成？

2. 如何用示波器进行电压测量？

实验十九　磁场的描绘

【实验目的】

1. 掌握感应法测磁场的原理和方法。
2. 研究单只载流圆线圈和亥姆霍兹线圈轴线上及周围的磁场分布。

磁场的描绘

【仪器和用具】

磁场描绘仪、磁场描绘仪信号源、探测线圈

【实验原理】

法拉第电磁感应定律指出，处于磁场中的导体回路，其感应电动势的大小与穿过它的磁通量的变化率成正比。因此，可以通过测定探测线圈中的感应电动势来确定磁场量。

1. 均匀磁场的测定

设被测磁场为均匀分布的交变磁场 $B = B_m \sin\omega t$ 如图 19 - 1 所示，穿过探测线圈的磁通量为：

$$\Phi = \vec{N} \times \vec{B} \times S = NB_m\cos\theta\sin\omega t \qquad (19-1)$$

图 19 - 1　磁通量示意图

式 (19 - 1) 中 N、S 分别为探测线圈的匝数和面积，B_m 为磁感应强度的峰值，ω 为交变磁场的角频率，θ 为探测线圈法线 n 与磁场 B 之间的夹角。探测线圈中的感应电动势为：

$$\varepsilon = -\mathrm{d}\varphi/\mathrm{d}t = -NSB_m\omega\cos\theta\cos\omega t = -\varepsilon_m\cos\omega t \qquad (19-2)$$

式 (19 - 2) 中 $\varepsilon_m = NB_mS\omega\cos\theta$ 为感应电动势的峰值。

由于探测线圈的内阻远小于毫伏表的内阻，可忽略线圈上的压降。故毫伏表的读数（有效值）与感应电动势的峰值之间有如下关系：

$$U = \frac{|\varepsilon_m|}{\sqrt{2}} = \frac{1}{\sqrt{2}}NB_mS\omega\,|\cos\theta| \qquad (19-3)$$

由式 (19 - 3) 可知，当 $\theta = 0$ 或 π 时，毫伏表读数有极大值：$U_m = \dfrac{1}{\sqrt{2}}NB_mS\omega$

显然由毫伏表测出的最大值，可确定磁感应强度的峰值：

$$B_m = \sqrt{2}U_m/NS\omega \qquad (19-4)$$

磁感应强度 B 的方向，可通过毫伏表读数的最小值来确定。式(19 - 3)对 θ 求导得：

$$\left|\,\mathrm{d}U/\mathrm{d}\theta\,\right| = \frac{1}{\sqrt{2}}NB_mS\omega\,|\sin\theta|$$

容易看出，当 $\theta = \dfrac{\pi}{2}$ 或 $\dfrac{3}{2}\pi$ 时，毫伏表读数对夹角的变化最大，此时探测线圈只要稍有转动，便可引起毫伏表读数的明显变化。利用这一特征，可准确地确定探测线圈的方位，如图 19-2 所示。此时探测线圈法线方向与磁感应强度方向垂直。

2. 非均匀磁场的测定

为测定非均匀磁场，探测线圈的面积 S 必须很小。但由式（19-3）可以看出，此时毫伏表的读数也将变得很小，即探测线圈的灵敏度降低，不利于测量。为克服这一矛盾，设计了如图 19-3 所示的探测线圈。用增加匝数的方法来提高它的灵敏度。可以证明在线圈体积适当小的前提下，当 $L=(2/3)D$，$d=D/3$ 时，探测线圈几何中心处的磁感效应强度仍可用式（19-4）表示。代入各匝线圈的平均面积 $S=(13/108)\pi D^2$ 则式（19-4）可写成：

$$B_m=108\sqrt{2}U_m/13N\pi D^2\omega \qquad (19-5)$$

探测线圈各匝线圈面积的平均值：$S=[\pi/(40-4d)]\displaystyle\int_d^D r^2\,\mathrm{d}r$

即 B_m 与 U_m 保持线性关系。故可通过测定 U_m 来测定 B_m 的大小和方向。

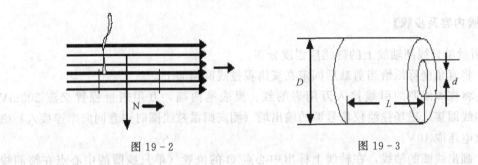

图 19-2   图 19-3

如果仅仅要求测定磁场分布，可选定磁场中某一点的磁感应强度 B_{m0} 作为标准，利用式（19-5）可写出磁场中另一位置的相对值关系式：

$$B_m/B_{m0}=U_m/U_{m0} \qquad (19-6)$$

于是利用探测线圈置不同场点时毫伏表不同读数 U_m 来描述非均匀磁场的强度分布。

【装置介绍】

亥姆霍兹线圈、磁场描绘仪信号源、万用表（读者自备）、探测线圈及毫米方格纸（读者自备）。亥姆霍兹线圈如图 19-4 所示，是一对全同的同轴载流线圈Ⅰ、Ⅱ。当它们之间的间隔等于线圈的半径时，理论和实验均证明：在两线圈间轴线附近的磁场是近似均匀的。使用时将Ⅰ、Ⅱ两线圈串联（也可以并联），从而产生同方向的磁场。

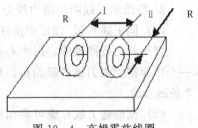

图 19-4 亥姆霍兹线圈

探测线圈的结构和使用方法如下。

探测线圈的结构示意图如图 19-5 所示，左边是立体图，右边是俯视图。

（1）测某点的磁感应强度峰值。将探测线圈通过移动轨道移动到被测点上，旋转探测线圈，记下毫伏表读数的极大值 U_m，然后利用式（19-5）便确定了该点磁场强度的峰值 B_m。

（2）描绘磁力线。（a）将探测线圈移动到某一点。以此为中心旋转探测线圈，直至毫

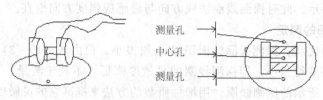

图 19-5　亥姆霍兹线圈结构图

伏表为最小值时止，记下该点位置，此时该点磁力线的方向为与探测线圈轴线垂直的方向。（b）再将探测线圈移动到另一点，并以此为中心旋转探测线圈，至毫伏表再次出现最小时为止，再次记下该点位置，并根据与探测线圈轴线垂直的方向来确定该点磁力线的方向。（c）逐步移动测量点重复上述（a）（b）步骤，这样周而复始地连续做下去。便可在图纸上留下一系列点的位置，再根据各点探测线圈的轴线方向来确定各点磁力线的方向、画出各点磁力线分布的点阵图。

【实验内容及步骤】

1. 测量单只线圈轴线上的磁感应强度分布。

（1）将直角坐标纸恰当剪裁后固定在亥姆霍兹线圈箱面上。

（2）将探测线圈的引线接入万用表的红、黑表笔两端，万用表量程置交流 200mV 挡，待测线圈接入磁场描绘仪信号源的输出端（测亥姆霍兹线圈时注意同向串连接入）磁场描绘仪电压取 10V。

（3）画出线圈的轴线，在轴线上标出中心点 O 的位置（单只线圈的中心点在待测线圈两个侧面的中间；亥姆霍兹线圈中心点在两只线圈的中间）。以中心点 O 为始点沿轴线（正、负方向）每隔 2cm 标出一点，作为轴线上磁感应强度分布的测量点约需 15~20 个点。

（4）将探测线圈依次移到各测量点上，缓慢转动探测线圈，使毫伏表读数达到最大，分别记录各点的位置及毫伏表的读数。

（5）绘制 (B_m) ~L 图线，即 (B_m) ~L 图线，并进行分析。

2. 描绘单只线圈的磁力线分布图。

（1）同上述步骤（2）中所述内容。

（2）画出线圈轴线，以中心点 O 为始点，沿线圈径向（垂直于轴线）每隔 2cm 标出一点作为描绘磁力线的起始点，然后沿着起始点分别向左、向右描绘磁力线，需描绘 4~7 条磁力线。

（3）描绘磁力线步骤可参前面所述内容。

3. 测量亥姆霍兹线圈轴线上的磁感应强度分布。

4. 描绘亥姆霍兹线圈的磁力线分布图。

【参考表格】

1. 研究探测线圈的感应电压与电流的关系

（1）将主机电流输出与线圈相连（双线圈），探测线圈与交流毫伏表相连并将结果填入表 19-1。

（2）观察探测线圈测得的电压的有效值是否与线圈工作电流有关。

表 19-1　线圈工作电流与感应电压的关系表

电流（mA）	1	2	3	4	5	6
感应电压（mV）						

画出探测线圈感应电压与电流的关系。

2. 研究探测线圈的感应电压与角度的关系

将结果填入表 19-2。

表 19-2　感应电压与角度的关系表

角度	0°	30°	…	330°	360°
感应电压（mV）					

画出探测线圈感应电压与角度的关系。

3. 测量单个载流圆线圈轴线上磁场的变化规律

（1）将主机与线圈 I 相连（红—红、黑—黑）。

（2）探测线圈与交流毫伏表相连。

（3）调节电流为 5mA。

将结果填入表 19-3、表 19-4 中。

表 19-3　线圈 I 上磁场的变化规律

距离（cm）	17	18	19	20	21	22	23	24	25	26
感应电压（mV）										

表 19-4　线圈 II 上磁场的变化规律

距离（cm）	8	9	10	11	12	13	14	15	16	17
感应电压（mV）										

由表 19-3、表 19-4 画出探测线圈感应电压与距离的曲线。

4. 测量亥姆霍兹线圈轴线上磁场的变化规律

（1）亥姆霍兹线圈装置与主机相连（串联）。

（2）探测线圈与交流毫伏表相连。

（3）调节电流为 5mA。

将结果填入表 19-5。

表 19-5　亥姆霍兹线圈轴线上磁场的变化规律表

距离（cm）	7	8	9	10	11	12	13	14	15	16
感应电压（mV）										
距离（cm）	17	18	19	20	21	22	23	24	25	26
感应电压（mV）										

画出探测线圈感应电压与距离的曲线。

【注意事项】

1. 探测线圈的导线易折断，使用时特别当心，避免只朝一个方向转动。
2. 实验结束后，关掉电源。

【思考题】

1. 测磁感应强度分布时，有无必要测磁感应强度的方向？
2. 测磁力线时，是测定磁感应强度的方向，还是其大小？
3. 如何用简单的实验方法判断亥姆霍兹线圈的两线圈是同向串联的？
4. 实验原理中提到，当 $\varphi = \pi/2$，$3\pi/2$ 时，毫伏表的读数随角度的变化最为明显，请说明这一点。

实验二十　铁磁材料的磁滞回线研究

随着科技的发展，磁性材料在现代的生产和生活中占据了越来越重要的位置，被广泛用于电机、变压器、互感器、电度表、医疗仪器、磁记录等领域。材料内部在一定的温度范围内存在一定的自发磁极化的现象，而且自发磁极化的方向会随着外加磁场方向的变化而发生改变，具有这种特性的材料被称为铁磁材料。在外加磁场的作用下，铁磁材料中自发磁化的方向发生变化并呈现出非线性磁滞回线的特征，是铁磁材料固有的特征。本实验用交流正弦电流对磁性材料进行磁化，测得的磁感应强度与磁场强度关系曲线称为动态磁滞回线，或者称为交流磁滞回线。本实验重点学习用示波器显示和测量磁性材料动态磁滞回线和基本磁化曲线的方法，了解软磁材料和硬磁材料交流磁滞回线的区别。

【实验目的】

1. 认识铁磁物质的磁化规律，了解铁磁材料的磁滞回线和磁化曲线；
2. 用示波器测量软磁材料的磁滞回线和基本磁化曲线；
3. 比较两种典型的铁磁物质的动态磁化特性。

铁磁材料的磁滞
回线研究

【仪器和用具】

动态磁滞回线测定仪（包括可调正弦信号发生器、交流数字电压表、软磁铁氧体、硬磁 Cr12 模具钢、电阻、电容等）、示波器、导线若干。

【实验原理】

1. 铁磁物质的磁滞现象

磁性物质都具有保留其磁性的倾向，磁感应强度 B 的变化总是滞后于磁场强度 H 的变化的，这种现象就是磁滞现象。一般都是通过测量磁化场的磁场强度 H 和磁感应强度 B 之间关系来研究其磁化规律的。

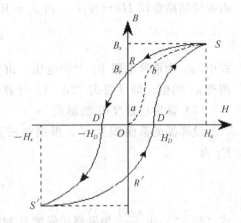

如图 20-1 所示，当外加磁场为零时，虽然铁磁材料内部存在自发磁化（磁畴），但是各自发磁化方向杂乱排列，材料宏观不显磁性，即 H 和 B 均为零时，在 $B-H$ 图中则相当于坐标原点 O。当外加磁场 H 逐渐增加，自发磁化方向随外加磁场方向排列，磁化强度 B 也随之增加；当 H 增加到一定值时，B 不再增加或增加得十分缓慢，这说明该物质的磁化已达到饱和状态，如线段 $OabS$ 所示，称为起始磁化曲线。H_S 和 B_S 分别为饱和

图 20-1　磁滞回线和磁化曲线

时的磁场强度和磁感应强度（对应于图中 S 点）。当磁场从 H_S 逐渐减小至零，磁感应强度 B 并不沿起始磁化曲线恢复到"O"点，而是沿另一条新的曲线下降至 R 点，此时 B_r 为剩余磁化强度。当磁场反向从 O 逐渐变至 D 点时，磁感应强度 B 消失，说明要消除剩磁，必须施加反向磁场。$-H_D$ 称为矫顽力，它的大小反映铁磁材料保持剩磁状态的能力。当反向磁场继续增大到一定值时，磁化强度达到反向饱和状态（对应于图中 S' 点）。当磁场再次减小为零并加正向值时，磁化强度 B 按照曲线 $S'R'D'S$ 变化。如此就得到一条自 S 点出发又回到 S 点的闭合曲线，称为铁磁物质的磁滞回线，此曲线属于饱和磁滞回线。其中，回线和 X 轴的交点 $-H_D$ 和 $H_{D'}$ 称为矫顽力，回线与 Y 轴的交点 B_r 和 $-B_r$ 称为剩余磁感应强度。

2. 利用示波器观测铁磁材料动态磁滞回线

HLD-ML-Ⅰ型动态磁滞回线测定仪电路原理图如图 20-2 所示。

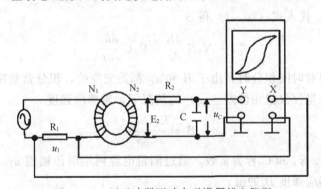

图 20-2　用示波器测动态磁滞回线电路图

样品为闭合环状，其上均匀地绕以磁化线圈 N_1 及副线圈 N_2。交流电压 u 加在磁化线圈上，线路中串联了一取样电阻 R_1，将 R_1 两端的电压 u_1 加到示波器的 X 轴输入端上。副线圈 N_2 与电阻 R_2 和电容 C 串联成一回路，将电容 C 两端的电压 u_2 加到示波器的 Y 轴输入端，这样的电路，在示波器上可以显示和测量铁磁材料的磁滞回线。

（1）磁场强度 H 的测量

设环状样品的平均周长为 l，磁化线圈的匝数为 N_1，磁化电流为交流正弦波电流 i_1，

由安培回路定律 $Hl = N_1 i_1$，而 $u_1 = R_1 i_1$，所以可得

$$H = \frac{N_1 \cdot u_1}{l \cdot R_1} \tag{20-1}$$

式中，u_1 为取样电阻 R_1 上的电压。由式（20-1）可知，在已知 R_1、l、N_1 的情况下，测得 u_1 的值，即可用式（20-1）计算磁场强度 H 的值。

（2）磁感应强度 B 的测量

设样品的截面积为 S，根据电磁感应定律，在匝数为 N_2 的副线圈中感生电动势 E_2 为

$$E_2 = -N_2 S \frac{\mathrm{d}B}{\mathrm{d}t} \tag{20-2}$$

式（20-2）中，$\dfrac{\mathrm{d}B}{\mathrm{d}t}$ 为磁感应强度 B 对时间 t 的导数。

若副线圈所接回路中的电流为 i_2，且电容 C 上的电量为 Q，则有

$$E_2 = R_2 i_2 + \frac{Q}{C} \tag{20-3}$$

在式（20-3）中，考虑到副线圈匝数不太多，因此自感电动势可忽略不计。在选定线路参数时，将 R_2 和 C 都取较大值，使电容 C 上电压降 $u_C = \dfrac{Q}{C} << R_2 i_2$，可忽略不计，于是式（20-3）可写为

$$E_2 = R_2 i_2 \tag{20-4}$$

把电流 $i_2 = \dfrac{\mathrm{d}Q}{\mathrm{d}t} = C \dfrac{\mathrm{d}u_C}{\mathrm{d}t}$ 代入（20-4）式得

$$E_2 = R_2 C \frac{\mathrm{d}u_C}{\mathrm{d}t} \tag{20-5}$$

把式（20-5）代入式（20-2）得 S

$$-N_2 S \frac{\mathrm{d}B}{\mathrm{d}t} = R_2 C \frac{\mathrm{d}u_C}{\mathrm{d}t}$$

在将此式两边对时间积分时，由于 B 和 u_C 都是交变的，积分常数项为零。于是，在不考虑负号（在这里仅仅指相位差 $\pm \pi$）的情况下，磁感应强度

$$B = \frac{R_2 C u_C}{N_2 S} \tag{20-6}$$

式中，N_2、S、R_2 和 C 皆为常数，通过测量电容两端电压幅值 u_C 代入式（20-6），可以求得材料磁感应强度 B 的值。

当磁化电流变化一个周期，示波器的光点将描绘出一条完整的磁滞回线，以后每个周期都重复此过程，形成一个稳定的磁滞回线。

3. B 轴（Y 轴）和 H 轴（X 轴）的校准

虽然示波器 Y 轴和 X 轴上有分度值可读数，但该分度值只是一个参考值，存在一定误差，且 X 轴和 Y 轴增益可微调会改变分度值。所以，用数字交流电压表测量正弦信号电压，并且将正弦波输入 X 轴或 Y 轴进行分度值校准是必要的。

将被测样品（铁氧体）用电阻替代，从 R_1 上将正弦信号输入 X 轴，用交流数字电压表

测量 R_1 两端电压 $U_{有效}$，从而可以计算示波器该挡的分度值（单位 V/cm），见图 20-3。

（1）数字电压表测量交流正弦信号，测得的值为有效值 $U_{有效}$。而示波器显示的该正弦信号值为正弦波电压峰—峰值 $U_{峰-峰}$。两者关系是

$$U_{峰-峰} = 2\sqrt{2} U_{有效} \tag{20-7}$$

（2）用于校准示波器 X 轴挡和 Y 轴挡分度值的波形必须为正弦波，不可用失真波形。用上述方法可以对示波器 Y 轴和 X 轴的分度值进行校准。

【实验内容及步骤】

（一）观察和测量软磁铁氧体的动态磁滞回线（样品 2）

1. 实验前先熟悉实验的原理和仪器的构成。使用仪器前先将信号源输出幅度调节旋钮逆时针到底（多圈电位器），使输出信号为最小。

（1）按图 20-3 所示的原理线路接线。

（2）逆时针调节幅度调节旋钮到底，使信号输出最小。

（3）调示波器显示工作方式为 $X-Y$ 方式，即图示仪方式。

（4）示波器 X 输入为 AC 方式，测量采样电阻 R_1 的电压。

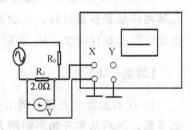

图 20-3　X 轴校准电路

（5）示波器 Y 输入为 DC 方式，测量积分电容的电压。

（6）选择样品 2 先进行实验。（电阻 $R_1 = 2.00\Omega$，$R_2 = 51.0 \times 10^3 \Omega$，电容 $C = 4.70 \times 10^{-6}$F）

2. 把示波器光点调至荧光屏中心。磁化电流从零开始，逐渐增大磁化电流，直至磁滞回线上的磁感应强度 B 达到饱和（即 H 值达到足够高时，曲线有变平坦的趋势，这一状态属饱和）。磁化电流的频率 f 取 50 Hz 左右。示波器的 X 轴和 Y 轴分度值调整至适当位置，使磁滞回线的 B_S 和 H_S 值尽可能充满整个荧光屏，且图形为不失真的磁滞回线图形。

3. 记录磁滞回线的顶点 B_S 和 H_S，剩磁 B_r 和矫顽力 H_c 3 个读数值（以长度为单位），在作图纸上画出软磁铁氧体的近似磁滞回线。

4. 对 X 轴和 Y 轴进行校准。计算软磁铁氧体的饱和磁感应强度 B_S 和相应的磁场强度 H_S、剩磁 B_r 和矫顽力 H_c。磁感应强度以 T 为单位，磁场强度以 A/m 为单位。

5. 测量软磁铁氧体的基本磁化曲线。现将磁化电流慢慢从大至小，退磁至零。从零开始，由小到大测量不同磁滞回线顶点的读数值 B_i 和 H_i，用作图纸作铁氧体的基本磁化曲线（$B-H$ 关系）及磁导率与磁感应强度关系曲线（$\mu-H$ 曲线），其中 $\mu = B/H$。

（二）观测硬磁 Cr12 模具钢（铬钢）材料的动态磁滞回线（样品 1）

1. 将样品换成 Cr12 模具钢硬磁材料，经退磁后，从零开始由小到大增加磁化电流，直至磁滞回线达到磁感应强度饱和状态。调节磁化频率为最佳值。调节 X 轴和 Y 轴分度值使磁滞回线为不失真图形。注意硬磁材料交流磁滞回线与软磁材料有明显区别，硬磁材料在磁场强度较小时，交流磁滞回线为椭圆形回线，而达到饱和时为近似矩形图形，硬磁

材料的直流磁滞回线和交流磁滞回线也有很大区别。

2. 对 X 轴和 Y 轴进行校准，并记录相应的 B_s 和 H_s，B_r 和 H_c 值，在作图纸上近似画出硬磁材料在达到饱和状态时的交流磁滞回线。

3. 用交流电压表测量硬磁材料的基本磁化曲线（$B - H$ 曲线）。

4. 测量硬磁模具钢材料椭圆交流磁滞回线的交流参量。

【注意事项】

1. 正弦信号发生器的输出端的黑色接线柱和交流数字电压表输出端的黑色接线柱为公共端（仪器内用导线连在一起），实验时，须将公共端接在一起。

2. 示波器的 X 轴和 Y 轴显示正弦波信号的分度值为峰—峰值，而交流电压表测量的是正弦波的有效值。两者之间存在一定的关系，计算时必须注意。

3. 在校准 X 轴和 Y 轴灵敏度时，应将被测样品去掉，而代之以纯电阻 R_0。这主要是被测样品是铁磁材料，它的磁导率 $\mu = B/H$ 是与电流有关的量，从而使磁化电路中的电流产生非线性畸变。R_0 起限流作用，操作时，不应超过其允许功率。

【数据处理】

1. 在示波器荧光屏上调出美观的磁滞回线，测量铁氧体的基本磁化曲线时，先将样品退磁，然后从零开始不断增大电流，记录各磁滞回线顶点的 B 和 H 值，直至达到饱和。注意由于基本磁化曲线各段的斜率并不相同，一条曲线至少需要 20 余个实验数据点，实验结果填入表 20 - 1。（本示波器 $1\text{div} = 1.00\text{cm}$）。

表 20 - 1　B 和 H 值数据记录表

U_{R1}(cm)	H(A/m)	U_C(cm)	B(mT)	U_{R1}(cm)	H(A/m)	U_C(cm)	B(mT)

根据记录数据可以描画出样品的磁化曲线。

2. 动态磁滞回线的描绘。

在示波器荧光屏上调出美观的磁滞回线，测出磁滞回线不同点所对应的格数，然后将数据填入表 20 - 2。

表 20 - 2 动态磁滞回线数据记录表

X（格）									
Y_1（格）									
Y_2（格）									
X（格）									
Y_1（格）									
Y_2（格）									

在坐标纸上绘出动态磁滞回线，并且记录

1. 得到矫顽力 H_C 在示波器上显示 _____ cm，
2. 剩磁 B_r 在示波器上显示 _____ cm，
3. 饱和磁感应强度在示波器上显示 _____ cm。
4. 铁氧体环状样品，外径 $\Phi_1 = 50.0$mm，内径 $\Phi_2 = 32.0$mm，高 $l_H = 19.0$mm，
5. 平均周长 $\bar{l} = \pi \cdot (\Phi_1 + \Phi_2)/2 = 128.7 \times 10^{-3}$ m，
6. 磁环截面积 $S = (\Phi_1 - \Phi_2) \cdot l_H/2 = 171 \times 10^{-6}$ m^2。

示波器 X 轴定标：（示波器参数 X = _____ mV 挡 Y = _____ mV 挡）

去掉线圈，串入标准电阻箱，保证示波器挡不变，调节示波器上出现稳定的正弦波且峰-峰值在示波器上读为 4.00cm，用交流数字电压表测量 R_1 两端电压的有效值。

由于 $U_{峰-峰} = 2\sqrt{2} \cdot U_{有效}$，所以 X 轴灵敏度 $= 2\sqrt{2} \cdot U_{有效}/4$

示波器 Y 轴定标：

因为电容两端输出不失真的正弦波，所以可以直接将电容两端的电压信号送入示波器，得峰-峰值在示波器上显示为 4cm，用交流数字电压表测量电容两端电压。

$U_{峰-峰} = 2\sqrt{2} \cdot U_{有效} = 2\sqrt{2} \times 16.2$mV。所以 Y 轴灵敏度 $= 2\sqrt{2} \cdot U_{有效}/4$

计算：

初级线圈和次级线圈匝数相等，即 $N_1 = N_2 = 200$ 匝，电阻 $R_1 = 2.00\Omega$，$R_2 = 51.0 \times 10^3 \Omega$，电容 $C = 4.70 \times 10^{-6}$F，

根据上面记录数据得到：

矫顽力 $H_C = \dfrac{N_1}{l}I = \dfrac{N_1}{l} \dfrac{U_{R_1}{}'}{R_1} \times H_C$ 在示波器上显示 _____ cm，

剩磁 $B = \dfrac{R_2 C}{N_2 S} \cdot U_C{}' \times$ 示波器上显示 _____ cm，

饱和磁感应强度 $B_m - \dfrac{R_2 C}{N_2 S} \cdot U_C{}' \times$ 示波器上显示 _____ cm。

【思考题】

1. 在式（20 - 3）中，$U_C \ll R_2 i_2$ 时可将 U_C 忽略，$E_2 = R_2 i_2$。考虑一下，由这项忽略引起的不确定度有多大？

2. 在测量 $B - H$ 曲线过程中，为何不能改变 X 轴和 Y 轴的分度值？

3. 硬磁材料的交流磁滞回线与软磁材料的交流磁滞回线有何区别？

实验二十一　灵敏电流计的研究

灵敏电流计也叫直流检流计或检流计，是一种精确的磁电式仪表。它和其他磁电式仪表一样，都是根据载流线圈在磁场中受力矩作用而偏转的原理制成的，只是在结构上有些不同。普通电表中的线圈安装在轴承上，用弹簧游丝来维持平衡，用指针来指示偏转。而灵敏电流计则是用极细的金属悬丝代替轴承，且将线圈悬挂在磁场中，由于悬丝细而长，反抗力矩很小，所以当有极弱的电流流过线圈时，就会使它明显地偏转。因而它比一般的电流表要灵敏得多，可以测量 $10^{-6} \sim 10^{-11}$ A 范围的微弱电流和 $10^{-3} \sim 10^{-6}$ V 范围的微小电压，如光电流、物理电流、温差电动势等；电流计的另一种用途是平衡指零，即根据流过电流计的电流是否为零来判断电路是否平衡。

【实验目的】

1. 了解灵敏电流计的结构和工作原理，并观察在阻尼、欠阻尼及临界阻尼下的 3 种运动状态 。
2. 掌握测定灵敏电流计内阻的方法 。
3. 学习正确使用灵敏电流计。

【仪器和用具】

灵敏电流计、直流电压表、直流稳压电源、滑动变阻器、电阻箱、标准电阻器、双刀双掷开关、单刀开关、秒表。

【实验原理】

1. 灵敏电流计的构造

灵敏电流计的结构主要分三部分。

磁场部分：有永久磁铁和圆形软铁芯。永久磁铁产生磁场，圆柱形软铁芯使磁铁极隙间磁场呈均匀径向分布，并增加磁极和软铁之间空隙中的磁场。

偏转部分：可在磁场中转动的线圈，它的上下用金属丝张紧，金属丝同时作为线圈两端的电流引线。由于用金属丝代替了普通电表的转轴和轴承，避免了机械摩擦，电流计的灵敏度得以提高。

读数部分：有光源、小镜和标尺。小镜固定在线圈上，随线圈一起转动。它把从光源射来的光反射到标尺上形成一个光点，此部分相当于指针式电表中很长的指针。但是指针太长，线圈的转动惯量增大，灵敏度将下降。为了克服这样的缺点，采用光点偏转法，可使灵敏度进一步大幅度地提高。有的灵敏电流计常采用多次反射式，使标尺远离电流计的小镜，AC15 型检流计就是此种灵敏电流计。

2. 灵敏电流计的读数

当有电流通过灵敏电流计的线圈时，线圈受到电磁力矩作用而偏转。当电磁力矩与张丝的扭转反力矩相等时，线圈就停止在某一位置上，随之标尺上的光标将固定在一定的位

置（例如在标尺的刻度 d 上），起一条"光线指针"的作用。而且，电流 I_g 与光标的位移 d 成正比，即

$$I_g = K_i \cdot d \qquad\qquad (21-1)$$

式中比例常数 K_i 称为电流计常数；单位是 A/mm，在数值上等于光点移动 1mm 所对应的电流。

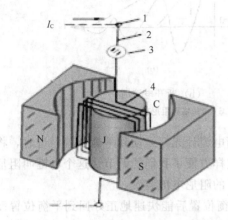

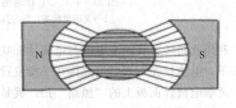

图 21-1　磁场系统图
1—电流输入引线；2—悬丝；3—小镜；4—线圈

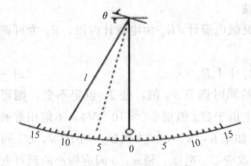

图 21-2　读数原理示意图

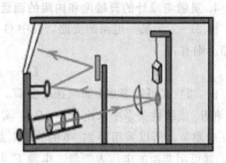

图 21-3　多次反射式灵敏电流计光路图

3. 线圈运动的阻尼特性

当外加电流通过灵敏电流计或断去外电流使线圈发生转动时，由于线圈具有转动惯量和转动动能，它不可能一下子就停止在平衡位置上，而是要越过平衡位置在其附近摆动一段时间才能稳定，摆动时间的长短直接影响测量的速度。为此有必要了解影响线圈运动状态的各种因素。灵敏电流计工作时，总是由它的内阻 R_g 与外电路电阻 $R_{外}$ 构成闭合回路（电流计回路除 R_g 外的总电阻），控制 $R_{外}$ 的大小，就可控制电磁阻尼力矩 M 的大小，从而控制线圈的运动状态。

（1）欠阻尼状态：当 $R_{外}$ 较大时，感应电流较小，电磁阻力矩 M 较小，线圈偏离平衡位置后就会在平衡位置附近来回振动，振幅逐渐衰减，经过较长时间才能停在平衡位置。$R_{外}$ 越大，M 越小，线圈振动次数越多，回到平衡位置所需的时间就越长。

（2）过阻尼状态：当 $R_{外}$ 较小时，感应电流较大，电磁阻力矩 M 较大，线圈偏离平衡位置后会缓慢地回到平衡位置，但不会越过平衡位置。

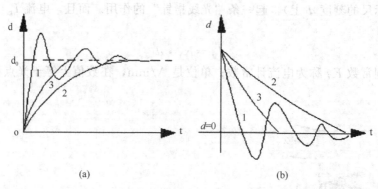

(a)   (b)

图 21 - 4   (a) 接通电流时   (b) 断开电流时
1—欠阻尼状态；2—过阻尼状态；3—临界阻尼状态

利用此特性，将一个电键与电流计并联，当电流计光标运动到平衡位置附近时，将电键按下，电流计光标即可迅速停在平衡位置，这样方便了我们的调节。这个电键叫阻尼电键。灵敏电流计面板上的"短路"挡，就是这样的阻尼电键装置。

（3）临界阻尼：当 $R_{外}$ 适当时，线圈偏离平衡位置后能快速地正好回到平衡位置而又不发生振动，临界阻尼状态的外电阻称为电流计的临界阻尼电阻 R_c。

显然，电流计工作在临界状态时，最有利于观察和读数。

4. 灵敏电流计的灵敏度和内阻的测量方法

图 21 - 5 为某一电路的支路，其中 G 为灵敏电流计，R_g 为电流计内阻，R_3 为可调电阻箱，则有：

$$U_{ab} = I_g R_g + I_g R_3 \qquad (21 - 2)$$

由（2）式可以考虑，如果在改变 U_{ab} 值的同时调节 R_3 值，使 I_g 恒定不变，则可从 U_{ab} 和 R_3 成线性关系中求出 R_3 和 R_g，实际上由于 U_{ab} 值很小（$\approx 10^{-5}$ V），不能用普通的电压表测量，所以采用图 21 - 6 的分压电路。如果 $R_1/R_2 \approx 10^{-5}$ 则 $U_{ab} = 10^{-5}$ V，U_{ac} 可达 1V，就可用普通的电压表测量。电源 E 可以改变 U_{ac} 电压，使 a，b 间有微小的但可变化的电压 U_{ab}，这样有：

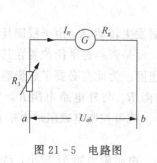

图 21 - 5   电路图

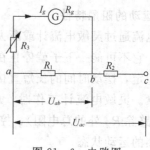

图 21 - 6   电路图

$$U_{ab} = U_{ac} \frac{R_{ab}}{R_{ab} + R_2} \qquad (21 - 3)$$

$$R_{ab} = \frac{(R_3 + R_g)R_1}{R_3 + R_g + R_1} \qquad (21 - 4)$$

而实际上 R_1（1Ω）约为 R_2（90 kΩ）的 $\dfrac{1}{1\times10^5}$，因此式（21−3）可近似为

$$U_{ab}\approx U_{ac}\frac{R_{ab}}{R_2} \qquad (21-5)$$

将式（21−4）代入式（21−5）再代入式（21−2），可得

$$U_{ac}\frac{(R_3+R_g)R_1}{(R_3+R_g+R_1)R_2}=I_g(R_3+R_g) \qquad (21-6)$$

整理式（21−6）得

$$R_3=-(R_1+R_g)+U_{ac}\frac{R_1}{R_2I_g} \qquad (21-7)$$

使式（21−7）中除 R_1 和 U_{ac} 外均保持不变，即实验时控制电流计光标偏转恒定的 N 个格使 I_g 为定值，R_1 和 R_2 取定值，令 $A=-(R_1+R_G)$，$B=R_1/R_2I_g$，则式（21−7）是一直线方程

$$R_3=A+BU_{ac} \qquad (21-8)$$

测出 n 组（U_{ac}，R_3），求出截距 A 和斜率 B，则得：

$$R_g=-(R_1+A) \qquad (21-9)$$

$$S_i=\frac{N}{I_g}=\frac{NR_2B}{R_1} \qquad (21-10)$$

为了消除电流计光标左右偏转不对称引入的系统误差，在测量时对同一值 U_{ac}，换向开关 K_2 要上下各闭合一次，调节 R_1 使电流计光标左右各偏转 N 个格。

【实验内容及步骤】

（1）调节灵敏电流计。接通电流计照明电源（交流 220V）。将分流器旋钮从"短路"位置调至灵敏度"直接"挡。用零点调节旋钮，把光标调节到标尺的零刻线处。

（2）按图 21−7 接线。认真检查电路是否连接正确，特别检查：电压表正、负极、单刀双掷开关 K_1 和双刀双掷开关 K_2、标准电阻 R_1 是否连接正确；分压器 R 是否在输出电压为 0 的位置。

（3）观察三种运动状态并确定临界阻尼电阻 $R_{临}$

首先检查零点，K_1 断开，R_2 取较大值约 10kΩ，调 R_3 等于 $R_{临}$，K_1 合上，调节电源使电流计偏移 $d=40$mm，将 K_1 断开，电流计偏移为零，然后再合上 K_1，等待观察并记录电流计光斑摆回到零点的时间，改变 R_3 值，重复上述操作和记录。

（4）测量电流计的 S_i 和 $R_{g内}$

测量采用等偏转法，即每次改变电压 U_{ac} 和对应的电阻 R_3 时，都要保证电流计偏转数值 d 相等（本实验取 $d=40$mm）。

U_{ac} 从 0～2V 改变 6～7 次，并同时改变 R_1 进行测量。

利用双刀双掷开关 K_2 换向测量，以消除电流左右偏转不对称引入的系统误差。

【注意事项】

（1）待测电流由面板左下角标有"＋"和"－"的两个接线柱接入，一般可以不考虑正负。

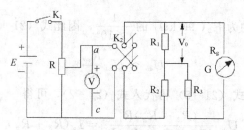

图 21-7　电路图

E—稳压电源；K_1—单刀开关；R—滑动变阻器；V—数字电压表；K_2—双刀开关；

R_1—固定电阻；R_2 和 R_3 为可变电阻箱；G—光点电流计

（2）实验时，先接通 AC220V 电源，看到光标后将分流器旋钮从"短路"挡转到"×1"挡，看光标是否指"0"，若光标不指"0"，应使用零点调节器和标尺活动调零器把光标调到"0"点。若找不到光标，先检查仪器的小灯泡是否发光，若小灯泡是亮的，轻拍检流计，观察光标偏在哪边，若偏在左边，逆时针旋转零点调节器；若偏在右边，则顺时针旋转零点调节器，使光标露出并调整到零。

（3）×0.1，×0.01 挡：检流计分流器的主要作用是改变测量的灵敏度，它通过分流电阻改变可测电流的范围，即改变了灵敏度。

（4）当实验结束时必须将分流器置于"短路"挡，以防止线圈或悬丝受到机械振动而损坏。

【数据处理】

1. 记录观察线圈运动状态的结果并填入表 21-1

表 21-1　观察线圈运动状态

铭牌值 $R_{临}$ = _____ Ω

	$R_3/\text{k}\Omega$	阻尼运动特点
$R = 5R_{临}$		
$R = R_{临}$		
$R = R_{临}/5$		

2. 测量电流计的灵敏度 S_i 和内阻 R_g

表 21-2　（左右偏移 $d = 40\text{mm}$）　电压表量程：0～2V　$R_1 = 1\Omega$

U_{ac} (V)									
R_3 (Ω)									

$R_1 = A + B \times U_{ac}$　$y = A + Bx$　其中，截距 $A = -(R_2 + R_G)$，斜率 $B = \dfrac{R_1}{R_2 I_g}$

根据下式计算：灵敏度 S_i 和内阻 R_g。

$$R_g = -(R_1 + A) \tag{21-11}$$

$$S_i = \frac{N}{I_g} = \frac{NR_2 B}{R_1} \tag{21-12}$$

光学实验

实验二十二　用牛顿环测透镜的曲率半径

【实验目的】

1. 观察等厚干涉的现象。
2. 利用牛顿环测定透镜的曲率半径。
3. 了解读数显微镜的构造和读数方法。

【仪器和用具】

牛顿环仪、读数显微镜、钠光灯。

【实验原理】

我们称与介质膜的厚度相对应的干涉条纹为等厚条纹，称这类干涉为等厚干涉。牛顿环是利用振幅分割法产生的干涉现象，是典型的等厚干涉。牛顿环实验的原理图如图 22 - 1（a）所示，将一曲率半径较大的平凸透镜的凸面放在一光学平面玻璃上，在透镜和平面之间形成空气膜，以平行单色光垂直照射牛顿环时，经空气膜层上、下两表面反射的两束光发生干涉，在空气膜上表面出现一组干涉条纹。干涉条纹是以触点 O 为圆心的一系列同心圆环，称为牛顿环。如图 22 - 1（a）所示，设透镜的曲率半径为 R，与接触点 O 相距为 r 处的膜厚为 e，其中的几何关系为

$$R^2 = (R - e)^2 + r^2 = R^2 - 2Re + e^2 + r^2$$

因 $R \gg e$，所以 e^2 可以舍去，因此可得

$$e = \frac{r^2}{2R} \tag{22-1}$$

设入射光是波长为 λ 的单色光，考虑到光在空气膜下面进行反射，要从光疏（空气）

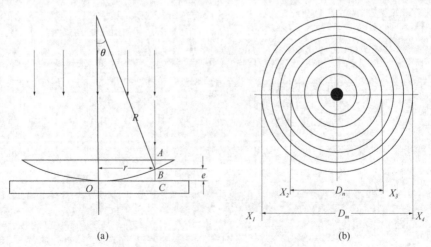

$$（a）\qquad\qquad\qquad（b）$$

图 22 - 1　牛顿环及其形成光路的示意图

介质入射到光密介质（玻璃）上，有半波损失；而在上表面的反射光是从光密介质入射到
光疏介质中，无半波损失。所以在上下表面反射的两束反射光的光程差为

$$\Delta = 2e + \frac{\lambda}{2} \tag{22-2}$$

将式（22-1）代入式（22-2）中，可得

$$\Delta = \frac{r^2}{R} + \frac{\lambda}{2}$$

当光程差为半波长的奇数倍时发生干涉相消，也就是产生暗条纹，即

$$\Delta = \frac{r^2}{R} + \frac{\lambda}{2} = (2k+1)\frac{\lambda}{2} \quad (k=0,\ 1,\ \cdots)$$

由上式可得产生的暗纹的半径为

$$r_k = \sqrt{kR\lambda} \tag{22-3}$$

而产生明条纹的条件为

$$\Delta = \frac{r^2}{R} + \frac{\lambda}{2} = k\lambda \quad (k=1,\ 2,\ \cdots)$$

所以有

$$r'_k = \sqrt{\frac{(2k-1)R\lambda}{2}} \tag{22-4}$$

由式（22-3）可知，暗环半径 r_k 与级次 k 的平方根成正比，所以正如图 22-1（b）
中所显示的那样，半径越大，干涉条纹越密，并且 $k=0$ 时，$r=0$ 也就是说牛顿环中心为
暗点，但实际中，由于玻璃的弹性形变以及两镜面接触点之间难免存在细微的尘埃，从而
引起附加程差，造成了中心的干涉不是一点而可能是一个不很规则的暗斑或亮斑。我们可
以通过取两个暗条纹半径的平方差值来消除附加程差带来的误差，又因为暗环圆心不容易
确定，会造成暗环半径测量不准，所以取暗环直径代替半径。

设 m 环直径为 D_m，则

$$D_m^2 = 4mR\lambda$$

设 n 环直径为 D_n，则

$$D_n^2 = 4nR\lambda$$

而

$$D_m^2 - D_n^2 = 4R\lambda(m-n)$$

所以

$$R = \frac{D_m^2 - D_n^2}{4\lambda(m-n)} \tag{22-5}$$

即为透镜的曲率半径。

由式（22-5）可知，平凸透镜凸面的曲率半径 R 仅与两暗环的干涉级数 m 和 n 的差
值（$m-n$）有关，而与 m、n 本身的大小无关。故当入射光波波长 λ 已知时，我们只要
测得任意两干涉暗环的直径以及它们的级数差，便可计算出透镜的曲率半径 R，而不必去
确定某一暗环的级数，从而避免了实验中干涉级数无法确定的困难。

【装置介绍】

1. 读数显微镜

读数显微镜又称测量显微镜，是一种既可作长度测量又可作观察用的仪器，它结构简

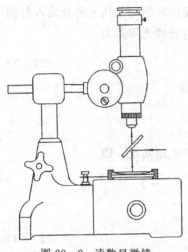

图 22-2　读数显微镜

单，使用方便，一般用来测量微小的或不能用夹持量具测量的物体的尺寸，如毛细管内径，金属杆的线膨胀量，微小钢球的直径等。它的构造分为机械部分和光具部分。光具部分是显微镜筒，它由目镜、目镜套筒、物镜以及 45°透光反射镜组成（如图 22-2 所示）。它装在一个由丝杆带动的螺母套管上，转动测微鼓轮，与显微镜相连的滑块可以沿读数标尺滑动，滑块刻线指示标尺的刻度值，转动调焦旋钮，显微镜筒可以上下移动，测微鼓轮的边缘有 100 个分格，鼓轮转动一周，滑块刻线走 1mm，也就是测微鼓轮的一格为 0.01mm，读数的方法与我们前面介绍过的螺旋测微计的读法是一样的。

使用读数显微镜时，在显微镜下方的工作平台上放置牛顿环仪，在显微镜筒的下方装有一 45°的反射玻璃片，将水平方向射来的光线反射后垂直照在工作平台上所放置的被测牛顿环上，我们就可以通过调节牛顿环上方的显微镜筒来观察和测量牛顿环的干涉条纹，调节显微镜观察干涉条纹的具体步骤是：

调节目镜的高低，使在目镜中能看到清晰的十字叉丝，然后调节调焦旋钮，为防止损坏 45°的透光反射镜，首先将显微镜筒调至最低处，然后自下而上移动镜筒的高度，同时调节工作平台内的反光镜旋钮，调节视场亮度，直到在目镜中可以清楚地看到明暗相间的条纹，并且适当移动牛顿环仪使牛顿环的圆心处在视场中央。

使用读数显微镜时要注意，显微镜的丝杆与螺母套管之间存在一定的间隙，所以在测量过程中只能往一个方向转动测微鼓轮，中途切记不能反向，否则就会带来较大的回程误差。

2. 牛顿环仪

把图 22-1（a）中的玻璃片和透镜组装在一个框架里就构成了牛顿环仪，如图 22-3 所示，框架边上有 3 个螺钉用来调节平凸透镜和平板玻璃之间的接触，以改变干涉条纹的形状和位置，调节螺钉时，松紧要适中，旋得过松，将使平凸透镜与平板玻璃之间的接触不稳定，从而增大实验误差，如果旋得过紧会使透镜产生形变甚至破碎。

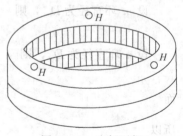

图 22-3　牛顿环仪

【实验内容及步骤】

1. 调整牛顿环仪

首先调节牛顿环仪上的 3 个螺钉，借助室内灯光，用眼睛观察，使干涉条纹呈圆形并位于透镜中心。

2. 调整测量装置

（1）将牛顿环放在读数显微镜的工作平台上，为了从目镜中能看到清晰的干涉条纹，除了要调节光源的位置、显微镜筒的位置，还要调节工作平台内的反光旋钮，使显微视场有足够的亮度。位置如图 22-4 所示。

（2）调出清晰的干涉条纹后，再转动目镜对十字叉
丝聚焦，并且使十字叉丝中的一根与镜筒移动的方向平
行，同时使叉丝左右移动时，另一根叉丝能与牛顿环的
干涉条纹相切，在整个测量过程中要始终保持这根叉丝
与干涉条纹相切。

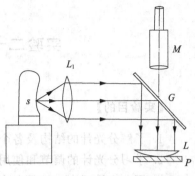

3. 透镜曲率半径的测量

（1）转动测微鼓轮，由中心暗斑开始从左至右数干
涉条纹的数目，中心暗斑记为第零级暗纹，一直数到右
边第 42 级暗条纹，然后再往左移两个暗条纹，也就是
移到第 40 级暗条纹开始计数，一直向左移动镜筒，分

图 22 - 4　测量牛顿环仪器位置简图

别记录第 38、36、34、32、20、18、16、14、12 级暗条纹对应位置的刻度数。

（2）继续向左移动镜筒，切记中途不可倒转，当叉丝位于中心暗斑时，重新从零开始
数暗环数，记下与圆心右边相应的暗条纹所对应的刻度，填入表 22 - 1 中。

（3）算出各级牛顿环直径的平方后，用逐差法处理数据，代入式（22 - 5）中求出曲
率半径 R 的值，并计算误差。

【参考表格】

表 22 - 1　用牛顿环测量透镜曲率半径数据表

$\lambda = 5893$Å　　　　　　　　　　　　　$m - n = 20$　　　　　　　　　　　　　单位：m

暗环级数		中心右侧	中心左侧	相应直径 D	D^2	$D_m^2 - D_n^2$	$\Delta(D_m^2 - D_n^2)$	$\overline{D_m^2 - D_n^2}$	$\overline{R}$	ΔR
m	40									
	38									
	36									
	34									
	32									
n	20									
	18									
	16									
	14									
	12									

【思考题】

1. 透射光的牛顿环是如何形成的？如何观察？它与反射光的牛顿环的明暗条纹有何
区别，为什么？

2. 在牛顿环实验中，假如平板玻璃上有微小的凹陷，则凹陷处空气薄膜厚度增大，
导致干涉条纹发生畸变，试问这时牛顿（暗）环将局部内凹还是外凸？为什么？

3. 为什么说读数显微镜测量的是牛顿环的直径，而不是显微镜内牛顿环的放大像的
直径？若增大显微镜的放大倍率，是否会影响到测量的结果？

实验二十三　分光计的调节和使用

分光计的调节和使用

【实验目的】

1. 了解分光计的结构及各个组成部分的作用。
2. 学习分光计的调节和使用方法。
3. 用分光计观察三棱镜的色散现象及测定三棱镜的顶角和棱镜玻璃折射率。

【仪器和用具】

分光计、双面反射镜、低压钠光灯、三棱镜。

【实验原理】

如图 23-1 所示，ΔABC 为一三棱镜的横截面，其中 AB、AC 是两个光学面，BC 为毛玻璃面，又称为三棱镜的底面。假设有一束单色光 SD 射到棱镜上，经三棱镜两次折射后沿 PS' 射出，其中入射光线 SD 与出射光线 PS' 的夹角 δ 称为偏向角。偏向角 δ 的大小随入射角 i_1 的改变而改变，当 i_1 为某值时，偏向角 δ 达到最小值 $\delta_{\min}$，$\delta_{\min}$ 称为最小偏向角。对于给定的棱镜，如果保持光线的入射角 i_1 不变，则偏向角 δ 与入射光波的波长之间有确定的对应关系，不同的波长会有不同的偏向角，这就是三棱镜的色散现象，所以利用分光计和三棱镜可以进行光谱定性分析。我们可以证明：当单色光线对称地通过三棱镜时，也就是当 $i_1=i_2$ 时，$\delta=\delta_{\min}$，并且三棱镜玻璃的折射率 n 与三棱镜顶角 α 和最小偏向角之间有如下关系

$$n=\frac{\sin\dfrac{\delta_{\min}+\alpha}{2}}{\sin\dfrac{\alpha}{2}}$$

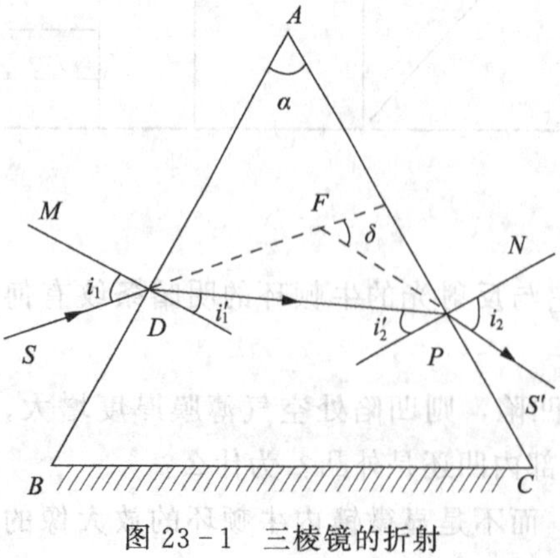

下面我们来证明以上关系。

根据图 23-1 中的几何关系有

$$\delta=(i_1-i_1')+(i_2-i_2')$$

因为 $AB\perp MD$ 且 $AC\perp NP$，

而顶角　　　　　$\alpha=i_1'+i_2'$

所以　　　　$\delta=(i_1+i_2)-\alpha$ 　　　(23-1)

对于给定的棱镜来说 α 是一定的，所以 δ 随 i_1 和 i_2 而变化。而 i_2 与 i_2' 及 i_1 依次相关，所以，i_2 终究是 i_1 的函数，也就是偏向角 δ 也是 i_1 的函数，从分光计中我们可以观察出 δ 是有极小值的，我们设，当

图 23-1　三棱镜的折射

$$\frac{\mathrm{d}\delta}{\mathrm{d}i_1}=0$$

时　　　　　　　　　　　　　　　　　　$\delta=\delta_{\min}$

对式（23-1）求导有

$$\frac{\mathrm{d}\delta}{\mathrm{d}i_1}=1+\frac{\mathrm{d}i_2}{\mathrm{d}i_1}=0$$

所以　　　　　　　　　　　　　　　$\dfrac{\mathrm{d}i_2}{\mathrm{d}i_1}=-1$　　　　　　　　　　　　　　（23-2）

又根据折射率公式有

$$n=\frac{\sin i_1}{\sin i_1'}=\frac{\sin i_2}{\sin i_2'}$$

即　　　　　　　　　$\sin i_1=n\sin i_1'$　　　　$\sin i_2=n\sin i_2'$　　　　　（23-3）

得到

$$\frac{\mathrm{d}i_2}{\mathrm{d}i_1}=\frac{\mathrm{d}i_2}{\mathrm{d}i_2'}\cdot\frac{\mathrm{d}i_2'}{\mathrm{d}i_1'}\cdot\frac{\mathrm{d}i_1'}{\mathrm{d}i_1}=\frac{n\cos i_2'}{\cos i_2}\cdot\frac{\mathrm{d}(\alpha-i_1')}{\mathrm{d}i_1'}\cdot\frac{\cos i_1}{n\cos i_1'}$$

$$=-\frac{\cos i_2'\cdot\cos i_1}{\cos i_2\cdot\cos i_1'}=-\frac{\cos i_2'\sqrt{1-\sin^2 i_1}}{\cos i_1'\sqrt{1-\sin^2 i_2}}=-\frac{\cos i_2'\sqrt{1-n^2\sin^2 i_1'}}{\cos i_1'\sqrt{1-n^2\sin^2 i_2'}}$$

$$=-\frac{\sqrt{\dfrac{1}{\cos^2 i_1'}-\dfrac{n^2\sin^2 i_1'}{\cos^2 i_1'}}}{\sqrt{\dfrac{1}{\cos^2 i_2'}-\dfrac{n^2\sin^2 i_2'}{\cos^2 i_2'}}}=-\frac{\sqrt{\sec^2 i_1'-n^2\tan^2 i_1'}}{\sqrt{\sec^2 i_2'-n^2\tan^2 i_2'}}$$

$$=-\frac{\sqrt{1+(1-n^2)\tan^2 i_1'}}{\sqrt{1+(1-n^2)\tan^2 i_2'}}$$

根据式（23-2）有

$$\sqrt{1+(1-n^2)\tan^2 i_1'}=\sqrt{1+(1-n^2)\tan^2 i_2'}$$

即　　　　　　　　　　　　　　　$\tan i_1'=\tan i_2'$

因为　　　　　　　　　　　　$i_1'<\dfrac{\pi}{2}$　　　　$i_2'<\dfrac{\pi}{2}$

所以　　　　　　　　　　　　　　　$i_1'=i_2'$

将上式代入式（23-3）中有

$$i_1=i_2$$

所以 δ 具有极小值的条件是　　　　　$i_1=i_2$

将该条件代入式（23-1）中有

$$\delta_{\min}=2i_1-\alpha$$

$$i_1=\frac{1}{2}(\delta_{\min}+\alpha)\qquad\qquad（23-4）$$

又因为　　　　　　　　　　　　　$i_1'+i_2'=\alpha$

所以　　　　　　　　　　　　　　　$i_1' = \dfrac{\alpha}{2}$　　　　　　　　　　　　　　(23-5)

根据式（23-3）可知棱镜对单色光的折射率为

$$n = \frac{\sin i_1}{\sin i_1'} = \frac{\sin \dfrac{1}{2}(\delta_{\min} + \alpha)}{\sin \dfrac{\alpha}{2}} \qquad (23-6)$$

由式（23-6）可知，只要测出棱镜的顶角和最小偏向角，则棱镜对该种波长的单色光的折射率就可求出。

【装置介绍】

分光计是一种能精确测量角度的典型光学仪器，常用来测量折射率、光波波长，色散率和观测光谱等，但是该装置比较精密，其结构如图 23-2 所示。分光计共由 5 部分组成，这 5 部分分别是底座、平行光管、载物台、望远镜和读数装置。

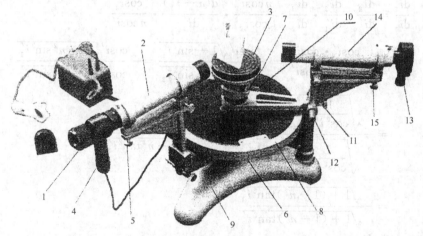

图 23-2　分光计结构图

1—望远镜目镜；2—望远镜筒；3—载物平台；4—小灯；5—调节望远镜倾角的螺丝；
6—望远镜的固定螺丝（在背面）；7—调节平台倾角的螺丝；8—读数圆盘；9—底座；
10—平台的锁紧螺钉；11—平台与望远镜连动杆；12—望远镜微动螺丝；
13—狭缝宽度调节螺钉；14—平行光管；15—调平行光管倾角的螺丝

1. 底座

底座是整个分光计的支架，底座中心有一垂直方向的转轴，望远镜和读数圆盘以及载物台可绕该轴转动。

2. 平行光管

平行光管的作用是产生平行光。在圆柱形筒的一端装有一个可伸缩的套筒，套筒末端有一狭缝，筒的另一端装有消色差透镜组，调节螺钉（13）可改变狭缝的宽度，前后移动套管的位置，使狭缝恰好位于透镜的焦平面上，这时，平行光管就射出平行光束。

3. 载物台

载物台是用来放置待测器件的。台上附有夹持待测件的簧片，台面下方装有 3 个细牙螺丝（7），用来调整台面的倾斜度，这 3 个螺丝的中心形成一个正三角形，载物台可以绕轴旋转和沿轴升降，以适应不同高度的待测件。

4. 望远镜

望远镜是由物镜和目镜组成的，常用的目镜有高斯目镜和阿贝目镜两种。照明小灯泡的光线自筒侧进入，通过与镜轴成45°角的半透射半反射平面玻璃的反射光线照亮有叉丝的分划板，分划板与目镜和物镜间的距离皆可调，分划板上有一十字窗，当分划板位于物镜的焦平面上时，分划板上亮十字发出的光经过物镜后成为平行光，当这平行光被反射回望远镜内时，则在分划板上聚焦成一清晰的实像，从目镜中可同时看清分划板上的亮十字与绿色的亮十字的像，如图23-3所示。如果在载物台上放置一块双面反射镜，并首先使其反射面和望远镜光轴大体垂直，则由十字处发出的光通过物镜后经反射面反射回来，在分划板上将形成十字反射像，适当调节望远镜和载物台可使反射像无视差地落在分划板上，且与上方的十字线中心重合，表明望远镜与反射镜镜面垂直并且可以接受平行光。这种方法称为自准法。

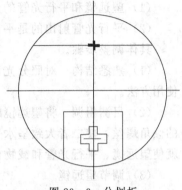

图 23-3　分划板

如图23-2所示，望远镜下面的螺丝（5），用来调节望远镜的倾度，在望远镜与转轴相连处有螺丝（6），放松时，望远镜可绕轴自由转动，旋紧时，望远镜被固定，望远镜支架可以与刻度盘（8）固连在一起绕分光计的中心轴旋转，调节微动螺丝（12），可使望远镜作微小转动。

5. 读数装置

读数装置是由刻度盘与游标盘组成的，它们都可绕分光计的主轴转动，刻度盘分为360°，最小刻度为30′，小于30′的刻度利用游标读数，在游标盘对径方向设有两个角游标，这是因为读数时，要读出两个游标处的读数值，然后取平均值，这样可以消除刻度盘与游标盘的圆心与仪器主轴的轴心不重合所引起的偏心误差。图23-4表示了分光计存在偏心差的情形，图中的外圆表示刻度盘，其中心在O；内圆表示载物台，其中心在O'，两个游标与载物台固联，并在其直径两端，它们与刻度盘圆弧相接触。通过O'的虚线表示两个游标零线的连线。假定载物台从φ_1转到φ_1'，实际转过的角度为θ，而刻度盘上的读数为φ_1、φ_2和φ_1'、φ_2'，计算得到的转角为$\theta_1 = \varphi_1' - \varphi_1$，$\theta_2 = \varphi_2' - \varphi_2$，根据几何定理有

$$\alpha_1 = \frac{1}{2}\theta_1$$

$$\alpha_2 = \frac{1}{2}\theta_2$$

而　　$\theta = \alpha_1 + \alpha_2$，

故载物台实际转过的角度

$$\theta = \frac{1}{2}(\theta_1 + \theta_2) = \frac{1}{2}\left[(\varphi_1' - \varphi_1) + (\varphi_2' - \varphi_2)\right]$$

也就是由两个相差180°的游标上读出的转角刻度数值的平均值就是圆度盘真正的转角值。所以，使用

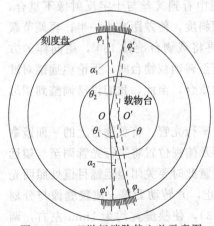

图 23-4　双游标消除偏心差示意图

两个游标的读数装置可以消除偏心差。

【实验内容及步骤】

1. 调整分光计

一台调好的分光计应具备以下条件。

（1）望远镜和平行光管的光轴与分光计中心轴相交且垂直于中心轴线。

（2）平行光管射出的是平行光。

具体调整步骤。

（1）**熟悉结构**　对照分光计的实物与结构图，熟悉分光计各部分的具体构造和调整、使用方法。

（2）**目测粗调**　将望远镜的光轴与平行光管的光轴大致对直，调节望远镜和平行光管的倾角螺丝，使二者大致呈水平，再调节载物台倾斜度螺钉使载物台大致水平，这样，也就使望远镜、平行光管和载物台面大致垂直于分光计中心轴。

（3）**调节望远镜**

（a）接通分光计电源，使照明小灯发光，在目镜中观察双十字叉丝和黑十字，调节目镜与分划板之间的距离，直到双十字叉丝与黑十字最清晰为止。将平面镜放在载物台上，使平面镜的一个反射面与望远镜的光轴大致垂直，松开平台的锁紧螺钉（10）使载物台可以绕分光计的中心轴自由转动，然后，一边从望远镜中观察，一边缓慢地转动载物台，首先沿望远镜的轴线一侧从平台上的平面镜中通过调节望远镜及载物台的倾斜度螺丝找到反射回的光斑，然后再从目镜中观察，一般稍微调节即能找到绿色亮斑，然后调节叉丝与物镜间的距离，使从目镜中能看清一个绿色的十字像。并注意叉丝与十字像之间无视差，并将十字像调至图23-3所示的位置。

（b）调节望远镜光轴与分光计中心轴相垂直，上一步调好之后，将载物台上所放置的平面镜旋转180°，使另一平面对准望远镜，这时从目镜中观察到的绿色十字像也许比上一次调节出的像偏高，也许偏低，也许根本就找不到，因此，就需要认真分析，确定调节方向，切不可盲目乱调。如果从目镜中根本找不到十字的像，就要采用（a）中的方法，使两面都出现绿色十字像。这时，如果两个面的十字像与叉丝不重合，我们就要采用"各半逐次逼近法"进行调节。具体方法是：假设从望远镜中看到叉丝与十字反射像不重合，它们的像在高低方面相差一段距离，则调节望远镜的倾斜度，使差距减小一半；再调节载物台螺丝，消除另一半差距，使叉丝与十字像重合。再将载物台旋转180°，用同样的方法，使另一面十字像与叉丝也重合，如此反复调节，直至转动载物台时，无论望远镜对准平面镜的任何一面，十字像都与双十字叉丝的上边叉丝重合，至此，我们说已调整到望远镜光轴与分光计中心轴相垂直。

（4）**调整平行光管**　我们用已调好的望远镜来调节平行光管。将载物台上的平面镜拿掉，将望远镜转至与平行光管成一条线的位置，从侧面及俯视位置将平行光管调至与望远镜光轴一致，打开狭缝，在望远镜中找到狭缝的像（注意此时要关闭望远镜目镜处照明光源），前后移动狭缝套筒直到看到的狭缝的像最清晰为止，并转动套筒，使狭缝像与分划板上的垂直刻线平行。然后调节狭缝宽度调节螺钉（13），使狭缝宽约为1mm左右，调节平行光管光轴的左右位置与上下位置，使狭缝的像位于中心位置，这时平行光管与望远镜的光轴在同一平面内，并与分光计的中心轴垂直。至此，分光计的调节工作就已完毕，下面就可以进行测量了。

2. 测量三棱镜的顶角 α

测量三棱镜顶角的方法有自准法和反射法两种。

（1）用自准法测三棱镜的顶角

（a）将三棱镜按如图 23－5 所示的方法放置在载物台上，转动平台使 AB 面正对望远镜时，调节载物台的螺丝（注意：此时望远镜已经调好，不能再动，否则就会前功尽弃），达到自准，然后将三棱镜的另一面 AC 对准望远镜，同样调到自准，反复调节，直到转动载物台时由两个侧面反射回来的十字像都与叉丝重合为止。

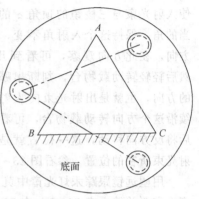

图 23－5　三棱镜的放法

（b）将载物台与游标盘固连，将望远镜与刻度盘固连，转动望远镜，如图 23－6 所示，使棱镜 AB 面反射的十字像与叉丝重合，记下此时两个游标的读数 θ_1、θ_2，然后再转动望远镜，使 AC 面反射的十字像与叉丝重合，记下此时的两个游标读数 θ_1' 和 θ_2'。于是顶角 α 的大小为

$$a = 180° - \varphi = 180° - \frac{1}{2}[(\theta_1' - \theta_1)) + (\theta_2' - \theta_2)]$$

稍微变动棱镜的位置，重复测量多次，求其平均值。

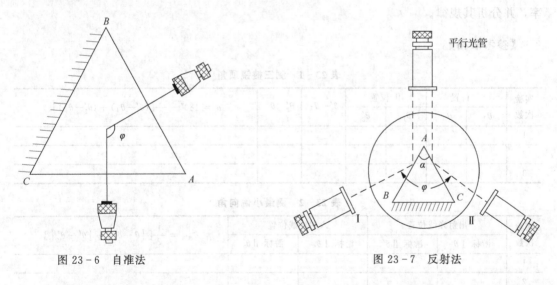

图 23－6　自准法　　　　　　　　　　图 23－7　反射法

（2）用反射法测三棱镜的顶角　如图 23－7 所示，平行光管的狭缝被钠光灯或汞灯照亮，将三棱镜放在载物台上，按方法（1）中的步骤（a）调好，使三棱镜顶角对准平行光管，则平行光管射出的光束照在棱镜的两个折射面上，当望远镜在位置Ⅰ处时，使望远镜的叉丝对准狭缝，两个游标读数为 φ_1 和 φ_1'，再将望远镜转至Ⅱ处时，使望远镜的叉丝对准狭缝，两个游标的读数为 φ_2 和 φ_2'，于是，顶角 α 的大小为

$$\alpha = \frac{\varphi}{2} = \frac{1}{4}[(\varphi_2 - \varphi_1) + (\varphi_2' - \varphi_1')]$$

稍微变动棱镜的位置，重复测量多次，求其平均值。

3. 测量最小偏向角

　　将平行光管正对汞灯的射出窗口，使从平行光管射出的平行光最强而均匀。仍使游标盘与载物台固连，使入射光束与三棱镜的顶角 α 的一个侧面的法线成适当的角，保持这个入射角不变，判断折射光线的出射方向，在此方向观察，可看到几条平行的彩色谱线，然后轻轻转动载物台，判断出哪个方向为偏向角减小的方向，也就是出射光束向入射光束靠近的方向，继续沿这个方向转动载物台，可看到谱线移至某一位置后将反方向移动，这一位置就是光线以最小偏向角出射光束所在的位置。参看图 23-8。

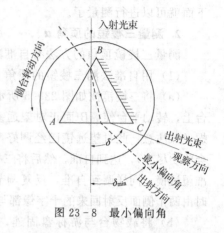

图 23-8　最小偏向角

　　用望远镜跟踪汞灯光谱中黄、绿、蓝、紫几条谱线，记录几条最小偏向角处的游标刻度 θ 和 θ' 并填入表 23-1、表 23-2。移去三棱镜，将望远镜对准平行光管，微调望远镜，使叉丝的竖线对准狭缝的像，在游标上读出两个读数 θ_0 和 θ'_0。代入式

$$\delta_{\min} = \frac{1}{2}\left[|\theta - \theta_0| + |\theta' - \theta'_0|\right]$$

算出最小偏向角，重复测量多次，算出 $\delta_{\min}$ 的平均值。

　　将上面测出的顶角 α 和最小偏向角 $\delta_{\min}$ 代入式（23-6）中，求出不同颜色光的折射率，并分析其规律。

【参考表格】

表 23-1　测三棱镜顶角

实验次数	I 位置		II 位置		$\theta'_1 - \theta_1$	$\theta'_2 - \theta_2$	$\alpha = 180° - \frac{1}{2}\left[(\theta'_1 - \theta_1) + (\theta'_2 - \theta_2)\right]$
	θ_1	θ_2	θ'_1	θ'_2			
1							
2							
3							

表 23-2　测最小偏向角

实验次数	出射光线位置		入射光线位置		$\delta_{\min} = \frac{1}{2}\left[|\theta - \theta_0| + |\theta' - \theta'_0|\right]$
	游标 I θ	游标 II θ'	游标 I θ_0	游标 II θ'_0	
1					
2					
3					

【思考题】

　　1. 本实验三棱镜在载物台上的位置为什么不是任意的？适当的放置应有哪些考虑？

　　2. 对分光计的调整，你能提出什么好方法吗？

　　3. 已调好望远镜光轴垂直于仪器转轴后，小平台的倾斜状况能否再改变？

实验二十四　迈克尔逊干涉仪

迈克尔逊干涉仪是一种著名的经典干涉仪，在物理学史中迈克尔逊干涉仪起过重大作用。最重要的是用它判定了绝对参考系的不存在，从而为狭义相对论的创立奠定了实验基础，迈克尔逊干涉仪是利用分振幅法产生双光束来实现光干涉，它是物理实验中常用的一种精密仪器。历史上曾用它完成了实验基本量之一——长度的标定工作。

【实验目的】

迈克尔逊干涉仪

1. 了解迈克尔逊干涉仪的结构和调节方法。
2. 观察等倾干涉、等厚干涉条纹特点和形成条件。
3. 用迈克尔逊干涉仪测定光波波长。

【仪器和用具】

迈克尔逊干涉仪、He-Ne 激光器、钠光灯、透镜、扩束镜、小孔屏、毛玻璃屏。

【实验原理】

1. 概述

图 24-1 表示迈克尔逊干涉仪的光路图，M_1 和 M_2 为相互垂直放置的两块平面反射镜，M_1 的位置可以前后移动。分光板 G_1 和补偿板 G_2 与 M_1、M_2 成 45°角，G_1 靠近 G_2 的表面镀有半反射金属膜，从光源 S 发出的光束，被分光板 G_1 后表面的半反半透膜分成两束光强近似相等的光束：反射光（1）、透射光（2），因 G_1 与 M_1 和 M_2 均成 45°角，且由于半反半透膜厚度适当，所以（1）和（2）两束光光强度近似相等，（1）光近于垂直地入射到平面镜 M_1 后，经反射沿原路返回，透过 G_1 后到达 O 处。（2）光穿过补偿板 G_2 后近于垂直地入射到平面镜 M_2 上，经反射后也沿原路返回，在 G_1 处经反射后也到达 O 处，由于两束光（1）、（2）是相干光，故在 O 处相遇时会产生干涉。由光路图中可看出，由于补偿板 G_2 的加入，使光束（1）和（2）都三次穿过玻璃介质，又由于 G_1 和 G_2 是采

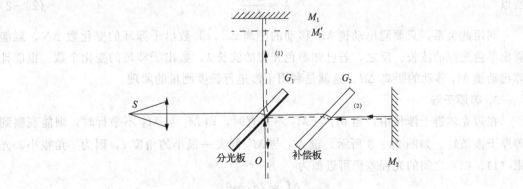

图 24-1　迈克尔逊干涉仪光路图

用完全相同的玻璃，并具有完全相等的厚度，这样，两束光的光程差就和在玻璃中的光程无关了。根据光学原理，由于分光板 G_1 的作用，使 M_2 在 M_1 附近形成一个虚像 M_2'，光从 G_1 到 M_2 然后回到 G_1 的光程，与光从 G_1 到 M_2' 然后又回到 G_1 的光程相等，所以，在讨论两束光干涉时，M_2' 可以等效地代替 M_2。可以认为，在 O 处观察到的干涉图像是由 M_1 与 M_2' 之间的空气层所产生的。当 M_2 和 M_1 严格垂直时，$M_1 \parallel M_2'$，M_1 和 M_2' 之间形成一个等厚的空气薄层，所得的干涉为等倾干涉，当 M_1 和 M_2 不严格垂直时，M_2' 和 M_1 之间形成空气劈尖，这时的干涉为等厚干涉。

2. 等倾干涉

当 M_1 与 M_2' 平面间平行（即 M_1 与 M_2 镜垂直），在扩展的面光源照射下，所有相同入射角 θ 的光经两平面镜反射后，可在观察处 O 看到（1）、（2）的干涉图像为一组同心圆环，如图 24 - 2 所示，此时（1）光与（2）光间光程差为

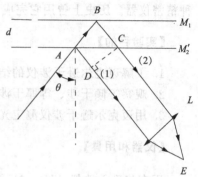

图 24 - 2　等倾干涉光路原理图

$$\Delta L = (\overline{AB} + \overline{BC}) - \overline{AD} = 2d\cos\theta \quad (24-1)$$

上式表示两平面间距离 d 一定时，光程差与倾角值有关，即所有倾角相同的光束具有相同的光程差，它们被聚焦在透镜焦平面处的干涉加强与减弱的情况也相同。所以，我们称此时的干涉条纹为等倾干涉条纹。由式（24 - 1）可看出，当 $\theta = 0°$ 时，$\Delta L = 2d$，此时两相干光束光程差最大，对应的圆心处干涉条纹级次最高，从圆心向外的干涉环级次逐渐降低，这与牛顿环正好相反。迈克尔逊干涉仪中 M_2 镜的位置固定，M_1 镜的位置可以前后移动，M_1 位置的变化，即为 d 的大小发生了变化，由式（24 - 1）可知，随着 d 的变化，干涉条纹的级数也会发生变化，当 d 增加 $\dfrac{\lambda}{2}$ 时，中心条纹将向外涌出一个，反之，当 d 减小时，干涉环会一个个向中心"缩"进去，每"缩"一级条纹，d 减小 $\dfrac{\lambda}{2}$。若观察到了 ΔN 个干涉环的变化，而 M_1 与 M_2' 的距离变化了 Δd，则有

$$\Delta d = \Delta N \cdot \frac{\lambda}{2}$$

所以

$$\lambda = \frac{2\Delta d}{\Delta N} \qquad\qquad\qquad (24-2)$$

利用此关系，只要测出动镜 M_1 移动的距离 Δd，并数出干涉环的变化数 ΔN，就能算出单色光源的波长。反之，若已知单色光源的波长 λ，数出干涉环的变化个数，也能计算出动镜 M_1 移动的距离 Δd，这就是利用干涉进行长度测量的原理。

3. 等厚干涉

在迈克尔逊干涉仪中，当 M_1 与 M_2 不垂直时，即 M_1 与 M_2' 不平行时，则能观察到等厚干涉条纹。如图 24 - 3 所示，设 M_1 与 M_2' 间夹一很小的角度 i，因为 i 角很小，光束（1）、（2）之间的光程差仍可近似为

$$\Delta L = 2d\cos\theta$$

其中 d 为观察点 B 处空气层的厚度，θ 为入射角。在 M_1 与 M_2' 的相交处，$d = 0$，应

出现直线条纹，称为中央条纹。在中央条纹附近因为视角 θ 很小，式 $\Delta L=2d\cos\theta$ 中的 $\cos\theta$ 可展为幂级数的形式。即

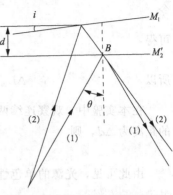

$$\Delta L=2d\left(1-\frac{\theta^2}{2!}+\frac{\theta^4}{4!}-\frac{\theta^6}{6!}+\cdots\right)\approx 2d$$

所以，光程差 ΔL 的变化主要决定于 d 的变化，$\cos\theta$ 项影响很小，可以忽略不计。因此在空气楔上厚度相同的地方有相同的光程差，所以，我们在中央条纹的附近，可以观察到与中央条纹大体平行的干涉条纹。当 d 变大时，入射角 θ 的变化对光程差带来的影响就不能忽略，此时将引起干涉条纹的弯曲，当 θ 增大，$\cos\theta$ 便要减小，要保持

图 24-3　等厚干涉光路原理图

相同的光程差，d 必须也要增加，所以，干涉条纹是两端弯向厚度增加的方向，而凸向厚度减少的方向，也就是凸向中央条纹的方向。

4. 时间相干性问题

时间相干性是光源相干程度的一种描述。迈克尔逊干涉仪是观测光源时间相干性的典型仪器。

为简单起见，我们只讨论入射角 $\theta=0°$ 的情形，因为 $\Delta L=2d$，我们设当 d 增大到 d' 时将不可能出现干涉现象，我们称此时能够产生干涉效应的最大光程差 ΔL_m 为该光源的相干长度，而光束通过这段光程所需要的时间称 Δt_m 为相干时间。显然有

$$\Delta t_m=\frac{\Delta L_m}{c}\qquad\qquad(24-3)$$

其中，c 为光波的速度。

为什么当相干长度大于 ΔL_m 时，光束就不会发生干涉了呢？对此，我们有两种解释，一种是：光源发光的微观过程是断续的，实际光源发射的光波大多是原子发光，被激原子从高能态跃迁到低能态时，总有一定的时间，这就决定了光源发射的光波的波列不可能无限长，当波列的长度比相干长度小时，入射至干涉仪被分光板分割成光束（1）和光束（2）两部分。当光束（2）已全部通过干涉区的被观察点，而光束（1）尚未到达该点，因此，它们之间不能发生干涉。所以相干长度同时也表征了波列的长度。另一种解释是：实际光源发射的单色光波不是绝对的单色光，而是有一个波长范围的，假定光波的中心波长为 λ_0，谱线宽度为 $\Delta\lambda$，即光波实际上是由 $\lambda_0-\frac{\Delta\lambda}{2}$ 到 $\lambda_0+\frac{\Delta\lambda}{2}$ 之间所有的光波组成。发生干涉时，每一种成分的单色光波都对应一套干涉图像。我们以只有两种成分的双波长单色光（如钠黄光）为例可以说明，只有在光程差 $\Delta L=0$ 时，干涉条纹的分布与 λ 的大小无关，随着 d 的增加，$\lambda_0+\frac{\Delta\lambda}{2}$ 和 $\lambda_0-\frac{\Delta\lambda}{2}$ 两套干涉条纹逐渐错开，当 d 增大到 $d+\Delta d$ 时，二者错开了一个条纹的宽度，即 $\lambda_0+\frac{\Delta\lambda}{2}$ 的亮条纹落到了 $\lambda_0-\frac{\Delta\lambda}{2}$ 的暗条纹的位置上，干涉条纹完全消失。对于两列波，它们的光程差

$$\Delta L=(k+1)\left(\lambda_0-\frac{\Delta\lambda}{2}\right)-k\left(\lambda_0+\frac{\Delta\lambda}{2}\right)=\lambda_0-\frac{\Delta\lambda}{2}-k\,\Delta\lambda$$

令
$$\Delta L = 0$$

可得
$$k \approx \frac{\lambda_0}{\Delta\lambda}$$

所以
$$\Delta L_m = k\left(\lambda_0 + \frac{\Delta\lambda}{2}\right) = k\lambda_0 + k\frac{\Delta\lambda}{2} \approx \frac{\lambda_0^2}{\Delta\lambda} \tag{24-4}$$

在本实验中，观察连续两次视见度为零（即干涉条纹完全消失）时，动镜 M_1 所移动的距离为 Δd，则

$$\Delta L_m = 2\Delta d$$

由此可见，光源的单色性越好，$\Delta\lambda$ 越小，相干长度就越长，相应的相干时间为

$$\Delta t_m = \frac{\lambda_0^2}{c\Delta\lambda} \tag{24-5}$$

所以，上述的两种解释方法是一致的。

氦-氖激光器所发射的激光单色性很好，对 6328Å 的谱线，$\Delta\lambda$ 只有 $10^{-3} \sim 10^{-6}$Å，故相干长度可达几米至几千米，而普通的钠光灯、水银灯 $\Delta\lambda$ 约为零点几埃，相干长度只有一两个厘米。

【装置介绍】

如图 24-4 所示，是迈克尔逊干涉仪的结构图，M_1 通过蜗轮蜗杆传动系统，可在精

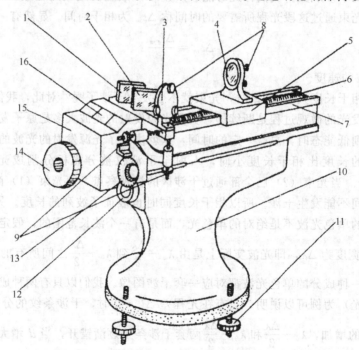

图 24-4 迈克尔逊干涉仪结构图

1—分光板；2—补偿板；3—固定反射镜 M_2；4—移动反射镜 M_1；5—滑板；6—精密丝杆；

7—导轨；8—反射镜调节螺丝；9—固定反射镜水平拉簧螺丝和垂直拉簧螺丝；

10—底座；11—底座水平调节螺丝；12—观察支撑杆插孔；13—微调鼓轮；

14—粗调鼓轮；15—转动体；16—观察屏或读数窗

密导轨上前后移动，用以改变两光束间的光程差，M_1、M_2 的背面各有 3 个螺钉，用来调节 M_1、M_2 平面的倾度。各螺钉的调节范围是有限的，螺钉过松，移动时倾角会发生变化；如果螺钉过紧会使镜片产生形变，所以，在调节时要仔细认真。M_2 的镜架上还有两个相互垂直的微调螺丝，用于精密调节 M_2 的方位角。

使用迈克尔逊干涉仪须知。

1. 必须首先了解仪器的调整和使用方法之后才可动手操作。

2. 光学玻璃元件的表面，如分光板、补偿板，以及反射镜的光学表面绝对不许用手触摸，也不要自己用擦镜纸擦拭。

3. 迈克尔逊干涉仪各调整控制机构都是比较精密的，在调整和测量的时候动作要稳、手要轻、缓，均匀地转动调节手轮，严防盲目乱调。

4. 由于采用了蜗轮杆传动系统，为防止因螺距差引入的测量误差，每次测量必须按同一方向转动调节手轮，不能中途反转。

【实验内容及步骤】

1. 调整迈克尔逊干涉仪

（1）调节光源高度及位置，使光源有较强而均匀的光入射到分光板上，转动干涉仪粗调手轮，使 M_1 和 M_2 两镜距分光板 G_1 的中心大致相等。

（2）在光源与 G_1 之间加入小孔屏，使光束从小孔通过，调节 M_2 后面的 3 个螺丝，使从 M_1 反射回来的小孔像也与小孔重合，这时 M_1 与 M_2 基本上相互垂直，也就是 M_2' 与 M_1 近似于平行了。

2. 观察等倾干涉条纹并测钠光波长

（1）去掉小孔屏，用一短焦距的扩束镜代替，这样，就会有较大的光束入射到 M_1 和 M_2 的镜面上，只要上述调节做得比较成功，就可在 O 处的毛玻璃屏上看到等倾干涉条纹，如果看不到或干涉条纹较模糊，可以稍微转动一下粗调手轮，移动一下 M_1 的位置，干涉条纹就会出现。

（2）仔细调节 M_2 镜下的固定反射镜水平拉簧螺丝和垂直拉簧螺丝，使干涉条纹位于视场中央，使视场中心出现清晰的明暗相间的干涉同心圆。然后，旋转微动手轮，观察干涉环的"冒""缩"现象。

（3）将钠光灯作为光源，选定干涉环最为清晰的区域，调整仪器的零点，旋转微动手轮，旋转方向应与调零点时的旋转方向相同，每"冒出"或"缩进"30 个干涉环记录一次 M_1 镜的位置，连续记录 6 次，根据式（24 - 2），用逐差法求出钠光的波长，并与标准值进行比较。

3. 观察等厚干涉条纹

（1）稍微调节 M_2 镜背后的 1 个螺丝与 2 个微动螺丝，使 M_2 与 M_1 之间形成一个很小的角度，这时，在毛玻璃屏上能观察到等厚干涉条纹。

（2）观察干涉条纹的形状并进行分析，转动微调鼓轮使 M_1 移动，观察干涉条纹的变化，并加以记录。

4. 观察和测量光源的相干长度

利用钠光灯作为光源，根据 2 中步骤调节出其等倾干涉条纹，测出 ΔL_m，用式

（24-4）计算出 $\Delta\lambda$，用式（24-3）计算出 Δt_m。

【参考表格】

表 24-1　测激光波长

干涉环变化数 N_1		0	30	60
M_1 镜的位置 d_1（m）				
干涉环变化数 N_2		90	120	150
M_1 镜的位置 d_2（m）				
$\Delta N = N_2 - N_1$		90	90	90
$\Delta d = |d_2 - d_1|$（m）				
$\lambda = \dfrac{2\Delta d}{\Delta N}$（m）				
$\bar{\lambda}$（Å）				

标准值：$\lambda_0 = 6328\text{Å}$　　　相对误差：$\dfrac{|\bar{\lambda} - \lambda_0|}{\lambda_0} = $ _____％

【思考题】

1. 等倾干涉条纹与牛顿环的干涉条纹有什么区别与相似之处？
2. 试总结迈克尔逊干涉仪的调整要点及规律。
3. 实验中如何利用迈克尔逊干涉仪测量光的波长？

实验二十五　单缝衍射光强的测定

　　光波的波振面受到阻碍时，光绕过障碍物偏离直线而进入几何阴影区，并在屏幕上出现光强不均匀分布的现象，叫作光的衍射。研究光的衍射不仅有助于进一步加深对光的波动性的理解，同时还有助于进一步学习近代光学实验技术，如光谱分析、晶体结构分析、全息照相、光信息处理等。衍射使光强在空间重新分布，利用硅光电池等光电器件测量光强的相对分布是一种常用的光强分布测量方法。

【实验目的】

1. 观察单缝衍射现象，加深对衍射理论的理解。
2. 会用光电元件测量单缝衍射的相对光强分布，掌握其分布规律。
3. 学会用衍射法测量微小量。

单缝衍射光强的测定

【仪器和用具】

　　激光器、单缝（多功能板）、光电接收器、光功率计等，如图 25-1 所示。

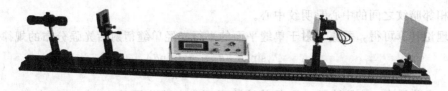

图 25-1 实验仪器

【实验原理】

1. 单缝衍射的光强分布

当光在传播过程中经过障碍物，如不透明物体的边缘、小孔、细线、狭缝等时，一部分光会传播到几何阴影中去，产生衍射现象。如果障碍物的尺寸与波长相近，那么，这样的衍射现象就比较容易观察到。

单缝衍射有两种。一种是菲涅耳衍射（Fresnel diffraction），单缝距光源和接收屏均为有限远或者说入射波和衍射波都是球面波；另一种是夫琅和费衍射（Fraunhofer diffraction），单缝距光源和接收屏均为无限远或相当于无限远，即入射波和衍射波都可看作是平面波。

激光器产生激光束，通过一条很细的狭缝（0.1~0.3mm 宽），在狭缝后大于 0.5m 的地方放上观察屏，就可看到衍射条纹，它实际上就是夫琅和费衍射条纹，如图 25-2 所示。

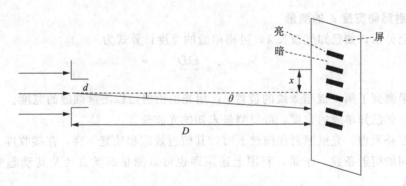

图 25-2 实验原理图

当激光照射在单缝上时，根据惠更斯—菲涅耳原理［Huygens-Fresnel principle］，单缝上每一点都可看成是向各个方向发射球面子波的新波源。由于子波迭加的结果，在屏上可以得到一组平行于单缝的明暗相间的条纹。

激光的方向性极强，可视为平行光束；宽度为 d 的单缝产生的夫琅和费衍射图样其衍射光路图满足近似条件：

$$D \gg d \qquad \sin\theta \approx \theta \approx \frac{x}{D}$$

产生暗条纹的条件是

$$d\sin\theta = k\lambda(k = \pm 1,\ \pm 2,\ \pm 3,\ \cdots) \qquad (25-1)$$

暗条纹的中心位置为

$$x = k\frac{D\lambda}{d} \qquad (25-2)$$

两相邻暗纹之间的中心是明纹中心。

由理论计算可得，垂直入射于单缝平面的平行光经单缝衍射后光强分布的规律为

$$I = I_0 \frac{\sin^2\beta}{\beta^2} \quad \left(\beta = \frac{\pi d \sin\theta}{\lambda}\right) \tag{25-3}$$

式中，d 是狭缝宽，λ 是波长，D 是单缝位置到光电池位置的距离，x 是从衍射条纹的中心位置到测量点之间的距离，其光强分布如图 25-3 所示。

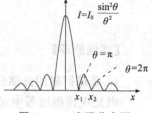

图 25-3 光强分布图

当 θ 相同，即 x 相同时，光强相同，所以在屏上得到的光强相同的图样是平行于狭缝的条纹。当 $\theta = 0$ 时，$x = 0$，$I = I_0$，在整个衍射图样中，此处光强最强，称为中央主极大；中央明纹最亮、最宽，它的宽度为其他各级明纹宽度的两倍。

当 $\theta = k\pi$（$k = \pm1, \pm2, \cdots$），即 $\theta = k\lambda D/d$ 时，$I = 0$ 在这些地方为暗条纹。暗条纹以光轴为对称轴，呈等间隔、左右对称的分布。中央亮条纹的宽度 Δx 可用 $k = \pm1$ 的两条暗条纹间的间距确定，$\Delta x = 2\lambda D/d$；某一级暗条纹的位置与缝宽 d 成反比，d 大，x 小，各级衍射条纹向中央收缩；当宽到一定程度，衍射现象便不再明显，只能看到中央位置有一条亮线，这时可以认为光线是沿几何直线传播的。

次极大明纹与中央明纹的相对光强分别为：

$$\frac{I}{I_0} = 0.047,\ 0.017,\ 0.008,\ \cdots\cdots \tag{25-4}$$

2. 衍射障碍宽度 d 的测量

由以上分析，如已知光波长 λ，可得单缝的宽度计算式为

$$d = \frac{k\lambda D}{x} \tag{25-5}$$

因此，如果测到了第 k 级暗条纹的位置 x，用光的衍射可以测量细缝的宽度。

同理，如已知单缝的宽度，可以测量未知的光波长。

根据互补原理，光束照射在细丝上时，其衍射效应和狭缝一样，在接收屏上得到同样的明暗相间的衍射条纹。于是，利用上述原理也可以测量细丝直径及其动态变化。如图 25-4 所示。

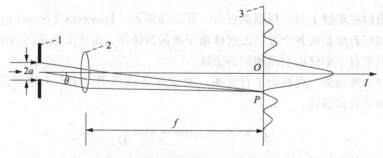

图 25-4 障碍宽度 d 的测量原理

3. 光电检测

光的衍射现象是光的波动性的一种表现。研究光的衍射现象不仅有助于加深对光本质

的理解，而且能为进一步学好近代光学技术打下基础。衍射使光强在空间重新分布，利用光电元件测量光强的相对变化，是测量光强的方法之一，也是光学精密测量的常用方法，如图 25-5 所示的实验装置。

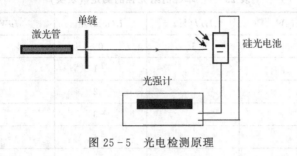

图 25-5 光电检测原理

【实验内容与步骤】

1. 单缝衍射光强分布图形的观察及单缝宽度的测量

（1）按图 25-6 组合实验仪器，开启激光电源，预热。

（2）将单缝（多功能板）靠近激光器的激光管管口 20cm 左右，选择合适的缝宽，并照亮狭缝。

（3）在硅光电池处，先用白屏进行观察，调节单缝倾斜度及左右位置，使衍射花样水平，两边对称。然后改变缝宽，观察花样变化规律。

（4）移开白屏，在屏处放上硅光电池盒及移动装置。

（5）测量单缝到光电池之间的距离 D。

（6）调节单缝宽度，至少使衍射花样左右对称 3 个暗点位置处在硅光电池盒移动范围内。

（7）以中央主极大中心处为零坐标，开始左右两端的测量，每经过 0.1cm，测一点光强，一直测到 2～3 个暗点位置，如图 25-7 所示。

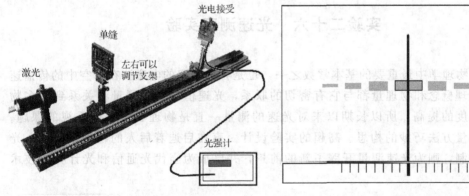

图 25-6 实验仪器组合　　　　　图 25-7 光强测量

2. 数据处理及记录

（1）以中央最大光强处为 x 轴坐标原点，把测得的数据归一化处理。即把在不同位置上测得的光强数除以中央最大的光强数，I/I_0 求出百分数，然后在毫米方格（坐标）纸上做出 I/I_0-x 光强分布曲线。

（2）根据暗条纹的位置，用式（25-5）或 $\Delta x = 2\lambda D/d$，分别计算出单缝的宽度 d，然后求其平均值，求出百分误差。

表 25-1　单缝衍射光强的测定（表头）

L（mm）右	$I\mu W$	I_i/I（%）	L（mm）左	$I\mu W$	I_i/I（%）
0		1	0		1
1			−1		
2			−2		
3			−3		
4			−4		
5			−5		
6			−6		
7			−7		
8			−8		
9			−9		
10			−10		
11			−11		
12			−12		
13			−13		
14			−14		
15			−15		
16			−16		

实验二十六　光速测定实验

　　光速是物理学中最重要的基本常数之一，也是各种频率的电磁波在真空中的传播速度，许多物理概念和物理量都与它有密切的联系，光速值的精确测量将关系到许多物理量值精确度的提高，所以长期以来对光速的测量一直是物理学家十分重视的课题。许多光速测量方法巧妙的构思、高超的实验设计一直在启迪着后人的物理学研究。光的偏转和调制，则为光速测量开辟了新的前景，并已成为当代光通信和光计算机技术的课题。

【实验目的】

1. 掌握相位法测量光的传播速度。
2. 了解调制和差频技术。
3. 熟悉和掌握数字存储示波器的使用。

光速测定实验

【仪器和用具】

DHLV‑2 光速测定仪、UTD2102CEX 数字存储示波器。

【实验原理】

采用频率为 f 的正弦型调制波，调制波长为 $0.65\mu m$ 的载波的强度，调制波在传播过程中其位相是以 2π 为周期变化的，表达式为：

$$I = I_0 + \Delta I_0 \cdot \cos 2\pi \cdot f\left(t - \frac{x}{c}\right) \tag{26-1}$$

如光接收器和发射器的距离为 Δs，则光的传播延时为 $\Delta t = \dfrac{\Delta s}{c}$，其中 c 为光速。在 Δs 的距离上产生的相位差为 $\Delta\phi = 2\pi \cdot f \cdot \Delta t = 2\pi \cdot \dfrac{\Delta t}{T}$。

被光电检测器接收后变为电信号，该电信号被滤除直流后可表示为：

$$U = a \cdot \cos(2\pi \cdot f \cdot t - \Delta\phi) \tag{26-2}$$

可得光速：

$$c = \frac{\Delta s}{\Delta\phi} \cdot 2\pi \cdot f \tag{26-3}$$

如果光的调制频率非常高，在短的传播距离 Δs 内也会产生大的相位差 $\Delta\phi$。如果光的调制频率 $f = 60.000\text{MHz}$，当 $\Delta s = 5\text{m}$ 时，就会使光信号的相位移达到一个周期 $\Delta\phi = 2\pi$。然而高频信号的测量和显示是非常不方便的，普通的教学示波器不能用于高频信号的相位差测量。

设在接收端还有一个高频信号 $f' = 59.900\text{MHz}$ 作为参考信号，表示为：

$$U' = a' \cdot \cos(2\pi \cdot f' \cdot t) \tag{26-4}$$

将 U 和 U' 相乘得到：

$$U \cdot U' = [a \cdot \cos(2\pi \cdot f \cdot t - \Delta\phi)] \cdot [a' \cdot \cos(2\pi \cdot f' \cdot t)]$$

$$= \frac{1}{2}aa'\cos[2\pi \cdot (f - f') \cdot t - \Delta\phi] + \frac{1}{2}aa'\cos[2\pi \cdot (f + f') \cdot t - \Delta\phi]$$

可见经乘法器后将得到和频 $f + f' = 60.000 + 59.900 = 119.000\text{MHz}$ 及差频 $f_1 = f - f' = 60.000 - 59.900 = 100\text{KHz}$ 的混合信号。将该混合信号通过一个中心频率为 100KHz、带宽为 10KHz 的滤波器后，和频信号将被滤除，差频信号将保留。上式将变为：

$$U_1 = a_1 \cdot \cos(2\pi \cdot f_1 \cdot t - \Delta\phi)$$

该信号频率仅为 100KHz，很容易被低频示波器观测到。此式中 $\Delta\phi$ 没有被改变，与式（26-2）相同，$\Delta\phi$ 与信号 f_1 的传播时间 Δt_1 相关，Δt_1 可以从示波器上观测到。设 f_1 的周期为 T_1，则：

$$\Delta\phi = 2\pi \cdot f_1 \cdot \Delta t_1 = 2\pi \cdot \frac{\Delta t_1}{T_1} \tag{26-5}$$

将式（26-5）带入式（26-3）得光速：

$$c = \frac{\Delta s}{\Delta t_1} \cdot T_1 \cdot f \tag{26-6}$$

根据上面的条件：$T_1 = \dfrac{1}{100\text{kHz}} = 10\mu s$，$f = 60.000\text{MHz}$。测得 Δs，Δt_1 即可由式（26 -6）计算出光速。

使用比较法测量光在非空气介质中的传播速度，如图 26-1 所示。

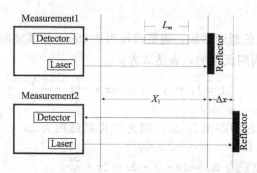

图 26-1　比较法测量光在不同介质中传播速度

在光路中加入玻璃或水等介质（长度为 L_m）进行第一次测量，总光程为 L_1，传播时间为 t_1，反光棱镜位置为 x_1；第二次测量时，将介质拿掉，信号的相位会发生变化，移动反光棱镜到位置 x_2 处（即移动距离为 $\Delta x = x_2 - x_1$），使测量信号相位回到第一次测量的位置，即使光的传播时间和第一次相同为 t_1，此时总光程为 $L_1 + 2\Delta x$；由此可以得出光在空气中传播距离 $L_m + 2\Delta x$ 和在介质中传播距离 L_m 所需时间相同。

由上述可以得出介质的折射率：

$$n_m = \frac{2\Delta x + L_m}{L_m} \tag{26-7}$$

因此介质中的光速为：

$$c_m = \frac{c}{n_m} \tag{26-8}$$

【装置介绍】

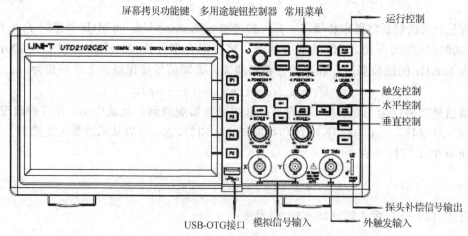

图 26-2　UTD2102CEX 数字示波器的面板

用示波器观察相关波形和测量相关参数

按下示波器面板上自动设置按钮"auto"，在示波器上显示出稳定的波形，并调节垂直方向的灵敏度（Vertical）和水平方向（Horizontal）的扫描旋钮，使波形大小适中。

测量波形的电压和时间参数：按"measure"，测量频率、Vpp、周期等。

1. 应用 Cursor 光标功能进行时间差测量

（1）按下"cursor"按键以显示光标测量菜单。

（2）按下"F1"键菜单操作键设置光标类型为时间。

（3）旋转多用途旋钮控制器"multi purpose"将光标 1 置于需要计时的起点处，按下"select"，使光标 2 被选中。

（4）然后再旋转多用途旋钮控制器，将光标 2 置于需要计时的终点处，光标菜单中则自动显示 ΔT 值，即该两点的时间差。

（5）按下"cursor"，选择关闭光标。

2. 用示波器观察李萨如图形

（1）按下"display"按键出现显示菜单。

（2）按下"F2"键将格式改为"X-Y"，在示波器上显示李萨如图形，调节两信号垂直方向的灵敏度（Vertical），使图形大小适中。

（3）通过设置采样方式减少显示噪声。如果被测信号上叠加了随机噪声，导致波形过粗或有毛刺。可以应用平均采样方式，去除随机噪声的显示，使波形变细或光滑，便于观察和测量。具体操作是：按面板菜单区域采样"acquire"按钮，显示采样设置菜单。按"F1"键菜单操作键设置获取方式为平均状态，然后按多用途键调整平均次数。

（4）用示波器观察两信号运算结果。按下"math"键出现显示菜单，选择需要运算的算符，及出现运算结果。

【实验内容及步骤】

实验装置如图 26-3 和图 26-4 所示。

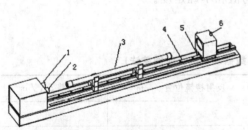

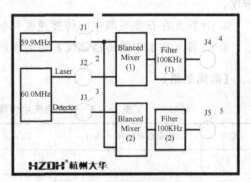

图 26-3　光速测定仪测试架

1—激光发射装置；2—光电探测装置；3—水或石英
玻璃装置；4—直线导轨；5—滑块及反射棱镜；
6—棱镜调节螺杆

图 26-4　光速测定仪面板图

1—J1：59.9MHz 参考频率信号输出；2—J2：60MHz 调制
频率信号输出；3—J3：60MHz 光电接收信号输出；4—J4：
100kHz 参考信号输出；5—J5：100kHz 测量信号输出

1. 熟悉数字示波器主要旋钮的功能

观测光速测定仪面板图中各输出端口的信号。观测光速测定仪面板图中 J1 和 J2 信号的乘积，了解调制和差频技术。

2. 测量光在空气中的传播速度 c_a

（1）参考信号输出 J4 接示波器通道 1，测量信号输出 J5 接示波器通道 2。

（2）示波器设置：触发信号设置为 CH1。

（3）光路调节：棱镜全程滑动时，反射光完全射入接收端，从示波器上观察测量信号，全程幅度变化小于 1V。一般情况调节棱镜仰角便可将光路调合适。

（4）建议用频率计测量参考信号和测量信号的频率，因为晶振是有误差的，得到的 100K 信号往往有近 1‰ 的误差，这样的话用实测频率就会减小测量误差。

（5）用测量时间差法测空气中光速：通过移动滑块及反射棱镜的位置，用示波器测量相应测量信号与参考信号的时间差，改变滑块及反射棱镜的位置重复测量 6 次，测量结果记入表 26 - 1。

（6）用测量相位差法测空气中光速：通过移动滑块及反射棱镜的位置，测量相应测量信号与参考信号的相位差，测量 6 次取平均，测量结果记入表 26 - 2。

3. 测量光在水和石英玻璃中的光速

（1）将待测样品水和石英玻璃棒分别安放在测试架上，样品放在激光返回的光路上，尽可能靠近光电探测装置，移动滑块及反射棱镜至靠近待测样品，记下当前参考信号和测量信号的时间差 Δt_1，记下滑块及反射棱镜的位置 x_1。重复测量 6 次。

（2）将待测样品取下，滑动滑块及反射棱镜使得参考信号和测量信号的时间差等于步骤（1）中的 Δt_1，记下滑块及反射棱镜的位置 x_2。重复测量 6 次。

【数据处理与分析】

1. 用测量时间差法测空气中光速：用图解法计算光在空气中的传播速度 c_a。并与公认值 $c_0 = 2.9979 \times 10^8 \, \text{m/s}$ 比较，计算百分误差。

2. 用测量相位差法测空气中光速：用式（26 - 3）计算在空气中光速的平均值和不确定度。

3. 计算光在石英玻璃中的传播速度和折射率的平均值和不确定度。

4. 计算光在水中的传播速度和折射率的平均值和不确定度。

【数据表格】

表 26 - 1　光在空气中传播速度数据表（测量时间差法）

编号	测量信号频率 f/kHz	$T_1/\mu\text{s}$	反射棱镜位置 x/cm	时间差 $\Delta t_1/\mu\text{s}$
1				
2				
3				
4				
5				
6				

表 26-2　光在空气中传播速度数据表（测量相位差法）

编号	相位差为 0°时反射棱镜位置/cm	相位差为 90°时反射棱镜位置/cm
1		
2		
3		
4		
5		
6		

表 26-3　光在石英玻璃（或水）中传播速度数据表

编号	测试样品长度 L_m/cm	反射棱镜的位置 x_1/cm	反射棱镜的位置 x_2/cm
1			
2			
3			
4			
5			
6			

实验二十七　光的双棱镜干涉

自从 1801 年英国科学家杨氏（T. Young）用双缝做了光的干涉实验后，光的波动说开始为许多学者接受，但仍有不少反对意见。有人认为杨氏条纹不是干涉所致，而是双缝的边缘效应，二十多年后，法国科学家菲涅耳（Augustin J. Fresnel，1788—1827）做了几个新实验，令人信服地证明了光的干涉现象的存在，这些新实验之一就是他在 1826 年进行的双棱镜实验。它不借助光的衍射而形成分波面干涉，用毫米级的测量得到纳米级的精度，其物理思想、实验方法与测量技巧至今仍然值得我们学习。

【实验目的】

1. 了解双棱镜的干涉原理，用双棱镜测定激光波长。
2. 学习光路调节及测微目镜的使用。

光的双棱镜干涉

【仪器和用具】

激光器，双棱镜、凸透镜、扩束透镜、测微目镜、光具座等。

【实验原理】

1. 双棱镜干涉原理

由杨氏双缝干涉实验可知，当单色光通过两个靠得很近的对称的狭缝时，波阵面被分割，每一狭缝作为一新的波源，它们是同相位的、振动方向相同的、频率相同的相干波源，在传播过程中相遇，就会产生干涉图样。如图 27-1 所示。

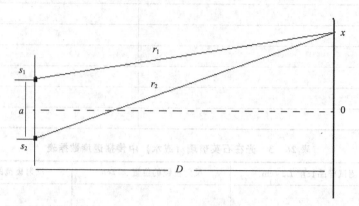

图 27-1　双缝干涉原理

由图 27-1 可知：$r_1^2 = D^2 + \left(x - \dfrac{a}{2}\right)^2$　　$r_2^2 = D^2 + \left(x + \dfrac{a}{2}\right)^2$

两式相减得：

$$(r_2 + r_1)(r_2 - r_1) = 2ax \tag{27-1}$$

因为 a 很小，所以 $a \ll D$，x 也很小，因此可以得出：

$$r_1 + r_2 \approx 2D \tag{27-2}$$

从式（27-1）、式（27-2）可以求出，光程差 δ 为：

$$\delta = r_2 - r_1 = \frac{ax}{D} \tag{27-3}$$

由光的干涉原理可知，当光程差满足入射光波波长的整数倍时，干涉加强，有最大亮度，因此 x 满足下式各点：

$$x = \frac{k\lambda D}{a} \quad k = \pm 1,\ \pm 2\cdots\cdots \tag{27-4}$$

时亮度皆为最大。

当光程差满足入射光波长奇数倍的半波长时，干涉减弱即最暗点的 x 满足：

$$x = \frac{1}{2a}(2k + 1)D\lambda \quad k = \pm 1,\ \pm 2\cdots\cdots \tag{27-5}$$

从式（27-4），式（27-5）两式可以求出相邻明纹或暗纹之间的距离 $\Delta x = \dfrac{D\lambda}{a}$ 变换算式，波长等于：

$$\lambda = \frac{a}{D}\Delta x \tag{27-6}$$

本实验就是利用双棱镜折射的方法获得相干光的。S_1 和 S_2 是 S 因折射产生的两个虚像，它们相当于杨氏实验的两个狭缝，可以作为虚光源，若测出两虚光源间的距离 a，光源（即被照亮的狭缝）到屏的距离 D，干涉条纹的间距 Δx，即可求出所用光的波长。

2. 测微目镜

测量干涉条纹宽度的仪器是测微目镜，其结构与读数方法如图 27-2 所示。测微目镜手轮旋转一周，目镜视场内刻度尺移动 1mm，手轮上刻度的最小分度值为 0.01mm。图中所示的读数为 6.520mm。

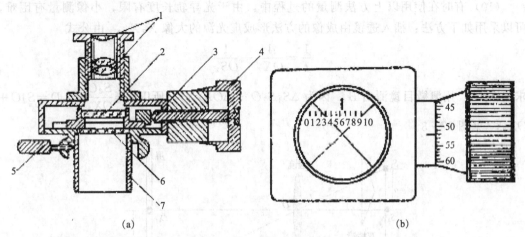

(a)　　　　　　　　　　　　　　　　　　　　(b)

图 27-2　测微目镜结构

1—复合目镜；2—分划板；3—螺杆；4—读数鼓轮；5—接管固定螺钉；6—防尘玻璃；7—接管

【实验内容与步骤】

1. 实验步骤

（1）将扩束透镜、双棱镜、屏或毛玻璃放置在光具座上，用目测法调整它们的中心等高，并使它们在平行于光具座的同一直线上，而且棱镜底边应垂直于此直线。注意：因为该实验要用透镜二次成象法测量两虚光源的距离，所以应保持双棱镜与屏的距离 $D > 4f$透镜焦距。（$f = 100$ 或 150mm）

（2）开启激光，调节双棱镜，使射出的光束能对称地照亮双棱镜棱脊（钝角棱）的两侧。

（3）调节双棱镜与激光之间的距离，使目镜中呈现清晰的干涉条纹，又使视场有足够亮度为准。

（4）若条纹数目甚少，可增加双棱镜与光源间距离，若条纹太细，可增加测微目镜与双棱镜间距离，直至能在毛玻璃观察到干涉条纹，且每条宽度适当，条纹清晰可数为止。

（5）测量中必须注意：不要用眼直接目视激光，应使用深颜色的减光玻璃，调节测微目镜观察玻璃上的干涉条纹直到清晰才进行测量。

（6）用测微目镜测量干涉条纹的间距 Δx。依次记录每一明条纹在测微尺上的位置，用逐差法计算 Δx，并纪录。

（7）保持双棱镜不动，在棱镜和测微目镜间放上成象凸透镜。前后两次移动凸透镜，理论上光源成一次放大，一次缩小的 S_1 和 S_2 两个清晰的实像。

（8）如图 27-3 所示，用测微目镜测出两光源 S_1、S_2 实像的距离 a_1、a_2，则 $a = \sqrt{a_1 \cdot a_2}$，记下此时双棱镜和玻璃屏在光具座上的位置，计算出 D 值并修正。方法：D值的测量可以由透镜二次成像的原理求出，先从两次成像的过程中，得到两次成像之透镜位置距离 L，然后求解 D。

（9）将测量数据填入数据表格中，根据公式计算激光波长，通过误差传递计算相对误差、绝对误差，表示出测量结果。

（10）有时在使用以上方法测量的过程中，由于光导轨长度有限，小像测量有困难，可以采用如下方法：插入透镜由成像的方法形成虚光源的大像 X_1X_2，由公式

$$\frac{1}{f} = \frac{1}{OX_2} + \frac{1}{OS_2}$$

求出 S_2O，用测微目镜测出 B。因为 $\Delta S_1S_2O \sim \Delta OX_1X_2$，所以 $a = \frac{S_2O}{OX_2}B$，$D = S_2O + OX_2$，见图 27 - 3。

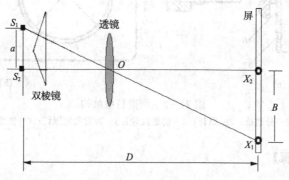

图 27 - 3　双棱镜成像

2. 数据处理

$f = $ ＿＿＿＿＿ mm　$B = $ ＿＿＿＿＿ mm　$D = $ ＿＿＿＿＿ mm　$OS_2 = $ ＿＿＿＿＿ mm

$OX_2 = $ ＿＿＿＿＿ mm　$a = $ ＿＿＿＿＿ mm

表 27 - 1　Δx 数据表格

条纹数	1	2	3	4	5
x (mm)					
条纹数	6	7	8	9	10
x (mm)					
逐差 (mm) $\Delta x = x_{n+5} - x_n$					
$\overline{\Delta x} = \dfrac{\sum \Delta x}{5}$					

$$\Delta(\Delta x) = \sqrt{\frac{\sum(\overline{\Delta x} - \Delta x_i)_2}{4}} = \underline{\qquad\qquad}$$

$$\lambda_{测} = \frac{a}{D}\Delta x = \underline{\qquad\qquad}$$

$$\frac{\Delta\lambda}{\lambda} = \frac{\Delta a}{a} + \frac{\Delta D}{D} + \frac{\Delta(\Delta x)}{\Delta x} = E \qquad \Delta\lambda = E\lambda$$

$$\lambda = \lambda_{测} \pm \Delta\lambda = \underline{\qquad}$$

近代物理实验

实验二十八　磁阻效应

（一）磁阻效应

某些金属或半导体的电阻值随外加磁场变化而变化的现象称为磁阻效应，是由英国物理学家威廉·汤姆森在 1857 年发现的。从一般磁阻开始，磁阻发展经历了巨磁阻（GMR）、庞磁阻（CMR）、穿隧磁阻（TMR）、直冲磁阻（BMR）和异常磁阻（EMR）。磁阻效应广泛用于磁传感、磁力计、电子罗盘、位置和角度传感器、GPS 导航、仪器仪表、磁存储（磁卡、硬盘）等领域。锑化铟（InSb）传感器是一种价格低廉、灵敏度高的磁电阻，有着十分重要的应用价值；砷化镓（GaAs）霍尔元件制成磁探头具有温度系数小、线性度好、稳定性好等特点。本实验利用砷化镓（GaAs）作为测磁探头测量电磁铁气隙中的磁感应强度，研究锑化铟（InSb）在一定磁感应强度下的电阻，融合霍尔效应和磁阻效应两种物理现象，具有科学研究的前瞻性，特别适合大学物理实验。

磁阻效应

【实验目的】

1. 了解磁阻现象与霍尔效应的关系与区别。
2. 测量锑化铟传感器的电阻与磁感应强度的关系。
3. 作出锑化铟传感器的电阻变化与磁感应强度的关系曲线。

【仪器和用具】

磁阻效应实验仪（包括直流双路恒流电源、0～2V 直流数字电压表、电磁铁、GaAs作探测器、InSb 磁阻传感器等）、示波器、电阻箱、导线若干。

【实验原理】

一定条件下，导电材料的电阻值 R 随磁感应强度 B 变化的现象称为磁阻效应。如图 28-1 所示，当半导体处于磁场中时，导体或半导体的载流子将受洛仑兹力的作用，发生偏转，在两端产生积聚电荷并产生霍尔电场。

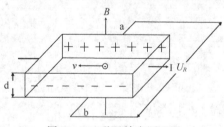

图 28-1　磁阻效应原理图

如果霍尔电场作用和某一速度载流子的洛仑兹力作用刚好抵消，那么小于或大于该速度的载流子将发生偏转，因而沿外加电场方向运动的载流子数量将减少，电阻增大，表现出横向磁阻效应。若将图 28-1 中 a 端和 b 端短路，则磁阻效应更明显。通常以电阻率的相对改变量来表示磁阻的大小，即用 $\Delta\rho/\rho(0)$ 表示。其中 $\rho(0)$ 为零磁场时的电阻率，设磁电阻在磁感应强度为 B 的磁场中电阻率为 $\rho(B)$，则 $\Delta\rho=\rho(B)-\rho(0)$。由于磁阻传感器电阻的相对变化率 $\Delta R/R(0)$ 正比于 $\Delta\rho/\rho(0)$，这里 $\Delta R=R(B)-R(0)$，因此也可以用磁阻传感器电阻的相对改变量 $\Delta R/R(0)$ 来表示磁阻效应的大小。

测量磁电阻的电阻值 R 与磁感应强度 B 之间的关系。实验证明，当金属或半导体处于较弱磁场中时，一般磁阻传感器电阻相对变化率 $\Delta R/R(0)$ 正比于磁感应强度 B 的平方，而在强磁场中 $\Delta R/R(0)$ 与磁感应强度 B 呈线性关系。磁阻传感器的上述特性在物理学和电子学方面有着重要应用。

如果半导体材料磁阻传感器处于角频率为 ω 的弱正弦波交流磁场中，由于磁电阻相对变化量 $\Delta R/R(0)$ 正比于 B^2，则磁阻传感器的电阻值 R 将随角频率 2ω 作周期性变化。即在弱正弦波交流磁场中，磁阻传感器具有交流电倍频性能。若外界交流磁场的磁感应强度 B 为

$$B = B_0 \cos\omega t \tag{28-1}$$

式 (28-1) 中，B_0 为磁感应强度的振幅，ω 为角频率，t 为时间。

设在弱磁场中

$$\Delta R/R(0) = KB^2 \tag{28-2}$$

式 (28-2) 中，K 为常量。由式 (28-1) 和式 (28-2) 可得

$$
\begin{aligned}
R(B) &= R(0) + \Delta R = R(0) + R(0) \times [\Delta R/R(0)] \\
&= R(0) + R(0)KB_0^2 \cos^2\omega t \\
&= R(0) + \frac{1}{2}R(0)KB_0^2 + \frac{1}{2}R(0)KB_0^2 \cos^2\omega t
\end{aligned}
\tag{28-3}
$$

式 (28-3) 中，$R(0) + \dfrac{1}{2}R(0)KB_0^2$ 为不随时间变化的电阻值，而 $\dfrac{1}{2}R(0)KB_0^2 \cos2\omega t$ 为以角频率 2ω 作余弦变化的电阻值。因此，磁阻传感器的电阻值在弱正弦波交流磁场中，将产生倍频交流电阻阻值变化。

【实验内容及步骤】

1. 测量电磁铁励磁电流 I_M 与电磁铁气隙中磁感应强度 B 的关系

(1) 对准航空插头座缺口方向，用双头航空插头线连接实验装置和实验仪传感器接口，传感器调在电磁铁气隙中间，预热 10 分钟后调零毫特仪，使其显示 0.0mT。

(2) 连接电磁铁电流输入线，将电磁铁通入电流，调励磁电流变化依次为：0，100，200…800mA。记录励磁电流和电磁感应强度在表 28-1 中，并绘制电磁铁磁化曲线。

表 28-1 励磁电流和电磁感应强度数据记录表

I_M/mA									
B/mT									

2. 测量磁感应强度和磁电阻大小的关系

(1) 将锑化铟 (InSb) 磁阻传感器与外接电阻 (接线柱上已装电阻，也可外接电阻箱) 连接，数字电压表的一端连接磁阻传感器和电阻 (或电阻箱) 公共接点，作为测量参考点，开关可分别与串接电阻、磁电阻 InSb 切换，用于测量它们的端电压。

(2) 由测量磁阻传感器的电流及其两端的电压，求磁阻传感器的电阻 R；调节通过电磁铁的电流，改变电磁铁气隙中磁场，由毫特仪读出相应的 B，求出 $\Delta R/R(0)$ 与 B 的关系。作 $\Delta R/R(0)$ 与 B 的关系曲线，并进行曲线拟合。

一般地，可在保持锑化铟磁阻传感器电流或电压不变的条件下，测量锑化铟磁阻传感器的电阻与磁感应强度的关系。（实验时注意 GaAs 和 InSb 传感器工作电流应＜3mA）。本实验采用保持实验样品电流恒定的条件下，通过测量其端电压来计算其电阻值。

取样电流 $I_{取}$ 的确定可按如下方法：例如取样电阻标称值为 300Ω，而经测量接线柱上外接取样电阻实际值为 $R = 298.9\Omega$，可调节电流，使电阻两端电压 $U = 298.9\text{mV}$；

则电流

$$I_{取} = \frac{U}{R} = \frac{298.9}{298.9} = 1.00\text{mA};$$

（3）实验步骤。

（a）连接好导线。开关向上接通测量外接电阻电压，根据取样电阻的阻值确定取样电流，调节 InSb 电流调节旋钮，使电压测量值为 $U = 300.0\text{mV}$，则 InSb 磁电阻和外接电阻通入的电流为 1.00mA，单刀开关向下接通测量 InSb 磁电阻两端的电压时，因电流方向显示的电压为负值，记录数值时无需记录。

（b）实验样品固定印板置于电磁铁气隙中，电磁铁励磁电流调为 0 开始实验测量，此时的磁场很小，忽略不计，此时测得的电阻值为实验样品的 $R(0)$，实验中可经常观测外接电阻两端电压是否变化来表明 InSb 电流的稳定情况。

实验记录表格如下。

表 28－2　电阻与磁场关系数据记录表

电磁铁	InSb	$B \sim \Delta R/R(0)$ 对应关系		
I_M/mA	U_R/mV	B/mT	R/Ω	$\Delta R/R(0)$

对 $\Delta R/R$ 与 B 关系曲线图的分析。

【注意事项】

锑化铟磁阻传感器作为半导体材料温度系数较大，即对温度变化很敏感，所以实验时下列因素会影响实验数据：

1. 实验室环境温度。
2. 电磁铁的温升。
3. 锑化铟的工作电流。

故经测量在不同的室温条件下其常态电阻差异性很大；为了减少电磁铁的温升，实验数据测量应快一些，不应使电磁铁长时间处在大电流工作状态；通过实验样品电流取小一些，可有效减小其温升，从而保证电阻值的相对稳定。

实验时可改变励磁电流的方向说明磁阻传感器的电阻变化与磁场强度的大小有关，而与磁场方向无关，可解释倍频效应的原因。

【思考题】

1. 什么叫做磁阻效应？霍尔传感器为何有磁阻效应？
2. 锑化铟磁阻传感器在弱磁场中电阻值与磁感应强度的关系和在强磁场中时有何不同？这两种特性有什么应用？

实验二十九　双光栅测量微弱振动位移量实验

精密测量在自动化控制的领域里一直扮演着重要的角色，其中光电测量因为有较好的精密性与准确性，加上轻巧、无噪音等优点，在测量的应用上常被采用。作为一种把机械位移信号转化为光电信号的手段，光栅式位移测量技术在长度与角度的数字化测量、运动比较测量、数控机床、应力分析等领域得到了广泛的应用。

多普勒频移物理特性的应用也非常广泛，如医学上的超声诊断仪，测量海水各层深度的海流速度和方向、卫星导航定位系统、音乐中乐器的调音等。

双光栅微弱振动实验仪在力学实验项目中用作音叉振动分析、微振幅（位移）、测量和光拍研究等。

【实验目的】

双光栅测量微弱振动
位移量实验

1. 了解利用光的多普勒频移形成光拍的原理并用于测量光拍拍频。
2. 学会使用精确测量微弱振动位移的一种方法。
3. 应用双光栅微弱振动实验仪测量音叉振动的微振幅。

【实验仪器】

激光源、信号发生器、实验平台、示波器

激光器：$\lambda = 650$nm，$0 \sim 5$mw

DDS 信号发生器：20Hz～100000Hz，0.001Hz 微调，0～1w 输出

音叉谐振频率：500Hz 左右

【实验原理】

1. 位移光栅的多普勒频移

多普勒效应是指光源、接收器、传播介质或中间反射器之间的相对运动所引起的接收器接收到的光波频率与光源频率发生的变化，由此产生的频率变化称为多普勒频移。

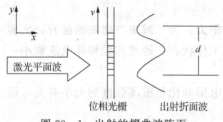

图 29-1　出射的摺曲波阵面

由于介质对光传播时有不同的相位延迟作用，对于两束相同的单色光，若初始时刻相位相同，经过相同的几何路径，但在不同折射率的介质中传播，出射时两光的位相则不相同，对于位相光栅，当激光平面波垂直入射时，由于位相光栅上不同的光密和光疏媒质部分对光波的位相延迟作用，使入射的平面波变成出射时的摺曲波阵面，见图 29-1。

激光平面波垂直入射到光栅，由于光栅上每缝自身的衍射作用和每缝之间的干涉，通过光栅后光的强度出现周期性的变化。在远场，我们可以用大家熟知的光栅衍射方程即式（1）来表示主极大位置

$$d\sin\theta = \pm k\lambda \quad k=0,1,2,\cdots \tag{29-1}$$

式中：整数 k 为主极大级数，d 为光栅常数，θ 为衍射角，λ 为光波波长。

如果光栅在 y 方向以速度 v 移动，则从光栅出射的光的波阵面也以速度 v 在 y 方向移动。因此在不同时刻，对应于同一级的衍射光线，它从光栅出射时，在 y 方向也有一个 v 的位移量，见图 29-2。

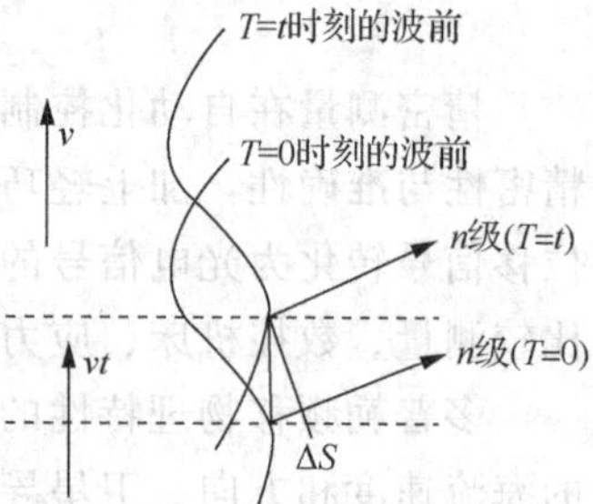

这个位移量对应于出射光波位相的变化量为 $\Delta\varphi(t)$

$$\Delta\phi(t) = \frac{2\pi}{\lambda}\Delta s = \frac{2\pi}{\lambda}vt\sin\theta \tag{29-2}$$

把式（29-1）代入式（29-2）得：

$$\Delta\phi(t) = \frac{2\pi}{\lambda}vt\frac{k\lambda}{d} = k2\pi\frac{v}{d}t = k\omega_d t \tag{29-3}$$

式中

$$\omega_d = 2\pi\frac{v}{d}$$

若激光从一静止的光栅出射时，光波电矢量方程为

$$E = E_0\cos\omega_0 t$$

而激光从相应移动光栅出射时，光波电矢量方程则为

$$E = E_0\cos[(\omega_0 t + \Delta\phi(t))] = E_0\cos[(\omega_0 + k\omega_d)t] \tag{29-4}$$

图 29-2　衍射光线在 y 方向上的位移量

显然可见，移动的位相光栅 k 级衍射光波，相对于静止的位相光栅有一个 $\omega_a = \omega_0 + k\omega_d$ 的多普勒频移，如图 29-3 所示。

2. 光拍的获得与检测

光频率很高，为了在光频 ω_0 中检测出多普勒频移量，必须采用"拍"的方法，即要把已频移的和未频移的光束互相平行迭加，以形成光拍。由于拍频较低，容易测得，通过拍频即可检测出多普勒频移量。

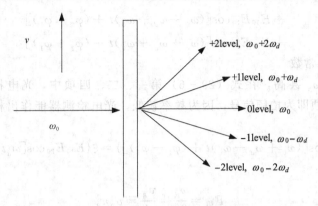

图 29-3 移动光栅的多普勒频移

本实验形成光拍的方法是采用两片完全相同的光栅平行紧贴，一片 B 静止，另一片 A 相对移动。激光通过双光栅后所形成的衍射光，即为两种以上光束的平行迭加。其形成的第 k 级衍射光波的多普勒频移如图 29-4 所示。

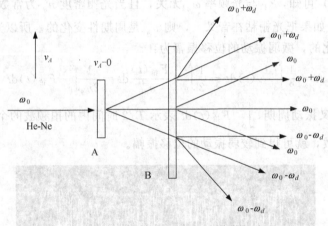

图 29-4　K 级衍射光波的多普勒频移

光栅 A 按速度 v_A 移动，起频移作用，而光栅 B 静止不动，只起衍射作用，故通过双光栅后射出的衍射光包含了两种以上不同频率成分而又平行的光束。由于双光栅紧贴，激光束具有一定宽度，故该光束能平行迭加，这样直接而又简单地形成了光拍。如图 29-5 所示。

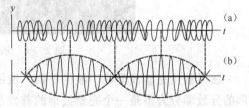

图 29-5　频差较小的二列光波叠加形成"拍"

当激光经过双光栅所形成的衍射光叠加成光拍信号。光拍信号进入光电检测器后，其输出电流可由下述关系求得。

光束 1：
$$E_1 = E_{10}\cos(\omega_0 t + \varphi_1) \tag{29-5}$$

光束 2：
$$E_2 = E_{20}\cos[(\omega_0 + \omega_d)t + \varphi_2]\,(取\ k=i)$$

光电流：
$$I = \xi(E_1 + E_2)^2 = \xi\{E_{10}^2\cos^2(\omega_0 t + \varphi_1) + E_{20}^2\cos^2[(\omega_0 + \omega_d)t + \varphi_2]$$

$$+ E_{10}E_{20}\cos[(\omega_0 + \omega_d - \omega_0)t + (\varphi_2 - \varphi_1)]$$
$$+ E_{10}E_{20}\cos[(\omega_0 + \omega_d + \omega_0)t + (\varphi_2 + \varphi_1)]\} \qquad (29-6)$$

其中 ξ 为光电转换常数

因光波频率 ω_0 甚高，在式（29-6）第一、二、四项中，光电检测器无法反应，式（29-6）第三项即为拍频信号，因为频率较低，光电检测器能作出相应的响应。其光电流为

$$i_S = \xi\{E_{10}E_{20}\cos[(\omega_0 + \omega_d - \omega_0)t + (\varphi_2 - \varphi_1)]\} = \xi\{E_{10}E_{20}\cos[\omega_d t + (\varphi_2 - \varphi_1)]\}$$

拍频 $F_{拍}$ 即为：

$$F_{拍} = \frac{\omega_d}{2\pi} = \frac{v_A}{d} = v_A n_\theta \qquad (29-7)$$

其中 $n_\theta = \dfrac{1}{d}$ 为光栅密度，本实验

$$n_\theta = 1/d = 100\ \text{条}/mm$$

3. 微弱振动位移量的检测

从式（29-7）可知，$F_{拍}$ 与光频率 ω_0 无关，且当光栅密度 n_θ 为常数时，只正比于光栅移动速度 v_A，如果把光栅粘在音叉上，则 v_A 是周期性变化的。所以光拍信号频率 $F_{拍}$ 也是随时间而变化的，微弱振动的位移振幅为：

$$A = \frac{1}{2}\int_0^{T/2} v(t)\mathrm{d}t = \frac{1}{2}\int_0^{T/2} \frac{F_{拍}(t)}{n_\theta}\mathrm{d}t = \frac{1}{2n_\theta}\int_0^{T/2} F_{拍}(t)\mathrm{d}t \qquad (29-8)$$

式中 T 为音叉振动周期，$\int_0^{T/2} F_{拍}(t)\mathrm{d}t$ 表示 $T/2$ 时间内的拍频波的个数。所以，只要测得拍频波的波数，就可得到较弱振动的位移振幅。

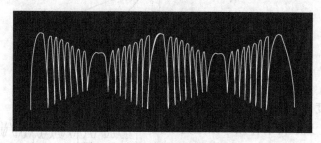

图 29-6　示波器显示拍频波形

波形数由完整波形数、波的首数、波的尾数三部分组成。根据示波器上显示计算，波形的分数部分为不是一个完整波形的首数及尾数，需在波群的两端，可按反正弦函数折算为波形的分数部分，即波形数＝整数波形数＋波的首数和尾数中满

$1/2$ 或 $1/4$ 或 $3/4$ 个波形分数部份 $+\dfrac{\sin^{-1}a}{360°} + \dfrac{\sin^{-1}b}{360°}$。

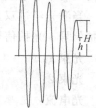

式中 a、b 为波群的首、尾幅度和该处完整波形的振幅之比。波群指 $T/2$ 内的波形，分数波形数若满 $1/2$ 个波形为 0.5，满 $1/4$ 个波形为 0.25，满 $3/4$ 个波形为 0.75。

例题：如图 29-7，在 $T/2$ 内，整数波形数为 4，尾数分数部分已满 $1/4$ 波形，$b = h/H = 0.6/1 = 0.6$。

图 29-7　计算波
形数

所以

$$波形数 = 4 + 0.25 + \frac{\sin^{-1}0.6}{360°} = 4.25 + \frac{36.8°}{360°} = 4.25 + 0.10 = 4.35$$

【实验装置】

一、DHGS-1 双光栅微弱振动测量仪

"频率调节"指示灯亮，表示可以用编码开关调节输出频率，编码开关下面的按键用于切换频率调节位。编码开关上的按键可用来切换正弦波和方波输出。正弦波输出频率范围是 20～100000Hz，方波的输出频率是 20～1000Hz。

"幅度调节"指示灯亮，表示可以用编码开关调节输出信号幅度，叫在 0～100 挡间调节，输出幅度不超过 $Vp-p=20V$。

"信号放大"指示灯亮，表示可以用编码开关调节信号放大倍数，可在 0～100 挡间调节，放大倍数不超过 55 倍。

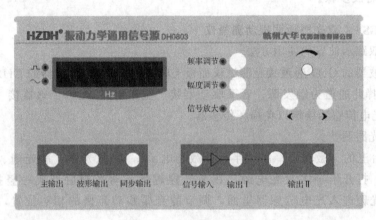

图 29-8　测试仪面板

"主输出"接音叉驱动器；"波形输出"可接示波器观察主输出的波形；"同步输出"输出频率同主输出相同，与主输出相位差固定的正弦波信号，作为观察拍频波的触发信号；"信号输入"接光电传感器；"输出Ⅰ"接示波器通道 1，观察拍频波；"输出Ⅱ"可接耳机。

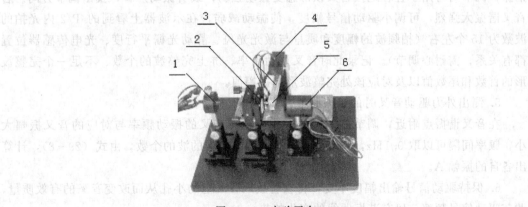

图 29-9　实验平台

1—激光器　2—静光栅　3—音叉　4—音叉驱动器　5—动光栅　6—光电传感器

二、HLD‑LGM‑Ⅱ型双光栅综合实验仪

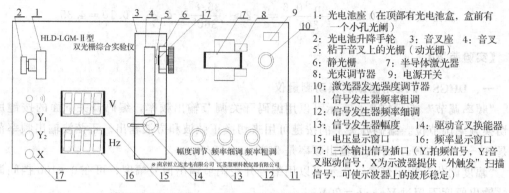

1：光电池座（在顶部有光电池盒，盒前有一个小孔光阑）
2：光电池升降手轮　　3：音叉座　4：音叉
5：粘于音叉上的光栅（动光栅）
6：静光栅　　　7：半导体激光器
8：光束调节器　9：电源开关
10：激光器发光强度调节器
11：信号发生器频率粗调
12：信号发生器频率细调
13：信号发生器幅度　14：驱动音叉换能器
15：电压显示窗口　16：频率显示窗口
17：三个输出信号插口（Y₁拍频信号，Y₂音叉驱动信号，X为示波器提供"外触发"扫描信号，可使示波器上的波形稳定）

图 29‑10　HLD‑LGM‑Ⅱ型双光栅综合实验仪面板结构

【实验内容及步骤】

一、DHGS‑1 双光栅微弱振动测量仪

1. 熟悉双踪示波器的使用方法。

2. 将示波器的 CH1 通道接至测试仪面板上的"输出Ⅰ"；示波器的 CH2 通道接"同步输出"，选择此通道为触发源；音叉驱动器接"主输出"；光电传感器接"信号输入"，注意不要将光电传感器接错以免损坏传感器。

3. 几何光路调整。

实验平台上的"激光器"接"半导体激光电源"，将激光器、静光栅、动光栅摆在一条直线上。打开半导体激光电源，让激光穿越静、动光栅后形成一竖排衍射光斑，使中间最亮光斑进入光电传感器里面，调节静光栅和动光栅的相对位置，使两光栅尽可能平行。

4. 音叉谐振调节。

先调整好实验平台上音叉和激振换能器的间距，一般 0.3mm 为宜，可使用塞尺辅助调节。打开测试仪电源，调节正弦波输出频率至 500Hz 附近，幅度调节至最大，使音叉谐振，调节时可用手轻轻地按音叉顶部感受振动强弱，或听振动声音，找出调节方向。若音叉谐振太强烈，可调小驱动信号幅度，使振动减弱，在示波器上看到的 T/2 内光拍的波数为 15 个左右（拍频波的幅度和质量与激光光斑、静动光栅平行度、光电传感器位置都有关系，需耐心调节）。记录此时音叉振动频率、屏上完整波的个数、不足一个完整波形的首数和尾数值以及对应该处完整波形的振幅值。

5. 测出外力驱动音叉时的谐振曲线。

在音叉谐振点附近，调节驱动信号频率，测出音叉的振动频率与对应的音叉振幅大小，频率间隔可以取 0.1Hz，选 8 个点，分别测出对应的波的个数，由式（29‑8），计算出各自的振幅 A。

6. 保持驱动信号输出幅度不变，将软管放入音叉上的小孔从而改变音叉的有效质量，调节驱动信号频率，研究谐振曲线的变化趋势。

7. 实验仪面板上的"输出Ⅱ"是为了用耳机听拍频信号。

二、HLD－LGM－Ⅱ型双光栅综合实验仪

1. 预习《示波器的应用》，熟悉双踪示波器的使用方法。

2. 将双光栅微弱振动实验仪的 Y_1、Y_2、X 的输出插座与示波器连接，Y_1 为拍频信号、Y_2 为音叉驱动信号、X 为同步信号，开启各自的电源。

3. 几何光路调整。

小心取下"静光栅架"，（不可擦伤光栅）稍稍松开激光器顶部的锁紧手轮，用手小心地上下左右搬动激光器，让光束从安装静止光栅架的孔中心通过。调节光电池架手轮，让某一级衍射光正好落入光电池前的小孔内。锁紧激光器。

4. 双光栅调整。

小心地装上"静光栅架"，静光栅尽可能与动光栅接近，注意不可让它们相碰！（间距1mm左右）用一白纸作为观察屏，放于光电池架前观察光斑，慢慢转动光栅架，仔细观察调节，使得两个光束尽可能重合。去掉观察屏，轻轻敲击音叉，调节示波器，配合调节激光器输出功率，应看到很漂亮的拍频波。

5. 音叉谐振调节。

先将"幅度"旋钮置于0.5V附近，调节"频率"粗调旋钮，（500Hz附近），然后调节"频率"细调旋钮，使音叉谐振。调节时用手轻轻地按音叉顶部，找出调节方向。如音叉谐振太强烈，将"功率"旋钮向小钟点方向转动，使在示波器上看到的 $T/2$ 内光拍的波数为12个左右。记录此时音叉振动频率、屏上完整波的个数、不足一个完整波形的首数及尾数值以及对应该处完整波形的振幅值。

6. 测出外力驱动音叉时的谐振曲线。

固定"功率"旋钮位置，在音叉谐振点附近，小心调节"频率"旋钮，测出音叉的振动频率与对应的信号振幅大小，频率间隔可以取0.05Hz，选8～15个点，分别测出对应的波的个数，由式（29-8），计算出各自的振幅 A。

7. 保持信号输出功率不变，将磁铁放在音叉的有效质量，调节"频率"细调旋钮，研究谐振曲线的变化趋势。

8. 激光器功率一般调节到最大就可，不需要经常调节。

【数据处理】

1. 求出音叉谐振时光拍信号的平均频率。

2. 求出音叉在谐振点时作微弱振动的位移振幅。

3. 在坐标纸上画出音叉的频率—振幅曲线。

4. 作出音叉不同有效质量时的谐波曲线，定性讨论其变化趋势。

实验三十　半导体热电特性的测量

【实验目的】

1. 掌握制冷系数测量方法。

2. 掌握 Pt100 铂电阻温度传感器原理。

3. 掌握热敏电阻温度特性原理。

【仪器和用具】

半导体热电特性综合实验仪，NTC 热敏电阻传感器，Pt100 传感器

【实验原理】

半导体制冷器件的工作原理是基于帕尔帖原理，该效应是在 1834 年由 J. A. C 帕尔帖首先发现的。当两种不同的导体 A 和 B 组成的电路且通有直流电时，在接头处除焦耳热以外还会释放出某种其他的热量，而另一个接头处则吸收热量，且帕尔帖效应所引起的这种现象是可逆的，改变电流方向时，放热和吸热的接头也随之改变，吸收和放出的热量与电流强度 $I[A]$ 成正比，且与两种导体的性质及热端的温度有关，即：

$$ab = I\pi ab$$

πab 称作导体 A 和 B 之间的相对帕尔帖系数，单位为 $[V]$，πab 为正值时，表示吸热，反之为放热，由于吸放热是可逆的，所以 $\pi ab = -\pi ab$。金属材料的帕尔帖效应比较微弱，而半导体材料则要强得多，因而得到实际应用的温差电制冷器件都是由半导体材料制成的。

半导体制冷的优点：半导体制冷器的尺寸小，可以制成体积不到 $1cm^3$ 的制冷器；重量轻，微型制冷器往往能够小到只有几克或几十克。无机械传动部分，工作中无噪音，无液、气工作介质，因而不污染环境，制冷参数不受空间方向以及重力影响，在大的机械过载条件下，能够正常地工作；通过调节工作电流的大小，可方便调节制冷速率；通过切换电流方向，可使制冷器从制冷状态转变为制热工作状态；作用速度快，使用寿命长，且易于自动控制。

1. 制冷系数测量方法

由图 30-1，可以看出，加在半导体制冷器件的电源电压为 U，流过电流为 I，测量系统的输入功率为 $P = U \cdot I$，通电时间为 T，系统输入的电能为 $W = PT = UIT$。

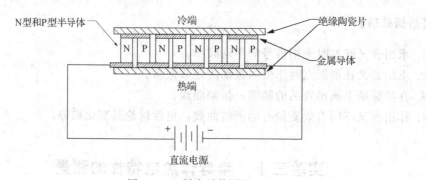

图 30-1　制冷系数测量

制冷器件冷端初始温度为 t_1，通电完成后，冷端开始降温，测量制冷器件冷端温度为 t_2，则可得到的制冷量变化为：

$$QC = mc(t_1 - t_2) \tag{30-1}$$

由此可得制冷系数：

$$\varepsilon c = QC/W = mc(t_1 - t_2)/UIT \tag{30-2}$$

2. Pt100 铂电阻温度传感器原理

Pt100 铂电阻是一种利用铂金属导体电阻随温度变化的特性制成的温度传感器。铂的物理、化学性能极稳定，抗氧化能力强，复制性好，易工业化生产，电阻率较高。因此铂电阻大多用于工业检测中的精密测温和温度标准。缺点是高质量的铂电阻（高级别）价格十分昂贵，温度系数偏小，受磁场影响较大。按 IEC 标准，铂电阻的测温范围为 $-200 \sim$ $650℃$。百度电阻比 $W(100) = 1.3850$ 时 R_0 为 100Ω 或 10Ω 时。称为 Pt100 铂电阻或 Pt10 铂电阻。其允许的不确定度 A 级为：$\pm(0.15℃ + 0.002|t|)$。B 级为：$\pm(0.3℃ + 0.005|t|)$。铂电阻的阻值与温度之间的关系，当温度 t 在 $-200 \sim 0℃$ 之间时，其关系式为：

$$R_t = R_0[1 + At + Bt^2 + C(t - 100℃)t^3] \tag{30-3}$$

当温度在 $0 \sim 650℃$ 之间时关系式为：

$$R_t = R_0(1 + At + Bt^2) \tag{30-4}$$

式（30-3）、式（30-4）中 R_t、R_0 分别为铂电阻在温度 t、$0℃$ 时的电阻值，A，B，C 为温度系数，对于常用的工业铂电阻，

$A = 3.90802 \times 10^{-3}/℃$，$B = -5.80195 \times 10^{-7}/℃^2$，$C = -4.27350 \times 10^{-12}/℃^3$

在 $0 \sim 100℃$ 范围内 R_t 的表达式可近似线性为：

$$R_t = R_0(1 + A_1 t) \tag{30-5}$$

式（30-5）中 A_1 温度系数，近似为 $3.85 \times 10^{-3}/℃$，Pt100 铂电阻的阻值，式中 R_t、R_0 分别为铂电阻在温度 t、$0℃$ 时的电阻值，其 $0℃$ 时 $R_0 = 100\Omega$；而 $100℃$ 时 $R_t = 138.5\Omega$。

铂热电阻的电阻体是用纯度高达 $99.995\% \sim 99.9995\%$、直径为 $0.02 \sim 0.07mm$ 铂丝，按一定规律绕在云母、石英或陶瓷支架上而制成的，用银导线作为引出线。工业用铂热电阻体的结构如图 30-2 所示。

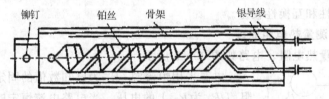

铆钉　　铂丝　　骨架　　　银导线

图 30-2　铂热电阻体结构

3. 热敏电阻温度特性原理（NTC 型）

热敏电阻是阻值对温度变化非常敏感的一种半导体电阻，它有负温度系数和正温度系数两种。负温度系数的热敏电阻（NTC）的电阻率随着温度的升高而下降（一般是按指数规律）；而正温度系数热敏电阻（PTC）的电阻率随着温度的升高而升高；金属的电阻率则是随温度的升高而缓慢地上升。热敏电阻对于温度的反应要比金属电阻灵敏得多，热敏电阻的体积也可以做得很小，用它来制成的半导体温度计，已广泛地使用在自动控制和科学仪器中，并在物理、化学和生物学研究等方面得到了广泛的应用。

在一定的温度范围内，半导体的电阻率 ρ 和温度 T 之间有如下关系：

$$\rho = A_1 e^{B/T} \tag{30-6}$$

式中 A_1 和 B 是与材料物理性质有关的常数，T 为绝对温度。对于截面均匀的热敏电

阻，其阻值 R_T 可用下式表示：

$$R_T = \rho \frac{l}{s} \qquad (30-7)$$

式中 R_T 的单位为 Ω，ρ 的单位为 Ωcm，l 为两电极间的距离，单位为 cm，S 为电阻的横截面积，单位为 cm^2。将式（30-6）代入式（30-7），令 $A = A_1 \dfrac{l}{s}$，于是可得：

$$R_T = A e^{B/T} \qquad (30-8)$$

对一定的电阻而言，A 和 B 均为常数。对式（7）两边取对数，则有

$$\ln R_T = B \frac{1}{T} + \ln A \qquad (30-9)$$

$\ln R_T$ 与 $\dfrac{1}{T}$ 成线性关系，在实验中测得各个温度 T 的 R_T 值后，即可通过作图求出 B 和 A 值，代入式（30-8），即可得到 R_T 的表达式。式中 R_T 为在温度 T（K）时的电阻值（Ω），A 为在某温度时的电阻值（Ω），B 为常数（K），其值与半导体材料的成分和制造方法有关。

体积小、响应快、成本低以及引线电阻影响小等优点，非常适合测量微小温度变化，因而使其在工业、农业、科技、医学、通信、家电等领域得到广泛应用。但是，热敏电阻非线性严重，所以，实际测量时要对其进行线性化处理。

热敏电阻的主要特点是：电阻温度系数大，灵敏度高。通常温度变化 $1℃$，阻值变化 $1\%\sim6\%$，电阻温度系数绝对值比一般金属电阻大 $10\sim100$ 倍。结构简单，体积小。珠形热敏电阻探头的最小尺寸为 $0.2mm$，能测量热电偶和其他温度传感器无法测量的空隙、腔体、内孔等处的点温度。如人体血管内温度等。电阻率高，热惯性小，不像热电偶需要冷端补偿，适宜动态测量。使用方便。热敏电阻阻值范围在 $10\sim10^5\Omega$ 之间可任意挑选，不必考虑线路引线电阻和接线方式，容易实现远距离测量，功耗小。阻值与温度变化呈非线性关系。稳定性和互换性较差。

4. 恒电流法测量热电阻原理

恒电流法测量热电阻，电路如图 30-3 所示。

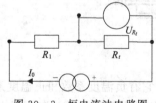

图 30-3　恒电流法电路图

电源采用恒流源，R_1 为已知数值的固定电阻，R_t 为热电阻。UR_t 为 R_1 上的电压，当电路电流恒定时则只要测出热电阻两端电压 U，即可知道被测热电阻的阻值。当电路电流为 I_0，温度为 t 时，热电阻 R_t 为

$$R_t = \frac{U_{R_t}}{I_0}$$

【装置介绍】

HLD-BRD-I 型半导体热电特性综合实验仪。

【实验内容及步骤】

1. 半导体制冷系数测量实验

（1）将电源线与仪器连接起来。

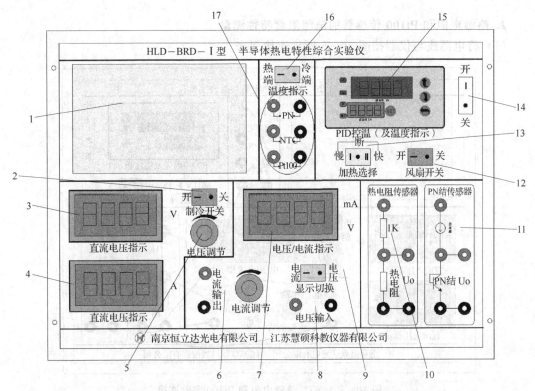

图 30 - 4 HLD - BRD - Ⅰ型半导体热电特性综合实验仪

1—制冷模块；2—制冷开关；3—制冷电流显示；4—制冷电流显示；5—制冷电压调节；6—0~1.2mA 电流输出
及电流调节；7—电流及电压显示；8—电压测量输入端（2V 量程）；9—电流及电压显示切换；10—热电阻测量模块；
11—PN 结传感器测量模块；12—风扇开关（热端降温）；13—加热开关（分慢挡、断挡、快挡）；14—电源开关；
15—PID 控温及温度显示；16—温度显示切换［（分冷端和热端）使用控温时温度显示打到冷端］
17——待测传感器（有 PN 结传感器、NTC 热敏电阻传感器、Pt100 传感器）

（2）将制冷开关打到（关），再将电压调节电位器调至最小，打开电源开关。

（3）加热开关打到（断），调节 PID 设置为 0℃。打开制冷开关调节电流约为 2A～
2.5A（实验过程中保持电流不变，实验电流不要超过 3A）。

表 30 - 1 半导体制冷实验时间温度表

时间 S	10	20	30	40	50	60	70	80	90	100	110	120
冷端温度 t												

表 30 - 2 冷端金属质量（265g）铜的比热容 ［$C = 0.39J$ (g.℃)］

测量内容	测量开始	测量结束	测量结果
电压 U			输入总的电能量：
电流 I			$W = UIT$
时间 T			结果＝＿＿
冷端温度	$t_1=$＿＿	$t_2=$＿＿	$Q = mc\Delta t$
温度变化 Δt			制冷变化量＝＿＿＿＿
制冷系数：$\varepsilon c = QC/W$			

2. 热敏电阻和 Pt100 传感器的电阻温度特性测量

（1）将电源线与仪器按图 30 - 5 所示连接起来。

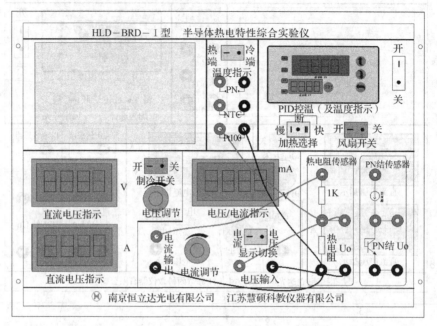

图 30 - 5　　NTC 热敏电阻和 Pt100 实验连接

（2）将制冷开关打到（关），再将电压调节电位器调至最小，打开电源开关。

（3）显示切换开关打到（电流），调节电位器输出电流为 1mA，再将显示切换开关打到（电压）。

（4）加热开关打到（快）调节 PID 设置为温度。调节 PID 控温表。设置 SV：在表面板上按一下（SET）按键，SV 表头的温度显示个位将会闪烁；按面板上的"▲"或"▼"键调整设置个位的温度；在按面板上按一下（SET）按键即可，SV 表头的温度显示个位将会闪烁，再按"＜"键使表头的温度显示十位闪烁，按面板上的"▲"或"▼"键调整设置十位的温度；用同样方法还可设置百位的温度。调好 SV 所需设定的温度后，再按一下（SET）按键即可完成设置。

（5）将所测量数据填入表格 30 - 3，并对测量结果进行分析。

表 30 - 3　　热敏电阻与传感器 Pt100 的温度与时间关系表

温度 $T/(\degree)$	30	35	40	45	50	55	60	65
NTC 热敏电阻								
传感器 Pt100								

实验三十一　　霍尔效应

霍尔元件因其体积小，使用简便，测量准确度高，可测量交、直流磁场等优点，已广泛用于磁场的测量。并配以其他装置用于位置、位移、转速、角度等物理的测量和自动控制。

【实验目的】

霍尔效应

1. 了解霍尔效应的实验原理。

2. 测量霍尔元件的灵敏度。

3. 学会用霍尔元件测量磁感应强度的方法。

【仪器和用具】

霍尔效应实验仪。

【实验原理】

1. 霍尔效应的基本原理与应用

霍尔效应从本质上讲，是运动的带电粒子在磁场中受洛仑兹力的作用而引起的偏转。当带电粒子（电子或空穴）被约束在固体材料中，这种偏转就导致在垂直电流和磁场的方向上产生正负电荷的聚积，从而形成附加的横向电场。对于图 31-1 所示的半导体试样，若在 X 方向通以电流 I，在 Z 方向加磁场 B，则在 Y 方向即试样 A、A$'$ 电极两侧就开始聚积异号电荷而产生相应的附加电场。电场的指向取决于试样的导电类型。显然，该电场是阻止载流子继续向侧面偏移，当载流子所受的横向电场力 eE_H 与洛仑兹力 $e\overline{V}B$ 相等时，样品两侧电荷的积累就达到平衡，故有：

$$eE_H = e\overline{V}B \qquad (31-1)$$

其中，E_H 为霍尔电场，$\overline{V}$ 是载流子在电流方向上的平均漂移速度。

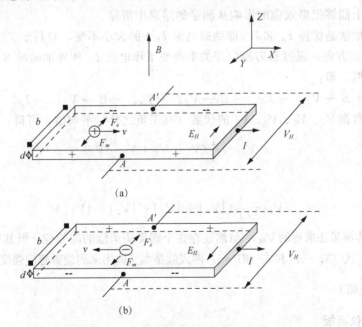

(a)

(b)

图 31-1　半导体样品霍尔效应示意图

设试样的宽为 b，厚度为 d，载流子浓度为 n，则

$$I_S = ne\overline{V}bd \tag{31-2}$$

由式（31-1）和式（31-2）两式可得：

$$V_H = E_Hb = \frac{1}{ne}\frac{I_SB}{d} = R_H\frac{I_SB}{d} \tag{31-3}$$

即霍尔电压 V_H（A、A′电极之间的电压）与 I_SB 乘积成正比，与试样厚度 d 成反比。比例系数 $R_H = \frac{1}{ne}$ 称为霍尔系数，它是反映材料的霍尔效应强弱的重要参数。

霍尔器件就是利用上述霍尔效应制成的电磁转换元件。对于成品的霍尔器件，其中 R_H 和 d 已知，因此在实用上就将式（31-3）写成

$$V_H = K_HI_SB \tag{31-4}$$

其中 $K_H = \frac{R_H}{d}$，称为霍尔器件的灵敏度（其值一般由生产厂家给出），它表示该器件在单位工作电流和单位磁感应强度下输出的霍尔电压。式（31-4）中的单位取 I_S 为 mA、B 为 KGs（$1Gs = 10^{-4}T$），V_H 为 mV，则 K_H 的单位为 mV/(mA·KGs)。根据式（31-4），因 K_H 已知，而 I_S 由实验给出，所以只要测出 V_H 就可以求得未知磁感应强度 B

$$B = \frac{V_H}{K_HI_S} \tag{31-5}$$

2. 霍尔电压 V_H 的测量方法

应该说明，在产生霍尔效应的同时，会伴随着一些热磁副效应，及 A、A′电极的不对称性等因素而引起的附加电压叠加在霍尔电压 V_H 上，从而引起测量误差。以致实验测得的 A、A′两电极之间的电压并不等于真实的 V_H 值，而是包含着各种副效应等引起的附加电压，因此必须设法消除。根据副效应产生的机理可知，采用电流和磁场换向的对称测量法，基本上能够把副效应的影响从测量的结果中消除。

具体的做法是保持 I_S 和 B（即励磁电流 I_M）的大小不变，自行定义工作电流 I_S 和外加磁场 B 的正方向，通过双刀换向开关来改变工作电流 I_S 和外加磁场 B 的方向组合，并测出四组数据，即：

$+I_S$、$+B \rightarrow V_1$，$+I_S$、$-B \rightarrow V_2$，$-I_S$、$-B \rightarrow V_3$，$-I_S$、$+B \rightarrow V_4$。

求上述四组数据 V_1、V_2、V_3、V_4 的代数（有正负之分）平均值，可得：

$$V_H = \frac{1}{4}(V_1 - V_2 + V_3 - V_4)$$

或

$$V_H = \frac{1}{4}(|V_1| + |V_2| + |V_3| + |V_4|) \tag{31-6}$$

通过对称测量法求得的 V_H，虽然还存在个别无法消除的副效应，但其引入的误差甚小，可略而不计。式（31-5）和式（31-6）两式就是本实验用来测量磁感应强度 B 的依据。

【装置介绍】

1. 测试仪面板

（1）两组恒流源：I_S 是为样品霍尔器件提供工作电流的恒流源，I_S 在 0~10mA 之间

连续可调；I_M 是为电磁铁提供励磁电流的恒流源，I_M 在 $0\sim1.2A$ 之间连续可调。两组电流源彼此独立，两路输出电流大小通过"I_S 调节"旋钮及"I_M 调节"旋钮进行调节，二者均连续可调，其值可通过"I_S 电流指示"，"I_M 电流指示"两只数字电流表显示。

（2）直流数字电压表：V_H 电压指示，当显示器的数字出现"－"表示被测电压极性为负值。

（3）本实验仪器 V_H 电压量程为 $\pm200mv$。

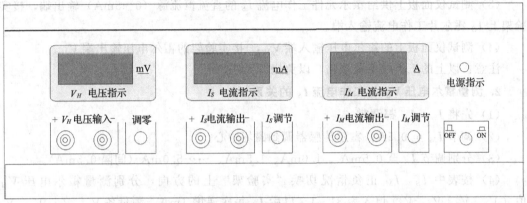

图 31－2　测试仪前面板

2. 实验仪面板

图 31－3 为实验仪面板示意图，主要部件及功能如下：

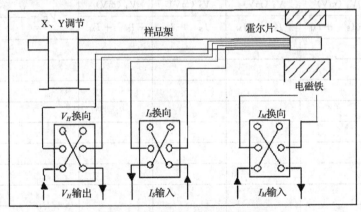

图 31－3　霍尔效应实验仪面板

（1）电磁铁：规格为 50×25，磁铁线包顺时针绕制，根据绕制方向及励磁电流 I_M 流向、绕制线径、匝数可确定磁感强度 B 的方向和大小。

（2）霍尔元件：仪器用的材料为 N 型半导体单晶片（砷化镓），样品的几何形状如图 31－4 所示。霍尔片共有两对电极接点，其中 a、b 为工作电流电极，c、d 用于测量霍尔电压，各电极与双刀换向开关的接线见实验仪部分的介绍说明。霍尔元件装在样品架上，样品架具有 X 方向和 Y 方向的调节功能，并配有读数装置。

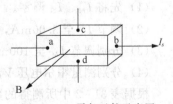

图 31－4　霍尔元件示意图

【实验内容与步骤】

1. 连接电路

（1）按仪器面板上的文字和符号提示将霍尔效应测试仪与霍尔效应实验架正确连接。

（2）将霍尔效应测试仪面板上的励磁电流 I_M 的直流恒流源输出端（0～0.5A），接霍尔效应实验架上的 I_M 励磁电流的输入端。

（3）测试仪面板上供给霍尔元件工作电流 I_S 的直流恒流源（0～5mA）输出端，接实验架上 I_S 霍尔片工作电流输入端。

（4）测试仪面板上的霍尔电压输入端 V_H，接实验架的霍尔电压输出端 V_H。

注意：以上的三组线不要接错，以免烧坏元件。

2. 测量霍尔电压 V_H 与工作电流 I_S 的关系

（1）先将 I_S，I_M 都调零。

（2）调节 I_M 至 0.5A，霍尔传感器调到磁场中心。

（3）分别调节 I_S 至 0.5mA、1.0mA、1.5mA、……5.0mA（间隔 0.5mA）。

（4）按表中 I_S，I_M 正负情况切换"实验架"上的方向，分别测量霍尔电压 V_H 值（V_1，V_2，V_3，V_4）填入表 31-1。以后 I_S 每次递增 1mA，测量各 V_1，V_2，V_3，V_4 值。绘出 $I_S - V_H$ 曲线，验证线性关系。

表 31-1　$I_S - V_H$ 的关系（$I_M = 0.5A$）

I_S（mA）	V_1（mV）	V_2（mV）	V_3（mV）	V_4（mV）	$V_H = \dfrac{V_1 - V_2 + V_3 - V_4}{4}$
	$+I_S \quad +I_M$	$+I_S \quad -I_M$	$-I_S \quad -I_M$	$-I_S \quad +I_M$	
0.5					
1.0					
1.5					
2.0					
2.5					
3.0					
3.5					
4.0					
4.5					
5.0					

3. 测量霍尔电压 V_H 与励磁电流 I_M 的关系

（1）先将 I_M、I_S 调零。

（2）调节 I_S 至 3.00mA，霍尔传感器调到磁场中心。

（3）分别调节 I_M 至 100mA、150mA、200mA、……500mA（间隔 50mA）。

（4）分别测量霍尔电压 V_H 值填入表 31-2 中的值。

根据表 31-2 中所测得的数据，绘出 $V_H - I_M$ 曲线，验证线性关系的范围，分析当 I_M 达到一定值以后，$V_H - I_M$ 直线斜率变化的原因。

表 31-2 $V_H - I_M$ 的关系 ($I_S = 3.00\text{mA}$)

I_M (mA)	V_1 (mV) $+I_S$ $+I_M$	V_2 (mV) $+I_S$ $-I_M$	V_3 (mV) $-I_S$ $-I_M$	V_4 (mV) $-I_S$ $+I_M$	$V_H = \dfrac{V_1 - V_2 + V_3 - V_4}{4}$
100					
150					
200					
250					
300					
350					
400					
450					
500					

4. 测量磁感应强度 B 的分布

(1) 先将 I_M、I_S 调零。

(2) 将霍尔元件置于通电磁场中心, 调节 I_M 至 0.5A, 调节 I_S 至 3.00mA。

(3) 将霍尔元件从中心向边缘移动, 每隔 5mm 选一个点测出相应的 V_H, 填入表 31-3。

(4) 由以上所测 V_H 值, 由式得 $B = \dfrac{V_H}{K_H I_S}$。

(5) 计算出各点的磁感应强度, 并绘 $B-X$ 图, 得出通电圆线圈内 B 的分布。

表 31-3 $V_H - X$ 的关系 ($I_S = 3.00\text{mA}$, $I_M = 0.5\text{A}$)

X (mm)	V_1 (mV) $+I_S$ $+I_M$	V_2 (mV) $+I_S$ $-I_M$	V_3 (mV) $-I_S$ $-I_M$	V_4 (mV) $-I_S$ $+I_M$	$V_H = \dfrac{V_1 - V_2 + V_3 - V_4}{4}$	B (mT)
0						
5						
10						
15						
20						
25						
30						
35						
40						
45						
50						

【注意事项】

1. 当霍尔片未连接到实验架, 并且实验架与测试仪未连接好时, 严禁开机加电, 否则, 极易使霍尔片遭受冲击电流而损坏。

2. 霍尔片性脆易碎、电极易断，严禁用手去触摸，以免损坏！在需要调节霍尔片位置时，必须谨慎。

3. 加电前必须保证测试仪的"I_S 调节"和"I_M 调节"旋钮均置零位（即逆时针旋到底），严防 I_S、I_M 电流未调到零就开机。

4. 测试仪的"I_S 输出"接实验架的"I_S 输入"，"I_M 输出"接"I_M 输入"。

注意：决不允许将"I_M 输出"接到"I_S 输入"处，否则一旦通电，就会损坏霍尔片！

5. 为了不使通电线圈过热而受到损害，或影响测量精度，除在短时间内读取有关数据，通过励磁电流 I_M 外，其余时间最好断开励磁电流。

注意：移动尺的调节范围有限！在调节到两边停止移动后，不可继续调节，以免因错位而损坏移动尺。

【思考题】

1. 什么叫做霍尔效应？为什么霍尔效应在半导体中特别显著？

2. 列出计算螺线管磁感应强度公式。

3. 如已知存在一个干扰磁场，如何采用合理的测试方法，尽量减小干扰磁场对测量结果的影响？

4. 怎样确定载流子电荷的正负？

5. 如何测定霍尔灵敏度？

实验三十二　夫兰克-赫兹实验

弗兰克-赫兹实验是 1914 年由德国物理学家弗兰克和赫兹设计完成的。该实验研究电子与原子碰撞前后能量的变化，能观测到氩原子的激发电势和电离电势，可以证明原子能级的存在，为波尔的原子结构理论假说提供有力的实验证据。该实验的方法至今仍是探索原子结构的重要手段之一。

【实验目的】

1. 了解电子与原子之间的弹性碰撞和非弹性碰撞。

2. 观察实验现象，加深对玻尔原子理论的理解。

3. 由绘制的 $I_P - V_{G2K}$ 曲线求出氩原子的第一激发电势。

夫兰克-赫兹实验

【仪器和用具】

弗兰克-赫兹实验仪、示波器

【实验原理】

1. 电子与原子的相互作用

根据玻尔理论，原子只能较长久地停留在一些稳定状态（即定态），其中每一状态对应于一定的能量值，各定态的能量是分立的，原子只能吸收或辐射相当于两定态间能量差的能量。原子状态的改变通常有两种方法：一是原子吸收或放出电磁辐射；二是原子与其他粒子发生碰撞而交换能量。如果处于基态的原子要发生状态改变，所具备的能量不能少于原子从基态跃迁到第一激发态时所需要的能量。本实验利用具有一定能量的电子与氩原子相碰撞，进行能量交换使氩原子从正常状态跃迁到第一激发态，从而证实原子能级的存在。

电子与原子碰撞过程可以用以下方程表示：

$$\frac{1}{2}m_e v^2 + \frac{1}{2}MV^2 = \frac{1}{2}m_e v'^2 + \frac{1}{2}MV'^2 + \Delta E$$

其中 m_e 是电子质量，M 是原子质量，v 是电子的碰撞前的速度，V 是原子的碰撞前的速度，v' 是电子的碰撞后速度，V' 是原子的碰撞后速度，ΔE 为内能项。

因为 $m_e \ll M$，所以电子的动能可以转变为原子的内能。因为原子的内能是不连续的，所以电子的动能小于原子的第一激发态电位时，原子与电子发生弹性碰撞 $\Delta E = 0$；当电子的动能大于原子的第一激发态电位时，电子的动能转化为原子的内能 $\Delta E = E_1$，E_1 为原子的第一激发电位。

2. 早期的弗兰克-赫兹实验

1911 年，弗兰克和赫兹为了研究气体放电中的低能电子和原子间的相互作用，他们设计了电子与原子碰撞的实验。首先，他们改进了勒纳（P. Lenara）的单栅三极式碰撞管的结构，将加速极 G 向收集电子的板极 P 靠拢，同时在实验时减小加速极 G 与板极 P 之间的减速电压，管内的气体则改用单原子分子，如氮和汞（勒纳用的是氢分子）。因为汞是单原子分子，结构比较简单，而且常温下是液态，只要改变温度就能大幅度改变汞原子的密度，同时还由于汞的原子量大，因此电子与汞原子碰撞时，电子损失的能量极小。除汞以外，另一些金属原子，例如钾、钠、镁，也不容易和电子亲和而形成负离子，可以用来研究电子与原子的碰撞规律；惰性气体，例如氦、氩、氖，也是较早用于研究碰撞规律的，因为它们封闭的饱和壳层具有良好的屏蔽作用，对电子的亲和势小，不易形成负离子。1914 年，他们用图 32-1 的实验装置获得了一系列重要实验结果，碰撞管中的电子由热阴极 K 发射，经 K 与栅极 G 之间的电场加速，电子由 K 射向 G，栅极 G 与板极 P 之间则加有一减速电压，形成一个减速电场，使电子减速。当穿越过 G 的电子具有较大的能量而足以克服这一减速场时，就能到达板极 P 而形成管流 I_P。

对于早期的充汞管得到的管流与 K 和 G 之间的电压的关系如图 32-2 所示。

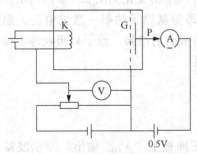

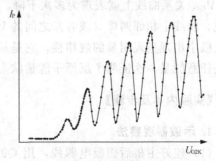

图 32-1　早期的弗兰克-赫兹实验
　　　　装置示意图

图 32-2　早期充汞管得到的管流与
　　　　加速电压的关系图

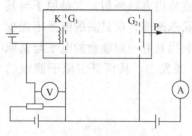

图 32-3 改进后的弗兰克-赫兹
实验装置示意图

1920 年，弗兰克对原来的装置做了改进，如图 32-3 所示，原有的直热式阴极用旁热式的来代替，并在靠近阴极处增加一个栅极 G_1 及降低管内的汞蒸汽压。旁热式阴极发射的电子在加速区 K-G_1 内得到加速，然后进入 G_1-G_2 等势区进行碰撞。在改进后的碰撞管中，可以使电子在加速区内获得相当高的能量，可测得汞原子的一系列的量子态。汞原子的第一激发能较低（4.89eV），相应的发射光谱线的波长为 253.7nm，可以用紫外光谱仪来证实上述实验结果。

3. 实验装置原理

弗兰克-赫兹实验仪采用充氩气的弗兰克-赫兹管，实验装置如图 32-4 所示，电子由热阴极发出，阴极 K 和栅极 G_1 之间的加速电压 V_{G1K} 使电子加速，在板极 P 和栅极 G_2 之间有减速电压 V_{G2P}。当电子通过栅极 G_2 进入 G_2P 空间时，如果能量大于 eV_p，就能到达板极形成电流 I_P。如果电子在 G_1G_2 空间与氩原子发生了弹性碰撞，电子本身剩余的能量小于 eV_p，则电子不能到达板极。

随着 V_{G2K} 的增加，电子的能量增加，当电子与氩原子碰撞后仍留下足够的能量，可以克服 G_2P 空间的减速电场而到达板极 P 时，板极电流又开始上升。如果电子在加速电场得到的能量等于 $2\Delta E$ 时，电子在 G_1G_2 空间会因二次非弹性碰撞而失去能量，结果使板极电流第二次下降。

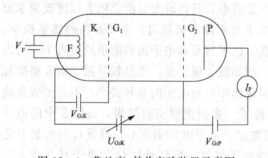

图 32-4 弗兰克-赫兹实验装置示意图

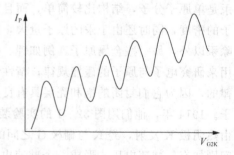

图 32-5 氩原子的 I_P-V_{G2K} 曲线

在加速电压较高的情况下，电子在运动过程中，将与氩原子发生多次非弹性碰撞，在 I_P-V_{G2K} 关系曲线上就表现为多次下降。板极电流随 V_{G2K} 的变化见图 32-5 图所示。对氩来说，曲线上相邻两峰（或谷）之间的 V_{G2K} 之差，即为氩原子的第一激发电位。曲线的极大极小出现呈现明显的规律性，它是量子化能量被吸收的结果。原子只吸收特定能量而不是任意能量，这证明了氩原子能量状态的不连续性。

【实验内容及步骤】

1. 示波器观察法

（1）连好主机后面板电源线，用 Q9 线将主机正面板上"V_{G2K} 输出"与示波器上的"X 相"（供外触发使用）相连，"I_P 输出"与示波器"Y 相"相连，将示波器扫描开关置于"自动"挡。

（2）分别将示波器"X"、"Y"电压调节旋钮调至"1V"和"1V"，"POSITION"调至"$x-y$"，"交直流"全部打到"DC"。

（3）分别开启弗兰克-赫兹实验仪主机和示波器电源开关，稍等片刻（弗兰克－赫兹管需预热）。

（4）分别调节V_F、V_{G1K}、V_{G2P}电压（可以先参考仪器给出值）至合适值，可参考仪器给出值，将"测量设置与I_P电流显示"切换至0.1μA挡，将V_{G2K}由小慢慢调大（以弗兰克-赫兹管不击穿为界），直至示波器上呈现充氩管稳定的I_P-V_{G2K}曲线，观察原子能量的量子化情况。

2. 手动测量法

（1）调节V_{G2K}至最小，扫描开关置于"手动"挡，打开主机电源。

（2）分别调节V_F、V_{G1K}、V_{G2P}电压（可以先参考仪器给出值）至合适值，将"测量设置与I_P电流显示"切换至1.0μA挡，用手动方式逐渐增大V_{G2K}，同时观察I_P变化，可以看到至少出现7个峰。

（3）选取合适实验点，分别由表头读取I_P和V_{G2K}值（I_P电流读数方法为表头显示值乘以挡位，如表头数值0.342，挡位1.0μA，则I_P电流数值为0.342μA，以此类推），作图可得I_P-V_{G2K}曲线。

（4）由曲线的特征点求出弗兰克-赫兹管中氩原子的第一激发电位。

【参考表格】

1. 数据记录。实验中应该在波峰和波谷位置周围多记录几组数据，以提高测量精度。表格自拟。

2. 描画关系曲线图。如下图所示：

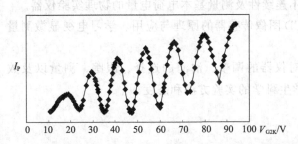

3. 测量峰（或谷）值（更高的峰或谷值由于有第二激发等原因舍弃）填入表32-1。

表 32-1

峰/V			
谷/V			

4. 逐差法处理峰、谷值；可算出氩的第一激发电位。

【注意事项】

1. 仪器应该检查无误后才能接电源，开关电源前应先将各电位器逆时针旋转至最小值位置。

2. 灯丝电压不宜放得过大，一般在 3V 左右，如电流偏小再适当增加。

3. 要防止电流急剧增大击穿弗兰克-赫兹管，如发生击穿应立即调低加速电压以免管子受损。

4. 弗兰克-赫兹管为玻璃制品，不耐冲击，应重点保护。

5. 实验完毕，应将各电位器逆时针旋转至最小值位置。

【思考题】

1. $I_P - V_{G2K}$ 曲线为什么呈现周期性变化？

2. 不同的灯丝电压 $I_P - V_{G2K}$ 曲线有什么变化？为什么？

实验三十三　密立根油滴实验

由美国物理学家密立根首先设计并完成的密立根油滴实验，在近代物理学发展史上被认为是实验物理学的一个光辉的典范，密立根以巧妙的实验、精湛的技术，以无可辩驳的事实证实了任何带电体所带的电荷都是某一最小电荷——基本电荷的整数倍，明确了电荷的不连续性；并精确地测定了这一基本电荷的数值。我们重温这一著名的实验，不仅要一般地了解密立根所用的基本实验方法，更要借鉴与学习密立根采用宏观力学模式揭示微观粒子的量子本性的物理构思、精湛的实验设计和严谨的科学作风，从而更好地提高我们的素质和能力。

【实验目的】

1. 验证电荷的不连续性及测量基本电荷电量的物理实验仪器。

2. 学习了解 CCD 图像传感器的原理与应用、学习电视显微测量方法。

密立根油滴实验

3. 通过实验中对仪器的调整、油滴的选择、跟踪、测量以及数据的处理等，培养学生科学的实验方法和态度。

【仪器和用具】

密立根油滴仪、监视器、喷雾器等。

【实验原理】

一个质量为 m，带电量为 q 的油滴处在 2 块平行极板之间，在平行极上板未加电压时，油滴受重力作用而加速下降，由于空气阻力的作用，下降一段距离后，油滴将作匀速运动，速度为 V_g，这时重力与阻力平衡（空气浮力忽略不计），如图 33-1 所示。根据斯托克斯定律，粘滞阻力为

$$f_r = 6\pi\eta a V_g$$

式中 η 是空气的粘滞系数，a 是油滴的半径，这时有

$$6\pi a\eta V_g = mg \tag{33-1}$$

当在平行极板上加电压 V 时，油滴处在场强为 E 的静电场中，设电场力 qE 与重力相反，如图 33-2 所示，使油滴受电场力加速上升，由于空气阻力作用，上升一段距离后，油滴所受的空气阻力、重力与电场力达到平衡（空气浮力忽略不计），则油滴将以匀速上升，此时速度为 V_e，则有：

$$6\pi a\eta V_e = qE - mg \tag{33-2}$$

又因为

$$E = V/d \tag{33-3}$$

d 为两极板之间的距离。

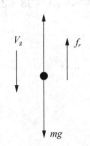

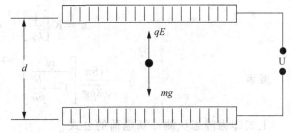

图 33-1　未加电压时油滴的受力情况　　　图 33-2　加电压时油滴的受力情况

由上述式（33-1）、式（33-2）、式（33-3）可解出

$$q = mg\frac{d}{V}\left[\frac{V_g + V_e}{V_g}\right] \tag{33-4}$$

为测定油滴所带电荷 q，除应测出 V、d 和速度 V_e、V_g 外，还需知油滴质量 m，由于空气中悬浮和表面张力作用，可将油滴看作圆球，其质量为

$$m = \frac{4}{3}\pi a^3 p \tag{33-5}$$

式中 ρ 是油滴的密度。由式（33-1）和式（33-5），得油滴的半径

$$a = \left[\frac{9\eta V_g}{2\rho g}\right]^{\frac{1}{2}} \tag{33-6}$$

考虑到油滴非常小，空气已不能看成连续媒质，空气的黏滞系数应修正为

$$\eta' = \frac{\eta}{1 + \dfrac{b}{pa}} \tag{33-7}$$

式中 b 为修正常数，p 为空气压强，a 为未经修正过的油滴半径，由于它在修正项中，不必计算得很精确，由式（33-6）计算就够了。

实验时取油滴匀速下降和匀速上升的距离相等，设都为 l，测出油滴匀速下降的时间 t_g，匀速上升的时间 t_e，则

$$V_g = l/t_g \qquad V_e = l/t_e \tag{33-8}$$

将式（33-5）~式（33-8）代入式（33-4），可得

$$q = \frac{18\pi}{\sqrt{2\rho g}}\left[\frac{\eta l}{1 + \dfrac{b}{pa}}\right]^{3/2}\frac{d}{V}\left[\frac{1}{t_e} + \frac{1}{t_g}\right]\left[\frac{1}{t_g}\right]^{1/2}$$

令
$$K = \frac{18\pi}{\sqrt{2\rho g}} \left[\frac{\eta l}{1 + \frac{b}{pa}} \right]^{3/2} \cdot d$$

得
$$q = K \left[\frac{1}{t_e} + \frac{1}{t_g} \right] \left[\frac{1}{t_g} \right]^{1/2} / V \qquad (33-9)$$

此式是动态（非平衡）法测油滴电荷的公式。

下面导出静态（平衡）法测油滴电荷的公式。

调节平行极板间的电压，使油滴不动。此时 $V_e = 0$，即 $t_e \to \infty$，由（33-2）或可得

$$q = K \left[\frac{1}{t_g} \right]^{3/2} \cdot \frac{1}{V}$$

或者
$$q = \frac{18\pi}{\sqrt{2\rho g}} \left[\frac{\eta l}{1 + \frac{b}{pa}} \right]^{+3/2} \cdot \frac{d}{V} \left(\frac{1}{tg} \right)^{\frac{3}{2}} \qquad (33-10)$$

上式即为静态法测油滴电荷的公式。

为了求电子电荷 e，对实验测得的各个电荷 q 求最大公约数，就是基本电荷 e 的值，也就是电子电荷 e，也可以测得同一油滴所带电荷的改变量（可以用紫外线或放射源照射油滴，使它所带电荷改变），这时 q 应近似为某一最小单位的整数倍，此最小单位即为基本电荷 e。

【装置介绍】

仪器主要由油滴盒、CCD 电视显微镜、电路箱、监视器等组成。

1. 油滴盒

油滴盒是个重要部件，加工要求很高，其结构见图 33-3。

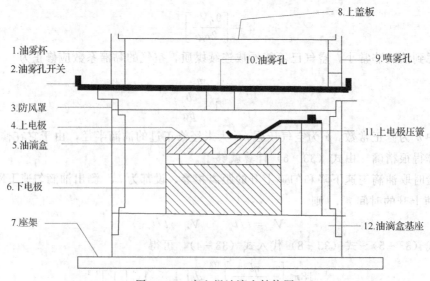

图 33-3 密立根油滴盒结构图

从图 33 - 3 上可以看到，上下电极形状与一般油滴仪不同。取消了造成积累误差的"定位台阶"，直接用精加工的平板垫在胶木圆环上，这样，极板间的不平行度、极板间的间距误差都可以控制在 0.01mm 以下。在上电极板中心有一个 0.4mm 的油雾落入孔，在胶木圆环上开有显微镜观察孔和照明孔。

在油滴盒外套有防风罩，罩上放置一个可取下的油雾杯，杯底中心有一个落油孔及一个挡片，用来开关落油孔。

在上电极板上方有一个可以左右拨动的压簧。注意，只有将压簧拨向最边位置，方可取出上极板，照明灯安装在照明座中间位置。电路箱体内装有高压产生、测量显示等电路。底部装有 3 只调平手轮。

2. 面板结构

密立根油滴仪的面板结构见图 33 - 4。由测量显示电路产生的电子分划板刻度，与 CCD 摄像头的行扫描严格同步，相当于刻度线是做在 CCD 器件上的。所以，尽管监视器有大小，或监视器本身有非线性失真，但刻度值是不会变的。

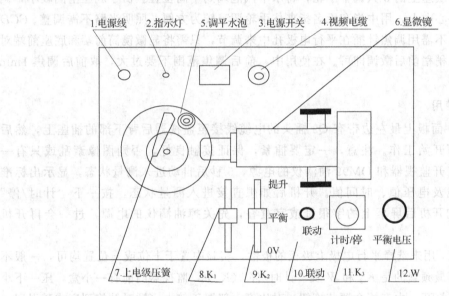

图 33 - 4　密立根油滴仪面板结构图

OM99 油滴仪备有两种分划板，标准分划板 A 是 8×3 结构，垂直线视场为 2mm，分 8 格，每格值为 0.25mm。另一种 X、Y 方向各为 15 小格的分划板 B，这是为观察油滴的布朗运动而设计的。用随机配备的标准显微物镜时，每格为 0.08mm；换上高倍显微物镜后，每格值为 0.04mm，此时，观察效果明显，油滴运动轨迹可以满格。进入或退出分划板 B 的方法是，按住"计时/停"按钮大于 5 秒即可切换分划板。在面板上有两只控制平行极板电压的三挡开关，K_1 控制上极板电压的极性，K_2 控制极板上电压的大小。当 K_2 处于中间位置即"平衡"挡时，可用电位器调节平衡电压。打向"提升"挡时，自动在平衡电压的基础上增加 200～300V 的提升电压，打向"0V"挡时，极板上电压为 0V 为了提高测量精度，OM99 油滴仪将 K_2 的"平衡"、"0V"挡与计时器的"计时/停"联动。在 K_2 由"平衡"打向"0V"，油滴开始匀速下落的同时开始计时，油滴下落到预定距离时，迅速将 K_2 由"0V"挡打向"平衡"挡，油滴停止下落的同时停止计时。这样，在屏幕上显示的是油滴实际的运动距离及对应的时间，这样可提高测距、测时精度。根据不同的教学要求，也可以不联动（关闭联动开关即可）。

由于空气阻力的存在，油滴是先经一段变速运动然后进入匀速运动的。但这变速运动时间非常短，远小于 0.01 秒，与计时器精度相当。可以看作当油滴自静止开始运动时，油滴是立即作匀速运动的；运动的油滴突然加上原平衡电压时，将立即静止下来。所以，采用联动方式完全可以保证实验精度。

OM99 油滴仪的计时器也可采用"计时/停"方式，即按一下开关，清 0 的同时立即开始计数，再按一下，停止计数，并保存数据。计时器的最小显示为 0.01 秒，但内部计时精度为 1，也就是说，清 0 时刻仅占用 1。

【实验内容及步骤】

1. 仪器调整

调节仪器底座上的 3 只调平手轮，将水平汽泡调到中间位置。由于底座空间较小，调手轮时应将手心向上，用中指和无名指夹住手轮调节较为方便。照明光路不需调整。CCD 显微镜对焦也不需用调焦针插在平行电极孔中来调节，只需将显微镜筒前端和底座前端对齐，喷油后再稍稍前后微调即可。在使用中，前后调焦范围不要过大，取前后调焦 1mm 内的油滴较好。

2. 开机使用

将 OM99 面板上最左边带有 Q9 插头的电缆线接至监视器后背下部的插座上，然后接上电源即可开始工作。注意，一定要插紧，保证接触良好，否则图像紊乱或只有一些长条纹。打开监视器和 OM99 油滴仪的电源，5 秒后自动进入测量状态，显示出标准分划板刻度线及电压值、时间值。开机后如想直接进入测量状态，按一下"计时/停"按扭即可。如开机后屏幕上的字很乱或字重叠，先关掉油滴仪的电源，过一会再开机即可。

面板上 K_1 用来选择平行电极上极板的极性，实验中置于＋位或－位置均可，一般不常变动。使用最频繁的是 K_2 和 W 及"计时/停"（K_3）。监视器门前有一小盒，压一下小盒，盒盖就可打开，内有 4 个调节旋钮。对比度一般置于较大（顺时针旋到底或稍退回一些），亮度不要太亮。如发现刻度线上下抖动，这是"帧抖"，微调左边起第二只旋钮即可解决。

3. 测量练习

练习是顺利做好实验的重要一环，包括练习控制油滴运动，练习测量油滴运动时间和练习选择合适的油滴。

选择一颗合适的油滴十分重要。大而亮的油滴必然质量大，所带电荷也多，而匀速下降时间则很短，增大了测量误差并给数据处理带来困难。通常选择平衡电压为 200～300V，匀速下落 1.5mm（6 格）的时间在 8～20s 左右，对于 10 英寸监视器，目测油滴直径在 0.5～1mm 左右的较适宜。喷油后，K_2 置"平衡"挡，调 W 使极板电压为 200～300V，注意几颗缓慢运动、较为清晰明亮的油滴。试将 K_2 置"0V"挡，观察各颗油滴下落大概的速度，从中选一颗作为测量对象。过小的油滴观察困难，布朗运动明显，会引入较大的测量误差。

判断油滴是否平衡要有足够的耐性。用 W 将油滴移至某条刻度线上，仔细调节平衡电压，这样反复操作几次，经一段时间观察油滴确定不再移动才认为是平衡了。

测准油滴上升或下降某段距离所需的时间，一是要统一油滴到达刻度线什么位置才认为油滴已踏线，二是眼睛要平视刻度线，不要有夹角。反复练习几次，使测出的各次时间的离散性较小，并且对油滴的控制比较熟练。

4. 正式测量

实验方法可选用平衡测量法（静态法）、动态测量法和同一油滴改变电荷法（第三种方法要用到汞灯，选做）。

(1) 平衡法（静态法）测量。可将已调平衡的油滴用 K_2 控制移到"起跑"线上（一般取第 2 格上线），按 K_3（计时/停），让计时器停止计时（值未必要为 0），然后将 K_2 拨向"0V"，油滴开始匀速下降的同时，计时器开始计时。到"终点"（一般取第 7 格下线）时迅速将 K_2 拨向"平衡"，油滴立即静止，计时也立即停止，此时电压值和下落时间值显示在屏幕上，进行相应的数据处理即可，重复以下操作，测量 10 个不同的油滴。

(2) 动态法测量。分别测出加电压时油滴上升的速度和不加电压时油滴下落的速度，代入相应公式，求出 e 值，此时最好将 K_2 与 K_3 的联动断开。油滴的运动距离一般取 1mm～1.5mm。对某颗油滴重复 5～10 次测量，选择 10～20 颗油滴，求得电子电荷的平均值 e。在每次测量时都要检查和调整平衡电压，以减小偶然误差和因油滴挥发而使平衡电压发生变化。

(3) 同一油滴改变电荷法。在平衡法或动态法的基础上，用汞灯照射目标油滴（应选择颗粒较大的油滴），使之改变带电量，表现为原有的平衡电压已不能保持油滴的平衡，然后用平衡法或动态法重新测量。

【参考表格】

表 33 - 1　密立根油滴实验　　　　　　　　　　　　　　　　t_g (s)

油滴	平衡电压（V）	t_{g1}	t_{g2}	t_{g3}	t_{g4}	t_{g5}	$\overline{t_g}$
1							
2							
3							

【数据处理】

1. 手动计算

平衡法依据公式为：$q = \dfrac{18\pi}{\sqrt{2\rho g}} \left[\dfrac{\eta l}{1 + \dfrac{b}{pa}} \right]^{+3/2} \cdot \dfrac{d}{V} \left(\dfrac{1}{t_g} \right)^{3/2}$

式中 $a = \sqrt{\dfrac{9\eta l}{2\rho g t_g}}$

油的密度 $\rho = 981\mathrm{kg \cdot m^{-3}}$（20℃）

重力加速度 $g = 9.79\mathrm{m \cdot s^{-2}}$

空气粘滞系数 $\eta = 1.83 \times 10^{-5}\mathrm{kg \cdot m^{-1} \cdot s^{-1}}$

油滴匀速下降距离 $l = 1.5 \times 10^{-3}\mathrm{m}$

修正常数 $b = 6.17 \times 10^{-6}\mathrm{m \cdot cmHg}$

大气压强 $p = 76.0\mathrm{cmHg}$

平行极板间距离 $d = 5.00 \times 10^{-3}\mathrm{m}$

式中的时间 t_g 应为测量数次时间的平均值。实际大气压可由气压表读出。

计算出各油滴的电荷后，求它们的最大公约数，即为基本电荷 e 值。若求最大公约数有困难，可用作图法求 e 值。设实验得到 n 个油滴的带电量分别为 q_i，由于电荷的量子化特性，应有 $q_i = n_i e$，此为一直线方程，n 为自变量，q 为因变量，e 为斜率。因此 n 个油滴对应的数据在 n-q 坐标中将在同一条过圆点的直线上，若找到满足这一关系的直线，就可用斜率求得 e 值。

将 e 的实验值与公认值比较，求相对误差。（公认值 $e = 1.60 \times 10^{-19}$库仑）

2. 软件计算

OM99 CCD 微机密立根油滴仪配套提供了数据处理软件 OMWIN1.6，适用于 Windows 9X/2000/Me/Xp 等操作系统。只要设定好实验的有关参数，然后依次输入测量数据即可得到结果及相对误差，并可将姓名、学号、日期和实验数据一并打印出来。

【注意事项】

1. 喷雾器内的油不可装得太满，否则会喷出很多"油"而不是"油雾"，堵塞上电极的落油孔。每次实验完毕应及时揩擦上极板及油雾室内的积油！

2. 喷油时喷雾器的喷头不要深入喷油孔内，并且喷油力度不要过大，否则喷出的油滴过大难以控制，而且容易堵塞落油孔。

3. 喷雾器内的油要及时回收，以免造成污染。

4. OM99 油滴仪电源保险丝的规格是 0.75A。如需打开机器检查，一定要拔下电源插头再进行！

【思考题】

（1）对实验结果造成影响的主要因素有哪些？

（2）如何判断油滴盒内平行极板是否水平？不水平对实验结果有何影响？

（3）通过 CCD 成像系统观测油滴比直接从显微镜中观测有何优点？

实验三十四　微机型开放式光栅光谱实验

【实验目的】

1. 理解光栅衍射的原理，研究衍射光栅的特性。

2. 观察光栅衍射现象以及一级谱和二级谱。观察光栅衍射角与光波长的关系。直观地感受光栅光谱仪原理。

3. 更换不同光源测量其特征光谱确定其他谱线的频率。

4. 通过目视直观地观察光源的谱线构成。

微机型开放式
光栅光谱实验

【仪器和用具】

GSP07 光栅光谱仪、钠灯、汞灯、电脑。

【实验原理】

一、光谱和物质结构的关系

每种物质的原子都有自己的能级结构，原子通常处于基态，当受到外部激励后，可由基态跃迁到能量较高的激发态。由于激发态不稳定，处于高能级的原子很快就返回基态，此时发射出一定能量的光子，光子的波长（或频率）由对应两能级之间的能量差 ΔE_i 决定。$\Delta E_i = E_i - E_0$，E_i 和 E_0 分别表示原子处于对应的激发态和基态的能量，即：$\Delta E_i = h\nu_i = h\dfrac{c}{\lambda_i}$，得：$\lambda_i = \dfrac{hc}{\Delta E_i}$，式中，$i = 1, 2, 3, \cdots$，$h$ 为普朗克常数，c 为光速。

每一种元素的原子，经激发后再向低能级跃迁时，可发出包含不同频率（波长）的光，这些光经色散元件（光栅或棱镜）即可得到一一对应的光谱。此光谱反映了该物质元素的原子结构特征，故称为该元素的特征光谱。通过识别特征光谱，就可对物质的组成和结构进行分析。

二、光栅的衍射特性

光栅片的结构如图 34-1 所示。设平面单色光波入射到光栅表面上产生反射衍射光，衍射光通过透镜成像在焦平面（观察屏）上，于是在观察屏上就出现衍射图样。

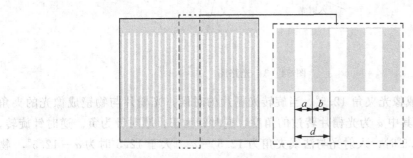

图 34-1　光栅片示意图

我们已知光栅方程为：$d(\sin\theta \pm \sin\theta_0) = j\lambda (j = 0, \pm 1, \pm 2, \pm 3, \cdots)$，式中：$\theta$ 为衍射角，j 为衍射级数，θ_0 表示衍射方向与法线间的夹角，其角度均为正值。θ 与 θ_0 在法线同侧时上式左边括号中取加号，在法线异侧时取减号。可以看出，在相同的衍射环境下，不同波长的光，其衍射角是不同的。当入射光为复合光，在相同的 d 和相同级别 j 时，衍射角随波长增大而增大，这样复合光就可以分解成各种单色光（如图 34-2 所示）。

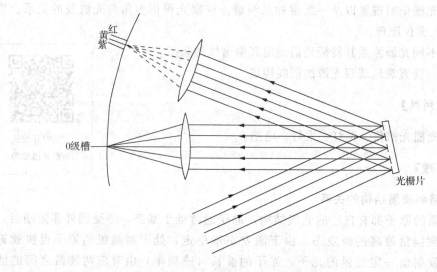

图 34-2　衍射光通过透镜成像

　　根据光栅方程，通过计算可以得出本仪器的理论公式为 $1.953d\sin\theta = j\lambda$，其推导如下：GSP07 光栅光谱仪入射光与物镜成像光的夹角始终保持在 25°，当光栅片旋转到 0° 时，光路图如图 34-3 所示。

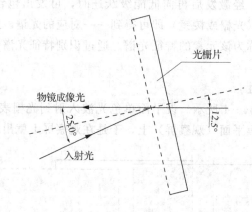

图 34-3　光路图

　　光栅片与物镜成像光夹角 12.5°。当旋转光栅片的时候，光栅片与物镜成像光的夹角改变为 $12.5° \pm \alpha$，其中 α 为光栅片转过的角度，逆时针为正，顺时针为负。逆时针旋转，当旋转角度小于 12.5° 时，入射光与法线夹角为 $12.5° - \alpha$，大于 12.5° 时为 $\alpha - 12.5°$，物镜成像光与法线夹角为 $12.5° + \alpha$。如图 34-4 所示。

根据光栅衍射方程，将上面的夹角代入方程：

$$j\lambda = \begin{cases} d\left[\sin(12.5 - \alpha) - \sin(12.5 + \alpha)\right] & \text{当 } \alpha < 12.5° \\ d\left[\sin(\alpha - 12.5) + \sin(12.5 + \alpha)\right] & \text{当 } \alpha > 12.5° \end{cases}$$

通过三角函数运算可以简化为

$$j\lambda = \begin{cases} 2d\cos(12.5°)\sin\alpha = 2d\cos12.5°\sin\alpha & \text{当 } \alpha < 12.5° \\ 2d\cos(-12.5°)\sin\alpha = 2d\cos12.5°\sin\alpha & \text{当 } \alpha > 12.5° \end{cases}$$

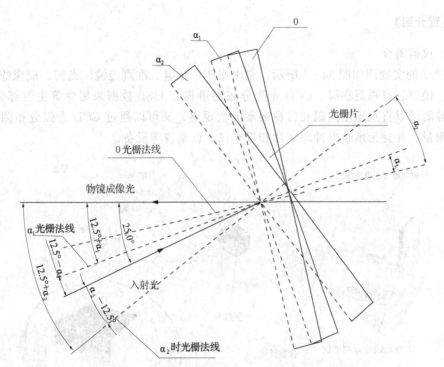

图 34 - 4   光栅片旋转时，光栅片与物镜成像光的夹角

得到如下方程

$$j\lambda = 2d\cos12.5°\sin\alpha$$

顺时针旋转通过相似的计算可以相同的结果。

$$j\lambda = 2d\cos12.5°\sin\alpha = 1.953d\sin\alpha（其中 \alpha 为光栅片转角）$$

三、用线形内插法求待测波长

光栅是线性色散元件，谱线的位置和波长有线性关系。如波长为 λ_x 的待测谱线位于已知波长 λ_1 和 λ_2 谱线之间，如图 34 - 5 所示，它们的相对位置可以在 CCD 采集软件上读出，如用 d 和 x 分别表示谱线 λ_1 和 λ_2 的间距及 λ_1 和 λ_x 的间距，那么待测线波长为：$\lambda_x = \lambda_1 + \dfrac{x}{d}(\lambda_2 - \lambda_1)$。

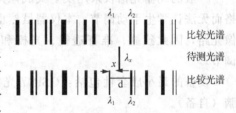

图 34 - 5   比较（已知）光谱与待测光谱的关系

四、线阵 CCD 的基本原理

线阵 CCD 器件是 GSP07 所用的光强分布测量仪的核心器件。线阵 CCD 器件由数千个光电二极管组成，这些光电二极管被称为感光像元，其尺寸一般为几个或十几个微米，它们依次紧密相邻，能各自将感受到的光强信号转化为电信号输出，输出电信号的强弱与入射光的强弱呈线性对应关系。线阵 CCD 器件的扫描（即将光强信号转化为电信号输出）是动态、瞬间且连续的。因此，线阵 CCD 器件具有实时响应、分辨率高等优点。GSP07 所用的线阵 CCD 器件拥有 2160 个像元，每个像元的尺寸是 $14\mu m$，即分辨率是 $14\mu m$。

【装置介绍】

一、仪器简介

GSP07 的实物图如图 34-6 所示。它由底座、狭缝、准直透镜、光栅、成像透镜、接收模块、镜筒、目视观察屏、CCD 光强分布测量仪和 USB 数据采集盒等主要部分组成。光谱图像既可以直观地用肉眼在目视观察屏上观察，又可以通过 CCD 光强分布测量仪进行精密测量。并且无须暗室冲印底片和投影仪、读谱仪等设备。

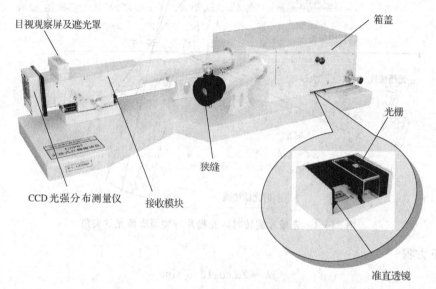

图 34-6　GSP07 光栅光谱仪

一般的光栅光谱仪采用反射式成像光路和反射式光栅，它对反射系统的公差要求较严格而无法让学生手动调节。本仪器虽然也采用了反射式光栅，但成像光路采用了透射式成像光路，因此狭缝、准直透镜、光栅和成像物镜等光学部件及光路均可以由学生动手调节。

设备的最小成套性包括：GSP07 光栅光谱仪、钠灯（可自备）、汞灯（可自备）、电脑（自备）。

二、技术参数

1. SP501D 光强分布测量仪：

　　线阵 CCD 光敏元个数 2160 个

　　光敏元中心距 14μm

　　光敏元线阵长 30.24mm

　　光谱范围 0.2～0.9μm

2. 狭缝宽度：宽度 0～2mm 连续可调，位置可调。

3. 光栅片：600L/mm 或 1200L/mm 可选，40mm×40mm×10mm。

4. 光栅转台转角范围：±20°连续可调，读数精度 0.5°。

5. 成像物镜：焦距 790mm，直径 28mm，波长范围 300～900nm。

6. 仪器分辨率：0.04nm（1200L/mm）或 0.08nm（600L/mm）。

7. 600L/mm 光栅可观察到±1, ±2级谱线。

8. 体积：0.7m × 0.3m × 0.25m。

【实验内容及步骤】

一、观察光栅衍射现象

在这部分的实验中，学生应该通过对光栅光谱仪光路的调节，掌握光栅衍射的特性和光栅光谱仪的原理，为第二部分测量未知光谱的波长作好准备。在光路的调节过程中，应遵循自狭缝开始、由前及后、顺序调节的原则。具体的实验步骤如下。

1. 准备。

预热钠灯5分钟直至钠灯光源趋于稳定，在预热等待的同时，将目视观察屏上方的目视观察屏遮光罩去掉；将侧面的目视/CCD选择旋钮置于"目视"挡；打开光谱仪箱盖。预热完成后，将钠灯放在狭缝前面。

2. 狭缝调节。

旋转狭缝使狭缝基本垂直于光栅光谱仪水平支撑面（垂直时，目视观察屏上的像应竖直不倾斜）。

3. 准直透镜调节。

在较暗的环境下可以在光栅片上发现一个圆斑，调节准直透镜的 X、Y 调节旋钮将圆斑调节到光栅片中心位置。

4. 光栅转台调节。

将光栅转台的指针旋转至刻度 0°左右，此时光栅片作为反射镜可以将入射的光直接反射到成像物镜上。

5. 成像物镜调节。

利用二维调节架使其基本垂直即可。

6. 观察成像。

此时用肉眼可以在目视观察屏上观察到成像。如果像不在屏的中心位置，则调节光栅片后面的俯仰机构旋钮，将像调节至屏的中心位置；如果像是倾斜的，则旋转狭缝使所成的狭缝像与观察屏垂直；如果像粗且模糊，则调节狭缝宽度使观察屏上可以看到清晰锐利的像。

7. 观察衍射现象。

调节好 0 级亮纹后，顺时针旋转光栅转台旋钮，此时随着光栅片的旋转，成像物镜接收到的是钠光的衍射光线。钠灯发出的光线是由多个不同波长的谱线组成的，因衍射角的不同将分为多个谱线。观察谱线的分布情况，可以发现一级谱从紫到红按波长从短到长分布。注意在目视谱线时因谱线强度、宽度以及谱线间距较小等原因，需使用所配放大镜观察方可观察到清晰、锐利的像。观测过程中若钠双黄分辨不清晰或者谱线过粗，先旋转狭缝上的调节旋钮，逆时针旋转减小谱线宽度。若所显条纹不清晰，则前后调节接收模块位置。

8. 以上光路完成调节后，必须保持不变直至全部实验的完成。如果实验过程中光路发生变化，则必须重新开始实验。下面开始第二部分的实验：测量未知光谱的波长。

二、测量未知光谱的波长

本实验采用线形内插法求待测波长，根据公式 $\lambda_x = \lambda_1 + \dfrac{x}{d}(\lambda_2 - \lambda_1)$，我们需要先采集并定标两条已知波长的谱线，然后再采集未知的谱线并对其波长进行测量。下面的步骤中，我们以钠灯的双黄线作为已知波长的谱线来计算氦灯的未知谱线。

1. 准备。①将 GSP07 上的目视/CCD 选择旋钮置于"CCD"挡并将目视孔遮光罩罩在目视观察屏上面（以免杂散光的影响），此时成像将直接投射到 CCD 上；②用数据线连接 GSP07 接收端的 CCD 光强分布测量仪和 USB 数据采集盒，再用 USB 线连接 USB 数据采集盒和计算机，运行并熟悉 CCDSHOT 数据处理程序；③在程序界面下方的"模拟黑白照片效果"的区域可以看到 CCD 接收到的像，观察其清晰度，若成像不清晰则前后移动接收模块的位置，直至能看到一个清晰的像。程序的具体使用，请阅读《CCDSHOT 软件说明书》。

2. 通过旋转角度估测谱线的波长。在准备阶段，将光栅转台旋转至 0°，此时在 CCD 上可以观察到一个清晰的像，这是 0 级谱，相当于直接将光源光线聚焦到一条线上，其所包含的各种谱线并没有分开。记下 0 级谱线对应 CCD 的像素点位置（软件里的 ch 值）。旋转光栅转台，当发现分离出的谱线时，继续旋转光栅转台使此谱线移动到刚才的 0 级谱的像素点位置，此时读取转台的角度值 θ，根据 $1.953d\sin\theta = j\lambda$，$j$ 为谱线级数，d 为光栅常数，可以计算出波长。例如钠双黄的转角，当 GSP07 采用 1200 条光栅（$d=1200$）时为 21.2°，采用 600 条光栅（$d=600$）时为 10.4°。

3. 采集并定标已知波长的谱线。按上一步，将光栅转台调至 21.2°（$d=1200$）或 10.4°（$d=600$），在软件上采集到钠光的特征谱——双黄线（两个间距很小的尖峰的图像）后，点击"停止采集"。移动蓝色的取样框（按住鼠标左键）到左边的谱线处，将鼠标移至右面，选择"A/D"值最大时（可使用键盘上的方向键）按下鼠标左键，输入"589.6nm"，可点击"查看数据"下的"放大局部视窗"放大视窗准确定标；之后鼠标移至右边的谱线处输入"589.0nm"，完成定标，如图 34-7 所示。

4. 采集并测量未知波长的谱线 1。不改变光学系统，在同一位置换上氦灯，不要转动光栅转台，用软件采集到某一条未知待测波长的谱线。将鼠标压在此谱线上，点击右键，弹出"待测谱线计算"对话框，按下"由列表选定标谱线 1"，选择一条刚才定过标的钠灯谱线；同样方法，在"由列表选定标谱线 2"选择另一定过标的钠灯谱线，之后点击"计算待测波长"，得到波长值为 588.5 nm，对照氦灯谱线波长，可知这条是波长为 587.6 nm 的黄色谱线。如图 34-8 所示（图中已放大了局部视窗）。

5. 采集并测量未知波长的谱线 2。如果待测谱线是在光栅转台转角改变的情况下获得的，则不能采用上一步的方法直接测量，因为在光栅角度改变的情况下，已定过标的钠灯双黄线与此未知谱线的相对位置关系已被破坏。这时我们可以通过中间谱线过渡的方法计算出待测波长。例如，虽然待测的氦灯的绿色谱线（447.15nm）不能与已知的钠的双黄线同时显示（即保持相同转角），但钠的双绿谱线（497.78nm、498.2nm）可以与钠的双黄谱线保持相同转角，而氦灯的绿色谱线又可以与钠的双绿谱线保持相同的转角。因此，我们可以先将光栅转台旋转到某一个角度以同时采集到钠的双绿谱线和双黄线，通过钠双黄线计算出钠的双绿谱线，然后将光栅转台转到另一个角度，以同时采集到钠的双绿谱线和氦灯的绿色谱线，这样就可以最终通过钠的双绿谱线计算出氦灯的绿色谱线了。

6. 调节中的一些小技巧。在调节过程中可能会出现下述情况：

①若所得像过于粗大，则调节狭缝直到能看到一个锐利的清晰的像。

②若 CCD 上显示相邻的谱线出现叠加，则旋转狭缝旋钮，将狭缝调小。

③CCD 上接收到的谱线可能出现强度溢出削顶，此时需调节狭缝粗细直到可以清晰地分辨出两条谱线或单独的锐利的像。

④光栅衍射仪的衍射光谱是线性分布的，因此在同一张 CCD 图片中只要能确定二条谱线就可以确定其他的谱线。然而 CCD 接受到的谱线由于 CCD 响应以及本身谱线强度不同等原因，出现某条谱线因刚达到 CCD 的响应阈值而幅度很小，但另外一条谱线却已经溢出的情况（溢出削顶如图 34 - 9 所示）。这时先减小狭缝的线宽，此时应该可以看到溢出削顶的现象消失，保存这条 CCD 曲线；在其他条件不变的情况下，增大狭缝的宽度，直到可以看到响应较弱的那条谱线（此时不理会刚才溢出削顶的那条谱线），也保存下来。因为两条曲线是在同一光路下测量出来的，因此每个像元所对应的谱线波长是相同的，可以在叠加的情况下进行计算。其他光源也可以采用类似的办法进行测量。但如要对比分析各谱线间的强度时，就不能用这种方法了。叠加的操作请参考软件说明书。

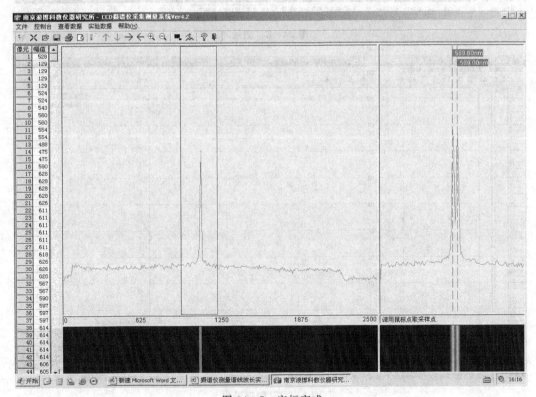

图 34 - 7　定标完成

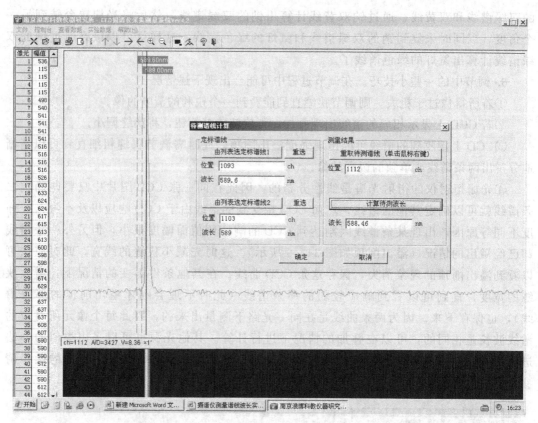

图 34-8 测量

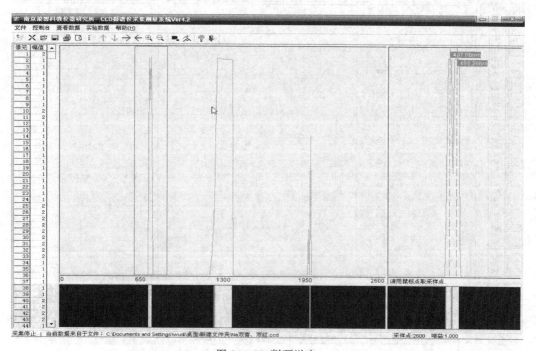

图 34-9 削顶溢出

附　录

一、钠灯谱线测量

1. 将光栅旋转钮调至 0°左右，可以在 CCD 上观察到一个清晰的像。

2. 旋转光栅旋转至 10°左右时，可以看到双黄线，适当调节狭缝宽度，使双黄线清晰。

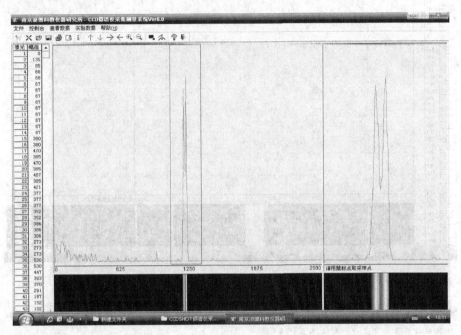

3. 定标双黄线，输入波长。

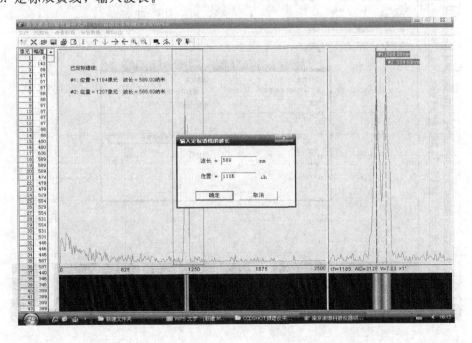

4. 由于红光、绿光光谱较弱，旋转狭缝，适当扩大狭缝，直至能够看清红光，绿光光谱。

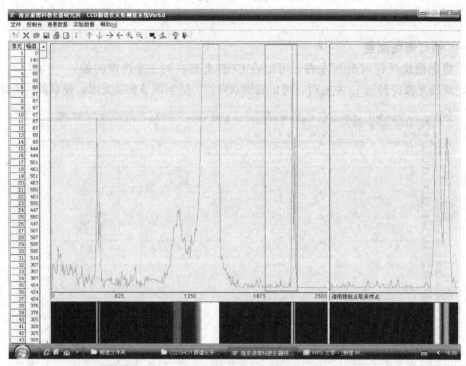

5. 通过已定标黄光光谱，求得红光，绿光光谱。

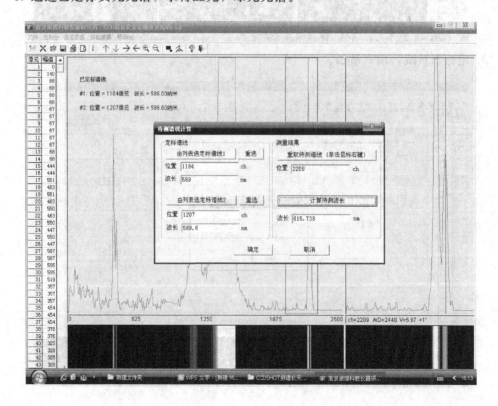

二、白光 LED 光栅光谱实验

在观察 LED 光的过程中，会发现其衍射光谱是有一个范围的，并且是由三色光构成的（红、绿、蓝）。其范围：

蓝：360～490nm　绿：490～580nm　红：580～700nm

其结构图：

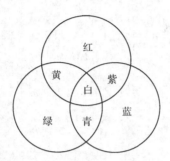

1. 将光栅旋转旋钮转至 0°左右。

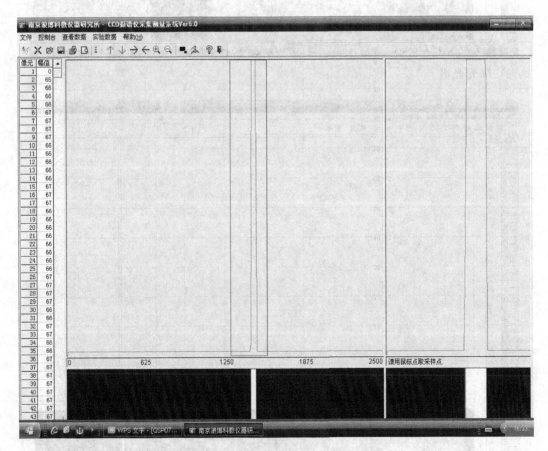

2. 将光栅旋转旋钮转至 10°左右时，会发现明显光谱，红绿蓝。

1）蓝光光谱

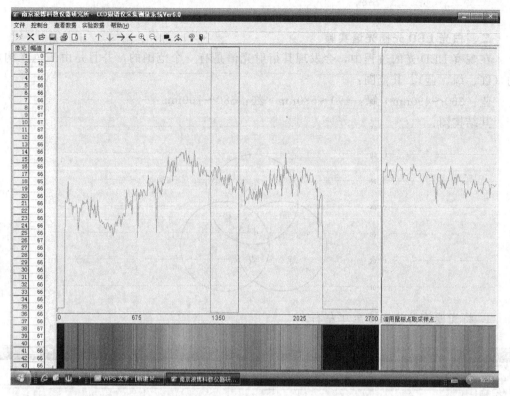

2) 绿光光谱

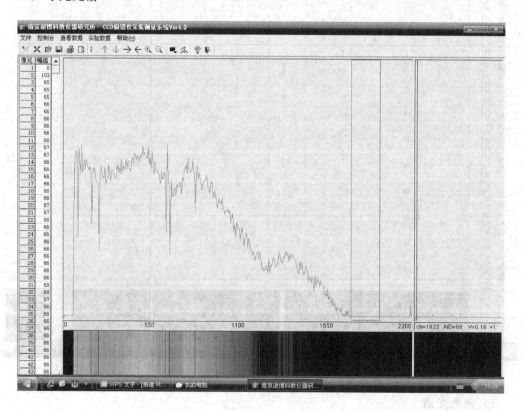

3）红光光谱

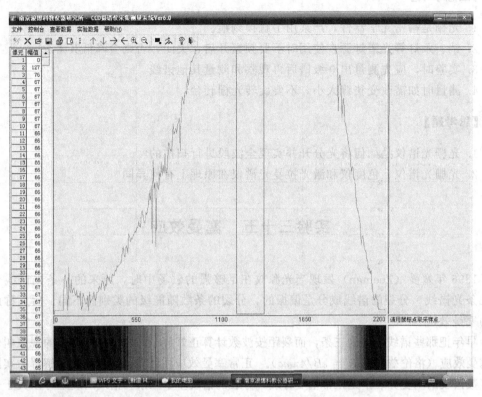

3. 氢灯光谱。

红光光谱

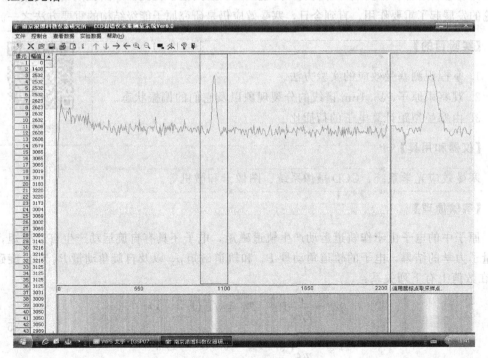

【注意事项】

1. 光栅是精密光学器件，严禁用手触摸刻痕。
2. 钠、汞灯等光谱灯源在使用时不要频繁开启、关闭，否则会降低其寿命。
3. 实验时，应先测量出 0 级谱后再观察和测量其他谱线。
4. 测量时如需改变狭缝大小，不要旋转光栅转台。

【思考题】

1. 光栅光谱仪是如何将光分开并实现全波段进行扫描的？
2. 光栅光谱仪、色度仪和激光拉曼光谱仪在原理上有何异同？

实验三十五　塞曼效应

1896 年塞曼（Zeeman）发现当光源放在足够强的磁场中时，原来的一条光谱线分裂成几条光谱线，分裂的谱线成分是偏振的，分裂的条数随能级的类别而不同。后人称此现象为塞曼效应。

早年把那些谱线分裂为三条，而裂距按波数计算正好等于一个洛伦兹单位的现象叫作正常塞曼效应（洛伦兹单位 $L = eB/4\pi mc$）。正常塞曼效应用经典理论就能给予解释。实际上大多数谱线的塞曼分裂不是正常塞曼分裂，分裂的谱线多于三条，谱线的裂距可以大于也可以小于一个洛伦兹单位，人们称这类现象为反常塞曼效应。反常塞曼效应只有用量子理论才能得到满意的解释。塞曼效应的发现，为直接证明空间量子化提供了实验依据，对推动量子理论的发展起了重要作用。直到今日，塞曼效应仍是研究原子能级结构的重要方法之一。

【实验目的】

1. 掌握观测塞曼效应的实验方法。
2. 观察汞原子 546.1nm 谱线的分裂现象以及它们的偏振状态。
3. 由塞曼裂距计算电子的荷质比。

塞曼效应

【仪器和用具】

塞曼效应光学系统、CCD 摄像系统、图像卡和微机等。

【实验原理】

原子中的电子由于作轨道运动产生轨道磁矩，电子还具有自旋运动产生自旋磁矩，根据量子力学的结果，电子的轨道角动量 P_L 和轨道磁矩 μ_L 以及自旋角动量 P_S 和自旋磁矩 μ_S 在数值上有下列关系：

$$\mu_L = \frac{e}{2mc}P_L \quad P_L = \sqrt{L(L+1)}\hbar$$

$$\mu_S = \frac{e}{mc}P_S \quad P_S = \sqrt{S(S+1)}\hbar$$

$(35-1)$

式中 e，m 分别表示电子电荷和电子质量；L，S 分别表示轨道量子数和自旋量子数。轨道角动量和自旋角动量合成原子的总角动量 P_J，轨道磁矩和自旋磁矩合成原子的总磁矩 μ，由于 μ 绕 P_J 运动只有 μ 在 P_J 方向的投影 μ_J 对外平均效果不为零，可以得到 μ_J 与 P_J 数值上的关系为：

$$\mu_J = g\frac{e}{2m}P_J \tag{35-2}$$

$$g = 1 + \frac{J(J+1) - L(L+1) + S(S+1)}{2J(J+1)}$$

式中 g 叫作朗德（Lande）因子，它表征原子的总磁矩与总角动量的关系，而且决定了能级在磁场中分裂的大小。

在外磁场中，原子的总磁矩在外磁场中受到力矩 L 的作用

$$L = \mu_J \times B \tag{35-3}$$

式中 B 表示磁感应强度，力矩 L 使角动量 P_J 绕磁场方向作进动，进动引起附加的能量 ΔE 为

$$\Delta E = -\mu_J B\cos\alpha$$

将式（35-2）代入上式得

$$\Delta E = g\frac{e}{2m}P_J B\cos\beta \tag{35-4}$$

由于 μ_J 和 P_J 在磁场中取向是量子化的，也就是 P_J 在磁场方向的分量是量子化的。P_J 的分量只能是 $\hbar$ 的整数倍，即

$$P_J\cos\beta = M\hbar \quad M = J,\ (J-1),\ \cdots,\ -J \tag{35-5}$$

磁量子数 M 共有 $2J+1$ 个值，

$$\Delta E = Mg\frac{e\hbar}{2m}B \tag{35-6}$$

这样，无外磁场时的一个能级，在外磁场的作用下分裂成 $2J+1$ 个子能级，每个能级附加的能量由式（35-6）决定，它正比于外磁场 B 和朗德因子 g。

设未加磁场时跃迁前后的能级为 E_2 和 E_1，则谱线的频率 ν 满足下式：

$$\nu = \frac{1}{h}(E_2 - E_1)$$

在磁场中上下能级分别分裂为 $2J_2+1$ 和 $2J_1+1$ 个子能级，附加的能量分别为 ΔE_2 和 ΔE_1，新的谱线频率 ν' 决定于

$$\nu' = \frac{1}{h}(E_2 + \Delta E_2) - \frac{1}{h}(E_1 + \Delta E_1) \tag{35-7}$$

分裂谱线的频率差为

$$\Delta\nu = \nu' - \nu = \frac{1}{h}(\Delta E_2 - \Delta E_1) = (M_2 g_2 - M_1 g_1)\frac{e}{4\pi m}B \tag{35-8}$$

用波数来表示为：
$$\Delta\tilde{\nu} = \frac{\Delta\nu}{c} = (M_2 g_2 - M_1 g_1)\frac{e}{4\pi mc}B \tag{35-9}$$

令 $L = \dfrac{eB}{4\pi mc}$，称为洛伦兹单位，将有关参数代入得

$$L = \frac{eB}{4\pi mc} = 0.467B$$

式中 B 的单位用 T（特斯拉），波数 L 的单位为 cm^{-1}。

但是并非任何两个能级间的跃迁都是可能的，跃迁必须满足以下选择定则：$\Delta M = 0$，± 1。当 $J_2 = J_1$ 时，$M_2 = 0 \to M_1 = 0$ 禁戒。

（1）当 $\Delta M = 0$，垂直于磁场的方向观察时，能观察到线偏振光，线偏振光的振动方向平行于磁场，称为 π 成分，平行于磁场方向观察时 π 成分不出现。

（2）当 $\Delta M = \pm 1$，垂直于磁场观察时，能观察到线偏振光，线偏振光的振动方向垂直于磁场，叫作 σ 线。平行于磁场方向观察时，能观察到圆偏振光，圆偏振光的转向依赖于 ΔM 的正负号、磁场方向以及观察者相对磁场的方向。$\Delta M = 1$，偏振转向是沿磁场方向前进的螺旋转动方向，磁场指向观察者时，为左旋圆偏振光，称作 $\sigma +$；$\Delta M = -1$，偏振转向是沿磁场方向倒退的螺旋转动方向，磁场指向观察者时，为右旋圆偏振光，称作 $\sigma -$。

本实验所观察到的汞绿线，即 546.1nm 谱线是能级 $7^3 s_1$ 到 $6^3 p_2$ 之间的跃迁。与这两能级及其塞曼分裂能级对应的量子数和 g，M，Mg 值以及偏振态列表如下：

表 35-1　各光线的偏振态

选择定则	$K \perp B$（横向）	$K /\!/ B$（纵向）
$\Delta M = 0$	线偏振光 π 成分	无光
$\Delta M = +1$	线偏振光 σ 成分	右旋圆偏振光
$\Delta M = -1$	线偏振光 σ 成分	左旋圆偏振光

表 35-1 中 K 为光波矢量；B 为磁感应强度矢量；σ 表示光波电矢量 $E \perp B$；π 表示光波电矢量 $E /\!/ B$。

表 35-2　原子态对应的量子数和 g、M 和 Mg 值

原子态符号	$7^3 S_1$	$6^3 P_2$
L	0	1
S	1	1
J	1	2
g	2	3/2
M	1, 0, −1	2, 1, 0, −1, −2
Mg	2, 0, −2	3, 3/2, 0, −3/2, −3

在外磁场的作用下，能级间的跃迁如图 35-1 所示。

本实验中我们使用法布里—珀罗标准具（以下简称 F-P 标准具）。F-P 标准具由平行放置的两块平面玻璃和夹在中间的一个间隔圈组成。平面玻璃内表面必须是平整的，其加工精度要求优于 1/20 中心波长。内表面上镀有高反射膜，膜的反射率高于 90%，间隔

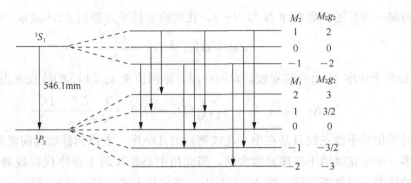

$$M_1g_2 - M_1g_1: \quad -2, 3/2, -1; \quad -1/2, 0, 1/2; \quad 1, 3/2, 2$$

$$\Delta M = M_2 - M_1: \quad \Delta M = -1 \qquad \Delta M = 0 \qquad \Delta M = +1$$

$$\sigma(E \perp B) \qquad \pi(E /\!/ B) \qquad \sigma(E \perp B)$$

垂直 B 方向观察：都是线偏振光

平行 B 方向观察：左旋圆偏振光，无光，右旋圆偏振光

图 35-1 汞 546.1nm 谱线的塞曼效应示意图

圈用膨胀系数很小的石英材料制作，精加工成一定的厚度，用来保证两块平面玻璃板之间有很高的平行度和稳定的间距。再用三个螺丝调节玻璃上的压力来达到精确平行。当单色平行光束 s_0 以某一小角度 θ 入射到标准具的平面上时，光束在 M 和 M' 二表面上经多次反射和透射，分别形成一系列相互平行的反射光束 1，2，3，…，及透射光束 $1'$，$2'$，$3'$，…。这些相邻光束之间有一定的光程差 Δl，而且有

$$\Delta l = 2nh\cos\theta$$

式中 h 为两平行板之间的距离，θ 为光束在 M 和 M' 界面上的入射角，n 为两平行板之间介质的折射率，在空气中折射率近似为 $n=1$。这一系列互相平行并有一定光程差的光束将在无限远处或在透镜的焦面上发生干涉。当光程差为波长的整数倍时产生相长干涉，得到光强极大值：

$$2h\cos\theta = N\lambda \tag{35-10}$$

式中 N 为整数，称为干涉序。由于标准具间距是固定的，对于波长一定的光，不同的干涉序 N 出现在不同的入射角 θ 处。如果采用扩展光源照明，F-P 标准具产生等倾干涉，它的花纹是一组同心圆环，如图 35-2 所示。

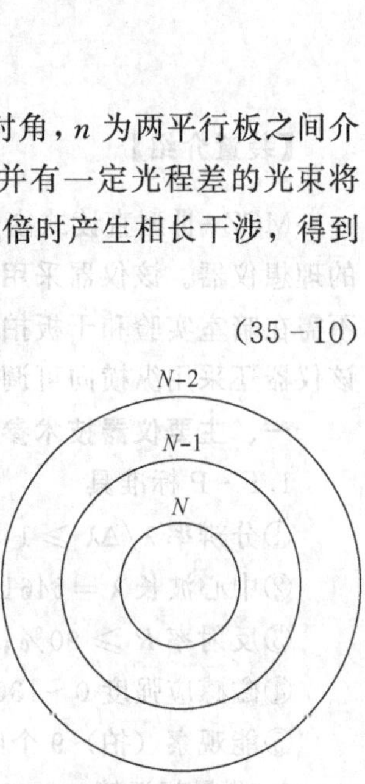

用透镜把 F-P 标准具的干涉花纹成像在焦平面上，与花纹相应的光线入射角 θ 与花纹的直径 D 有如下关系：

$$\cos\theta = \frac{f}{\sqrt{f^2 + (D/2)^2}} \approx 1 - \frac{1}{8}\frac{D^2}{f^2} \tag{35-11}$$

式中 f 为透镜的焦距。将上式代入式（35-10）得

图 35-2 等倾干涉花纹

$$2h\left[1 - \frac{1}{8}\frac{D^2}{f^2}\right] = N\lambda \tag{35-12}$$

由上式可见，干涉序 N 与花纹直径的平方成线性关系，随着花纹直径的增大花纹越来越密（见图 35-2）。式（35-12）等号左边第二项的负号表明干涉环的直径越大，干涉序 N 越小。中心花纹干涉序最大。

对同一波长的相邻两序 N 和 N−1，花纹的直径平方差用 ΔD^2 表示，得

$$\Delta D^2 = D_{N-1}^2 - D_N^2 = \frac{4f^2\lambda}{h} \tag{35-13}$$

ΔD^2 是与干涉序 N 无关的常数。对同一序，不同波长 λ_a 和 λ_b 的波长差为

$$\Delta\lambda = \lambda_a - \lambda_b = \frac{h}{4f^2N}(D_b^2 - D_a^2) = \frac{\lambda}{N}\frac{D_b^2 - D_a^2}{D_{N-1}^2 - D_N^2} \tag{35-14}$$

测量时所用的干涉花纹只是在中心花纹附近的几个序。考虑到标准具间隔圈的长度比波长大得多，中心花纹的干涉序是很大的，因此用中心花纹的干涉序代替被测花纹的干涉序，引入的误差可以忽略不计，即 $N = 2h/\lambda$，将它代入式（35-14），得

$$\Delta\lambda_{ab} = \lambda_a - \lambda_b = \frac{\lambda^2}{2h}\frac{D_b^2 - D_a^2}{D_{N-1}^2 - D_N^2} \tag{35-15}$$

波数差表示，$\Delta\tilde{v} = \Delta\lambda/\lambda^2$，则

$$\Delta\tilde{v}_{ab} = \frac{1}{2h}\frac{\Delta D_{ab}^2}{\Delta D^2} \tag{35-16}$$

其中 $\Delta D_{ab}^2 = D_a^2 - D_b^2$ 由上两式得到波长差或波数差与相应花纹的直径平方差成正比。故应用式（35-15）和式（35-16），在测出相应的环的直径后，就可以计算出塞曼分裂的裂距。

将式（35-16）代入式（35-9），便得电子荷质比的公式

$$\frac{e}{m} = \frac{2\pi c}{(M_2 g_2 - M_1 g_1)Bh}\left(\frac{D_b^2 - D_a^2}{D_{N-1}^2 - D_N^2}\right) \tag{35-17}$$

【装置介绍】

MCZ-Ⅲ型直读式塞曼效应实验仪是观察塞曼效应和直接测量塞曼分裂圆环直径 D 的理想仪器。该仪器采用二块平面平行平晶制成的 F-P 标准具。由于采用测量望远镜，不需在暗室实验和干板拍摄，可以从读数鼓轮上直接读取读数，测量精度高，操作简便。该仪器还采用纵横向可调滑座，便于调整各光学元件的光轴，保证成像质量。

一、主要仪器技术参数

1. F-P 标准具

①分辨率 $\lambda/\Delta\lambda \geqslant 1 \times 10^5$，通光口径 $\Phi 40\text{mm}$，石英条纹细度>12；

②中心波长 $\lambda = 5461\text{ Å}$；

③反射率 $R \geqslant 90\%$；

④磁感应强度 0～13000 高斯；

⑤能观察（拍）9 个明显的塞曼分裂谱线。

2. 测量望远镜

①有效测量范围：0～8mm；

②测量精度 0.01mm；

③视角放大率 $F = 6X$。

3. 干涉滤光片：中心波长 $\lambda = 5461\text{ Å}$。

4. 聚光镜：消色差透镜焦距 $f = 93\text{mm}$。

5. 纵横向可调滑座：横向可调范围±15mm。

6. fWL－3A 型直流稳流电源。

①电源 50Hz，220V±10％；

②输出电流 0～5.5A 线性连续可调；

③允许负载自变范围 25％，恒流源负载阻抗为 12.5Ω；

④纹波电流≤3mA；

⑤电源漂移≤±1％/小时。

二、光学系统

光路说明：光从高压汞灯 1 发出，先经过聚光镜 2 形成一系列平行光束，再经过干涉滤光片 3 使中心波长 λ＝5461Å 的强汞灯谱线透过，射入 F－P 标准具 4 形成多光束干涉，这些干涉光束通过偏振片 6 被测量望远镜系统 7 接收，并成像于分化板上，通过测微目镜进行观察和测量。

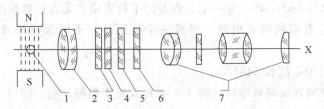

图 35－3　光学系统

1—笔形汞灯；2—聚光镜；3—干涉滤光片（已安装在 F－P 标准具内）；4—F－P 标准具；

5—1/4 波片；6—偏振片；7—测量望远镜

三、仪器结构和功能

（一）仪器结构如图 35－4 所示

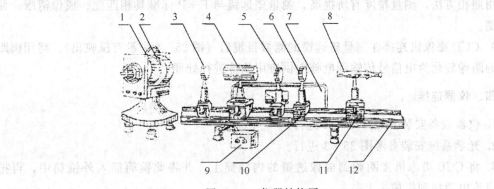

图 35－4　仪器结构图

1—电磁铁；2—汞灯；3—聚光镜；4—F－P 标准具；5—1/4 波片；6—偏振片

7—晶体管稳流电源；8—测量望远镜（其观察目镜后可安装 CCD 摄像机）；9—汞灯电源

10—固定滑座；11—可调滑座；12—导轨

（二）功能

1. 晶体管稳流电源。

此稳流电源具有高稳定度，连续可调，可为直流电磁铁提供 0～5.5A 稳定励磁电流。

2. 直流电磁铁。

当激磁电流为 2.5A 时，磁场强度可达 12000Gs，磁铁绕轴旋转 90 度可直接观察纵向效应。

3. 纵向可调滑座。

滑座装置在三角形导轨上，不仅沿着光轴方向可调，垂直光轴方向也可调。

4. 光源。

采用汞灯为光源，将汞灯管固定于两磁极之间的灯架上（装灯时可取下灯架），接通变压器（胶木端子输入、磁端子为输出），灯管便发出很强的光谱线。

5. F－P 标准具。

F－P 标准具是由两块互相平行的平面平镜组成。平面平镜内表面镀有多层介质膜，为保证两平面平行平镜间严格保持平行，在两平面镜间放一厚度为 2.7mm 的间隔圈，使两块平镜间的距离固定不变，当 $\lambda = 5461$Å 的单色光进入标准具后，在两镜镀膜表面间进行多次反射和透射，形成一系列相互平行的反射光束和透射光束，在透射光束中，相邻两光束的光程差为 $\Delta = 2nd\cos\theta$，有一定光程差的平行光束在无穷远处发生干涉，当 $\Delta = k\lambda$ 时，同一级次对应着相同的入射角，形成一个亮圆环，不同级次形成一套同心的干涉圆环。

6. 1/4 波片（中心波长 5461Å）。

当沿着磁场方向观察纵效应时，将 1/4 波片放置于偏振片前，用以观察左、右旋的圆偏振光。

7. 偏振片。偏振片用以观察偏振性质不同的 π 成分和 δ 成分。

8. 测量望远镜。

测量望远镜是该仪器的关键部件，干涉光束通过望远镜成像于分化板上，通过测微目镜的读数机构可直接测得各级干涉圆环的直径 D 或分裂宽度。读数鼓轮格值为 0.01mm，较采用照相方法，测量精度有所提高。测量望远镜与 F－P 标准具相匹配、成像清晰，便于观测。

9. CCD 摄像机连接在测量望远镜的测微目镜后（图 35－4 中没有反映出），将用肉眼观察的图像转化为电信号传输到电脑中供应用软件进行处理。

四、仪器连接

1. 仪器设备安装参照图 35－4 进行。

2. 光学系统安装参考图 35－3 进行。

3. 将 CCD 摄像机接圈旋到成像透镜的内镜筒上，并将此镜筒插入外镜筒中，再把 12V 直流电源接到摄像头上。

4. 将与 CCD 摄像机配套的 USB 图像卡插入计算机，计算机屏幕上将会出现要求搜索安装软件的对话框，此时插入随机附带的软件光盘，电脑即会自动搜索安装图像卡软件。

5. 塞曼实验软件安装。

将随机附上的塞曼效应实验软件包拷到电脑中，打开软件包双击 "setup" 图标，然后按屏幕上的对话框提示进行安装。（见下图）

安装完成后，在桌面将出现一个塞曼效分析软件的执行图标，双击此图标即可进入实

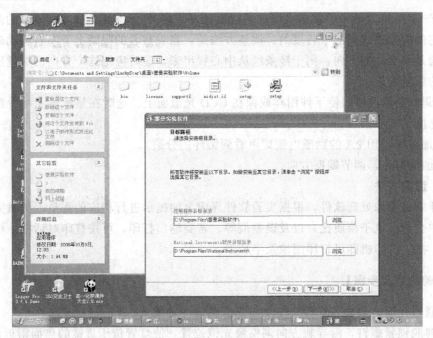

验界面。(见下图)

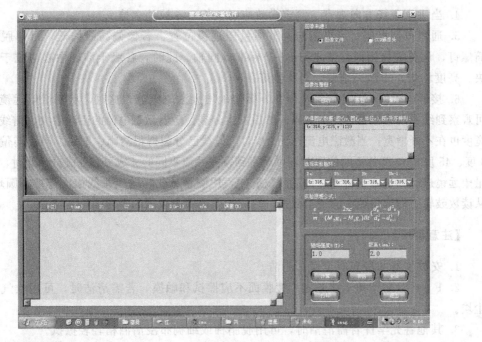

五、仪器调节

光学系统按塞曼效应实验传统方法调节,光路的调节,特别是 F－P 标准具和光源的调整,是做好本实验的关键。

a) 光源调节:点亮汞灯,待数分钟光稳定后,调节共轴,使汞灯光经过会聚透镜后成平行光。

b) F－P 标准具的调节。

把 F-P 标准具两平面镜内表面的平行度调好。F-P 标准具是靠 3 个压紧的弹簧螺丝来调整它的两个内表面的平行度的。调整方法是：当观察者的眼睛上下左右移动时，如果移动方向是 d 增大的方向，则干涉条纹从中心冒出来，这时应把这个方向的螺丝压紧或把反方向的螺丝放松。

c) 调节成像透镜，使干涉图样成像在 CCD 光敏面上。这时在显示器上可看到细而亮且高对比度的同心圆环。

d) 加磁场（用 2A 的励磁电流即可看到圆环的分裂）。

e) 加偏振片，调节偏振方向。

六、测量方法

打开塞曼图像处理软件，根据实验软件界面上的提示进行相应的测量。测量完成后在结果框中会给出电子荷质比，以及误差值等。若要输出打印，可按打印对话框，根据提示作设置，接上打印机即可打印图像及半径值。

【实验内容及步骤】

1. 通过光源，调整各部件，使之与光源在同一轴线上。

2. 解脱锁紧螺钉，沿导轨方向调整聚光镜位置，使灯管位于透镜的焦面附近。

3. 纵横向调整 F-P 标准具的位置，使之靠近聚光镜组，并与光源同轴。

4. 当垂直磁场方向观察、测定横效应时，将 1/4 波片拿掉。

5. 通过可调滑座，可纵横向调整测量望远镜位置，若像偏高或偏低，可解脱望远镜筒螺钉，调整镜筒俯仰，使之与 F-P 标准具同轴。此时，各级干涉环中心应位于视场中央，亮度均匀，干涉环细锐，对称性好。

6. 接通电磁铁与晶体管稳流电源，缓慢地增大激磁电流，这时，从测量望远镜目镜中可观察到细锐的干涉圆环逐渐变粗，然后发生分裂。随着激磁电流的逐渐增大，谱线的分裂宽度也在不断增宽，当激磁电流达到 2A 时，谱线已分裂得很清晰、细锐。当旋转偏振片为 0 度、45 度、90 度各不同位置时，可观察到偏振性质不同的 π 成分和 δ 成分。此时，可用测量望远镜进行测量：旋转测微目镜读数鼓轮，用测量分化板的铅垂线依次与被测圆环相切，从读数鼓轮上即读得相应的一组数据，它们的差值即为被测的干涉圆环直径 D。

【注意事项】

1. 安放仪器的房间应干燥、清洁。

2. F-P 标准具和干涉滤光片镀膜面不应擦拭和触摸，若需清洁时，可用吹气球吹去尘埃。

3. 其他各光学件若需清洁时，可用脱脂棉或细稠布浸沾酒精轻轻擦拭。

4. CCD 成像系统不应拆卸作其他用途。

【思考题】

如何鉴别 F-P 标准具的两反射面是否严格平行，如发现不平行应该如何调节？例如，当眼睛向某方向移动，观察到干涉纹从中心冒出来，应如何调节？

实验三十六　电子自旋共振实验

电子自旋共振（Electron Spin Resonance）缩写为 ESR，又称顺磁共振（缩写为 EPR，Paramagnetic Resonance）。它是指处于恒定磁场中的电子自旋磁矩在射频电磁场作用下发生的一种磁能级间的共振跃迁现象。这种共振跃迁现象只能发生在原子的固有磁矩不为零的顺磁材料中，称为电子顺磁共振。1944 年由前苏联的柴伏依斯基首先发现。它与核磁共振（NMR）现象十分相似，所以 1945 年 Purcell、Paund、Bloch 和 Hanson 等人提出的 NMR 实验技术后来也被用来观测 ESR 现象。

ESR 已成功地被应用于顺磁物质的研究，目前它在化学、物理、生物和医学等各方面都获得了极其广泛的应用。例如发现过渡族元素的离子、研究半导体中的杂质和缺陷、离子晶体的结构、金属和半导体中电子交换的速度以及导电电子的性质等。所以，ESR 也是一种重要的近代物理实验技术。

【实验目的】

1. 了解和掌握各个微波波导器件的功能和调节方法。

2. 了解电子自旋共振的基本原理，比较电子自旋共振与核磁共振各自的特点。

3. 观察在微波段电子自旋共振现象，测量 DPPH 样品自由基中电子的朗德因子。

4. 理解谐振腔中 TE_{10} 波形成驻波的情况，调节样品腔长，测量不同的共振点，确定波导波长。

5. 根据 DPPH 样品的谱线宽度，估算样品的横向弛豫时间（选做）。

【仪器和用具】

FD - ESR - C 型微波段电子自旋共振实验仪，双踪示波器等。

【实验原理】

1. 实验样品

本实验测量的标准样品为含有自由基的有机物 DPPH（Di - phenyl - picryl - Hydrazyl），称为二苯基苦酸基联氨，分子式为 $(C_6H_5)_2N-NC_6H_2(NO_2)_3$，结构式如图 36 - 1 所示。

图 36 - 1　DPPH 的分子结构式

它的第二个 N 原子少了一个共价键，有一个未偶电子，或者说一个未配对的"自由电子"，是一个稳定的有机自由基。对于这种自由电子，它只有自旋角动量而没有轨道角动量，或者说它的轨道角动量完全猝灭了。所以在实验中能够容易地观察到电子自选共振现象。由于 DPPH 中的"自由电子"并不是完全自由的，其 g 因子标准值为 2.0036，标准线宽为 2.7×10^{-4} T。

2. 电子自旋共振（ESR）与核磁共振（NMR）的比较

电子自旋共振（ESR）和核磁共振（NMR）分别研究未偶电子和磁性核塞曼能级间的共振跃迁，基本原理和实验方法上有许多共同之处，如共振与共振条件的经典处理，量子力学描述、弛豫理论及描述宏观磁化矢量的唯象布洛赫方程等。

由于玻尔磁子和核磁子之比等于质子质量和电子质量之比 1836.152710（37）（1986 年国际推荐值），因此，在相同磁场下核塞曼能级裂距较电子塞曼能级裂距小三个数量级。这样在通常磁场条件下 ESR 的频率范围落在了电磁波谱的微波段，所以在弱磁场的情况下，可以观察电子自旋共振现象。根据玻尔兹曼分布规律，能级裂距大，上、下能级间粒子数的差值也大，因此 ESR 的灵敏度较 NMR 高，可以检测低至 $10^{-4}\,mol$ 的样品，例如半导体中微量的特殊杂质。此外，由于电子磁矩较核磁矩大三个数量级，电子的顺磁弛豫相互作用较核弛豫相互作用强很多，纵向弛豫时间 T_1 和横向弛豫时间 T_2 一般都很短，因此除自由基外，ESR 谱线一般都较宽。

ESR 只能考察与未偶电子相关的几个原子范围内的局部结构信息，对有机化合物的分析远不如 NMR 优越；但是 ESR 能方便地用于研究固体。ESR 的最大特点，在于它是检测物质中未偶电子唯一直接的方法，只要材料中有顺磁中心，就能够进行研究。即使样品中本来不存在未偶电子，也可以用吸附、电解、热解、高能辐射、氧化还原等化学反应和人工方法产生顺磁中心。

3. 电子自旋共振条件

由原子物理学可知，原子中电子的轨道角动量 P_l 和自旋角动量 P_s 会引起相应的轨道磁矩 μ_l 和自旋磁矩 μ_s，而 P_l 和 P_s 的总角动量 P_j 引起相应的电子总磁矩为

$$\mu_j = -g\frac{e}{m_e}P_j \tag{36-1}$$

式中 m_e 为电子质量，e 为电子电荷，负号表示电子总磁矩方向与总角动量方向相反，g 是一个无量纲的常数，称为朗德因子。按照量子理论，电子的 L-S 耦合结果，朗德因子为

$$g = 1 + \frac{J(J+1)+S(S+1)-L(L+1)}{2J(J+1)} \tag{36-2}$$

式中 L，S 分别为对原子角动量 J 有贡献的各电子所合成的总轨道角动量和自旋角动量量子数。由上式可见，若原子的磁矩完全由电子自旋所贡献（$L=0$，$S=J$），则 $g=2$，反之，若磁矩完全由电子的轨道磁矩所贡献（$L=J$，$S=0$），则 $g=1$。若两者都有贡献，则 g 的值在 1 与 2 之间。因此，g 与原子的具体结构有关，通过实验精确测定 g 的数值可以判断电子运动状态的影响，从而有助于了解原子的结构。

通常原子磁矩的单位用波尔磁子 μ_B 表示，这样原子中的电子的磁矩可以写成

$$\mu_j = -g\frac{\mu_B}{\hbar}P_j = \gamma P_j \tag{36-3}$$

式中 γ 称为旋磁比

$$\gamma = -g\frac{\mu_B}{\hbar} \tag{36-4}$$

由量子力学可知，在外磁场中角动量 P_j 和磁矩 μ_j 在空间的取向是量子化的。在外磁场方向（Z 轴）的投影

$$P_z = m\hbar \tag{36-5}$$

$$\mu_z = \gamma m\hbar \tag{36-6}$$

式中 m 为磁量子数，$m = j$，$j-1$，$\cdots$，$-j$。

当原子磁矩不为零的顺磁物质置于恒定外磁场 B_0 中时，其相互作用能也是不连续的，其相应的能量为

$$E = -\mu_j B_0 = -\gamma m\hbar B_0 = -mg\mu_B B_0 \tag{36-7}$$

不同磁量子数 m 所对应的状态上的电子具有不同的能量。各磁能级是等距分裂的，两相邻磁能级之间的能量差为

$$\Delta E = g\mu_B B_0 = \omega_0 \hbar \tag{36-8}$$

若在垂直于恒定外磁场 B_0 方向上加一交变电磁场，其频率满足

$$\omega\hbar = \Delta E \tag{36-9}$$

当 $\omega = \omega_0$ 时，电子在相邻能级间就有跃迁。这种在交变磁场作用下，电子自旋磁矩与外磁场相互作用所产生的能级间的共振吸收（和辐射）现象，称为电子自旋共振（ESR）。式（36-9）即为共振条件，可以写成

$$\omega = g \frac{\mu_B}{\hbar} B_0 \tag{36-10}$$

或者

$$f = g \frac{\mu_B}{h} B_0 \tag{36-11}$$

对于样品 DPPH 来说，朗德因子参考值 $g = 2.0036$，将 μ_B，h 和 g 值带入上式可得（这里取 $\mu_B = 5.78838263(52) \times 10^{-11} \mathrm{MeV \cdot T^{-1}}$，$h = 4.1356692 \times 10^{-21} \mathrm{MeV \cdot s}$）

$$f = 2.8043 B_0 \tag{36-12}$$

在此 B_0 的单位为高斯（$1\mathrm{Gs} = 10^{-4}\mathrm{T}$），$f$ 的单位为兆赫兹（MHz），如果实验时用 3cm 波段的微波，频率为 9370MHz，则共振时相应的磁感应强度要求达到 3342Gs。

共振吸收的另一个必要条件是在平衡状态下，低能态 E_1 的粒子数 N_1 比高能态 E_2 的粒子数 N_2 多，这样才能够显示出宏观（总体）共振吸收，因为热平衡时粒子数分布服从玻尔兹曼分布

$$\frac{N_1}{N_2} = \exp\left(-\frac{E_2 - E_1}{kT}\right) \tag{36-13}$$

由式（36-13）可知，因为 $E_2 > E_1$，显然有 $N_1 > N_2$，即吸收跃迁（$E_1 \to E_2$）占优势，然而随着时间推移以及 $E_2 \to E_1$ 过程的充分进行，势必使 N_2 与 N_1 之差趋于减小，甚至可能反转，于是吸收效应会减少甚至停止，但实际并非如此，因为包含大量原子或离子的顺磁体系中，自旋磁矩之间随时都在相互作用而交换能量，同时自旋磁矩又与周围的其他质点（晶格）相互作用而交换能量，这使处在高能态的电子自旋有机会把它的能量传递出去而回到低能态，这个过程称为弛豫过程，正是弛豫过程的存在，才能维持着连续不断的磁共振吸收效应。

弛豫过程所需的时间称为弛豫时间 T，理论证明

$$T = \frac{1}{2T_1} + \frac{1}{T_2} \tag{36-14}$$

T_1 称为"自旋-晶格弛豫时间",也称为"纵向弛豫时间",T_2 称为"自旋-自旋弛豫时间",也称为"横向弛豫时间"。

4. 谱线宽度

与光谱线一样,ESR 谱线也有一定的宽度。如果频宽用 $\delta\nu$ 表示,则 $\delta\nu = \delta E/h$,相应有一个能级差 ΔE 的不确定量 δE,根据测不准原理,$\tau \delta E \simeq h$,τ 为能级寿命,于是有

$$\delta\nu \simeq \frac{1}{\tau} \tag{36-15}$$

这就意味着粒子在上能级上的寿命的缩短将导致谱线加宽。导致粒子能级寿命缩短的基本原因是自旋-晶格相互作用和自旋-自旋相互作用。对于大部分自由基来说,起主要作用的是自旋-自旋相互作用。这种相互作用包括了未偶电子与相邻原子核自旋之间以及两个分子的未偶电子之间的相互作用。因此谱线宽度反映了粒子间相互作用的信息,是电子自旋共振谱的一个重要参数。

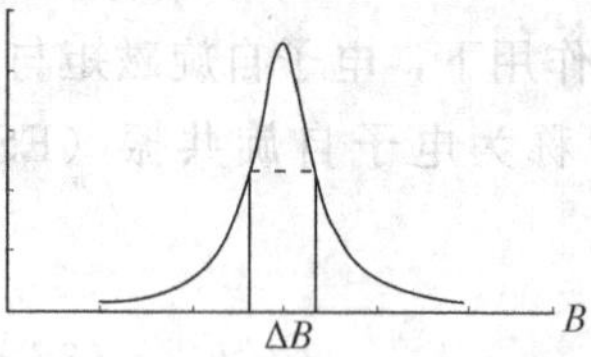

用移相器信号作为示波器扫描信号,可以得到如图 36-2 所示的图形,测定吸收峰的半高宽 ΔB(或者称谱线宽度),如果谱线为洛伦兹型,那么有

$$T_2 = \frac{2}{\gamma \Delta B} \tag{36-16}$$

图 36-2 根据样品吸收谱线的半高宽计算横向弛豫时间

其中旋磁比 $\gamma = g\dfrac{\mu_B}{\hbar}$,这样即可以计算出共振样品的横向弛豫时间 T_2。

5. 微波基础知识与微波器件

由于微波的波长短,频率高,它已经成为一种电磁辐射,所以传输微波就不能用一般的金属导线。常用的微波传输器件有同轴线、波导管、带状线和微带线等,引导电磁波传播的空心金属管称为波导管。常见的波导管有矩形波导管和圆柱形波导管两种。从电磁场理论知道,在自由空间传播的电磁波是横波,简写为 TEM 波,理论分析表明,在波导中只能存在下列两种电磁波:TE 波,即横电波,它的电场只有横向分量而磁场有纵向分量;TM 波,即横磁波,它的磁场只有横向分量而电场存在纵横分量,在实际使用中,总是把波导设计成只能传输单一波形。TE_{10} 波是矩形波导中最简单和最常使用的一种波型,也称为主波型。

一般截面为 $a \times b$ 的、均匀的、无限长的矩形波导如图 36-3 所示,管壁为理想导体,管内充以介电常数为 ε,磁导率为 μ 的介质,则沿 z 方向传播的 TE_{10} 波的各分量为

$$E_y = E_0 \sin\frac{\pi x}{a} e^{i(\omega t - \beta z)} \tag{36-17}$$

$$H_x = -\frac{\beta}{\omega\mu} \cdot E_0 \sin\frac{\pi \cdot x}{a} e^{i(\omega t - \beta z)} \tag{36-18}$$

$$H_z = i\frac{\pi}{\omega\mu a} \cdot E_0 \cos\frac{\pi \cdot x}{a} e^{i(\omega t - \beta z)} \tag{36-19}$$

$$E_x = E_z = H_y = 0 \tag{36-20}$$

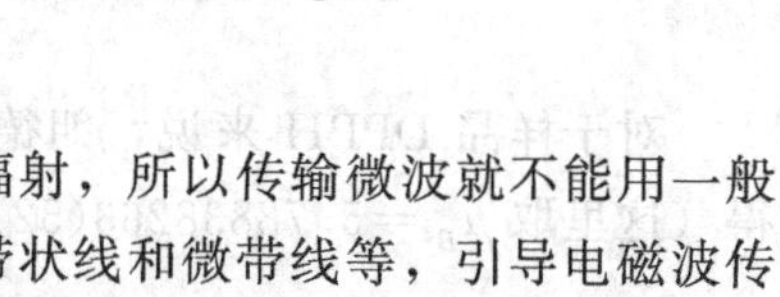

其中 $\omega = \beta/\sqrt{\mu\varepsilon}$ 为电磁波的角频率,$\beta = 2\pi/\lambda_g$ 称为相位常数,

图 36-3 矩形波导管

$$\lambda_g = \frac{\lambda}{\sqrt{1 - (\lambda/\lambda_c)^2}} \tag{36-21}$$

λ_g 称为波导波长，$\lambda_c = 2a$ 为截止或临界波长（对微波电子自旋共振实验系统中 $a = 22.86\text{mm}$，$b = 10.16\text{mm}$），$\lambda = c/f$ 为电磁波在自由空间的波长。

TE_{10} 波具有下列特性：

(1) 存在一个截止波长 λ_c，只有波长 $\lambda < \lambda_c$ 的电磁波才能在波导管中传播。

(2) 波长为 λ 的电磁波在波导中传播时，波长变为 $\lambda_g < \lambda_c$。

(3) 电场矢量垂直于波导宽壁（只有 E_y），沿 x 方向两边为 0，中间最强，沿 y 方向是均匀的。磁场矢量在波导宽壁的平面内（只有 H_x、H_z），TE_{10} 的含义是 TE 表示电场只有横向分量。1 表示场沿宽边方向有一个最大值，0 表示场沿窄边方向没有变化（例如 TE_{mn}，表示场沿宽边和窄边分别有 m 和 n 个最大值）。

实际使用时，波导不是无限长的，它的终端一般接有负载，当入射电磁波没有被负载全部吸收时，波导中就存在反射波而形成驻波，为此引入反射系数 Γ 和驻波比 ρ 来描述这种状态。

$$\Gamma = \frac{E_r}{E_i} = |\Gamma| e^{i\varphi} \tag{36-22}$$

$$\rho = \frac{|E_{\max}|}{|E_{\min}|} \tag{36-23}$$

E_r、E_i 分别是某横截面处电场反射波和电场入射波，φ 是它们之间的相位差。$E_{\max}$ 和 $E_{\min}$ 分别是波导中驻波电场最大值和最小值。ρ 和 Γ 的关系为

$$\rho = \frac{1 + |\Gamma|}{1 - |\Gamma|} \tag{36-24}$$

当微波功率全部被负载吸收而没有反射时，此状态称为匹配状态，此时 $|\Gamma| = 0$，$\rho = 1$，波导内是行波状态。当终端为理想导体时，形成全反射，则 $|\Gamma| = 1$，$\rho = \infty$，称为全驻波状态。当终端为任意负载时，有部分反射，此时为行驻波状态（混波状态）。

【装置介绍】

微波器件

1. 固态微波信号源

教学仪器中常用的微波振荡器有两种，一种是反射式速调管振荡器，另一种是耿式（Gunn）二极管振荡器，也称为体效应二极管振荡器，或者称为固态源。

耿式二极管振荡器的核心是耿式二极管。耿式二极管主要是基于 n 型砷化镓的导带双谷——高能谷和低能谷结构。1963 年耿式在实验中观察到，在 n 型砷化镓样品的两端加上直流电压，当电压较小时样品电流随电压的增高而增大；当电压超过某一临界值 V_{th} 后，随着电压的增高电流反而减小，这种随着电场的增加电流下降的现象称为负阻效应，电压继续增大（$V > V_b$），则电流趋向于饱和，如图 36-4 所示，这说明 n 型砷化镓样品具有负阻特性。

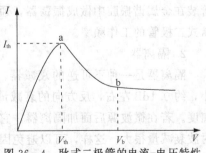

图 36-4 耿式二极管的电流-电压特性

砷化镓的负阻特性可以用半导体能带理论解释，如图 36-5 所示，砷化镓是一种多能谷材料，其中具有最低能量的主谷和能量较高的临近子谷具有不同的性质，当电子处于主谷时有效质量 m^* 较小，则迁移率 μ 较高；当电子处于子谷时有效质量 m^* 较大，则迁移率 μ 较低。在常温且无外加磁场时，大部分电子处于电子迁移率高而有效质量低的主谷，随着外加磁场的增大，电子平均漂移速度也增大；当外加电场大到足够使主谷的电子能量增加 0.36eV 时，部分电子转移到子谷，在那里迁移率低而有效质量较大，其结果是随着外加电压的增大，电子的平均漂移速度反而减小。

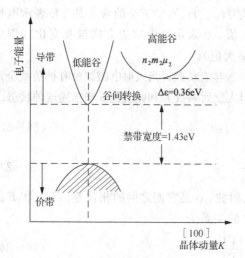

图 36-5　砷化镓的能带结构

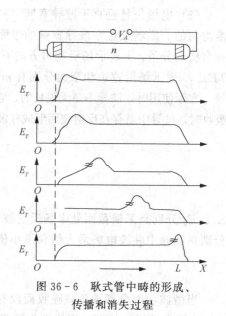

图 36-6　耿式管中畴的形成、
传播和消失过程

图 36-6 所示为一耿式二极管示意图。在管两端加电压，当管内电场 E 略大于 E_T（E_T 为负阻效应起始电场强度）时，由于管内局部电量的不均匀涨落（通常在阴极附近），在阴极端开始生成电荷的偶极畴，偶极畴的形成使畴内电场增大而使畴外电场下降，从而进一步使畴内的电子转入高能谷，直至畴内电子全部进入高能谷，畴不再长大。此后，偶极畴在外电场作用下以饱和漂移速度向阳极移动直至消失。而后整个电场重新上升，再次重复相同的过程，周而复始地产生畴的建立、移动和消失，构成电流的周期性振荡，形成一连串很窄的电流，这就是耿式二极管道振荡原理。

耿式二极管的工作频率主要由偶极畴的渡越时间决定，实际应用中，一般将耿式二极管装在金属谐振腔中做成振荡器，通过改变腔体内的机械调谐装置可以在一定范围内改变耿式二极管的工作频率。

2. 隔离器

隔离器是一种不可逆的衰减器，在正方向（或者需要传输的方向上）它的衰减量很小，约 0.1dB 左右，反方向的衰减量则很大，达到几十 dB；两个方向的衰减量之比为隔离度。若在微波源后面加隔离器，它对输出功率的衰减量很小，但对于负载反射回来的反射波衰减量很大。这样，可以避免因负载变化使微波源的频率及输出功率发生变化，即在微波源和负载之间起到隔离的作用。

3. 环行器

环行器是一种多端口定向传输电磁波的微波器件，其中使用最多的是三端口和四端口环形器。

以下以三端口结型波导环行器为例来说明其特性。

由于三个分支波导交于一个微波结上，所以称为"结"型。这里分支传输线为波导，但也可以由同轴线或微带线等构成。该环形器内装有一个圆柱形铁氧体柱，为了使电磁波产生场移效应，通常在铁氧体柱上沿轴向施加恒磁场，根据场移效应原理，被磁化的铁氧体将对通过的电磁波产生场移，如图 36-7 所示，当电磁波由臂 1 馈入时，由于场移效应，它将向臂 2 方向，同样道理由臂 2 馈入的电磁波也只向臂 3 方向偏移而不馈入臂 1，以此类推，该环行器将具有向右定向传输的特性。

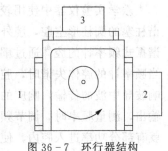

图 36-7　环行器结构

铁氧体环行器经常应用于微波源与微波腔体之间，特别是在反应环境十分恶劣的情况下能够保护发生电源与磁控管的安全。

4. 晶体检波器

微波检波系统采用半导体点接触二极管（又称微波二极管），外壳为高频铝瓷管，如图 36-8 所示，晶体检波器就是一段波导和装在其中的微波二极管，将微波二极管插入波导宽臂中，使它对波导两宽臂间的感应电压（与该处的电场强度成正比）进行检波。

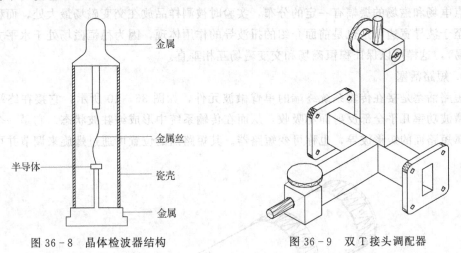

图 36-8　晶体检波器结构　　　　　图 36-9　双 T 接头调配器

5. 双 T 调配器

调配器是用来使它后面的微波部件调成匹配，匹配就是使微波能够完全进入而一点也不能反射回来。微波段电子自旋共振使用的是双 T 调配器，其结构如图 36-9 所示，它是由双 T 接头构成，在接头的 H 臂和 E 臂内各接有可以活动的短路活塞，改变短路活塞在臂中的位置，便可以使得系统匹配。由于这种匹配器不妨害系统的功率传输和结构上具有某些机械的对称性，因此具有以下优点：a）可以使用在高功率传输系统，尤其是在毫米波波段；b）有较宽的频带；c）有很宽的驻波匹配范围。

双 T 调配器调节方法：在驻波不太大的情况下，先调谐 E 臂活塞，使驻波减至最小，然后再调谐 H 臂活塞，就可以得到近似的匹配（驻波比 s＜1.10），如果驻波较大，则需要反复调谐 E 臂和 H 臂活塞，才能使驻波比降低到很小的程度（驻波比 s＜1.02）。

6. 频率计

教学实验仪器中使用较多的是"吸收式"谐振频率计，谐振式频率计包含一个装有调谐柱塞的圆柱形空腔，腔外有 GHz 的数字读出器，空腔通过隙孔耦合到一段直波导管上，谐振式频率计的腔体通过耦合元件与待测微波信号的传输波导相连接，形成波导的分支，当频率计的腔体失谐时，腔里的电磁场极为微弱，此时它不吸收微波功率，也基本上不影响波导中波的传播，响应的系统终端输出端的信号检测器上所指示的为一恒定大小的信号输出，测量频率时，调节频率计上的调谐机构，将腔体调节至谐振，此时波导中的电磁场就有部分功率进入腔内，使得到达终端信号检测器的微波功率明显减少，只要读出对应系统输出为最小值时调谐机构上的读数，就得到所测量的微波频率。

7. 扭波导

改变波导中电磁波的偏振方向（对电磁波无衰减），主要作用是便于机械安装（因为磁铁产生磁场方向为水平方向，而磁铁产生磁场必须垂直于矩形波导的宽边，而前面的微波源、双 T 调配器以及频率计的宽边均为水平方向）。

8. 矩形谐振腔

矩形谐振腔是由一段矩形波导，一端用金属片封闭而成，封闭片上开一小孔，让微波功率进入，另一端接短路活塞，组成反射式谐振腔，腔内的电磁波形成驻波，因此谐振腔内各点电场和磁场的振幅有一定的分布，实验时被测样品放在交变磁场最大处，而稳恒磁场垂至于波导宽边（这也是前面介绍的扭波导的作用体现，因为稳恒磁场处于水平方向比较容易），这样可以保证稳恒磁场和交变磁场互相垂直。

9. 短路活塞

短路活塞是接在传输系统终端的单臂微波元件，如图 36-10 所示，它接在终端，对入射微波功率几乎全部反射而不吸收，从而在传输系统中形成纯驻波状态。它是一个可移动金属短路面的矩形波导，也称可变短路器。其短路面的位置可通过螺旋来调节并可直接读数。

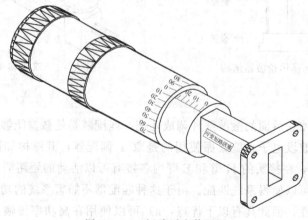

图 36-10　短路活塞装置图

在微波段电子自旋共振实验系统中短路活塞与矩形谐振腔组成一个可调式的矩形谐振腔。

整套微波系统安装完整后如图 36-11 所示，从左至右依次为微波源、隔离器、环行器（另一边有检波器）、双 T 调配器、频率计、扭波导、谐振腔、短路活塞。

图 36-11　微波段电子自旋共振微波系统完整安装装置图

【实验内容及步骤】

1. 将实验主机与微波系统、电磁铁以及示波器连接，具体方法为：高斯计探头与实验主机上的五芯航空座相连，并将探头固定在谐振腔边上磁场空隙处（与样品位置大致平行），用同轴线将主机"DC12V"输出与微波源相连，用两根带红黑手枪插头连接线将励磁电源与电磁铁相连，用 Q9 线将主机"扫描电源"与磁铁扫描线圈相连，用 Q9 线将检波器与示波器相连，放入样品，开启实验主机和示波器的电源，预热 20 分钟。

2. 调节主机"电磁铁励磁电源"调节电位器，改变励磁电流，观察数字式高斯计表头读数，如果随着励磁电流（表头显示为电压，因为线圈发热很小，电压与励磁电流成线性关系）增加，高斯计读数增大说明励磁线圈产生磁场与永磁铁产生磁场方向一致，反之，则两者方向相反，此时只要将红黑插头交换一下即可，由小至大改变励磁电流，记录电压读数与高斯计读数，作电压-磁感应强度关系图，找出关系式，在后面的测量中可以不用高斯计，而通过拟合关系式计算得出中心磁感应强度数值。

3. 调节双 T 调配器的两臂上的短路活塞，观察示波器上信号线是否有跳动，如果有跳动说明微波系统工作，如无跳动，检查 12V 电源是否正常。调节励磁电源使共振磁场在 3300 高斯左右（因为微波频率在 9.36GHz 左右，根据共振条件，此时的共振磁场大约在 3338 高斯左右），调节短路活塞，观察示波器是否有共振吸收信号出现，调节到一定位置出现吸收信号时，再调节双 T 调配器使信号最大，如图 36-12 中 b 图左侧所示，此时再细调励磁电源，使信号均匀出现，如图 36-12 中 c 图左侧所示。图 36-12 中右侧图为通过移相器观察到的吸收信号的李萨如图。

4. 调节出稳定、均匀的共振吸收信号后，用前面计算得出的拟合公式计算此时的共振磁场磁感应强度 B，或者通过高斯计探头直接测量此时磁隙中心的磁感应强度 B，旋

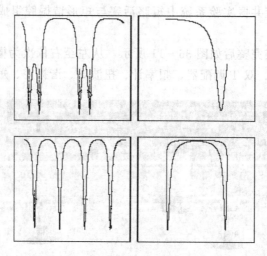

图 36-12　示波器观察电子自旋共振信号

转频率计，观察示波器上的信号是否跳动，如果跳动，记下此时的微波频率 f，根据式（11），计算 DPPH 样品的 g 因子。

5. 调节短路活塞，使谐振腔的长度等于半个波导波长的整数倍（$l = P\dfrac{\lambda_g}{2}$），谐振腔谐振，可以观测到稳定的共振信号，微波段电子自旋共振实验系统可以找出三个谐振点位置：L_1、L_2、L_3，按照式子：$\dfrac{\overline{\lambda_g}}{2} = \dfrac{1}{2}\left[(L_3 - L_2) + \dfrac{1}{2}(L_3 - L_1)\right]$，计算波导波长，然后根据式（21）计算微波的波长。

6. 选做实验：直接法测量共振吸收信号。方法为将检波器输出信号接入万用表，由小至大改变磁场强度，记录对应的检波器输出信号幅度大小，在共振点时可以观察到输出信号幅度突然减小，描点作图可以找出共振磁场的大小，并对共振吸收信号有一个直观的认识。

7. 选做实验：根据 DPPH 谱线宽度估算其横向弛豫时间 T_2。

【注意事项】

1. 磁极间隙在仪器出厂前已经调整好，实验时最好不要自行调节，以免偏离共振磁场过大。

2. 保护好高斯计探头，避免弯折、挤压。

3. 励磁电流要缓慢调整，同时仔细注意波形变化，才能辨认出共振吸收峰。

【思考题】

1. 本实验中谐振腔的作用是什么？腔长和微波频率的关系是什么？

2. 样品应位于什么位置？为什么？

3. 扫场电压的作用是什么？

实验三十七　光电效应和普朗克常数的测定

19 世纪末普朗克为解决黑体辐射问题发现了普朗克常数。1905 年，爱因斯坦发展了辐射能量 E 以 $h\upsilon$（υ 是光的频率）为不连续的最小单位的量子化思想，成功地解释了光电效应实验中的问题。1916 年密立根光电效应法测量了 h，确定了光量子能量方程式的成立。接着，德布罗意提出了物质粒子也应具有波动性，即当有 $E = h\upsilon$，动量 $p = h/\lambda$（λ 为波长），后亦被实验证实。从此，奠定了量子力学的实验基础。h 成为微观世界规律的标志量。量子力学成为信息新技术、生物分子工程的理论支撑基础。h 可以由光电效应简单而又准确地测定，所以光电效应实验有助于学习理解量子理论和更好地认识普朗克常数。

【实验目的】

1. 了解光电效应的规律，加深对光的量子性的理解。
2. 测量光电管的弱电流特性，找出不同光频率下的截止电压。
3. 验证爱因斯坦方程，测量普朗克常数 h。

光电效应和普朗克
常数的测定

【仪器和用具】

普朗克常数测定仪由测定仪及汞灯、滤色片、光阑、光电管等组成。

【实验原理】

光电效应的实验原理如图 37-1 所示。入射光照射到光电管阴极 K 上，产生的光电子在电场的作用下向阳极 A 迁移构成光电流，改变外加电压 U_{AK}，测量出光电流 I 的大小，即可得出光电管的伏安特性曲线，如图 37-2 所示。

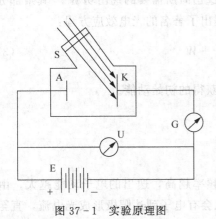

图 37-1　实验原理图

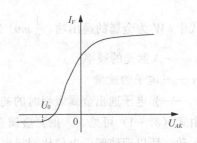

图 37-2　光电管的起始 I-V 特性

在光的照射下，电子从金属表面逸出的现象称为光电效应，从金属表面逸出的电子称为光电子。光电效应的基本规律如下：

(1) 光电流的大小（I）与光强（P）成正比（图 37-3 (a)、(b)）；

（2）光电效应存在一个阈频率 v_0（或称截止频率），当入射光的频率低于阈频率 v_0 时，无论入射光的强度如何，均不产生光电效应（图 37-3c）；

（3）光电子的动能与光强无关，而与入射光的频率成正比（图 37-3d）。

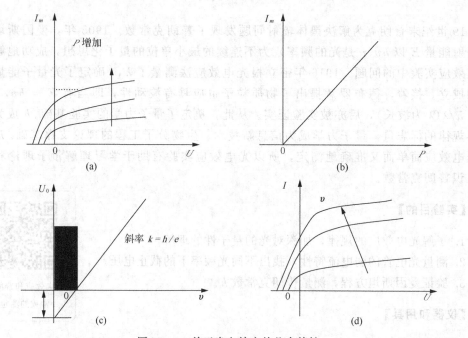

图 37-3　关于光电效应的几个特性

1905 年，爱因斯坦依照普朗克的量子假设，提出了关于光的本性的光子假说：当光与物质相互作用时，其电流并不像波动理论所想像的那样，是连续分布的，而是集中在一些叫作光子（或光量子）的粒子上。每个光子都具有能量 hv，其中 h 是普朗克常量，v 是光的频率。根据这一理论，在光电效应中，当金属中的自由电子从入射光中吸收一个光子的能量 hv 时，一部分消耗在电子从金属表面逸出时所需要的逸出功 W，其余部分转变为电子的动能，根据能量守恒原理，爱因斯坦提出了著名的光电效应方程：

$$hv = \frac{1}{2}mv_0^2 + W \tag{37-1}$$

式中，W 为金属的逸出功，$\frac{1}{2}mv_0^2$ 为光电子获得的初始动能。

v —— 入射光的频率

m —— 电子的质量

v_0 —— 光电子逸出金属表面时的初速度

由式（37-1）可见，入射到金属表面的光频率越高，逸出的电子动能越大，由于电子的运动，所以即使阳极电位比阴极电位低时也会有电子到达阳极形成光电流，直至阳极电位低于截止电压，光电流才为零，此时有关系：

$$eU_0 = \frac{1}{2}mv_0^2 \tag{37-2}$$

阳极电位高于截止电压后，随着阳极电位的升高，阳极对阴极发射的电子的收集作用增强，光电流随之上升。当阳极电压高到一定程度，阴极发射的光电子几乎全被收集到阳极，在增加外加电压时电流 I 不再变化，光电流出现饱和，饱和光电流 I_m 的大小与入射光的强度 P 成正比。

光子的能量 $h\nu < W$ 时，电子不能脱离金属，因而没有光电流产生。产生光电效应的最低频率（截止频率）是 $\nu = W/h$。

将式（37-2）代入式（37-1）可得：

$$eU_0 = h\nu - W \tag{37-3}$$

此式表明截止电压 U_0 是频率 ν 的线性函数，直线斜率 $k = h/e$，只要用实验方法得出不同的频率对应的截止电压，求出直线斜率，就可算出普朗克常数 h。

爱因斯坦的光量子理论成功地解释了光电效应规律。

【实验步骤】

1. 测试前准备

（1）将测定仪及汞灯电源接通（汞灯及光电管暗箱遮光盖盖上），预热 10 分钟以上。

（2）建议：调整光电管与汞灯距离约为 17～15cm 左右并保持不变（以转盘下一红色箭头为准）。

（3）用专用连接线将光电管暗箱电压输入端与测试仪电压输出端（后面板上）连接起来（红—红、黑—黑）。

（4）进行测试前调零，调零时先将光电管暗箱电流输出端 K 与测试仪微电流输入端（后面板上）的 Q9 连线断开，将"电流量程"选择开关置于 10^{-11} A 挡，调节"电流调节"和"电压调节"旋钮，使电流和电压指示分别为零。零点调好后再将光电管暗箱电流输出端 K 与测试仪微电流输入端（后面板上）连接起来。

2. 测量普朗克常数

（1）准备工作完成后，在有遮光盖遮光的情况下观察电流指示，记下电流指示的值（此值即为本底电流值）。

（2）选择一个滤色片（比如 365nm），拿下遮光盖，电流数值在变化，等从高到低逐步调节电压值，直到电流指示与本底电流值相同时为止，记下此时的电压值（此值即为该波长的截止电压值）。并将数据记于表 37-1 中。

（3）依次换上波长为 405nm、436nm、546nm、577nm 的滤色片，重复以上步骤。

（4）改变光源与暗盒的距离 L 或光阑孔 Φ，重做上述实验。

表 37-1 不同的入射光频率与截止电压的数据记录

距离 L= _____cm		光阑孔 Φ _____mm		
波长（nm）	365	405	436	546	577
频率 ν（$\times 10^{14}$ Hz）	8.213	7.402	6.876	5.491	5.196
截止电压 U_0（V）					

（5）数据处理：由表 37-1 的实验数据，通过图解法作图求得 $U_0 - \nu$ 直线的斜率 $k = \dfrac{\Delta U}{\Delta \nu}$，即可用 $h = ek$ 求出普朗克常数，并与 h 的公认值 h_0 比较，求出相对误差 $E = (h -$

$h_0)/h_0$，式中 $e=-1.602\times10^{-19}C$，$h_0=6.626\times10^{-34}$J·S。

3. 测光电管的伏安特性曲线

（1）选择 436nm 滤色片，将"电流量程"选择开关置于 10^{-11}A 挡，将测试电流输入电缆断开，调零后重新接上，从低到高调节电压，记录电压每变化一定值所对应的光电流值 I，记录数据到表 37-2 中。

（2）换上 546nm 滤色片重复上述步骤。

（3）用表 37-2 的数据在坐标纸上作对应于以上两种波长的伏安特性曲线。

（4）也可选择其他波长测量其伏安特性。

表 37-2　光电管电流与电压数据记录

$$L=\underline{\qquad}\text{cm}\qquad\qquad\Phi=\underline{\qquad}\text{mm}$$

436nm	U_{AK}(V)							
	$I(\times10^{-11}\text{A})$							
546nm	U_{AK}(V)							
	$I(\times10^{-11}\text{A})$							

【注意事项】

（1）应注意不能使光照在光电管阳极上（实验时必须加挡光光阑）。

（2）本实验仪要求使用环境干燥，以免使仪器受潮影响实验结果。

（3）在使用中还应注意防震、防尘。

（4）高压汞灯关上后不能立即再点亮，须等灯管冷却后才能再次点亮。

实验三十八　光纤音频信号传输技术

光纤，又名光导纤维，是 20 世纪 70 年代为光通信而发展起来的一种新型材料，具有损耗低、频带宽、耐高温、绝缘性好、抗电磁干扰、光学特性好等优点。

【实验目的】

1. 测量光纤的静态传输特性实验。

2. 测量光纤传输系统频响特性实验。

3. 了解光纤传输的结构及选配各主要部件的原则。

4. 如何在音频光纤传输系统中获得较好信号传输质量。

光纤音频信号
传输技术

【仪器和用具】

1. 音频信号光纤传输实验仪器装置主要由音频信号光纤传输实验仪实验主机（包括音信号发生器、光功率计、LED 放射器、SPD 接收器等）、多模光纤（装于骨架上）、半导体收音机、示波器组成。

2. 光纤传感实验仪；信号发生器；双踪示波器。

【实验原理】

1. 音频信号光纤传输系统的原理

音频信号光纤传输系统由"光信号发送器""光信号接受器"和"传输光纤"三部分组成。其原理主要是：先将待传输的音频信号作为源信号供给"光信号发送器"，从而产生相应的光信号，然后将此光信号经光纤传输后送入"光信号接受器"，最终解调出原来的音频信号。为了保证系统的传输损耗低，发光器件 LED 的发光中心波长必须在传输光纤的低损耗窗口之内，使得材料色散较小。低损耗的波长在 850nm、1300nm 或 1600nm 附近。本仪器 LED 发光中心波长为 850nm，光信号接受器的光电检测器峰值响应波长也与此接近。

为了避免或减少波形失真，要求整个传输系统的频带宽度能覆盖被传输信号的频率范围。由于光纤对光信号具有很宽的频带，故在音频范围内，整个系统频带宽度主要决定于发射端的调制信号放大电路和接收端的功放电路的幅频特性。

2. 半导体发光二极管 LED 的结构和工作原理

光纤通讯系统中对光源器件在发光波长、电光功率、工作寿命、光谱宽度和调制性能等许多方面均有特殊要求，所以不是随便哪种光源器件都能胜任光纤通讯的任务的，目前在以上各方面都能较好满足要求的光源器件主要有半导体发光二极管（light emitting diode，缩写 LED）和半导体激光器（Laser Diode，缩写 LD）。以下主要介绍发光二极管。半导体发光二极管是低速短距离光通信中常用的非相干光源，它是图 38 - 1 所示的 N - P - P 三层结构的半导体器件，中间层通常是由直接带隙的 GaAs 砷化镓 P 型半导体材料组成，称为有源层，其带隙宽度较窄，两侧分别由 AlGaAs 的 N 型和 P 型半导体材料组成，与有源层相比，它们都具有较宽的带隙。具有不同带隙宽度的两种半导体单晶之间的结构称为异质结，在图 38 - 1 中，有源层与左侧的 N 层之间形成的是 P - N 异质结，而与右侧 P 层之间形成的是 P - P 异质结，所以这种结构又称为 N - P - P 双异质结构，简称 DH 结构。

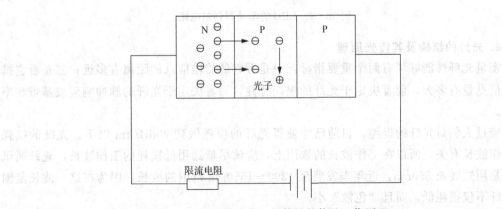

图 38-1 半导体发光二极管的结构及工作原理

当在 N - P - P 双异质结两端加上偏压时，就能使 N 层向有源层注入导电电子，这些导电电子一旦进入有源层后，因受到 P - P 异质结的的阻挡作用不能再进入右侧 P 层，它们只能被限制在有源层内与空穴复合，同时释放能量产生光子，发出的光子满足以下关系：

$$hv = E_1 - E_2 = E_g$$

其中 h 是普朗克常数，v 是光波频率，E_1 是有源层内导电电子的激发态能级，E_2 是导电电子与空穴复合后处于价键状态时的束缚态能级。两者的差值 E_g 与 DH 结构中各层材料及其组份的选取等多种因素有关，制作 LED 时只要这些材料的选取和组份的控制适当，就可以使 LED 的发光中心波长与传输光纤的低损耗波长一致。

3. LED 的驱动及调制电路

本实验采用半导体发光二极管 LED 作为光源器件，音频信号光纤传输系统发送端 LED 的驱动和调制电路如图 38-2 所示，以 BG1 为主构成的电路是 LED 的驱动电路，调节这一电路中的 W2 可以使 LED 的偏置电流发生变化。信号发生器产生的音频信号由 IC1 为主构成的音频放大电路放大后经电容器耦合到 BG1 基极，对 LED 的工作电流进行调制，从而使 LED 发送出光强随音频信号变化的光信号，并经光纤把这一信号传至接收端。半导体发光二极管输出的光功率与其驱动电流的关系称为 LED 的电光特性。为了避免和减小非线性失真，使用时应给 LED 一个适当偏置电流 I，其值等于这一特性曲线线性部分中点对应的电流值，而调制信号的峰-峰值也应位于电光特性线性范围内。对于非线性失真要求不高的情况下，也可把偏置电流选为 LED 最大允许工作电流的一半，这样可使 LED 获得无截止畸变幅度最大的调制，这有利于信号的远距离传输。

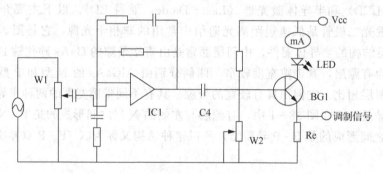

图 38-2　LED 的驱动和调制电路

4. 光纤的结构及其传光原理

衡量光纤性能好坏有两个重要指标：一是看它的传输信息的距离有多远；二是看它携带的信息量有多大，前者决定于光纤的损耗特性，后者决定于光纤的脉冲响应或基带频率特性。

经过人们对光纤的提纯，目前已经使得光纤的损耗做到 20dB/km 以下。光纤的损耗与工作波长有关，所以在工作波长的选用上，应该尽量选用低损耗的工作波长，光纤通讯最早是用短波长 850nm，近年来发展至 1300～1550nm 范围的波长，因为在这一波长范围内光纤不仅损耗低，而且"色散"小。

光纤的脉冲响应或它的基带频率特性又主要决定于光纤的模式性质。光纤按照其模式性质通常可以分为两大类：1) 单模光纤；2) 多模光纤。无论单模或者多模光纤，其结构均由纤芯和包层两部分组成。纤芯的折射率比包层的折射率大，对于单模光纤，纤芯直径

只有 $5\sim10\mu m$，包层直径为 $125\mu m$，在一定条件下，只允许一种电磁场形态的光波在纤芯内传播，多模光纤的纤芯直径为 $20\sim2000\mu m$，包层厚度为 $3\sim5\mu m$，允许多种电磁场形态的光波传播。按照折射率沿光纤截面的径向分布又可以分成阶跃型和渐变型两种光纤，对于阶跃型光纤，在纤芯和包层中折射率均为常数，但纤芯折射率略大于包层折射率，所以对阶跃型多模光纤，可以用几何光学的全反射理论解释它的导光原理。在渐变型光纤中，纤芯折射率随离开光纤轴线距离的增加而逐渐减小，直到在纤芯和包层界面处减到某一值后，在包层的范围内折射率保持这一值不变，根据光线在非均匀介质中的传播理论分析可知：经光源耦合到渐变型光纤中的某些射线，在纤芯内是沿周期性的弯向光纤轴线的曲线传播。

5. 半导体光电二极管的工作原理及特性

本仪器的光信号接收采用硅光电二极管（Silicon Photo Diode 缩写 SPD），与普通的半导体二极管一样，SPD 也是一个 P-N 结，但 SPD 的管壳上有一个能让光射入其光敏区的窗口。此外，与普通半导体二极管不同，它经常工作在反向偏置电压状态或无偏压状态，因此时 SPD 的光电特性线性度好。

本仪器 SPD 的峰值响应波长在 820nm 左右，工作时 SPD 把经光纤出射端输出的光信号转化为与之光功率成正比的光电流，经过 I-V 转换电路，再把光电流转换成与之成正比例的电压信号。

【实验内容及步骤 1】

1. LED 传输光纤组件电光特性的测定

本实验内容是要在不加音频信号的情况下，研究通过 LED 的直流偏置电流 I_D 与 LED 输出光功率 P_0 之间的关系，即 LED 的电光特性。实验时先打开主机电源，将光纤一端接至"LED 发射器"中"信号输出"端，一端接至"SPD 接收器"中的"信号输入"端，将光功率计波段开关打至"测量"挡。调节"偏流调节"旋钮，使面板上电流表读数为零，此时将光功率表也调零，然后分别把偏流大小调至 5mA、10mA、15mA、20mA、25mA、30mA、35mA、40mA、45mA、50mA，记录对应的光功率值。根据测量结果描绘 LED 的传输光纤组件的电光特性曲线，即描绘 P_0-I_D 关系图，分析其线性范围。

2. LED 直流偏流与最大不失真调制幅度的关系测定

本实验要找出在不同的直流偏流 I_D 下电路能加载的不失真调制幅度的大小，同时找到 LED 发光电路最佳工作点和在此工作点下能加载的最大不失真信号幅度。实验时先接好音频信号通道、光通道，把光功率计打至"实验"挡。然后将音频发生器产生信号和 LED 调制信号输入双踪示波器观察。

调节音频信号发生器，使其输出信号峰-峰值为 1V，频率为 10kHz。接着把偏流加至 20mA，调节"LED 发射器"中的幅度调节旋钮，使加在电路上的音频信号由小变大，观察调制信号的波形及失真情况。记录偏流为 20mA 时最大不失真调制幅度的峰-峰值。分析观察到的现象，然后决定增大或减小偏流以找到最佳静态工作点 I_{DQ}，实验时可调节音频信号幅度来检验新的工作点是否为 I_{DQ}，若在示波器上能观察到调制信号同时出现截止和饱和失真（这时的偏置电流约为 66mA 左右），则此时正处于最佳工作点。记录刚要同时出现两种失真现象时的偏流值 I_{DQ} 和调制信号峰-峰值 V_{DQ}，从电路方面考虑，通过 LED 的最佳工作电流和最大不失真交流幅度分别为 I_{DQ} 和 $\dfrac{V_{DQ}}{Re}$（本仪器 $Re = 50\Omega$）。

3. 音频信号光纤传输系统幅频特性的测定

本实验内容是要在光信号发送器处于正常工作状态下，研究音频信号光纤传输系统的幅频特性。实验前应先确定光信号发送器的正常工作范围。从实验原理和前两个实验内容可知：光信号发送器的正常工作是由 LED 的电光特性和 LED 发光电路工作特性决定的。若 LED 电光线性转化，发光电路信号传输无非线性失真，则光信号发送器已处于正常工作状态。利用前两个实验测得的实验结果，便可知道在不同直流偏流 I_D 下，要使光信号发送器正常工作，加载在电路中的调制幅度可取范围。

实验按照内容 2 接线，然后将音频发生器产生信号和 SPD 输出信号输入双踪示波器观察。但实验时先将音频发生器输出信号峰-峰值调为 1V，偏流和调制信号幅度调节适当，以确保光信号发送器正常工作。然后将音频发生器输出信号频率依次调为 100Hz、500Hz、1kHz、5kHz、10kHz、15kHz、20kHz，用示波器观测由光纤传输的光信号转化成的音频电信号的波形和峰-峰值。由观测结果绘出音频信号光纤传输系统幅频特性曲线。

4. 语音信号的传送

将半导体收音机的信号接入发送器的输入端（在后面板上），通过后面板上的转换开关接收功放输出端接上扬声器，实验整个音频信号光纤传输系统的音响效果。实验时可适当调节发送器 LED 的偏置电流，考察传输系统的听觉效果。

【参考表格】

1. LED 传输光纤组件电光特性的测定

表 38-1　偏置电流与光功率数据记录

λ_1/mA	0.0	5.0	10.0	15.0	20.0	25.0	30.0	35.0	40.0	45.0	50.0
$\lambda_2/\mu\text{W}$											

根据以上数据作图，得 $P_0 - I_D$ 关系图

2. LED 偏置电流与无截止畸变最大调制幅度关系的测定

表 38-2　LED 直流偏流与最大不失真调制幅度的关系

直流偏流 I_D（mA）	20	25	30	35	40	$I_{DQ} = 49.6$
最大不失真调制信号峰值（V）						
不失真电流范围（mA）						

3. 音频信号光纤传输系统幅频特性的测定

利用前两个实验结果，实验时取偏流 $I_D = 35\text{mA}$，调制信号峰值为 0.8V，此时通过 LED 的电流范围是 27～43mA，光信号发送器正常工作。以下是音频信号光纤传输系统幅频特性：

表 38 - 3 光纤传输系统幅频特性关系

f/kHz	0.1	0.5	1	5	10	15	20
V_{pp}/伏							

【实验内容及步骤 2】

1. 将仪器通入 220V 电源，打开电源开关预热 10 分钟。

2. 光纤传输系统静态电光/光电传输特性测定。将仪器发光强度调节到最小，再把内外转换开关打到外部。然后调节面板上的发光强度旋钮，每隔 200 单位（相当于改变发光管驱动电流 2mA）分别记录发送光驱动强度数据与接收光强度数据，仪器面板上两个三位半数字表头分别显示发送光驱动强度和接收光强度。在方格纸上绘制静态电光/光电传输特性曲线。

3. 光纤传输系统频响的测定。将输入选择开关打向外部，在音频接口上送入信号发生器发出的正弦波，将双踪示波器的通道 1 和通道 2 分别接到示波器接口和接收端音频输出端，保持输入信号的幅度不变，调节信号发生器频率，记录信号变化时输出端信号幅度的变化，测定系统的高频截止频率。

4. 多种波形光纤传输实验。

将输入选择开关打向内部，然后将音频触发打到波形挡，将双踪示波器的通道 1 和通道 2 分别接到示波器接口和接收端音频输出端。分别调节转换开关将正弦波、方波和三角波信号，从接收端观察输出波形变化情况，画出发射波形和接收波形。

5. LED 偏置电流与无失真最大信号调制幅度关系测定。

将从函数信号发生器输入的正弦波频率设定在 1kHz，输入信号幅度（音频幅度）调节电位器置于最大位置，然后在 LED 偏置电流为 2mA、4mA、6mA、8mA、10mA、12mA 情况下，调节函数信号发生器输出幅度，使其从零开始增加，同时在接收端信号输出处通过示波器观察波形变化，直到波形出现失真现象时，记录此时电压波形的峰-峰值和调制信号的电压，由此确定 LED 在不同偏置电流下光功率的最大调制幅度。

6. 音频信号光纤传输实验。将输入选择打向内，调节发送光强度电位器改变发送端 LED 的静态偏置电流，将触发开关打到音乐挡，观察在接收端听到的语音片音乐声，并同时在示波器中分析观察语音信号波形变化情况。

【参考表格】

表 38 - 4 光纤传输系统静态电光/光电传输特性测定

发光强度（a. u.）	200	400	600	800	1000	1200	1400	1600
接收强度（a. u.）								

表 38 - 5 光纤传输系统频响的测定

调制频率（Hz）						
接受波形幅度（mV）						
调制频率（Hz）						
接受波形幅度（mV）						

表 38 - 6　多种波形光纤传输实验

调制信号	发射波形	接受波形
正弦波		
三角波		
方波		

表 38 - 7　LED 偏置电流与无失真最大信号调制幅度关系测定（波形失真时）

LED 偏置电流（mA）	2	4	6	8	10	12
调制信号源电压（mV）						
输出波形的峰-峰值电压（mV）						

【注意事项】

1. 光纤出厂前已经固定在骨架上，学生实验时务必小心，不要随意弯曲，以免光纤折断，更不要将光纤全部从骨架上取下来。

2. 实验开始前以及实验结束后，应把 LED 发射器中的"幅度调节"和"偏流调节"电位器逆时针旋至最小。

3. 实验中，光纤与发射器以及光纤与接收器接头插拔时应该注意不要用力过猛，以免损坏。

【思考题】

1. 本实验中 LED 偏置电流是如何影响信号传输质量的？

2. 本实验中光传输系统哪几个环节可能引起光信号的衰减？

3. 光传输系统中如何合理选择光源与探测器？

实验三十九　核磁共振实验

核磁共振，是指具有磁矩的原子核在恒定磁场中由电磁波引起的共振跃迁现象。1945年 12 月，美国哈佛大学的珀塞尔等人，报道了他们在石蜡样品中观察到质子的核磁共振吸收信号。1946 年 1 月，美国斯坦福大学布洛赫等人，也报道了他们在水样品中观察到质子的核感应信号。两个研究小组用了稍微不同的方法，几乎同时在凝聚物质中发现了核磁共振。因此，布洛赫和珀塞尔荣获了 1952 年的诺贝尔物理学奖。

此后，许多物理学家进入了这个领域，取得了丰硕的成果。目前，核磁共振已经广泛地应用到许多科学领域，是物理、化学、生物和医学研究中的一项重要实验技术。它是测定原子的核磁矩和研究核结构的直接而又准确的方法，也是精确测量磁场的重要方法之一。

【实验目的】

1. 掌握 NMR 的基本原理及观测方法。
2. 用磁场扫描法（扫场法）观察核磁共振现象。
3. 由共振条件测定氟核（^{19}F）的 g 因子。

【仪器和用具】

磁铁及调场线圈、探头与样品、边限振荡器、磁场扫描电源、频率计及示波器。

【实验原理】

（一）核磁共振的基本原理

1. 磁共振、核磁共振

磁共振是指磁矩不为零的原子或原子核在稳恒磁场作用下对电磁辐射能的共振吸收现象。如果共振是由原子核磁矩引起的，则该粒子系统产生的磁共振现象称核磁共振（NMR）；如果磁共振是由物质原子中的电子自旋磁矩提供的，则称电子自旋共振（ESR），亦称顺磁共振（EPR）；而由铁磁物质中的磁畴磁矩所产生的磁共振现象，则称铁磁共振（FMR）。

核磁共振现象是原子核磁矩在外加恒定磁场作用下，核磁矩绕此磁场作拉莫尔进动，若在垂直于外磁场的方向上施加一交变电磁场，当此交变频率等于核磁矩绕外场拉莫尔进动频率时，原子核吸收射频场的能量，跃迁到高能级，即发生所谓的共振吸收现象。

下面以氢核为例介绍核磁共振的基本原理和观测方法。

2. 核磁共振的量子力学描述

单个核的磁共振

通常将原子核的总磁矩在其角动量 $\vec{P}$ 方向上的投影 $\vec{\mu}$ 称为核磁矩，它们之间的关系通常写成

$$\vec{\mu} = \gamma \cdot \vec{P}$$

或

$$\vec{\mu} = g_N \cdot \frac{e}{2m_p} \cdot \vec{P} \tag{39-1}$$

式中 $\gamma = g_N \cdot \dfrac{e}{2m_p}$ 称为旋磁比；e 为电子电荷；m_p 为质子质量；g_N 为朗德因子。对氢核来说，$g_N = 5.5851$。

按照量子力学，原子核角动量的大小由下式决定

$$P = \sqrt{I(I+1)}\hbar \tag{39-2}$$

式中 $\hbar = \dfrac{h}{2\pi}$，h 为普朗克常数。I 为核的自旋量子数，可以取 $I = 0$，$\dfrac{1}{2}$，1，$\dfrac{3}{2}$，… 对氢核来说，$I = \dfrac{1}{2}$。

把氢核放入外磁场 $\vec{B}$ 中，可以取坐标轴 z 方向为 $\vec{B}$ 的方向。核的角动量在 $\vec{B}$ 方向上

的投影值由下式决定

$$P_B = m \cdot \hbar \qquad (39-3)$$

式中 m 称为磁量子数，可以取 $m = I$，$I-1$，$\cdots$，$-(I-1)$，$-I$。核磁矩在 $\vec{B}$ 方向上的投影值为

$$\mu_B = g_N \frac{e}{2m_p} P_B = g_N \left(\frac{eh}{2m_p} \right) m$$

将它写为

$$\mu_B = g_N \mu_N m \qquad (39-4)$$

式中 $\mu_N = 5.050787 \times 10^{-27} J T^{-1}$ 称为核磁子，是核磁矩的单位。

磁矩为 $\vec{\mu}$ 的原子核在恒定磁场 $\vec{B}$ 中具有的势能为

$$E = -\vec{\mu} \cdot \vec{B} = -\mu_B \cdot B = -g_N \cdot \mu_N \cdot m \cdot B$$

任何两个能级之间的能量差为

$$\Delta E = E_{m1} - E_{m2} = -g_N \cdot \mu_N \cdot B \cdot (m_1 - m_2) \qquad (39-5)$$

考虑最简单的情况，对氢核而言，自旋量子数 $I = \frac{1}{2}$，所以磁量子数 m 只能取两个值，即 $m = \frac{1}{2}$ 和 $m = -\frac{1}{2}$。磁矩在外场方向上的投影也只能取两个值，如图 39-1 中（a）所示，与此相对应的能级如图 39-1 中（b）所示。

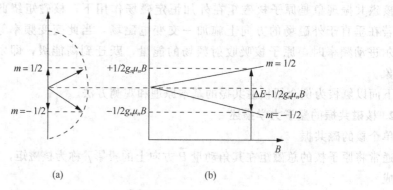

图 39-1 氢能级在磁场中的分裂

根据量子力学中的选择定则，只有 $\Delta m = \pm 1$ 的两个能级之间才能发生跃迁，这两个跃迁能级之间的能量差为

$$\Delta E = g_N \cdot \mu_N \cdot B \qquad (39-6)$$

由这个公式可知：相邻两个能级之间的能量差 ΔE 与外磁场 $\vec{B}$ 的大小成正比，磁场越强，则两个能级分裂也越大。

如果实验时外磁场为 $\vec{B}_0$，在该稳恒磁场区域又叠加一个电磁波作用于氢核，如果电磁波的能量 $h v_0$ 恰好等于这时氢核两能级的能量差 $g_N \mu_N B_0$，即

$$h v_0 = g_N \mu_N B_0 \qquad (39-7)$$

则氢核就会吸收电磁波的能量，由 $m = \frac{1}{2}$ 的能级跃迁到 $m = -\frac{1}{2}$ 的能级，这就是核磁共振吸收现象。式（39-7）就是核磁共振条件。为了应用上的方便，常写成

$$v_0 = \left(\frac{g_N \cdot \mu_N}{h}\right) B_0, \quad 即 \quad \omega_0 = \gamma \cdot B_0 \qquad (39-8)$$

3. 核磁共振信号的强度

上面讨论的是单个的核放在外磁场中的核磁共振理论。但实验中所用的样品是大量同类核的集合。如果处于高能级上的核数目与处于低能级上的核数目没有差别，则在电磁波的激发下，上下能级上的核都要发生跃迁，并且跃迁几率是相等的，吸收能量等于辐射能量，我们就观察不到任何核磁共振信号。只有当低能级上的原子核数目大于高能级上的核数目，吸收能量比辐射能量多，这样才能观察到核磁共振信号。在热平衡状态下，核数目在两个能级上的相对分布由玻尔兹曼因子决定：

$$\frac{N_1}{N_2} = \exp\left(-\frac{\Delta E}{kT}\right) = \exp\left(-\frac{g_N \mu_N B_0}{kT}\right) \qquad (39-9)$$

式中 N_1 为低能级上的核数目，N_2 为高能级上的核数目，ΔE 为上下能级间的能量差，k 为玻尔兹曼常数，T 为绝对温度。当 $g_N \mu_N B_0 \ll kT$ 时，上式可以近似写成

$$\frac{N_1}{N_2} = 1 - \frac{g_N \mu_N B_0}{kT} \qquad (39-10)$$

上式说明，低能级上的核数目比高能级上的核数目略微多一点。对氢核来说，如果实验温度 $T = 300K$，外磁场 $B_0 = 1T$，则

$$\frac{N_2}{N_1} = 1 - 6.75 \times 10^{-6}$$

或

$$\frac{N_1 - N_2}{N_1} \approx 7 \times 10^{-6}$$

这说明，在室温下，每百万个低能级上的核比高能级上的核大约只多出 7 个。这就是说，在低能级上参与核磁共振吸收的每 100 万个核中只有 7 个核的核磁共振吸收未被共振辐射所抵消。所以核磁共振信号非常微弱，检测如此微弱的信号，需要高质量的接收器。

由式（39-10）可以看出，温度越高，粒子差数越小，对观察核磁共振信号越不利。外磁场 B_0 越强，粒子差数越大，越有利于观察核磁共振信号。一般核磁共振实验要求磁场强一些，其原因就在这里。

另外，要想观察到核磁共振信号，仅仅磁场强一些还不够，磁场在样品范围内还应高度均匀，否则磁场多么强也观察不到核磁共振信号。原因之一是，核磁共振信号由式（39-7）决定，如果磁场不均匀，则样品内各部分的共振频率不同。对某个频率的电磁波，将只有少数核参与共振，结果信号被噪声所淹没，难以观察到核磁共振信号。

（二）核磁共振的经典力学描述

以下从经典理论观点来讨论核磁共振问题。把经典理论核矢量模型用于微观粒子是不严格的，但是它对某些问题可以做一定的解释。数值上不一定正确，但可以给出一个清晰的物理图象，帮助我们了解问题的实质。

1. 单个核的拉摩尔进动

我们知道，如果陀螺不旋转，当它的轴线偏离竖直方向时，在重力作用下，它就会倒

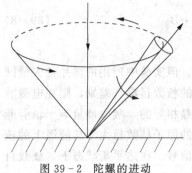

图 39-2　陀螺的进动

下来。但是如果陀螺本身作自转运动，它就不会倒下而绕着重力方向作进动，如图 39-2 所示。

由于原子核具有自旋和磁矩，所以它在外磁场中的行为同陀螺在重力场中的行为是完全一样的。设核的角动量为 $\vec{P}$，磁矩为 $\vec{\mu}$，外磁场为 $\vec{B}$，由经典理论可知

$$\frac{d\vec{P}}{dt} = \vec{\mu} \times \vec{B} \tag{39-11}$$

由于，$\vec{\mu} = \gamma \cdot \vec{P}$，所以有

$$\frac{d\vec{\mu}}{dt} = \lambda \cdot \vec{\mu} \times \vec{B} \tag{39-12}$$

写成分量的形式则为

$$\begin{cases} \dfrac{d\mu_x}{dt} = \gamma \cdot (\mu_y B_z - \mu_z B_y) \\[2mm] \dfrac{d\mu_y}{dt} = \gamma \cdot (\mu_z B_x - \mu_x B_z) \\[2mm] \dfrac{d\mu_z}{dt} = \gamma \cdot (\mu_x B_y - \mu_y B_x) \end{cases} \tag{39-13}$$

若设稳恒磁场为 $\vec{B}_0$，且 z 轴沿 $\vec{B}_0$ 方向，即 $B_x = B_y = 0$，$B_z = B_0$，则上式将变为

$$\begin{cases} \dfrac{d\mu_x}{dt} = \gamma \cdot \mu_y B_0 \\[2mm] \dfrac{d\mu_y}{dt} = -\gamma \cdot \mu_x B_0 \\[2mm] \dfrac{d\mu_z}{dt} = 0 \end{cases} \tag{39-14}$$

由此可见，磁矩分量 μ_z 是一个常数，即磁矩 $\vec{\mu}$ 在 $\vec{B}_0$ 方向上的投影将保持不变。将式（39-14）的第一式对 t 求导，并把第二式代入有

$$\frac{d^2\mu_x}{dt^2} = \gamma \cdot B_0 \frac{d\mu_y}{dt} = -\gamma^2 B_0^2 \mu_x$$

或

$$\frac{d^2\mu_x}{dt^2} + \gamma^2 B_0^2 \mu_x = 0 \tag{39-15}$$

这是一个简谐运动方程，其解为 $\mu_x = A\cos(\gamma \cdot B_0 t + \varphi)$，由式（39-14）第一式得到

$$\mu_y = \frac{1}{\gamma \cdot B_0} \frac{d\mu_x}{dt} = -\frac{1}{\gamma \cdot B_0} \gamma \cdot B_0 A\sin(\gamma \cdot B_0 t + \varphi) = -A\sin(\gamma \cdot B_0 t + \varphi)$$

以 $\omega_0 = \gamma \cdot B_0$ 代入，有

$$\begin{cases} \mu_x = A\cos(\omega_0 t + \varphi) \\ \mu_y = -A\sin(\omega_0 t + \varphi) \\ \mu_L = \sqrt{(\mu_x + \mu_y)^2} = A = 常数 \end{cases} \tag{39-16}$$

由此可知，核磁矩 $\vec{\mu}$ 在稳恒磁场中的运动特点是：

（1）它围绕外磁场 $\vec{B}_0$ 作进动，进动的角频率为 $\omega_0 = \gamma \cdot B_0$，和 $\vec{\mu}$ 与 $\vec{B}_0$ 之间的夹角 θ 无关；

（2）它在 xy 平面上的投影 μ_L 是常数；

（3）它在外磁场 $\vec{B}_0$ 方向上的投影 μ_z 为常数。

其运动图像如图 39-3 所示。

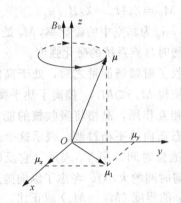

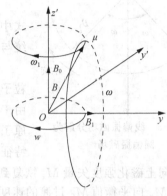

图 39-3　磁矩在外磁场中的进动　　　　图 39-4　转动坐标系中的磁矩

现在来研究如果在与 $\vec{B}_0$ 垂直的方向上加一个旋转磁场 $\vec{B}_1$，且 $B_1 \ll B_0$，会出现什么情况。如果这时再在垂直于 $\vec{B}_0$ 的平面内加上一个弱的旋转磁场 $\vec{B}_1$，$\vec{B}_1$ 的角频率和转动方向与磁矩 $\vec{\mu}$ 的进动角频率和进动方向都相同，如图（39-4）所示。这时，和核磁矩 $\vec{\mu}$ 除了受到 $\vec{B}_0$ 的作用之外，还要受到旋转磁场 $\vec{B}_1$ 的影响。也就是说 $\vec{\mu}$ 除了要围绕 $\vec{B}_0$ 进动之外，还要绕 $\vec{B}_1$ 进动。所以 μ 与 $\vec{B}_0$ 之间的夹角 θ 将发生变化。由核磁矩的势能

$$E = -\vec{\mu} \cdot \vec{B} = -\mu \cdot B_0 \cos\theta \tag{39-17}$$

可知，θ 的变化意味着核的能量状态变化。当 θ 值增加时，核要从旋转磁场 $\vec{B}_1$ 中吸收能量。这就是核磁共振。产生共振的条件为

$$\omega = \omega_0 = \gamma \cdot B_0 \tag{39-18}$$

这一结论与量子力学得出的结论完全一致。

如果旋转磁场 $\vec{B}_1$ 的转动角频率 ω 与核磁矩 μ 的进动角频率 ω_0 不相等，即 $\omega \neq \omega_0$，则角度 θ 的变化不显著。平均说来，θ 角的变化为零。原子核没有吸收磁场的能量，因此就观察不到核磁共振信号。

2. 布洛赫方程

上面讨论的是单个核的核磁共振。但我们在实验中研究的样品不是单个核磁矩，而是由这些磁矩构成的磁化强度矢量 $\vec{M}$；另外，我们研究的系统并不是孤立的，而是与周围物质有一定的相互作用。只有全面考虑了这些问题，才能建立起核磁共振的理论。

因为磁化强度矢量 $\vec{M}$ 是单位体积内核磁矩 $\vec{\mu}$ 的矢量和，所以有

$$\frac{\mathrm{d}\vec{M}}{\mathrm{d}t} = \gamma \cdot (\vec{M} \times \vec{B}) \tag{39-19}$$

它表明磁化强度矢量 $\vec{M}$ 围绕着外磁场 $\vec{B}_0$ 作进动，进动的角频率 $\omega = \gamma \cdot B$；现在假定外磁场 $\vec{B}_0$ 沿着 z 轴方向，再沿着 x 轴方向加上一射频场

$$\vec{B}_1 = 2B_1 \cos(\omega \cdot t)\vec{e}_x \tag{39-20}$$

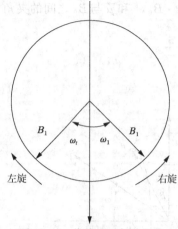

图 39-5　线偏振磁场分解为
圆偏振磁场

式中 $\vec{e_x}$ 为 x 轴上的单位矢量，$2B_1$ 为振幅。这个线偏振场可以看作是左旋圆偏振场和右旋圆偏振场的叠加，如图 39-5 所示。在这两个圆偏振场中，只有当圆偏振场的旋转方向与进动方向相同时才起作用。所以对于 γ 为正的系统，起作用的是顺时针方向的圆偏振场，即

$$M_z = M_0 = \chi_0 H_0 = \chi_0 B_0 / \mu_0$$

式中 χ_0 是静磁化率，μ_0 为真空中的磁导率，M_0 是自旋系统与晶格达到热平衡时自旋系统的磁化强度。

原子核系统吸收了射频场能量之后，处于高能态的粒子数目增多，亦使得 $M_z < M_0$，偏离了热平衡状态。由于自旋与晶格的相互作用，晶格将吸收核的能量，使原子核跃迁到低能态而向热平衡过渡。表示这个过渡的特征时间称为纵向弛豫时间，用 T_1 表示（它反映了沿外磁场方向上磁化强度矢量 M_z 恢复到平衡值 M_0 所需时间的大小）。考虑了纵向弛豫作用后，假定 M_z 向平衡值 M_0 过渡的速度与 M_z 偏离 M_0 的程度（$M_0 - M_z$）成正比，即有

$$\frac{dM_z}{dt} = -\frac{M_z - M_0}{T_1} \tag{39-21}$$

此外，自旋与自旋之间也存在相互作用，M 的横向分量也要由非平衡态时的 M_x 和 M_y 向平衡态时的值 $M_x = M_y = 0$ 过渡，表征这个过程的特征时间为横向弛豫时间，用 T_2 表示。与 M_z 类似，可以假定：

$$\begin{cases} \dfrac{dM_x}{dt} = \dfrac{M_x}{T_2} \\ \dfrac{dM_y}{dt} = -\dfrac{M_y}{T_2} \end{cases} \tag{39-22}$$

前面分别分析了外磁场和弛豫过程对核磁化强度矢量 $\vec{M}$ 的作用。当上述两种作用同时存在时，描述核磁共振现象的基本运动方程为

$$\frac{d\vec{M}}{dt} = \gamma \cdot (\vec{M} \times \vec{B}) - \frac{1}{T_2}(M_x\vec{i} + M_y\vec{j}) - \frac{M_z - M_0}{T_1}\vec{k} \tag{39-23}$$

该方程称为布洛赫方程。式中 $\vec{i}$，$\vec{j}$，$\vec{k}$ 分别是 x，y，z 方向上的单位矢量。

值得注意的是，式中 $\vec{B}$ 是外磁场 $\vec{B_0}$ 与线偏振场 $\vec{B_1}$ 的叠加。其中，$\vec{B_0} = B_0\vec{k}$，$\vec{B_1} = B_1\cos(\omega \cdot t)\vec{i} - B_1\sin(\omega \cdot t)\vec{j}$，$\vec{M} \times \vec{B}$ 的三个分量是

$$\begin{cases} (M_y B_0 + M_z B_1\sin\omega \cdot t)\vec{i} \\ (M_z B_1\cos\omega \cdot t - M_x B_0)\vec{j} \\ (-M_x B_1\sin\omega \cdot t - M_y B_1\cos\omega \cdot t)\vec{k} \end{cases} \tag{39-24}$$

这样布洛赫方程写成分量形式即为

$$\begin{cases} \dfrac{dM_x}{dt} = \gamma \cdot (M_y B_0 + M_z B_1\sin\omega \cdot t) - \dfrac{M_x}{T_2} \\ \dfrac{dM_y}{dt} = \gamma \cdot (M_z B_1\cos\omega \cdot t - M_x B_0) - \dfrac{M_y}{T_2} \\ \dfrac{dM_z}{dt} = -\gamma \cdot (M_x B_1\sin\omega \cdot t + M_y B_1\cos\omega \cdot t) - \dfrac{M_z - M_0}{T_1} \end{cases} \tag{39-25}$$

在各种条件下来解布洛赫方程，可以解释各种核磁共振现象。一般来说，布洛赫方程中含有 $\cos\omega \cdot t$，$\sin\omega \cdot t$ 这些高频振荡项，解起来很麻烦。如果我们能对它作一坐标变换，把它变换到旋转坐标系中去，解起来就容易得多。

如图 39-6 所示，取新坐标系 $x'y'z'$，z' 与原来的实验室坐标系中的 z 重合，旋转磁场 $\vec{B_1}$ 与 x' 重合。显然，新坐标系是与旋转磁场以同一频率 ω 转动的旋转坐标系。图中 $\vec{M_\perp}$ 是 $\vec{M}$ 在垂至于恒定磁场方向上的分量，即 $\vec{M}$ 在 xy 平面内的分量，设 μ 和 v 是 $\vec{M_\perp}$ 在 x' 和 y' 方向上的分量，则

$$\begin{cases} M_x = \mu\cos\omega \cdot t - v\sin\omega \cdot t \\ M_y = -v\cos\omega \cdot t - u\sin\omega \cdot t \end{cases} \tag{39-26}$$

把它们代入式（25）即得

$$\begin{cases} \dfrac{\mathrm{d}\mu}{\mathrm{d}t} = -(\omega_0 - \omega)v - \dfrac{u}{T_2} \\[2mm] \dfrac{\mathrm{d}v}{\mathrm{d}t} = (\omega_0 - \omega)u - \dfrac{v}{T_2} - \gamma \cdot B_1 M_z \\[2mm] \dfrac{\mathrm{d}M_z}{\mathrm{d}t} = \dfrac{M_0 - M_z}{T_1} + \gamma \cdot B_1 v \end{cases} \tag{39-27}$$

式中 $\omega_0 = \gamma \cdot B_0$，上式表明 M_z 的变化是 v 的函数而不是 μ 的函数。而 M_z 的变化表示核磁化强度矢量的能量变化，所以 v 的变化反映了系统能量的变化。

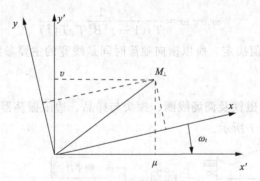

图 39-6　旋转坐标系

从式（39-27）可以看出，它们已经不包括 $\cos\omega \cdot t$，$\sin\omega \cdot t$ 这些高频振荡项了。但要严格求解仍是相当困难的。通常是根据实验条件来进行简化。如果磁场或频率的变化十分缓慢，则可以认为 μ，v，M_z 都不随时间发生变化，$\dfrac{\mathrm{d}\mu}{\mathrm{d}t} = 0$，$\dfrac{\mathrm{d}v}{\mathrm{d}t} = 0$，$\dfrac{\mathrm{d}M_z}{\mathrm{d}t} = 0$，即系统达到稳定状态，此时上式的解称为稳态解：

$$\begin{cases} \mu = \dfrac{\gamma \cdot B_1 T_2^2 (\omega_0 - \omega) M_0}{1 + T_2^2(\omega_0 - \omega)^2 + \gamma^2 B_1^2 T_1 T_2} \\[3mm] v = \dfrac{\gamma \cdot B_1 M_0 T_2}{1 + T_2^2(\omega_0 - \omega)^2 + \gamma^2 B_1^2 T_1 T_2} \\[3mm] M_z = \dfrac{[1 + T_2^2(\omega_0 - \omega)] M_0}{1 + T_2^2(\omega_0 - \omega)^2 + \gamma^2 B_1^2 T_1 T_2} \end{cases} \tag{39-28}$$

根据式（39-28）中前两式可以画出 μ 和 v 随 ω 而变化的函数关系曲线。根据曲线知道，当外加旋转磁场 $\vec{B_1}$ 的角频率 ω 等于 $\vec{M}$ 在磁场 $\vec{B_0}$ 中的进动角频率 ω_0 时，吸收信号最强，即出现共振吸收现象。

3. 结果分析

由上面得到的布洛赫方程的稳态解可以看出，稳态共振吸收信号有几个重要特点。

当 $\omega = \omega_0$ 时，v 值为极大，可以表示为 $v_{极大} = \dfrac{\gamma \cdot B_1 T_2 M_0}{1 + \gamma^2 B_1^2 T_1 T_2}$，可见，$B_1 = \dfrac{1}{\gamma \cdot (T_1 T_2)^{1/2}}$ 时，v 达到最大值 $v_{\max} = \dfrac{1}{2}\sqrt{\dfrac{T_2}{T_1}} M_0$，由此表明，吸收信号的最大值并不是要求 B_1 无限的弱，而是要求它有一定的大小。

共振时 $\Delta\omega = \omega_0 - \omega = 0$，则吸收信号的表示式中包含有 $S = \dfrac{1}{1 + \gamma \cdot B_1^2 T_1 T_2}$ 项，也就是说，B_1 增加时，S 值减小，这意味着自旋系统吸收的能量减少，相当于高能级部分地被饱和，所以人们称 S 为饱和因子。

实际的核磁共振吸收不是只发生在由式（39-7）所决定的单一频率上，而是发生在一定的频率范围内。即谱线有一定的宽度。通常把吸收曲线半高度的宽度所对应的频率间隔称为共振线宽。由于弛豫过程造成的线宽称为本征线宽。外磁场 $\vec{B_0}$ 不均匀也会使吸收谱线加宽。由式（39-28）可以看出，吸收曲线半宽度为

$$\omega_0 - \omega = \frac{1}{T_2(1 - \gamma^2 B_1^2 T_1 T_2^{1/2})} \tag{39-29}$$

可见，线宽主要由 T_2 值决定，所以横向弛豫时间是线宽的主要参数。

【装置介绍】

核磁共振主要包括磁铁及调场线圈、探头与样品、边限振荡器、磁场扫描电源、频率计及示波器。如图 39-7 所示。

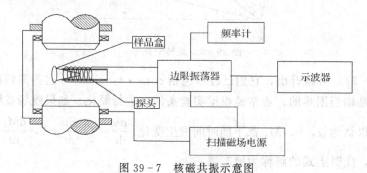

图 39-7　核磁共振示意图

（一）磁铁

磁铁的作用是产生稳恒磁场 $\vec{B_0}$，它是核磁共振实验装置的核心，要求磁铁能够产生尽量强的、非常稳定、非常均匀的磁场。首先，强磁场有利于更好地观察核磁共振信号；其次，磁场空间分布均匀性和稳定性越好则核磁共振实验仪的分辨率越高。

（二）边限振荡器

边限振荡器具有与一般振荡器不同的输出特性，其输出幅度随外界吸收能量的轻微增

加而明显下降，当吸收能量大于某一阈值时即停振，因此通常被调整在振荡和不振荡的边缘状态，故称为边限振荡器。

如图 39-7 所示，样品放在边限振荡器的振荡线圈中，振荡线圈放在固定磁场 $\vec{B_0}$ 中，由于边限振荡器是处于振荡与不振荡的边缘，当样品吸收的能量不同（即线圈的 Q 值发生变化）时，振荡器的振幅将有较大的变化。当发生共振时，样品吸收增强，振荡变弱，经过二极管的倍压检波，就可以把反映振荡器振幅大小变化的共振吸收信号检测出来，进而用示波器显示。由于采用边限振荡器，所以射频场 B_1 很弱，饱和的影响很小。但如果电路调节得不好，偏离边限振荡器状态很远，一方面射频场 B_1 很强，出现饱和效应，另一方面，样品中少量的能量吸收对振幅的影响很小，这时就有可能观察不到共振吸收信号。这种把发射线圈兼做接收线圈的探测方法称为单线圈法。

（三）扫场单元

观察核磁共振信号最好的手段是使用示波器，但是示波器只能观察交变信号，所以必须想办法使核磁共振信号交替出现。有两种方法可以达到这一目的。一种是扫频法，即让磁场 $\vec{B_0}$ 固定，使射频场 $\vec{B_1}$ 的频率 ω 连续变化，通过共振区域，当 $\omega = \omega_0 = \gamma \cdot B_0$ 时出现共振峰。另一种方法是扫场法，即把射频场 $\vec{B_1}$ 的频率 ω 固定，而让磁场 B_0 连续变化，通过共振区域。这两种方法是完全等效的，显示的都是共振吸收信号 v 与频率差 $(\omega - \omega_0)$ 之间的关系曲线。

由于扫场法简单易行，确定共振频率比较准确，所以现在通常采用大调制场技术；在稳恒磁场 B_0 上叠加一个低频调制磁场 $B_m \sin\omega't$，这个低频调制磁场就是由扫场单元（实际上是一对亥姆霍兹线圈）产生的。那么此时样品所在区域的实际磁场为 $B_0 + B_m \sin\omega't$。由于调制场的幅度 B_m 很小，总磁场的方向保持不变，只是磁场的幅值按调制频率发生周期性变化（其最大值为 $B_0 + B_m$，最小值 $B_0 - B_m$），相应的拉摩尔进动频率 ω_0 也相应地发生周期性变化，即

$$\omega_0 = \gamma \cdot (B_0 + B_m \sin\omega't) \tag{39-30}$$

这时只要射频场的角频率 ω 调在 ω_0 变化范围之内，同时调制磁场扫过共振区域，即 $B_0 - B_m \leqslant B_0 \leqslant B_0 + B_m$，则共振条件在调制场的一个周期内被满足两次，所以在示波器上观察到如图 39-8 中（b）所示的共振吸收信号。此时若调节射频场的频率，则吸收曲线上的吸收峰将左右移动。当这些吸收峰间距相等时，如图 39-8 中（a）所示，则说明在这个频率下的共振磁场为 B_0。

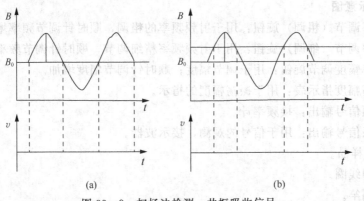

(a)　　　　　　　　　　　　　　(b)

图 39-8　扫场法检测　共振吸收信号

值得指出的是，如果扫场速度很快，也就是通过共振点的时间比弛豫时间小得多，这时共振吸收信号的形状会发生很大的变化。在通过共振点之后，会出现衰减振荡。这个衰减的振荡称为"尾波"，这种尾波非常有用，因为磁场越均匀，尾波越大。所以应调节匀场线圈使尾波达到最大。

1. 电磁铁结构示意图

（1）扫场线圈。

（2）励磁线圈。

（3）间隙：有效的工作区。

（4）电磁铁铁芯。

（5）线圈电流输入接口。

（6）扫场电流输入接口。

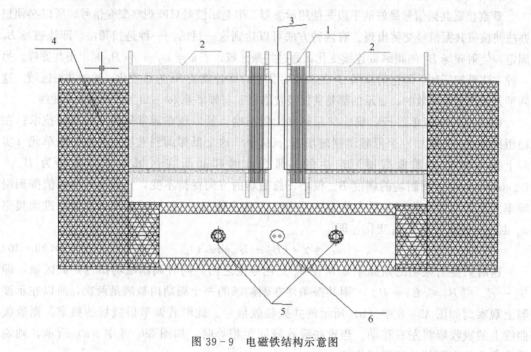

图 39-9　电磁铁结构示意图

2. 主机示意图

（1）频率调节（粗调）旋钮：用于射频频率的粗调，顺时针调节频率增加。

（2）频率调节（细调）旋钮：用于射频频率精细调节，顺时针调节频率增加。

（3）频率幅度调节旋钮：用于调节幅度；顺时针调节幅度增加。

（4）振荡幅度指示表：用于振荡幅度的指示。

（5）射频信号输出：接频率计。

（6）共振信号输出：用于信号的观测，接示波器。

（7）实验样品。

（8）探测线圈。

（9）探测竿。

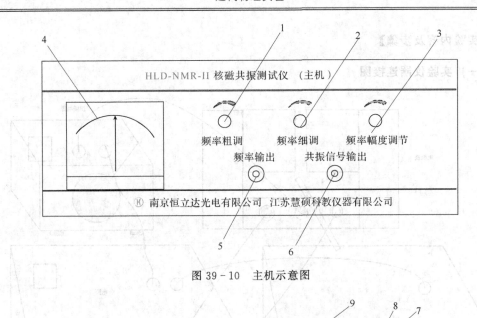

图 39-10　主机示意图

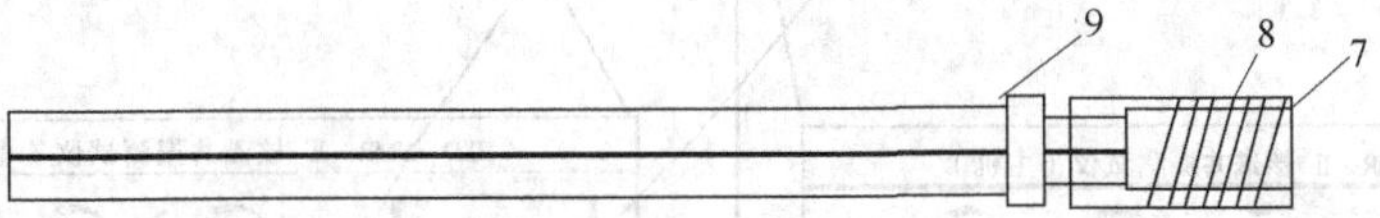

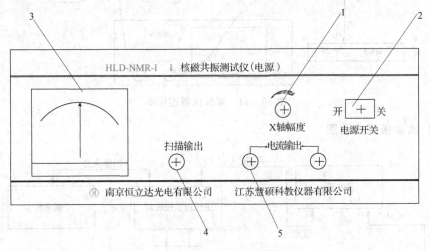

图 39-11　探测竿

3. 电源示意图

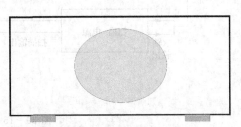

图 39-12　电源示意图

（1）X 轴幅度调节旋钮：用于幅度的调节，顺时针调节幅度增加。

（2）电源开关。

（3）扫描输出电压指示表头。

（4）扫描输出，接入示波器。

（5）电流输出（应于磁铁供电）。

图 39-13　扫场电源调节旋钮

【实验内容及步骤】

（一）实验仪器连接图

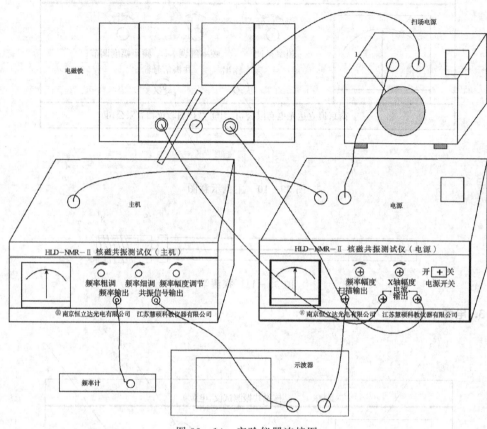

图 39-14　实验仪器连接图

（二）实验接线方框图

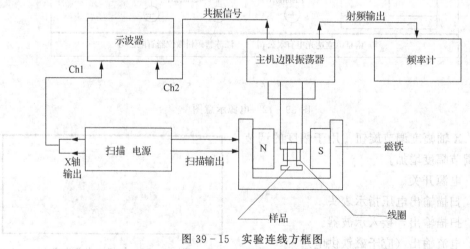

图 39-15　实验连线方框图

（三）调试步骤

（1）首先将探头旋进边限振荡器后面板指定位置，并将测量样品插入探头内。

（2）按照图 39 - 14 实验仪器连接图，将仪器连接。

（3）将边限振荡器的"共振信号输出"用 Q9 线接示波器"CH1 通道"。"频率输出"用 Q9 线接频率计的 A 通道（频率计的通道选择：A 通道，即 1Hz～100MHz；FUNCTION 选择：FA；GATE TIME 选择：1s）；电源的扫场输出与"CH2 通道"连接。

（4）移动边限振荡器将探头连同样品放入磁场中，并调节边限振荡器机箱底部 4 个调节螺丝，使探头放置的位置保证使内部线圈产生的射频磁场方向与稳恒磁场方向垂直。

（5）打开磁场扫描电源、边限振荡器、频率计和示波器的电源，准备后面的仪器调试。

（四）核磁共振信号的调节

（1）将磁场扫描电源的"扫描输出"旋钮顺时针调节至接近最大（旋至最大后，再往回旋半圈，因为最大时电位器电阻为零，输出短路，因而对仪器有一定的损伤），这样可以加大捕捉信号的范围。

（2）调节边限振荡器的频率"粗调"电位器，将频率调节至磁铁标志的 H 共振频率附近，然后旋动频率调节"细调"旋钮，在此附近捕捉信号，当满足共振条件 $\omega = \gamma \cdot B_0$ 时，可以观察到如图 39 - 16 所示的共振信号。调节旋钮时要尽量慢，因为共振范围非常小，很容易跳过。

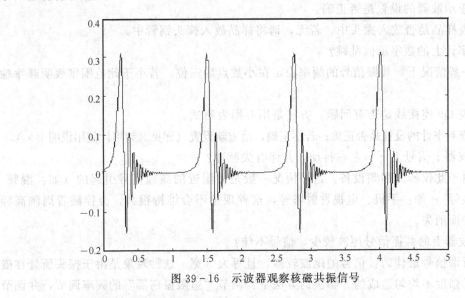

图 39 - 16 示波器观察核磁共振信号

注：因为磁铁的磁感应强度随温度的变化而变化（成反比关系）。

（3）调出大致共振信号后，降低扫描幅度，调节频率"微调"至信号等宽，同时调节样品在磁铁中的空间位置以得到微波最多的共振信号。

（五）李萨如图形观测

只要按下示波器的上的"X－Y"按钮就可以观测到李萨如图形；当调节"X 轴幅度"旋钮及"X 轴相位"旋钮时，信号会有一定的变化。

图 39 - 17 是在示波器上观测到的李萨如图形。

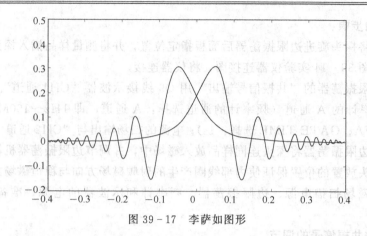

图 39 - 17　李萨如图形

【注意事项】

1. 为何频率调至初步估算的共振频率，但仍没有信号？

答：a. 检查电源是否接通；若无，请接通电源。

b. 检查 Q9 连接线是否有问题，方法用万用表测试。

c. 检查"边限振荡器"的"共振信号输出"有无接至示波器上；若无，请用 Q9 连接线连接。

d. 检查示波器的设置是否正确。

e. 检查样品是否放入探头中；若无，请将样品放入探头钢管中。

2. 频率计上的数字示值乱跳？

答：一般情况下，共振信号的频率稳定在小数点后三位，若小于此范围则表明频率输出有问题。

a. 检查 Q9 连接线是否有问题，方法是用万用表测试。

b. 检查频率计的设置是否正确；若不正确，请重新设置（详见《频率计使用说明书》）。

3. 示波器上信号上下、左右抖动，并伴有尖脉冲？

答：由于此仪器为高频设备，这种情况一般是由附近的高频信号引起的（如：混频、差频、共振等），如：手机、电视发射塔等，这种现象不会维持很久，会伴随着周围高频信号的消失而消失。

4. 示波器上的共振信号尾波较少，信号不佳？

答：所谓信号最佳为：信号的尾波较多，且等大等宽。这种现象是由于探头所处在磁场中的磁场强度不均匀造成的。解决的方法是：调节"边限振荡器"的频率调节，并调节探头的信号，使探头处于均匀的磁场中，在调节过程中同时注意示波器上信号的变化。

5. 为何水的共振信号难以观察？

答：这是由样品本身所决定的，由于这种样品的驰豫时间过长会导致饱和现象而引起信号变小且噪声很大，所以一般难以观察，在一般的演示实验中不推荐选用。

6. 当调节"边限振荡器"的"幅度调节"旋钮由小调至最大时，会出现"射频幅度"指示表头由大于 5V 反打至零，这是什么原因？

答：这种现象叫停振（即停止共振）；当我们不断增大"幅度调节"旋钮至最大时，超出了共振范围，电路中的晶体管饱和或截止工作，导致停振，并伴随打表头的声音，这种现象是正常的，但我们可以避免此现象的发生（如当我们调至 5V 时，便不再往上增加）。

【思考题】

1. 实验中不加扫场信号，能否产生共振？为什么？
2. 结合实验，分析磁场空间分布不均匀性对共振信号的影响。

实验四十　超导材料的电磁特性

超导材料，是指具有在一定的低温条件下呈现出电阻等于零以及排斥磁力线的性质的材料。现已发现有 28 种元素和几千种合金和化合物可以成为超导体。超导材料的基本物理参量为临界温度（T_c），临界磁场（H_c）和临界电流（I_c）。近十几年来，高温超导材料的研究可谓轰轰烈烈。YBaCuO、BiSrCaCuO 等系列的超导转变温度 T_c，超导电流等参数有了很大提高。高温超导线材与薄膜在应用方面也有了很大的突破。

【实验目的】

1. 掌握动态测量不同变化速率的升降温特性曲线的方法。
2. 掌握稳态测量升降温特性曲线的方法。

【仪器和用具】

高温超导转变温度测量仪、低温液氮杜瓦瓶、连线等。

【实验原理】

1911 年，荷兰物理学家昂尼斯（H. K. Onnes）发现纯汞（Hg）的电阻在极低的温度下（约 4.2K）小到了无法测量的程度。在这一温度下，汞的电阻不是平稳地下降，而是急剧下降，当低于这一温度时，汞便完全不显示电阻了，见图 40-1。昂尼斯认识到，汞在 4.2K 以下时便进入一种新的状态，这种新的状态称为"超导态"。相应的物质（如 Hg）称为超导体，后来发现许多金属及其化合物都具有超导电性。超导体失去电阻的温度称为超导转变温度或临界温度，用 T_c 表示。

超导材料除失去电阻这一特性外，还有另一个重要的特性是完全抗磁性。按麦克斯韦方程：$\nabla \times E = -\partial B / \partial t$，既然超导体内没有电阻，则可视为理想导体，因此 $\nabla \times E$ 为零，势必磁感应强度不随时间变化，即 $\partial B / \partial t = 0$。超导体的磁感应强度应由初始条件决定，当一块金属处

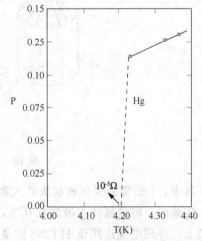

图 40-1　水银样品电阻与绝对温度关系

于超导态，然后施加磁场，其数值小于临界磁场 B_c，此时超导体内 $B=0$，没有磁感应线，假如此超导体在高于 T_c 的温度时先处在磁场中，其体内有磁感应强度 $B=B_0$，其值小于 B_c，然后让它冷却至 T_c 以下的温度，此金属变为超导态。按上述理论，超导体内将保持原有的磁感应强度。事实上，1933 年，迈斯纳和奥森菲尔德做了实验，在小磁场中把金属冷却变成超导态时，超导体内的磁感应线完全被排斥出来，保持体内磁感应强度为零，即完全抗磁性，如图 40-2 所示。

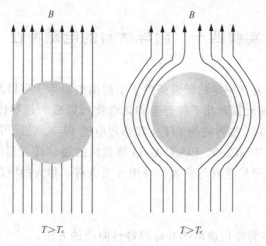

图 40-2　超导的完全抗磁性

【装置介绍】

1. 高温超导转变温度测量仪

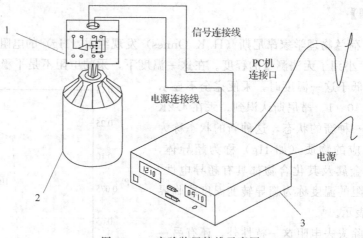

图 40-3　实验装置接线示意图

其中：1 是实验探棒和前级放大器；2 是低温液氮杜瓦瓶；3 是测量仪主机。

实验时，将液氮注入液氮杜瓦瓶，再将装有测量样品的低温恒温器浸入液氮，固定于支架上，并用电缆连接至 HT288 测量仪"恒温器输入"端，再用通讯电缆将测量仪与计算机串行口 1 联接。

本仪器的实验记录方式有二种。

(1) 数字电压表记录。通过主机面板上两数字电压表的显示值也可记录下样品的电压和温度计电压，计算获得样品和温度计的电阻后，通过查表、画图，从而获得超导转变曲线。但本方式需要人工记录，再行手工作图。此法的好处是既不需 X－Y 记录仪，也可没有计算机，设备费用下降。缺点是比较费时和费力。

(2) 计算机软件记录

本软件设置为串行口输入，可选择不同的串行口（Com1 或 Com2），采样的记录格式形同于记录纸，X 坐标为温度值（以温度的形式来显示），每格大小在界面的右边显示。Y 坐标所对应的是样品电压，每格所对应的电压值可供选择，这里设置了 3 个级别的电压值供选择。对于记录下的曲线，可以进行存盘、打印等操作，也可删除及重新开始记录，在计算机采样的时候，我们可以通过选择不同的颜色来区分降温和升温的曲线；在计算机记录完毕后，可以通过鼠标的点击来显示曲线上每一点的坐标值，横坐标的温度值可直接显示对应的温度，不需要查表。本软件显示的窗口界面如图 40－4 所示。

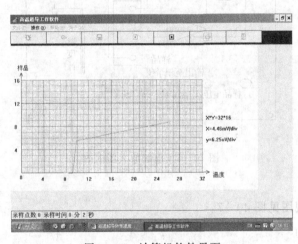

图 40－4　计算机软件界面

2. 探棒

探棒是安装超导样品和温度计供插入低温杜瓦瓶实现变温的实验装置。其上部装有前级放大器，底部是样品室。棒身采用薄壁的德银管或不锈钢管制作。底部样品室的结构见图 40－5。

样品室外壁和内部样品架均由紫铜块加工而成，通过紫铜块外壁与液氮的热接触，将冷量传到内部紫铜块样品架中。样品架的温度取决于与环境的热平衡。控制探棒插入液氮中的深度，可以改变样品架的温度变化速度。超导样品为常规的四引线接头方式，其电流、电压引线分别连接到样品架的相应接头上。图中，并排的中间两引线是电压接头，靠外的两引线是电流引线。样品架的温度由装于其块体内的铂电阻温度计测定。样品电阻的四引线和铂电阻的四引线通过紫铜热沉后接至探棒上端，再分别接至各自的恒流源和电压表。

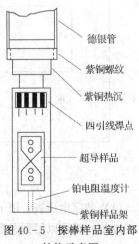

图 40－5　探棒样品室内部结构示意图

3. 前级放大部分

前级放大器的框图见图 40 - 6。

（1）样品上的电压经放大器放大后输出，其与主机的连接线在 5 芯航空头上。

（2）样品电流的测量端，其与主机的连接线也在 5 芯航空头上。

（3）两个插座为样品两电压端的直接引出点，未经放大，此处也可直接连到记录仪的 X—Y 端。

（4）两个插座是铂温度计的电压输出端，此处可直接连到记录仪的 X—Y 端。

（5）为五芯的航空接头，是前级运放信号的输入和输出端。

（6）为七芯的航空接头，是前级运放电源输入端。

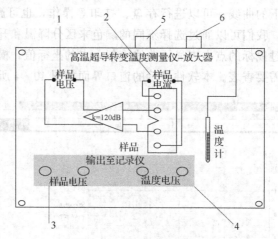

图 40 - 6　前级放大器框图

4. 测量仪主机

测量仪主机前视图见图 40 - 7。

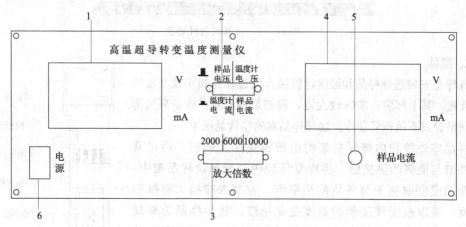

图 40 - 7　测量仪主机前面板

（1）**数字电压表**：用于显示样品电流和经放大后的温度计电压值，只要除以已知的放大倍数（40 倍）就可以得到温度计的原始电压值，通过查表，就可以得出其对应的温度值。

（2）**按键开关**：左边的开关控制左边表的显示，可分别显示样品电流和经放大后的温度计电压；右边的开关控制右边表的显示，可分别显示温度计电流和经放大后的样品电压值。

（3）放大倍数按键开关：为适应因形状、制备工艺，性能材料成份等因素不同引起的样品阻值的不同，本测量仪样品电压测量备有不同的放大倍数。测量仪出厂时的三挡放大倍数如面板上所示为：2000、6000 和 10000（大概数值）。

（4）数字电压表：显示温度计电流和经放大后的样品电压值，只要除以已知的放大倍数（通过放大倍数切换开关来获得），就可以得到样品的原始电压值，样品的阻值由原始电压值除以样品电流值得到。

（5）样品电流调节电位器：用来调节样品所需要的电流大小，电流范围为 1.5mA 到 33mA，连续可调。

（6）电源开关：是仪器电源的控制端。

【实验内容及步骤】

1. 先将样品用导热胶粘放在样品架中，焊接四引线。
2. 将放大器上的航空头分别接到主机上对应的航空插座上。
3. 通过连接电缆将仪器与计算机串行口相连。
4. 打开本软件，选择合适的串行口（Com1 或 Com2）和显示的 Y 轴分度值，如果选择不对，软件会进行提示。
5. 将探棒放入液氮杜瓦瓶中。
6. 分别按照两种记录方式进行数据采集。

【参考表格】

表 40 - 1　采集的仪器主机的电流电压数据表

样品的电压值（V）	样品的电流值（mA）	温度计电压（V）	温度计的电流（mA）

最后绘制出样品电阻和温度（R - T）的曲线关系。

【注意事项】

（1）超导样品的焊接。本实验样品为 YBa_2CuO_7 材料，样品上的四引线为压铟后引出的涂银铜丝。焊接样品时，不应焊动其压铟点处的涂银丝，而应将涂丝与探棒样品架上铜箔板的四焊接点焊接。焊接可用锡焊且宜用小的电烙铁头，并使锡焊接点保持亮泽（去除助焊剂）。其装配如图 40 - 8 所示。

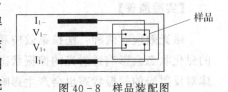

图 40 - 8　样品装配图

I_1 为样品所需的电流，V_1 为样品的输出电压。

（2）YBa_2CuO_7 材料易吸收空气中的水汽使超导性能变坏。为此，每次实验完毕，需将探头吹热（用电吹风）升温去霜后，在近室温下焊下样品，并立即放入有硅胶干燥剂的密封容器中保存。硅胶需注意保持蓝色。当其颜色逐渐变淡而变成透明时即为失效，需重新加热，驱除所吸收的水分后再用。

（3）超导电阻转变过程的快慢与杜瓦瓶中的液氮多少有关，一般控制在液氮液面的高度（离底）为 6～8cm。其高度可用所附的塑料杆探测估计。

实验四十一　磁光克尔效应实验

1845 年，Michael Faraday 首先发现了磁光效应，他发现当外加磁场加在玻璃样品上时，透射光的偏振面将发生旋转，随后他加磁场于金属表面上做光反射的实验，但由于金属表面并不够平整，因而实验结果不能使人信服。1877 年 John Kerr 在观察偏振光从抛光过的电磁铁磁极反射出来时，发现了磁光克尔效应（magneto-optic Kerr effect）。1985 年 Moog 和 Bader 两位学者进行铁磁超薄膜的磁光克尔效应测量，成功地得到一原子层厚度磁性物质的磁滞回线，并且提出了以 SMOKE 来作为表面磁光克尔效应（surface magneto-optic Kerr effect）的缩写，用以表示应用磁光克尔效应在表面磁学上的研究。由于此方法的磁性测量灵敏度可以达到一个原子层厚度，并且仪器可以配置于超高真空系统上面工作，所以成为表面磁学的重要研究方法。

表面磁性以及由数个原子层所构成的超薄膜和多层膜磁性，是当今凝聚态物理领域中的一个极其重要的研究热点。而表面磁光克尔效应（SMOKE）谱作为一种非常重要的超薄膜磁性原位测量的实验手段，正受到越来越多的重视，并且已经被广泛用于磁有序、磁各向异性 df 以及层间耦合等问题的研究。

【实验目的】

1. 了解磁光效应的原理。
2. 掌握对磁性超薄膜的磁有序、磁各向异性、层间耦合和磁性超薄膜的相变行为等方面的研究方法。

磁光克尔效应实验

【仪器和用具】

如图 41-1 所示，表面磁光克尔效应实验系统主要由电磁铁系统、光路系统、主机控制系统、光学实验平台以及电脑组成。

【实验原理】

磁光效应有两种：法拉第效应和克尔效应，1845 年，Michael Faraday 首先发现介质的磁化状态会影响透射光的偏振状态，这就是法拉第效应。1877 年，John Kerr 发现铁磁体对反射光的偏振状态也会产生影响，这就是克尔效应。克尔效应在表面磁学中的应用，即为表面磁光克尔效应（surface magneto-optic Kerr effect）。它是指铁磁性样品（如铁、

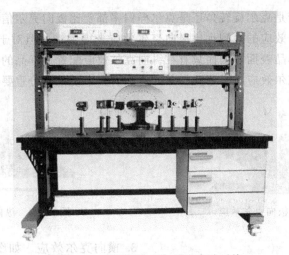

图 41-1 表面磁光克尔效应实验系统

钴、镍及其合金）的磁化状态对于从其表面反射的光的偏振状态的影响。当入射光为线偏振光时，样品的磁性会引起反射光偏振面的旋转和椭偏率的变化。表面磁光克尔效应作为一种探测薄膜磁性的技术始于 1985 年。

如图 41-2 所示，当一束线偏振光入射到样品表面上时，如果样品是各向异性的，那么反射光的偏振方向会发生偏转。如果此时样品还处于铁磁状态，那么由于铁磁性，还会导致反射光的偏振面相对于入射光的偏振面额外再转过了一个小的角度，这个小角度称为克尔旋转角 θ_k。同时，一般而言，由于样品对 p 光和 s 光的吸收率是不一样的，即使样品处于非磁状态，反射光的椭偏率也发生变化，而铁磁性会导致椭偏率有一个附加的变化，这个变化称为克尔椭偏率 ε_k。由于克尔旋转角 θ_k 和克尔椭偏率 ε_k 都是磁化强度 M 的函数。通过探测 θ_k 或 ε_k 的变化可以推测出磁化强度 M 的变化。

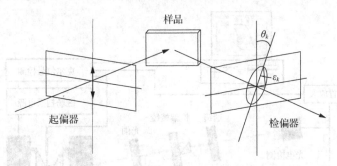

图 41-2 表面磁光克尔效应原理

按照磁场相对于入射面的配置状态不同，磁光克尔效应可以分为三种：极向克尔效应、纵向克尔效应和横向克尔效应。

1. 极向克尔效应。如图 41-3 所示，磁化方向垂至于样品表面并且平行于入射面。通常情况下，极向克尔信号的强度随光的入射角的减小而增大，在 0°入射角时（垂直入射）达到最大。

2. 纵向克尔效应。如图 41-4 所示，磁化方向在样品膜面内，并且平行于入射面。纵向克尔信号的强度一般随光的入射角的减小而减小，在 0°入射角时为零。通常情况下，纵向克尔信号中无论是克尔旋转角还是克尔椭偏率都要比极向克尔信号小一个数量级。正是这个原因纵向克尔效应的探测远比极向克尔效应来得困难。但对于很多薄膜样品来说，易磁轴往往平行于样品表面，因而只有在纵向克尔效应配置下样品的磁化强度才容易达到饱和。因此，纵向克尔效应对于薄膜样品的磁性研究来说是十分重要的。

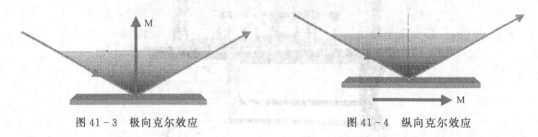

图 41-3　极向克尔效应　　　　　　　　　　图 41-4　纵向克尔效应

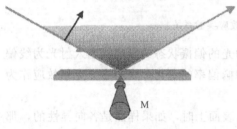

图 41-5　横向克尔效应

3. 横向克尔效应。如图 41-5 所示，磁化方向在样品膜面内，并且垂至于入射面。横向克尔效应中反射光的偏振状态没有变化。这是因为在这种配置下光电场与磁化强度矢积的方向永远没有与光传播方向相垂直的分量。横向克尔效应中，只有在 p 偏振光（偏振方向平行于入射面）入射条件下，才有一个很小的反射率的变化。

以下以极向克尔效应为例详细讨论 SMOKE 系统，原则上完全适用于纵向克尔效应和横向克尔效应。图 41-6 为常见的 SMOKE 系统光路图，氦-氖激光器发射一激光束通过偏振棱镜 1（起偏棱镜）后变成线偏振光，然后从样品表面反射，经过偏振棱镜 2（检偏棱镜）进入探测器。偏振棱镜 2 的偏振方向与偏振棱镜 1 设置成偏离消光位置一个很小

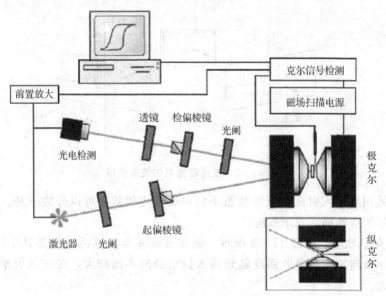

图 41-6　常见 SMOKE 系统的光路图

的角度 δ，如图 41-6 所示，样品放置在磁场中，当外加磁场改变样品磁化强度时，反射光的偏振状态发生改变。通过偏振棱镜 2 的光强也发生变化。在一阶近似下光强的变化和磁化强度呈线性关系，探测器探测到这个光强的变化就可以推测出样品的磁化状态。

两个偏振棱镜的设置状态主要是为了区分正负克尔旋转角。若两个偏振方向设置在消光位置，无论反射光偏振面是顺时针还是逆时针旋转，反映在光强的变化上都是强度增大。这样无法区分偏振面的正负旋转方向，也就无法判断样品的磁化方向。当两个偏振方向之间有一个小角度 δ 时，通过偏振棱镜 2 的光线有一个本底光强 I_0。反射光偏振面旋转方向和 δ 同向时光强增大，反向时光强减小，这样样品的磁化方向可以通过光强的变化来区分。

在图 41-7 的光路中，假设取入射光为 p 偏振（电场矢量 E_p 平行于入射面），当光线从磁化了的样品表面反射时由于克尔效应，反射光中含有一个很小的垂直于 E_p 的电场分量 E_s，通常 $E_s \ll E_p$。在一阶近似下有：

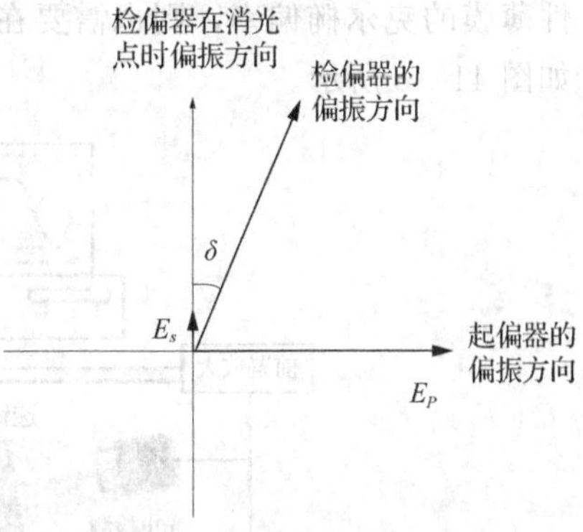

$$\frac{E_s}{E_p} = \theta_k + i\varepsilon_k \qquad (41-1)$$

通过棱镜 2 的光强为：

$$I = |E_p \sin\delta + E_s \cos\delta|^2 \qquad (41-2)$$

将式（41-1）代入式（41-2）得到：

$$I = |E_p|^2 |\sin\delta + (\theta_k + i\varepsilon_k)\cos\delta|^2 \quad (41-3)$$

因为 δ 很小，所以可以取 $\sin\delta = \delta$，$\cos\delta = 1$，得到：

$$I = |E_p|^2 |\delta + (\theta_k + i\varepsilon_k)|^2 \qquad (41-4)$$

整理得到：

$$I = |E_p|^2 (\delta^2 + 2\delta\theta_k) \qquad (41-5)$$

无外加磁场下：

$$I_0 = |E_p|^2 \delta^2 \qquad (41-6)$$

所以有：

$$I = I_0(1 + 2\theta_k/\delta) \qquad (41-7)$$

于是在饱和状态下的克尔旋转角 θ_k 为：

$$\Delta\theta_k = \frac{\delta}{4} \frac{I(+M_S) - I(-M_S)}{I_0} = \frac{\delta}{4} \frac{\Delta I}{I_0} \qquad (41-8)$$

$I(+M_S)$ 和 $I(-M_S)$ 分别是正负饱和状态下的光强。从式（41-8）可以看出，光强的变化只与克尔旋转角 θ_k 有关，而与 ε_k 无关。说明在图 5 这种光路中探测到的克尔信号只是克尔旋转角。

在超高真空原位测量中，激光在入射到样品之前和经样品反射之后都需要经过一个视窗。但是视窗的存在产生了双折射，这样就增加了测量系统的本底，降低了测量灵敏度。为了消除视窗的影响，降低本底和提高探测灵敏度，需要在检偏器之前加一个 1/4 波片。仍然假设入射光为 p 偏振，四分之一波片的主轴平行于入射面，如图 41-7 所示：

此时在一阶近似下有：$E_S/E_P = -\varepsilon_K + i\theta_K$。通过棱镜 2 的光强为：

$$I = |E_P \sin\delta + E_S \cos\delta|^2 = |E_P|^2 |\sin\delta - \varepsilon_K \cos\delta + i\theta_K \cos\delta|^2$$

图 41-7　偏振器件配置

因为 δ 很小，所以可以取 $\sin\delta = \delta$，$\cos\delta = 1$，得到：

$$I = |E_P|^2 |\delta - \varepsilon_K + i\theta_K|^2 = |E_P|^2 (\delta^2 - 2\delta\varepsilon_K + \varepsilon_K^2 + \theta_K^2)$$

因为角度 δ 取值较小，并且 $I_0 = |E_P|^2 \delta^2$，所以：

$$I \approx |E_P|^2 (\delta^2 - 2\delta\varepsilon_K) = I_0(1 - 2\varepsilon_K/\delta) \tag{41-9}$$

在饱和情况下 $\Delta\varepsilon_k$ 为：

$$\Delta\varepsilon_k = \frac{\delta}{4} \frac{I(-M_S) - I(+M_S)}{I_0} = -\frac{\delta}{4} \frac{\Delta I}{I_0} \tag{41-10}$$

此时光强变化对克尔椭偏率敏感而对克尔旋转角不敏感。因此，如果要想在大气中探测磁性薄膜的克尔椭偏率，则也需要在图 41-6 的光路中检偏棱镜前插入一个四分之一波片。如图 41-8 所示。

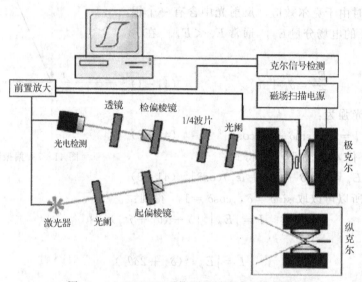

图 41-8　SMOKE 系统测量椭偏率的光路图

　　如图 41-8 所示，整个系统由一台计算机实现自动控制。根据设置的参数，计算机经 D/A 卡控制磁场电源和继电器进行磁场扫描。光强变化的数据由 A/D 卡采集，经运算后作图显示，从屏幕上直接看到磁滞回线的扫描过程，如图 41-9 所示。

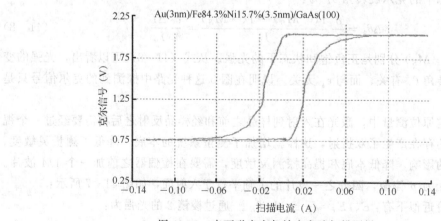

图 41-9　表面磁光克尔效应实验扫描图样

表面磁光克尔效应具有极高的探测灵敏度。目前表面磁光克尔效应的探测灵敏度可以达到 10^{-4} 度的量级。这是一般常规的磁光克尔效应的测量所不能达到的。因此表面磁光克尔效应具有测量单原子层、甚至于亚原子层磁性薄膜的灵敏度，所以表面磁光克尔效应已经被广泛地应用在磁性薄膜的研究中。虽然表面磁光克尔效应的测量结果是克尔旋转角或者克尔椭偏率，并非直接测量磁性样品的磁化强度。但是在一阶近似的情况下，克尔旋转角或者克尔椭偏率均和磁性样品的磁化强度成正比。所以，只需要用振动样品磁强计（VSM）等直接测量磁性样品的磁化强度的仪器对样品进行一次定标，即能获得磁性样品的磁化强度。另外，表面磁光克尔效应实际上测量的是磁性样品的磁滞回线，因此可以获得矫顽力、磁各向异性等方面的信息。

【装置介绍】

(1) 电磁铁系统

电磁铁系统主要由 CD 型电磁铁、转台、支架、样品固定座组成。其中 CD 型电磁铁由支架支撑竖直放置在转台上，转台可以每隔 90°转动定位，同时支架中间的样品固定座也可以 90°定位转动，这样可以在极向克尔效应和纵向克尔效应之间转换测量。

(2) 光路系统

光路系统主要由半导体激光器、可调光阑（两个）、格兰-汤普逊棱镜（两个）、会聚透镜、光电接收器、四分之一波片组成，所有光学元件均通过底座固定于光学试验平台之上。

半导体激光器输出波长 650nm，其头部装有调焦透镜，实验时应该调节透镜，使激光光斑打在实验样品上的光点直径最小。

可调光阑采用转盘形式，上面有直径不同的 10 个孔。在光电接收器前同样装有可调光阑，这样可以减小杂散光对实验的影响。

格兰-汤普逊棱镜转盘刻度分辨率 1°，配螺旋测微头，测微头量程 10mm，测微分辨率 0.01mm，转盘将角位移转换为线位移，实验前须对其定标。

会聚透镜为组合透镜。

光电接收器为硅光电池，前面装有可调光阑，后面通过连接线与主机相连。

四分之一波片光轴方向在外壳上标注，外转盘可以 360°转动，角度测量分辨率 1°。

(3) 主机控制系统

表面磁光克尔效应实验系统控制主机主要由前置放大器部分、克尔信号部分和扫描电源部分组成。

前置放大器部分由光功率计、特斯拉计、光信号和磁信号前置放大器、激光器电源组成。

仪器前面板如图 41-10 所示。面板中左边方框为光功率计和特斯拉计，切换使用，光功率计分为 $2\mu W$，$20\mu W$，$200\mu W$，$2000\mu W$ 四档切换，表头采用三位半数字电压表。光功率计用来测量激光器输出光功率大小，以及通过布儒斯特定律来确定格兰-汤普逊棱镜的起偏方向。特斯拉计单位为毫特。中间两个增益调节方框通过四档切换分别调节光路信号和磁路信号的放大倍数，当左边标"1"倍放大的琴键开关按下去时为自动挡，即通过电脑自动扫描，磁路信号中也相同。

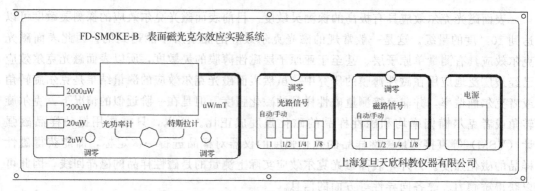

图 41-10　SMOKE 光功率计前面板示意图

图 41-11 为 SMOKE 前置放大器后面板示意图，最左边方框为电源插座，上部"磁路输入"将放置在磁场中的霍尔传感器输出的信号按照对应颜色接入 SMOKE 光功率计控制主机中，同样，"光路输入"将光电接收器中的输出光信号接入 SMOKE 光功率计控制主机进行前置放大。下部"磁路输出"和"光路输出"分别用五芯航空线接入 SMOKE克尔信号控制主机后面板中的"磁信号"和"光信号"。探测器输入通过另外一根音频线可以将探测器检测的光信号送入光功率计中显示（注意，这时主要用来检测光信号，属于手动调节，如果需要电脑采集时，必须将探测器信号送入"光路输入"）。"DC3V 输出"用作激光器电源。

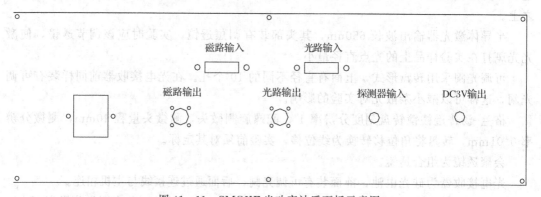

图 41-11　SMOKE 光功率计后面板示意图

克尔信号控制主机主要将经过前置放大的光信号和磁路信号进行放大处理并显示出来，另外内有采集卡通过串行口将扫描信号与计算机进行通讯。

SMOKE 克尔信号控制主机前面板如图 41-12 所示，图中，左边方框内三位半表显示克尔信号（切换时可以显示磁路信号），单位为"伏特"（V），实验中应该调节放大增益使初始信号显示约 1.25V 左右（具体原因见调节步骤）。中间方框上面一排，通过中间"光路-磁路"两波段开关可以在左边表中切换显示光路信号和磁路信号，同时对应左右两边"光路电平"和"磁路电平"电位器可以调节初始光路信号和磁路信号的电平大小（实验时要求光路信号和磁路信号都显示在 1.25V 左右）。下排中"光路幅度"电位器为光信号后级放大增益调节。右边"光路输入"和"磁路输入"五芯航空插座与 SMOKE 克尔信号控制主机后面板"光信号"和"磁信号"五芯航空插座具有同样作用，平时只需接入后面板即可。

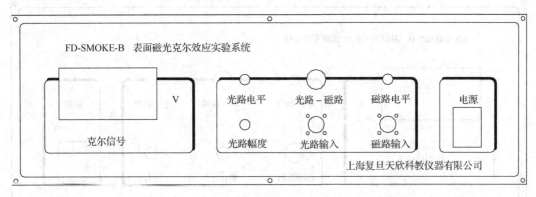

图 41-12　SMOKE 克尔信号控制主机前面板示意图

SMOKE 克尔信号控制主机后面板如图 41-13 所示，左边为 220V 电源插座，"光信号"和"磁信号"五芯航空插座与 SMOKE 光功率计控制主机后面板"光路输出"和"磁路输出"分别用五芯航空线相连。"控制输出"和"换向输出"分别用五芯航空线与 SMOKE 磁铁电源主机后面板"控制输入"和"换向输入"相连。"串口输出"通过九芯串口线与电脑相连。

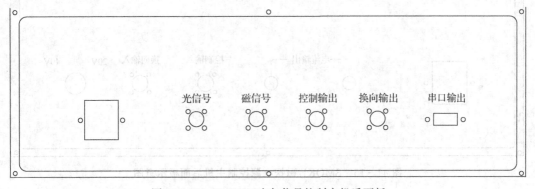

图 41-13　SMOKE 克尔信号控制主机后面板

　　磁铁电源控制主机主要提供电磁铁的扫描电源。前面板如图 41-14 所示，图中左边方框中表头显示磁场扫描电流，单位为"安培"（A），右边方框内上排"电流调节"电位器可以调节磁铁扫描最大电流，"手动-自动"两波段开关可以左右切换选择手动扫描和电脑自动扫描。"磁场换向"开关选择初始扫描时磁场的方向。"输出＋"和"输出－"接线柱与后面板"电流输出"两个红黑接线柱具有同等作用，实验中只接后面板的即可。

　　图 41-15 为 SMOKE 磁铁电源控制主机后面板示意图，最左边为 220V 交流电源插座，"电流输出"接线柱与电磁铁相连。"控制输入"和"换向输入"通过五芯航空线与 SMOKE 克尔信号控制主机后面板"控制输出"和"换向输出"分别相连。"20V　40V"两波段开关为扫描电压上限，拨至"20V"磁铁电源最大扫描电压为"20V"，此时最大扫描电流为"8A"，拨至"40V"磁铁电源最大扫描电压为"40V"，此时最大扫描电流为"12A"。

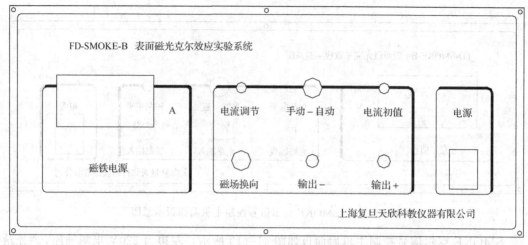

图 41 - 14　SMOKE 磁铁电源控制主机

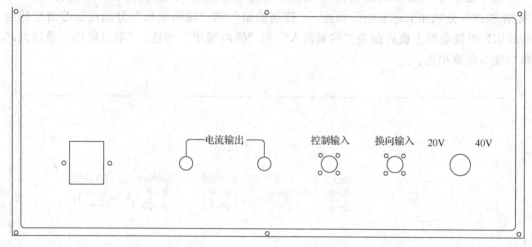

图 41 - 15　SMOKE 磁铁电源控制主机后面板示意图

（4）光学实验平台部分

FD - SMOKE - B 型表面磁光克尔效应实验系统实验平台采用标准实验操作台，台面采用铝合金氧化的光学平板，中间装有减震橡胶。光学元件通过底座与台面可以自由固定。

【实验内容及步骤】

1. 仪器连接

（1）将 SMOKE 光功率计控制主机前面板上激光器"DC3V"输出通过音频线与半导体激光器相连，将光电接收器与 SMOKE 光功率计控制主机后面板的"光路输入"相连，注意连接线一端为三通道音频插头接光电接收器，另外一端为绿、黄、黑三色标志插头与对应颜色的插座相连。将霍尔传感器探头一端固定在电磁铁支撑架上（注意霍尔传感器的方向），另外一端与 SMOKE 光功率计控制主机后面板"磁路输入"相连，注意"磁路输入"也有四种颜色区分不同接线柱，对应接入即可。将"磁路输出"和"光路输出"分别用五芯航空线与 SMOKE 克尔信号控制主机后面板的"磁信号"和"光信号"输入端相连。

（2）将 SMOKE 克尔信号控制主机后面板上"控制输出"和"换向输出"分别与 SMOKE 磁铁电源控制主机后面板上"控制输入"和"换向输入"用五芯航空线相连。用九芯串口线将"串口输出"与电脑上串口输入插座相连。

（3）将 SMOKE 磁铁电源控制主机后面板上的电流输出与电磁铁相连，"20V40V"波段开关拨至"20V"（只有在需要大电流情况下才拨至"40V"）。

（4）接通 3 个控制主机的 220V 电源，开机预热 20 分钟。

2. 样品放置

本仪器可以测量磁性样品，如铁、钴、镍及其合金。实验时将样品做成长条状，即易磁轴与长边方向一致。将实验样品用双面胶固定在样品架上，并把样品架安放在磁铁固定架中心的孔内。这样可以实现样品水平方向的转动，以及实现极克尔效应和纵向克尔效应的转换。在磁铁固定架的一端有一个手柄，当放置好样品时，可以旋紧螺丝。这样可以固定样品架，防止加磁场时，样品位置有轻微的变化，影响克尔信号的检测。

3. 光路调整

（1）在入射光光路中，可以依次放置激光器、可调光阑、起偏棱镜（格兰-汤普逊棱镜），调节激光器前端的小镜头，使打在样品上的激光斑越小越好，并调节起偏棱镜使其起偏方向与水平方向一致（仪器起偏棱镜方向出厂前已经校准，参考上面标注角度），这样能使入射线偏振光为 p 光。另外通过旋转可调光阑的转盘，使入射激光斑直径最小。

（2）在反射接收光路中，可以依次放置可调光阑、检偏棱镜、双凸透镜和光电检测装置。因为样品表面平整度的影响，所以反射光光束发散角已经远远大于入射光束，调节小孔光阑，使反射光能够顺利进入检偏棱镜。在检偏棱镜后，放置一个长焦距双凸透镜，该透镜的作用是使检偏棱镜出来的光汇聚，以利于后面光电转换装置测量到较强的信号。光电转换装置前部是一个可调光阑，光阑后装有一个波长为 650nm 的干涉滤色片。这样可以减小外界杂散光的影响，从而提高检测灵敏度。滤色片后有硅光电池，将光信号转换成电信号并通过屏蔽线送入控制主机中。

（3）起偏棱镜和检偏棱镜同为格兰-汤普逊棱镜，机械调节结构也相同。它由角度粗调结构和螺旋测角结构组成，并且两种结构合理结合，通过转动外转盘，可以粗调棱镜偏振方向，分辨率为 1°，并且外转盘可以 360°转动。当需要微调时，可以转动转盘侧面的螺旋测微头，这时整个转盘带动棱镜转动，实现由测微头的线位移转变为棱镜转动的角位移。因为测微头精度为 0.01mm，这样通过外转盘的定标，就可以实现角度的精密测量。通过检测，这种角度测量精度可以达到 1.9 分左右，因为每个转盘有加工误差，所以具体转动测量精度须通过定标测量得到。

（4）实验时，通过调节起偏棱镜使入射光为 p 光，即偏振面平行于入射面。接着设置检偏棱镜，首先粗调转盘，使反射光与入射光正交，这时光电检测信号最小（在信号检测主机上电压表可以读出），然后转动螺旋测微头，设置检偏棱镜偏离消光位置 1°～2°（具体解释见原理部分）。然后调节信号 SMOKE 光功率计控制主机上的光路增益调节电位器和 SMOKE 克尔信号控制主机上"光路电平"以及"光路幅度"电位器，使输出信号幅度在 1.25V 左右。

（5）调节 SMOKE 光功率计控制主机上的磁路增益调节电位器和 SMOKE 克尔信号控制主机上"磁路电平"电位器，使磁路信号大小为 1.25V 左右。这样做是因为采集卡的采集信号范围是 0～2.5V，光路信号和磁路信号都调节在 1.25V 左右，软件显示正好处于界面中间。

4. 实验操作

（1）将 SMOKE 励磁电源控制主机上的"手动-自动"转换开关指向手动挡，调节"电流调节"电位器，选择合适的最大扫描电流。因为每种样品的矫顽力不同，所以最大扫描电流也不同，实验时可以首先大致选择，观察扫描波形，然后再细调。通过观察励磁电源主机上的电流指示，选择好合适的最大扫描电流，然后将转换开关调至"自动"挡。

（2）打开"表面磁光克尔效应实验软件"，在保证通讯正常的情况下，设置好"扫描周期"和"扫描次数"，进行磁滞回线的自动扫描。也可以将励磁电源主机上的"手动-自动"转换开关指向手动挡，进行手动测量，然后描点作图。

（3）如果需要检测克尔椭偏率时，按照图 41-7 的光路图，在检偏棱镜前放置四分之一波片，并调节四分之一波片的主轴平行于入射面，调整好光路后进行自动扫描或者手动测量，这样就可以检测克尔椭偏率随磁场变化的曲线。

【注意事项】

1. 按说明书中仪器连接的方法将仪器连接好，并能正常联机。

2. 先把检偏棱镜调在消光位置，再偏转测微头一个小角度（1°～2°）。这时，克尔信号显示为某个电压值（消光时为 -1.15V 左右），然后调节前置放大器的"光路增益"到 1.25V 左右（尽量增大光路增益和光路幅度，同时可配合调节"光路电平"旋钮达到 1.25V）。正常时"光路电压"应稳定在 1.25V±0.03V 范围内。否则，检查并重调光路和光路的接线。

3. 将励磁电源控制主机上的"手动-自动"转换开关指向"手动"挡。调节"电流调节"，选择合适的最大扫描电流（当调到某个电流值时，克尔信号电压会有变化），一般在 0.75V 左右。否则按上述步骤重新调整，直至达到这个变化范围。

4. 选择合适的最大扫描电流，将转换开关调至"自动"挡。调节信号 SMOKE 光功率计控制主机上的"磁路增益"和 SMOKE 克尔信号控制主机上"磁路电平"，使磁路信号大小为 1.25V 左右，此时磁路信号应稳定（±0.03V）。

5. 打开电脑软件进行采集，此时磁路信号应在 0～2.5V 内，否则应电流减小，增减范围视实际情况而定。软件设置方法，将"扫描周期"时间设置为 20ms，"扫描次数"设为 2 次。采集图形的 2 次重复性要好，采集过程中光路信号不能有跳变。若采集图形不符合要求，重复步骤 2～4。

6. 检测克尔椭偏率时，按图 41-7，在检偏棱镜前放置四分之一波片，并调节四分之一波片的主轴平行于入射面，调整好光路后进行自动扫描，这样就可以检测克尔椭偏率随磁场变化的曲线。

7. 样品表面的平整及光洁度也会影响实验信号。无法采集正常的信号时，应更换样品。

设计性实验

实验四十二　利用压力传感器设计制作电子秤

【实验目的】

1. 掌握测量应变式传感器的压力特性的方法。
2. 根据应变式传感器的压力特性设计、制作一个电子秤。

【仪器和用具】

压力传感器，实验仪，实验模板

【实验原理】

1. 总体方案设计

要设计一台电子秤，首先要根据对测量所提出的精度和灵敏度的要求，对各组成部分的主要性能参数提出合理的要求，这一步属于总体方案设计阶段。在总体设计中，首先要分析这套测试装置中哪一部分是主要的关键部分，它的性能参数将对其他部分起关键的决定性的作用。就本课题而言。应变式压力传感器是关键部分，它的特性指标将对放大电路及显示仪表的选择起决定性的作用。因此，首先要研究和测量荷重传感器的特性指标。在实际问题中，哪一部分是关键并不是唯一的和一成不变。需要根据所要解决的实际问题的具体要求和条件而定。

总体设计中，在决定荷重传感器的特性参数后，再定出其他部分的设计参数和指标。

2. 压力传感器的参数测试和性能研究

用某种方法测量该传感器内部各桥臂的电阻值。要求不打开传感器，用电学测量方法就能知道各桥臂应变片的阻值及连接方法。这是第一个设计内容。实验中提供万用表、数字电压表（电缆插头 1、3 为电源，2、4 为输出）。测定荷重传感器的其他性能。

（a）压力传感器灵敏度及线性

即在某一定的供桥电压下，单位荷载变化所引起的输出电压变化，用 S_p 表示：

$$S_p = \Delta U / \Delta P$$

实验中，不但要求出 S_p 值，还要求利用两个变量的统计计算法求输出电压 U 和荷重 P 之间的相关系数，即线性度。

（b）压力传感器电压灵敏度

即在额定荷载下，工作电压变化所引起的输出变化，用 S_v 表示，则

$$S_v = \Delta U / \Delta E$$

同样，也要研究其线性，求其相关系数。实验仪器有数字电压表、稳压电源、砝码若干。

3. 决定其他部分的设计参数

根据压力传感器的量程和电子秤的称重范围，在充分利用传感器量程的前提下，设计计算放大器的放大倍数和传感器的工作电压。

设计放大电路，并进行调试和安装测定。可在指导老师的指导下熟悉有关的放大线

路。并进行线路的测定和调试。由于荷重传感器输出的信号是很小的。一般为毫伏的量级。根据设计的要求，要在 0～100.0g 的称量范围内，直接以电压值显示。所以需要放大系统将该信号进行放大再输入显示系统显示物体的重量。本设计中采用运算放大器实现，运算放大电路除可自行安装调试外，也可直接采用实验室提供的放大倍数可调的实验模板。

4. 整机测定和调试

把传感器、放大器和显示装置（采用适当量程和精度的数字电压表）连成一体，进行模拟测试，求物体重量变化与输出电压示值的关系，验证各项指标是否达到要求。

【装置介绍】

1. 压力传感器

应变式压力传感器的结构如图 42-1 所示，主要由双孔平衡梁和粘贴在梁上的电阻应变片 R_1～R_4 组成，电阻应变片一般由敏感栅、基底、粘合剂、引线、盖片等组成。应变片的规格一般以使用面积和电阻值来表示，如"$3×10mm^2$，350Ω"。

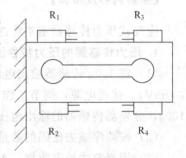

图 42-1　压力传感器结构图

敏感栅由直径约 0.01mm～0.05mm 高电阻系数的细丝弯曲成栅状，它实际上是一个电阻元件，是电阻应变片感受构件应变的敏感部分。敏感栅用粘合剂将其固定在基片上。基底应保证将构件上的应变准确地传送到敏感栅上去，故基底必须做得很薄（一般为 0.03mm～0.06mm），使它能与试件及敏感栅牢固地粘结在一起；另外，它还应有良好的绝缘性、抗潮性和耐热性。基底材料有纸、胶膜和玻璃纤维布等。引出线的作用是将敏感栅电阻元件与测量电路相连接，一般由 0.1mm～0.2mm 低阻镀锡铜丝制成，并与敏感栅两端输出端相焊接，盖片起保护作用。

在测试时，将应变片用粘合剂牢固地粘贴在被测试件的表面上，随着试件受力变形，应变片的敏感栅也获得同样的形变，从而使电阻随之发生变化。通过测量电阻值的变化可反映出外力作用的大小。

压力传感器是将 4 片电阻分别粘贴在弹性平行梁的上下两表面适当的位置，梁的一端固定，另一端自由，用于加载荷外力 F。弹性梁受载荷作用而弯曲，梁的上表面受拉，电阻片 R_1 和 R_3 亦受拉伸作用电阻增大；梁的下表面受压，R_2 和 R_4 电阻减小。这样，外力的作用通过梁的形变而使 4 个电阻值发生变化，这就是压力传感器。应变片 $R_1 = R_2 = R_3 = R_4$。

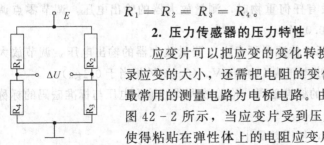

图 42-2　测量电路图

2. 压力传感器的压力特性

应变片可以把应变的变化转换为电阻的变化。为了显示和记录应变的大小，还需把电阻的变化再转化为电压或电流的变化。最常用的测量电路为电桥电路。由应变片组成的全桥测量电路如图 42-2 所示，当应变片受到压力作用时，引起弹性体的变形，使得粘贴在弹性体上的电阻应变片 R_1—R_4 的阻值发生变化，电桥将产生输出，其输出电压正比于所受到的压力。

3. 传感器电源电压 E 与电桥输出电压 U 的关系

改变传感器工作电压 E，其输出电压 U 正比于工作电压 E。

4. 电子秤的设计

由于应变式压力传感器输出的电压仅为毫伏量级，如果后级采用数字电压表作为显示仪表。则应把荷重传感器输出的毫伏信号放大到相应的电压信号输出。整套装置的组成框图如图 42-3 所示。

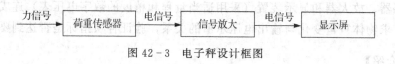

图 42-3　电子秤设计框图

【实验内容及步骤】

应变式压力传感器基本特性的测量

1. 压力传感器的压力特性的测量（数据填入表 1）

（1）将 100g 传感器输出电缆线接入实验仪电缆座Ⅱ，测量选择置于内测 20mV（或 200mV）。接通电源，调节工作电压为 2V，按顺序增加砝码的数量（每次增加 10g）至 100g，分别测传感器的输出电压。

（2）按顺序减去砝码的数量（每次减去 10g）至 0g，分别测传感器的输出电压。

（3）用逐差法处理数据，求灵敏度 S_p。

2. 压力传感器的电压特性的测量（数据填入表 2）

保持传感器的压力不变（如 50g），改变工作电压分别为 3V、4V、5V、6V、7V、8V，9V 测量传感器电源电压 E 与电桥输出电压 U 的关系，作 $E-U$ 关系曲线，求灵敏度 S_v。

3. 使用、调试方法

应变式压力传感器实验模板如图 42-4 所示，$R_1 \sim R_4$ 应变式压力传感器的四个应变电阻，由 $R_1 \sim R_4$ 等电阻组成的电压为 V_{01}，R_{w1} 为零点调节。由 $R_7 \sim R_{13}$、IC1 等组成的差动放大器放大倍数由 R_{w2} 调节，输出的电压为 V_{02}。

（1）用电缆线连接实验仪电缆Ⅰ插座和实验模板，并将 100g 传感器电缆线接入实验模板，用导线短路放大器输入端，放大器的输出端与实验仪测量输入相连，实验仪测量选择置 200mV 外测挡，打开实验仪电源开关，调节放大器调零旋钮使放大器输出电压为 0.0mV，去掉短路线，用连接线将放大器的输入端与非平衡电桥的输出端相连，放大器的输出端与实验仪测量输入相连，实验仪测量选择置 200mV 外测挡。

（2）在压力传感器秤盘上没有任何重物时，测量放大器的输出电压，调节零点调节 R_{w1} 旋钮使放大器的输出电压为 0.0mV。

（3）将 100g 标准砝码置于压力传感器秤盘上，测量放大器的输出电压，调节放大倍数，调节 R_{w3} 旋钮使放大器的输出电压为 100.0mV。（0.1mV 相当于 0.1g。）

（4）改变压力传感器秤盘上的标准砝码，检验放大器的输出电压与标准砝码的标称值是否对应。（数据填入表 3）

（5）重复（2）、（3）步操作，使误差最小。

（6）评估你设计制作的电子秤。

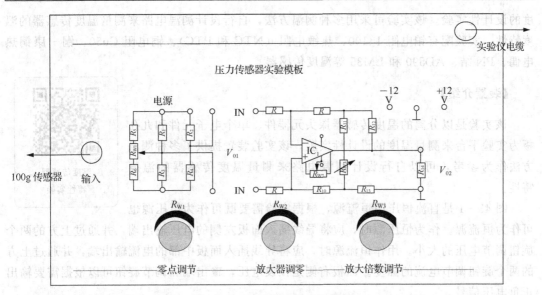

图 42 - 4　压力传感器实验模板

【参考表格】

表 42 - 1　压力传感器的压力特性的测量

P (g)	0	10	20	30	40	50	60	70	80	90	100
U (mV)（加砝码）											
U (mV)（减砝码）											

$$S_p =$$

表 42 - 2　压力传感器的电压特性的测量

E (V)	3	4	5	6	7	8	9
U (mV)							

$$S_v =$$

表 42 - 3　电子秤的校准（工作电压取 2.0～2.5V）

P (g)	10	20	30	40	50	60	70	80	90	100
U (mV)										
δ 绝										
δ 相										

实验四十三　温度传感器特性实验

温度是表征物体冷热程度的物理量。温度只能通过物体随温度变化的某些特性来间接测量。测温传感器就是将温度信息转换成易于传递和处理的电信号的传感器。温度传感器特性实验是以分离的温度传感器探头元器件、单个电子元件、九孔板为实验平台来测量温度的设计性实验。该实验可采用多种测温方法，自行设计测温电路来测量温度传感器的温度特性。实验配有铂电阻 Pt100、热敏电阻（NTC 和 PTC）、铜电阻 Cu50、铜—康铜热电偶、PN 结、AD590 和 LM35 等温度传感器。

【装置介绍】

温度传感器
特性实验

该实验是以分离的温度传感器探头元器件、单个电子元件和九孔板为实验平台来测量温度的设计性实验，该实验装置提供了多种测温方法作为参考，可以自行设计测温电路来测量温度传感器的温度特性。

图 43 - 1 是直流恒压源恒流源，根据实验需要既可作为恒压源也可作为恒流源。作为恒压源时，应将导线插入面板左侧的电压输出端，并通过上方的两个旋钮调节电压的大小。用作恒流源时，应将导线插入面板中部的电流输出端，并通过上方的两个旋钮调节电流的强度。面板右侧是预设电压，输出端和调节旋钮可以根据需要输出正负电压信号。

图 43 - 1　直流恒压源恒流源

图 43 - 2 为温控仪和恒温炉，温控仪的开关位于仪器的背部。温控仪和恒温炉之间通过一根加热电源线相互连接。温控仪通过它发出控制信号，改变恒温炉中的温度。PT100 传感器的前端应插入恒温炉上方的小孔探测炉内的温度，另一端是 3 条引线按照颜色配对

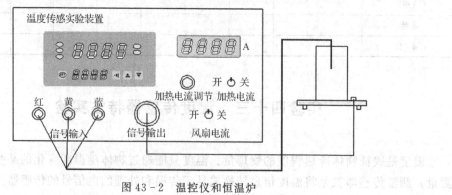

图 43 - 2　温控仪和恒温炉

接入温控仪的信号输入端。

温控仪左上方是温控表，表上方的数字显示当前炉内的温度，下方的数字显示目标温度，3 个方向键可用于调节目标温度。若要改变目标温度，可以先按住温控表上的"SET"键，约半秒钟后松开，目标温度的十分位将开始闪烁，按向上和向下的方向键可以改变闪烁位的数值，按左方向键可以依次改变需要调节的数量级，调好以后再按住"SET"键，约半秒钟后松开，目标温度就设定好了。温控仪右上方的电流表用于显示加热时的工作电流，其下方的调节旋钮用于改变工作电流，顺时针旋转增大电流，逆时针旋转减小电流。调节旋钮右侧的是加热电流开关，在不需要加热的时候应将其关闭，右下方的是风扇开关，需要散热的时候打开，反之则关闭。

图 43-3 为九孔板示意图，九孔板由若干个日字型、田字型的方格和两列条状插孔组成，每个方格或直线都相当于电路中的一个节点。板上的插孔，可用于插入导线和其他的原件。由黑色实线连接起来的小孔在内部都是连通的。

该实验还提供了多种接插式元件，在元件的最上方都标有该元件的种类和相关参数。以电阻为例，左下角印有电阻的阻值，右下角印有电阻的最大功率。需要特别指出的是，原件不能长时间以最大功率工作，正常工作时的功率应保持在最大功率的一半左右。

注意事项：在做实验中或做完实验后，禁止用手接触传感器的钢甲护套！

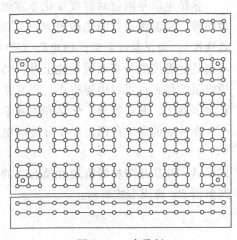

图 43-3　九孔板

（一）热电阻特性实验

【实验目的】

1. 研究 Pt100 铂电阻、Cu50 铜电阻和热敏电阻（NTC 和 PTC）的温度特性及其测温原理。

2. 掌握单臂电桥及非平衡电桥的原理及其应用。

3. 了解温度控制的最小微机控制系统。

【实验原理】

1. Pt100 铂电阻的的测温原理

金属铂（Pt）的电阻值随温度变化而变化，并且具有很好的重现性和稳定性，利用铂的此种物理特性制成的传感器称为铂电阻温度传感器，通常使用的铂电阻温度传感器零度阻值为 100Ω，电阻变化率为 $0.3851\Omega/℃$。铂电阻温度传感器精度高，稳定性好，应用温度范围广，是中低温区（$-200\sim650℃$）最常用的一种温度检测器，不仅广泛应用于工业测温，而且被制成各种标准温度计（涵盖国家和世界基准温度）供计量和校准使用。

按 IEC751 国际标准，温度系数 $TCR=0.003851$，Pt100（$R0=100\Omega$）为统一设计型

铂电阻，

$$TCR = (R_{100} - R_0)/(R_0 \times 100) \tag{43-1}$$

100℃时标准电阻值 $R_{100} = 138.51\Omega$。

Pt100 铂电阻的阻值随温度变化而变化计算公式：

$$-200℃ < t < 0℃，R_T = R_0[1 + At + Bt^2 + Ct^3(t - 100)] \tag{43-2}$$

$$0℃ < t < 850℃，R_t = R_0(1 + At + Bt^2) \tag{43-3}$$

式中 A、B、C 的系数各为：$A = 3.90802 \times 10^{-3}℃^{-1}$；$B = -5.802 \times 10^{-7}℃^{-2}$；$C = -4.27350 \times 10^{-12}℃^{-4}$。$R_t$ 为在 t ℃时的电阻值；R_0 是在 0℃时的电阻值。

2. 热敏电阻温度特性原理（NTC 型和 PTC 型）

热敏电阻是阻值对温度变化非常敏感的一种半导体电阻，它有负温度系数和正温度系数两种。负温度系数的热敏电阻（NTC）的电阻率随着温度的升高而下降（一般是按指数规律）；而正温度系数热敏电阻（PTC）的电阻率随着温度的升高而升高；金属的电阻率则是随温度的升高而缓慢地上升。热敏电阻对于温度的反应要比金属电阻灵敏得多，热敏电阻的体积也可以做得很小，用它来制成的半导体温度计，已广泛地使用在自动控制和科学仪器中，并在物理、化学和生物学研究等方面得到了广泛的应用。

在一定的温度范围内，半导体的电阻率 ρ 和温度 T 之间有如下关系：

$$\rho = A_1 e^{B/T} \tag{43-4}$$

式中 A_1 和 B 是与材料物理性质有关的常数，T 为绝对温度。对于截面均匀的热敏电阻，其阻值 R_T 可用下式表示：

$$R_T = \rho \frac{l}{S} \tag{43-5}$$

式中 R_T 的单位为 Ω，ρ 的单位为 $\Omega \cdot m$，l 为两电极间的距离，单位为 m，S 为电阻的横截面积，单位为 m^2。将式（43-4）代入式（43-5），令 $A = A_1 \dfrac{l}{S}$，于是可得：

$$R_T = A e^{B/T} \tag{43-6}$$

对一定的电阻而言，A 和 B 均为常数。对式（43-6）两边取对数，则有

$$\ln R_T = B \frac{1}{T} + \ln A \tag{43-7}$$

$\ln R_T$ 与 $\dfrac{1}{T}$ 成线性关系，在实验中测得各个温度 T 的 R_T 值后，即可通过作图求出 B 和 A 的值，代入式（43-6），即可得到 R_T 的表达式。式中 R_T 为在温度 T（K）时的电阻值（Ω），A 为在某温度时的电阻值（Ω），B 为常数（K），其值与半导体材料的成分和制造方法有关。图 43-4 表示了热敏电阻（NTC）与普通电阻的不同温度特性。

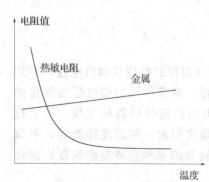

图 43-4　电阻温度特性

3. Cu50 铜电阻温度特性原理

铜电阻是利用物质在温度变化时本身电阻也随着发生变化的特性来测量温度的。铜电阻的受热部分（感温元件）是用细金属丝均匀地双绕在绝缘材料

制成的骨架上，当被测介质中有温度梯度存在时，所测得的温度是感温元件所在范围内介质层中的平均温度。

4. 单臂电桥原理

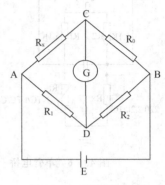

图 43-5 惠斯登电桥

惠斯登电桥线路如图 43-5 所示，4 个电阻 R_1、R_2、R_0、R_x 连成一个四边形，称电桥的 4 个臂。四边形的一个对角线接有检流计，称为"桥"，四边形的另一个对角线上接电源 E，称为电桥的电源对角线。电源接通，电桥线路中各支路均有电流通过。

当 C、D 之间的电位不相等时，桥路中的电流 $I_g \neq 0$，检流计的指针发生偏转。当 C、D 两点之间的电位相等，"桥"路中的电流 $I_g = 0$，检流计指针指零，这时我们称电桥处于平衡状态。

当电桥平衡时，$I_g = 0$，则有

$$\begin{cases} U_{AC} = U_{AD} \\ U_{CB} = U_{DB} \end{cases}, \quad 即 \quad \begin{cases} I_1 R_x = I_2 R_1 \\ I_1 R_0 = I_2 R_2 \end{cases},$$

于是 $\dfrac{R_x}{R_0} = \dfrac{R_1}{R_2}$。

根据电桥的平衡条件，若已知其中 3 个臂的电阻，就可以计算出另一个桥臂的电阻，因此，电桥测电阻的计算式为

$$R_x = \frac{R_1}{R_2} R_0 \tag{43-8}$$

电阻 $\dfrac{R_1}{R_2}$ 为电桥的比率臂，R_0 为比较臂，常用标准电阻箱。R_x 作为待测臂，在热敏电阻测量中用 R_T 表示。

【仪器和用具】

九孔板，直流恒压源恒流源，温度传感器实验装置，数字万用表，电阻箱。

【实验内容及步骤】

1. 万用表直接测量法

（1）将温度传感器直接插在温度传感器实验装置的恒温炉中，在传感器的输出端用数字万用表直接测量其电阻值。

（2）在不同的温度下，观察 Pt100 铂电阻、热敏电阻（NTC 和 PTC）和 Cu50 铜电阻的阻值的变化，从室温到 100℃，每隔 5℃（或自定度数）测一个数据，将测量数据逐一记录在表格内。

（3）以温标为横轴，以阻值为纵轴，作出 $R_t - t$ 曲线。

（4）分析比较它们的温度特性。

2. 单臂电桥法

（1）根据单臂电桥原理，参照图 43-5，按图 43-6 的方式连接成单臂电桥形式。运用

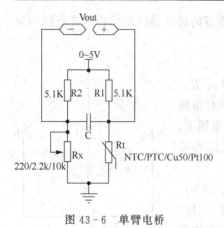

图 43-6　单臂电桥

万用表，自行判定三线制 Pt100 的接线（一端连接一根引线，另一端连接两根引线的方式称为三线制，可以较好地消除引线电阻的影响）。将图 43-5 中的 R_0 用电位器（图 43-6 中用 R_x 表示）代替。用恒压源来提供稳定的电压源，范围 0~5V。

注意：将电压由 0~5V 缓慢调节，具体电压自定。

（2）将温度传感器作为其中的一个臂，根据不同温度传感器（Pt100 和 Cu50）在 0℃ 的对应阻值（NTC 和 PTC 温度传感器以 25℃ 时阻值为桥路平衡的零点），仔细调节比较臂 R_x 使桥路平衡，即万用表的示数为零。

注意：Cu50 在 0℃ 时的阻值是 50Ω，Pt100 在 0℃ 时的阻值是 100Ω，NTC 温度传感器在 25℃ 时的阻值是 5kΩ，PTC 温度传感器在 25℃ 时的阻值是 350Ω。

（3）将温度传感器直接插在恒温炉中，通过温控仪加热，在不同的温度下，观察 Pt100 铂电阻、热敏电阻（NTC 和 PTC）和 Cu50 铜电阻的电压变化，从室温到 100℃，每隔 5℃（或自定度数）测一个数据，将测量数据逐一记录在表格内。

（4）以温标为横轴，电压为纵轴，作出 $V-t$ 曲线。

（5）推导测量原理计算公式。

（6）分析比较它们的温度特性。

3. 恒流法

（1）按照图 43-7 接线，用恒流源来提供 1mA 或 0.1mA 直流电流。用万用表测量取样电阻 R_0，调节恒流源的电位器使其两端的电压为 1V 或 0.1V。

注意：将电压由 0~1V 缓慢调节。

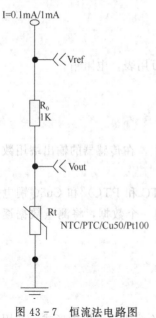

图 43-7　恒流法电路图

（2）将温度传感器直接插在恒温炉中，通过温控仪加热，在不同的温度下，观察 Pt100 铂电阻、热敏电阻（NTC 和 PTC）和 Cu50 铜电阻的电压变化，从室温到 100℃，每隔 5℃（或自定度数）测一个数据，将测量数据逐一记录在表格内。

（3）以温标为横轴，电压为纵轴，作出 $V-t$ 曲线。

（4）推导测量原理计算公式。

（5）分析比较它们的温度特性。

（6）分析比较单臂电桥法与恒流法这两种测量方法的特点。

4. 学习运用电桥和差分放大器自行设计数字测温电路

注意：正温度系数热敏电阻（PTC）随温度的变化成指数函数变化，在 80℃ 以下阻值变化比较平滑，而在 80℃ 以上变化非常快，整体成指数上升曲线。

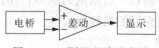

图 43-8　测温电路示意图

【参考表格】

表 43 - 1　Pt100 铂电阻数据记录　　　　室温＿＿℃

序　号	1	2	3	4	5	6	7	8	9	10
温度（℃）										
R/V										
序　号	11	12	13	14	15	16	17	18	19	20
温度（℃）										
R/V										

表 43 - 2　NTC 负温度系数热敏电阻数据记录　　　　室温＿＿℃

序　号	1	2	3	4	5	6	7	8	9	10
温度（℃）										
R/V										
序　号	11	12	13	14	15	16	17	18	19	20
温度（℃）										
R/V										

表 43 - 3　PTC 正温度系数热敏电阻数据记录　　　　室温＿＿℃

序　号	1	2	3	4	5	6	7	8	9	10
温度（℃）										
R/V										
序　号	11	12	13	14	15	16	17	18	19	20
温度（℃）										
R/V										

表 43 - 4　Cu50 铜电阻数据记录　　　　室温＿＿℃

序　号	1	2	3	4	5	6	7	8	9	10
温度（℃）										
R/V										
序　号	11	12	13	14	15	16	17	18	19	20
温度（℃）										
R/V										

（二）热电偶温差电动势测量与研究

【实验目的】

1. 研究热电偶的温差电动势。
2. 学习热电偶测温的原理及其方法。
3. 学习热电偶定标。
4. 学习运用热电偶传感器设计测温电路。

【实验原理】

热电偶亦称温差电偶，是由 A、B 两种不同材料的金属丝的端点彼此紧密接触而组成的。当两个接点处于不同温度时（如图 43-9），在回路中就有直流电动势产生，该电动势称温差电动势或热电动势。当组成热电偶的材料一定时，温差电动势 E_x 仅与两接点处的温度有关，并且两接点的温差在一定的温度范围内有如下近似关系式：

$$E_x \approx \alpha(t - t_0) \tag{43-9}$$

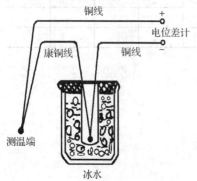

图 43-9　热电偶示意图

式中 α 称为温差电系数，对于不同金属组成的热电偶，α 是不同的，其数值上等于两接点温度差为 1℃时所产生的电动势。t 为工作端的温度，t_0 为冷端的温度。

为了测量温差电动势，就需要在图 43-9 的回路中接入电位差计，但测量仪器的引入不能影响热电偶原来的性质，例如不影响它在一定的温差 $(t-t_0)$ 下应有的电动势 E_X 值。要做到这一点，实验时应保证一定的条件。根据伏打定律，即在 A、B 两种金属之间插入第三种金属 C 时，若它与 A、B 的两连接点处于同一温度 t_0（图 43-9），则该闭合回路的温差电动势与上述只有 A、B 两种金属组成回路时的数值完全相同。所以，我们把 A、B 两根不同化学成份的金属丝的一端焊在一起，构成热电偶的热端（工作端）。将另两端各与铜引线（即第三种金属 C）焊接，构成两个同温度（t_0）的冷端（自由端）。铜引线与电位差计相连，这样就组成一个热电偶温度计。如图 43-10 所示，通常将冷端置于冰水混合物中，保持 $t_0 = 0$℃，将热端置于待测温度处，即可测得相应的温差电动势，再根据事先校正好的曲线或数据来求出温度 t。热电偶温度计的优点是热容量小，灵敏度高，反应迅速，测温范围广，还能直接把非电学量温度转换成电学量。因此，在自动测温、自动控温等系统中得到广泛应用。

本实验使用的热电偶为铜-康铜热电偶，属于 T 型热电偶。其测温范围为 -270～400℃，优点有：热电动势的直线性好；低温特性良好；再现性好；精度高；但是（+）端的铜易氧化。

【仪器和用具】

九孔板，直流恒压源恒流源，温度传感器实验装置，数字万用表。

图 43-10　热电偶测温示意图

【实验内容及步骤】

1. 对热电偶进行定标，并求出热电偶的温差电系数 α。

2. 用实验方法测量热电偶的温差电动势与工作端温度之间的关系曲线，称为对热电偶定标。本实验采用常用的比较定标法，即用一标准的测温仪器（如标准水银温度计或已知高一级的标准热电偶）与待测热电偶置于同一能改变温度的调温装置中，测出 E_x-t 定标曲线。具体步骤如下：

（1）按图 43-10 所示原理连接线路，注意热电偶的正、负极的正确连接。将热电偶的冷端置于冰水混合物之中，确保 $t_0=0℃$。测温端直接插在恒温炉内。

（2）测量待测热电偶的电动势。用万用表测出室温时热电偶的电动势（也可采用电位差计来测量），然后开启温控仪电源，给热端加温。每隔 10℃ 左右测一组（E_x，t），直至 100℃ 为止。由于升温测量时，温度是动态变化的，故测量时可提前 2℃ 进行跟踪，以保证测量速度与测量精度。测量时，一旦达到补偿状态应立即读取温度值和电动势值，再做一次降温测量，即先升温至 100℃，然后每降低 10℃ 测一组（E_x，t），再取升温降温测量数据的平均值作为最后测量值。

另外一种方法是设定需要测量的温度，等温控仪稳定后再测量该温度下温差电动势。这样可以测得更精确些，但需花费较长的实验时间。

3．自行设计热电偶数字测温电路。

【注意事项】

1．传感器头如果没有完全侵入到冰水混合物中，或接触到保温杯壁会对实验产生影响。

2．传感器头如果接触恒温炉孔的底或壁，会对实验产生影响。

3．加了钢甲封装的要比未加钢甲封装的热电偶误差要大。

【数据处理】

1．热电偶定标数据记录

表 43 - 5　室温 t _____ ℃　　$E_{rt}=$ _____ V　　$t_0=0$ ℃

序　号	1	2	3	4	5	6	7	8	9	10
温度（℃）										
电动势（mV）										
序　号	11	12	13	14	15	16	17	18	19	20
温度（℃）										
电动势（mV）										

2．作出热电偶定标 E_x-t 曲线

用直角坐标系作 E_x-t 曲线。定标曲线为不光滑的折线，相邻点应直线相连，这样在两个校正点之间的变化关系用线性内插法予以近似，从而得到除校正点之外其他点的电动势和温度之间的关系。作出了定标曲线，热电偶便可以作为温度计使用了。

3．求铜—康铜热电偶的温差电系数 $α$

在本实验温度范围内，E_x-t 函数关系近似为线性，即 $E_2=α×t$（$t_0=0℃$）。所以，在定标曲线上可给出线性化后的平均直线，从而求得 $α$。在直线上取两点 $a(E_a，T_a)$，$b(E_b，t_b)$（不要取原来测量的数据点，并且两点间尽可能相距远一些），求斜率

$$K=\frac{E_b-E_a}{t_b-t_a} \tag{43-10}$$

即为所求的 $\bar{α}$，分析其原理。

（三）集成温度传感器

【实验目的】

1. 研究常用集成温度传感器（AD590 和 LM35）的测温原理，及其温度特性。
2. 学习用集成温度传感器设计测温电路。
3. 比较常用的温度传感器与常用的集成温度传感器的温度特性。

【实验原理】

集成温度传感器实质上是一种半导体集成电路，它利用晶体管的 b−e 结压降的不饱和值 V_{BE} 与热力学温度 T 和通过发射极电流 I 的下述关系实现对温度的检测。

$$V_{BE} = \frac{KIT}{q}\ln I$$

式中，K 为波尔兹常数；q 为电子电荷绝对值。

集成温度传感器具有线性好、精度适中、灵敏度高、体积小、使用方便等优点，得到广泛应用。集成温度传感器的输出形式分为电压输出和电流输出两种。电压输出型的灵敏度一般 10mV/K，温度 0℃时输出为 0，温度 25℃时输出 2.982V。电流输出型的灵敏度一般为 1μA/K。

1. 集成温度传感器电流型 AD590

（1）AD590 概述

AD590 是美国模拟器件公司生产的单片集成两端感温电流源。它的主要特性如下：

①流过器件的电流（μA）等于器件所处环境的热力学温度（K），即：

$$\frac{I_r}{T} = 1\mu A/K = C_i \tag{43-11}$$

式中：I_r 为流过器件（AD590）的电流，单位为 μA；T 为热力学温度，单位为 K。

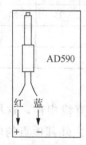

图 43−11　AD590
封装图

②AD590 的测温范围为 −55℃～+150℃。

③AD590 的电源电压范围为 4V～30V。电流 I_r 变化 1μA，相当于温度变化 1K。AD590 可以承受 44V 正向电压和 20V 反向电压，因而器件反接也不会被损坏。

④输出阻抗＞10MΩ。

⑤精度高。AD590 共有 I、J、K、L、M5 挡，其中 M 挡精度最高，在 −55℃～+150℃范围内，非线性误差为 ±0.3℃。AD590 测量热力学温度、摄氏温度、两点温度差、多点最低温度、多点平均温度的具体电路，广泛应用于不同的温度控制场合。由于 AD590 精度高、价格低、不需辅助电源、线性好，常用于测温和热电偶的冷端补偿。

（2）AD590 的应用电路

①基本应用电路

图 43−12 是 AD590 用于测量热力学温度的基本应用电路。因为流过 AD590 的电流与热力学温度成正比，当电阻 R 为 1kΩ 时，输出电压 V_0 随温度的变化为 1mV/K。但由于 AD590 的增益有偏差，电阻也有误差，因此应对电路进行调整。调整的方法为：把

AD590 放于冰水混合物中，调整电位器 R_2，使 $V_0 = 273.2\text{mV}$。或在室温（25℃）条件下调整电位器，使 $V_0 = 273.2 + 25 = 298.2(\text{mV})$。但这样调整只可保证在 0℃ 或 25℃ 附近有较高精度。

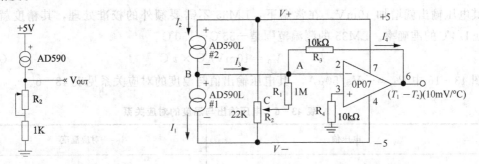

图 43-12　AD590 基本应用电路　　　图 43-13　AD590 的温差测量电路

②温差测量电路及其应用（仅供设计参考）

图 43-13 是采用 AD590 的温差测量电路。据式（43-11），图中两个 AD590 的输出电流为：

$$I_1 = C_i \times T_1 \tag{43-12}$$

$$I_2 = C_i \times T_2 \tag{43-13}$$

由节点电流法可知，对 B 点有

$$I_3 = I_2 - I_1 = C_i(T_2 - T_1) \tag{43-14}$$

由上式可见，I_3 与两点温度差成正比。图中电位器 R_2 用于调零，即补偿运放 OP07 的失调电流，保证在当 $T_1 = T_2$ 时，$I_4 = 0$，而当 $T_1 \neq T_2$ 时，

$$I_4 = I_3 = I_2 - I_1 = C_i(T_2 - T_1) \tag{43-15}$$

$$\frac{U_0}{R_3} = -I_3 \tag{43-16}$$

综合（43-11）、（43-12）、（43-13）、（43-14）、（43-15）得：

$$U_0 = C_i \times R_3(T_1 - T_2) = 1(\mu A/K) \times 10\text{k}\Omega \times (T_1 - T_2)$$
$$= (T_1 - T_2) \times (10\text{mV/K})$$
$$= (t_1 - t_2) \times (10\text{mV/℃})$$

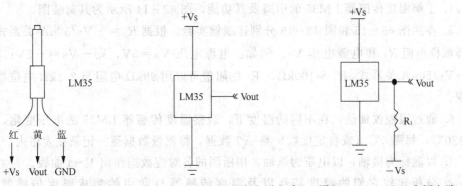

图 43-14　LM35 封装图　　图 43-15　LM35 基本应用电路　　图 43-16　LM35 应用电路

2. 集成温度传感器电压型 LM35

LM35 是由 National Semiconductor 所生产的集成温度传感器，其输出电压值与摄氏温标呈线性关系，转换公式为（43-17），在 0℃时其电压输出为 0V，温度每升高 1℃时其电压输出就增加 10mV。在常温下，LM35 不需要额外的校准处理，其精度就可达到±1/4℃的准确率。LM35 的测温范围是−55℃～150℃。

$$V_0 = 10\mathrm{mV/℃} \times t℃ \tag{43-17}$$

图 43-16 中 $R_1 = -\mathrm{Vs}/50\mu\mathrm{A}$，其电压输出值与温度的对应关系见表 43-6。

表 43-6　电压输出与温度的对应关系

电压值	对应温度
+1500mV	+150℃
+1000mV	+100℃
+500mV	+50℃
+250mV	+25℃
0mv	0℃
−550mV	−55℃

【仪器和用具】

九孔板，直流恒压源，恒流源，温度传感器实验装置，数字万用表。

【实验内容及步骤】

1. 了解温度传感器 AD590 的引脚及其功能，图 43-11 所示为其封装图。

2. 参照图 43-12 温度传感器 AD590 用于测量热力学温度的基本应用电路接线。

3. 通过温控仪加热，在不同的温度下，观察温度传感器 AD590 的电压变化，从室温到 120℃，每隔 5℃（或自定度数）测一个数据，将测量数据逐一记录在表格内。

4. 了解温度传感器 LM35 的引脚及其功能，图 43-14 所示为其封装图。

5. 参照图 43-15 和图 43-16 分别连线做实验。根据 $R_1 = -\mathrm{Vs}/50\mu\mathrm{A}$ 关系式，自行选择取样电阻 R_1 和电源电压 Vs。例如：电源电压 Vs=5V，则−Vs=−5V；根据 $R_1 = -\mathrm{Vs}/50\mu\mathrm{A}$ 关系式，$R_1 = 100\mathrm{k}\Omega$，$R_1$ 的阻值可以用 99kΩ 电阻与 2.2kΩ 电位器串联来实现。

6. 通过温控仪加热，在不同的温度下，观察温度传感器 LM35 的电压变化，从室温到 120℃，每隔 5℃（或自定度数）测一个数据，将测量数据逐一记录在表格内。

7. 以温标为横轴，以电压为纵轴，用所测的各对应数据作出 V−t 曲线。

8. 分析比较它们的温度特性以及温度传感器与常用的集成温度传感器的温度特性。

【参考表格】

表 43 - 7   AD590 数据记录   室温＿＿℃

序　号	1	2	3	4	5	6	7	8	9	10
温度（℃）										
电压（V）										
序　号	11	12	13	14	15	16	17	18	19	20
温度（℃）										
电压（V）										

表 43 - 8   LM35 数据记录   室温＿＿℃

序　号	1	2	3	4	5	6	7	8	9	10
温度（℃）										
电压（V）										
序　号	11	12	13	14	15	16	17	18	19	20
温度（℃）										
电压（V）										

实验四十四   光电传感器特性实验

　　光敏传感器是将光信号转换为电信号的传感器，也称为光电式传感器，它可用于检测直接引起光强度变化的非电量，如光强、光照度、辐射测温、气体成分分析等；也可用来检测能转换成光量变化的其它非电量，如零件直径、表面粗糙度、位移、速度、加速度及物体形状、工作状态识别等。光敏传感器具有非接触、响应快、性能可靠等特点，因而在工业自动控制及智能机器人中得到广泛应用。

　　光敏传感器的物理基础是光电效应，即光敏材料的电学特性都因受到光的照射而发生变化。光电效应通常分为外光电效应和内光电效应两大类。外光电效应是指在光照射下，电子逸出物体表面的外发射的现象，也称光电发射效应，基于这种效应的光电器件有光电管、光电倍增管等。内光电效应是指入射的光强改变物质导电率的物理现象，称为光电导效应。大多数光电控制应用的传感器，如光敏电阻、光敏二极管、光敏三极管、硅光电池等都是内光电效应类传感器。当然近年来新的光敏器件不断涌现，如：具有高速响应和放大功能的 APD 雪崩式光电二极管，半导体光敏传感器、光电闸流晶体管、光导摄像管、CCD 图像传感器等，为光电传感器的应用开创了新的一页。本实验主要是研究光敏电阻、硅光电池、光敏二极管、光敏三极管 4 种光敏传感器的基本特性以及光纤传感器基本特性和光纤通讯基本原理。

【实验目的】

1. 了解光敏电阻的基本特性，测出它的伏安特性曲线和光照特性曲线。

2. 了解光敏二极管的基本特性，测出它的伏安特性和光照特性曲线。

3. 了解硅光电池的基本特性，测出它的伏安特性曲线和光照特性曲线。

4. 了解光敏三极管的基本特性，测出它的伏安特性和光照特性曲线。

5. 了解光纤传感器基本特性和光纤通讯基本原理。

光电传感器特性实验

【实验仪器】

DH - SJ3 光电传感器设计实验仪由下列部分组成：光敏电阻板、硅光电池板、光敏二极管板、光敏三极管板、红光发射管 LED3、接受管（包括 PHD 101 光电二极管和 PHT 101 光电三极管）、Φ2.2 和 Φ2 光纤、光纤座、测试架、DH - VC3 直流恒压源、九孔板、万用表、电阻元件盒以及转接盒等。

实验时，测试架中的光源电源插孔以及传感器插孔均通过转接盒与九孔板相连，其他连接都在九孔板中实现；测试架中可以更换传感器板。

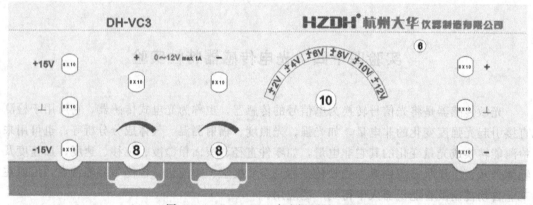

图 44 - 1　DH - VC3 直流恒压源面板图

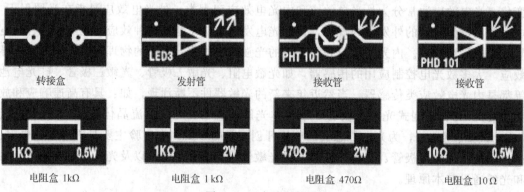

图 44 - 2　实验元件图

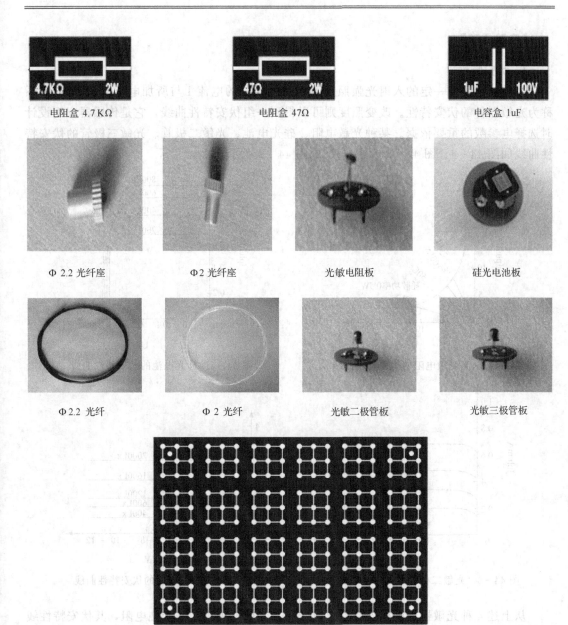

电阻盒 4.7KΩ　　　　　　　电阻盒 47Ω　　　　　　　电容盒 1uF

Φ2.2 光纤座　　　　Φ2 光纤座　　　　光敏电阻板　　　　硅光电池板

Φ2.2 光纤　　　　Φ2 光纤　　　　光敏二极管板　　　　光敏三极管板

九孔板

图 44-2　实验元件图（续）

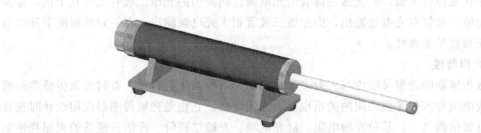

图 44-3　测试架

【实验原理】

1. 伏安特性

光敏传感器在一定的入射光强照度下，光敏元件的电流 I 与所加电压 U 之间的关系称为光敏器件的伏安特性。改变照度则可以得到一组伏安特性曲线，它是传感器应用设计时选择电参数的重要依据。某种光敏电阻、硅光电池、光敏二极管、光敏三极管的伏安特性曲线如图 44-4、图 44-5、图 44-6、图 44-7 所示。

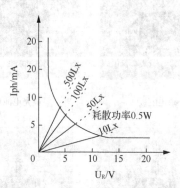

图 44-4　光敏电阻的伏安特性曲线

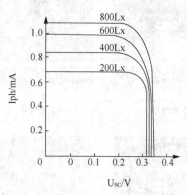

图 44-5　硅光电池的伏安特性曲线

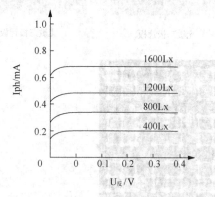

图 44-6　光敏二极管的伏安特性曲线

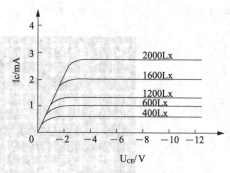

图 44-7　光敏三极管的伏安特性曲线

从上述 4 种光敏器件的伏安特性可以看出，光敏电阻类似一个纯电阻，其伏安特性线性良好，在一定照度下，电压越大光电流越大，但必须考虑光敏电阻的最大耗散功率，超过额定电压和最大电流都可能导致光敏电阻的永久性损坏。光敏二极管的伏安特性和光敏三极管的伏安特性类似，但光敏三极管的光电流比同类型的光敏二极管大好几十倍，零偏压时，光敏二极管有光电流输出，而光敏三极管则无光电流输出。在一定光照度下硅光电池的伏安特性呈非线性。

2. 光照特性

光敏传感器的光谱灵敏度与入射光强之间的关系称为光照特性，有时光敏传感器的输出电压或电流与入射光强之间的关系也称为光照特性，它也是光敏传感器应用设计时选择参数的重要依据之一。某种光敏电阻、硅光电池、光敏二极管、光敏三极管的光照特性如图 44-8、图 44-9、图 44-10、图 44-11 所示。

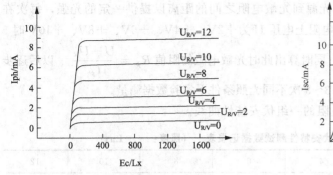

图 44 - 8　光敏电阻的光照特性曲线

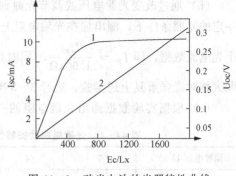

图 44 - 9　硅光电池的光照特性曲线

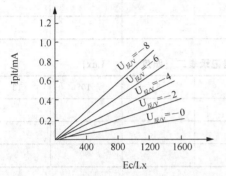

图 44 - 10　光敏二极管的光照特性曲线

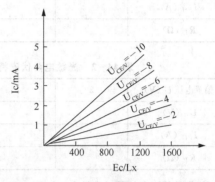

图 44 - 11　光敏三极管的光照特性曲线

从上述四种光敏器件的光照特性可以看出光敏电阻、光敏三极管的光照特性呈非线性，一般不适合作线性检测元件，硅光电池的开路电压也呈非线性且有饱和现象，但硅光电池的短路电流呈良好的线性，故以硅光电池作测量元件应用时，应该利用短路电流与光照度的良好线性关系。所谓短路电流是指外接负载电阻远小于硅光电池内阻时的电流，一般负载在 20Ω 以下时，其短路电流与光照度呈良好的线性，且负载越小，线性关系越好、线性范围越宽。光敏二极管的光照特性亦呈良好线性，而光敏三极管在大电流时有饱和现象，故一般在作线性检测元件时，可选择光敏二极管而不能用光敏三极管。

【实验内容及步骤】

实验中对应的光照强度均为相对光强，可以通过改变点光源电压或改变点光源到光敏电阻之间的距离来调节相对光强。光源电压的调节范围在 0～12V，光源和传感器之间的距离调节有效范围为：0～200mm，实际距离为 50～250mm。

1. 光敏电阻特性实验

（1）光敏电阻伏安特性测试实验

（a）按原理图 44 - 12 接好实验线路，将光源用的标准钨丝灯和光敏电阻板置测试架中，电阻盒以及转接盒插在九孔板中，电源由 DH - VC3 直流恒压源提供。

图 44 - 12　光敏电阻伏安特性
测试电路

（b）通过改变光源电压或调节光源到光敏电阻之间的距离以提供一定的光强，每次在一定的光照条件下，测出加在光敏电阻上电压 U 为 +2V、+4V、+6V、+8V、+10V 时 5 个光电流数据，即 $I_{ph} = \dfrac{U_R}{1.00\text{k}\Omega}$，同时算出此时光敏电阻的阻值 $R_p = \dfrac{U - U_R}{I_{ph}}$。以后逐步调大相对光强重复上述实验，进行 3～5 次不同光照条件下实验数据测量。

（c）根据实验数据画出光敏电阻的一组伏安特性曲线。

表 44-1　光敏电阻伏安特性测试数据记录表一（照度：　　　Lux）

偏置电压 U（V）	2	4	6	8	10	12
U_R（V）						
I_{PH}（A）						
R_P（Ω）						

表 44-2　光敏电阻伏安特性测试数据记录表二（照度：　　　Lux）

偏置电压 U（V）	2	4	6	8	10	12
U_R（V）						
I_{PH}（A）						
R_P（Ω）						

表 44-3　光敏电阻伏安特性测试数据记录表三（照度：　　　Lux）

偏置电压 U（V）	2	4	6	8	10	12
U_R（V）						
I_{PH}（A）						
R_P（Ω）						

（2）光敏电阻的光照特性测试实验

（a）按原理图 44-12 接好实验线路，将光源用标准钨丝灯和检测用光敏电阻置测试架中，电阻盒以及转接盒插在九孔板中，电源由 DH-VC3 直流恒压源提供。

（b）从 U=2 开始到 U=12V，每次在一定的外加电压下测出光敏电阻在相对光照强度从"弱光"到逐步增强的光电流数据，即：$I_{ph} = \dfrac{U_R}{1.00\text{k}\Omega}$，同时算出此时光敏电阻的阻值，即：$R_p = \dfrac{U - U_R}{I_{ph}}$。

（3）根据实验数据画出光敏电阻的一组光照特性曲线。

表 44-4　光敏电阻光照特性测试数据记录表一　　U=8V

光照度 Lux								
U_R（V）								
I_{PH}（A）								
R_P（Ω）								

表 44－5　光敏电阻光照特性测试数据记录表二　　U＝10V

光照度 L$_{UX}$										
U_R (V)										
I_{PH} (A)										
R_P (Ω)										

表 44－6　光敏电阻光照特性测试数据记录表三　　U＝12V

光照度 L$_{UX}$									
U_R (V)									
I_{PH} (A)									
R_P (Ω)									

2. 硅光电池的特性实验

（1）硅光电池的伏安特性实验

（a）将硅光电池板置测试架中、硅光电池的输出通过转接盒连接在九孔板上，电源由 DH－VC3 直流恒压源提供，R$_x$ 接自备电阻箱或多圈电位器，范围 0～10kΩ 可调。按图 44－13 连接好实验线路，开关指向"2"，用电压表分别测量硅光电池上的光电压 U_{SC} 和电阻 R 上的电压 U_R（取样电阻 R＝10.00Ω，光源用钨丝灯，光源电压 0～12V 可调）。

（b）将可调光源调至某一光强（可改变光源电压或者改变被测器件到光源距离），每次在一定的照度下，测出硅光电池的光电流 I_{ph} 与光电压 U_{SC} 在不同的负载条件下（改变可调电阻 R_x）的关系数据，其中 $I_{ph}=\dfrac{U_R}{10.00\,\Omega}$；以后逐步调大相对光强，进行 3～5 次不同光照条件下实验数据测量。

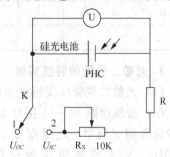

图 44－13　硅光电池特性测试电路

（c）根据实验数据画出硅光电池的一组伏安特性曲线。

表 44－7　硅光电池伏安特性测试数据记录表（照度：　　Lux）

R_x (kΩ)	0.1	0.5	1	2	3	4	5	6	7	8
U_{sc} (V)										
U_r (V)										
I_{ph} (A)										

表 44－8　硅光电池伏安特性测试数据记录表（照度：　　Lux）

R_x (kΩ)	0.1	0.5	1	2	3	4	5	6	7	8
U_{sc} (V)										
U_r (V)										
I_{ph} (A)										

表 44 - 9　硅光电池伏安特性测试数据记录表（照度：　　　Lux）

R_x (kΩ)	0.1	0.5	1	2	3	4	5	6	7	8
U_{sc} (V)										
U_r (V)										
I_{ph} (A)										

（2）硅光电池的光照特性实验

（a）实验线路见图 44 - 13，可调电阻 R_x 调到 0Ω。

（b）将可调光源调至某一相对光强，每次在一定的照度下，测出硅光电池的开路电压 U_{oc} 和短路电流 I_{sc}，开路电压为 K 打向 1 时电池上的电压，短路电流为 K 打向 2 时电阻 R 上的电流，其中短路电流 $I_{SC} = \dfrac{U_R}{10.00\Omega}$（取样电阻 R 为 10.00Ω），以后逐步改变相对光强，重复上述实验。

（c）根据实验数据画出硅光电池的光照特性曲线。

表 44 - 10　硅光电池光照度特性测试数据记录表

光照度 Lux								
U_{oc} (V)								
U_r (V)								
I_{sc} (A)								

3. 光敏二极管的特性实验

（1）光敏二极管伏安特性实验

（a）按原理图 44 - 14 接好实验线路，将光电二极管板置测试架中、电阻盒置于九孔插板中，电源由 DH - VC3 直流恒压源提供，光源电压 0 ~ 12V（可调）。

（b）先将可调光源调至相对光强为"弱光"位置，每次在一定的照度下，测出加在光敏二极管上的反偏电压与产生的光电流的关系数据，其中光电

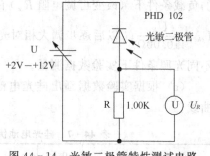

图 44 - 14　光敏二极管特性测试电路

流：$I_{ph} = \dfrac{U_R}{1.00\text{k}\Omega}$（1.00kΩ 为取样电阻 R），以后逐步调大相对光强（3~5 次），重复上述实验。

（c）根据实验数据画出光敏二极管的一组伏安特性曲线。

表 44 - 11　光敏二极管伏安特性测试数据记录表（照度：　　　Lux）

偏置电压 U(V)	2	4	6	8	10	12
U_R (V)						
I_{PH} (A)						

表 44－12　光敏二极管伏安特性测试数据记录表 （照度：　　　Lux）

偏置电压 U(V)	2	4	6	8	10	12
U_R (V)						
I_{PH} (A)						

表 44－13　光敏二极管伏安特性测试数据记录表 （照度：　　　Lux）

偏置电压 U(V)	2	4	6	8	10	12
U_R (V)						
I_{PH} (A)						

（2）光敏二极管的光照特性实验

（a）按原理图 44－14 接好实验线路。

（b）反偏压从 $U=0$ 开始到 $U=+12V$，每次在一定的反偏电压下测出光敏二极管在相对光照度为"弱光"到逐步增强的光电流数据，其中光电流 $I_{ph}=\dfrac{U_R}{1.00\text{k}\Omega}$（1.00kΩ 为取样电阻 R）。

（c）根据实验数据画出光敏二极管的一组光照特性曲线。

表 44－14　光敏二极管光照特性测试数据记录表 （偏置电压：U＝8V）

光照度 (L$_{\text{UX}}$)								
U_R (V)								
I_{PH} (A)								

表 44－15　光敏二极管光照特性测试数据记录表 （偏置电压：U＝10V ）

光照度 (L$_{\text{UX}}$)								
U_R (V)								
I_{PH} (A)								

表 44－16　光敏二极管光照特性测试数据记录表 （偏置电压：U＝12V ）

光照度 (L$_{\text{UX}}$)								
U_R (V)								
I_{PH} (A)								

4．光敏三极管特性实验

（1）光敏三极管的伏安特性实验

（a）按原理图 44－15 接好实验线路，将光敏三极管板置测试架中、电阻盒置于九孔插板中，电源由 DH－VC3 直流恒压源提供，光源电压 0～12V（可调）。

（b）先将可调光源调至相对光强为"弱光"位置，每次在一定光照条件下，测出加在光敏三极管的

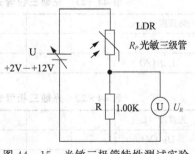

图 44－15　光敏三极管特性测试实验

偏置电压 U_{CE} 与产生的光电流 I_C 的关系数据。其中光电流 $I_C = \dfrac{U_R}{1.00\mathrm{k}\Omega}$（$1.00\mathrm{k}\Omega$ 为取样电阻 R）。

（c）根据实验数据画出光敏三极管的一组伏安特性曲线。

表 44 - 17　光敏三极管伏安特性测试数据记录表（照度：　　　Lux）

偏置电压 U(V)	2	4	6	8	10	12
U_R (V)						
I_{PH} (A)						

表 44 - 18　光敏三极管伏安特性测试数据记录表（照度：　　　Lux）

偏置电压 U(V)	2	4	6	8	10	12
U_R (V)						
I_{PH} (A)						

表 44 - 19　光敏三极管伏安特性测试数据记录表（照度：　　　Lux）

偏置电压 U(V)	2	4	6	8	10	12
U_R (V)						
I_{PH} (A)						

（2）光敏三极管的光照特性实验

（a）实验线路如图 44 - 15 所示。

（b）偏置电压 U_C：从 0 开始到 +12V，每次在一定的偏置电压下测出光敏三极管在相对光照度为"弱光"到逐步增强的光电流 I_C 的数据，其中光电流 $I_C = \dfrac{U_R}{1.00\mathrm{k}\Omega}$（$1.00\mathrm{k}\Omega$ 为取样电阻 R）。

（c）根据实验数据画出光敏三极管的一组光照特性曲线。

表 44 - 20　光敏三极管光照特性测试数据记录表（偏置电压：U=8V　）

光照度 (L_{UX})							
U_R (V)							
I_{PH} (A)							

表 44 - 21　光敏三极管光照特性测试数据记录表（偏置电压：U=10V　）

光照度 (L_{UX})							
U_R (V)							
I_{PH} (A)							

表 44 - 22　光敏三极管光照特性测试数据记录表（偏置电压：U=12V　）

光照度 (L_{UX})							
U_R (V)							
I_{PH} (A)							

5. 光纤传感器原理及其应用

(1) 光纤传感器基本特性研究

图 44-16 和图 44-17 分别是用光电三极管和光电二极管构成的光纤传感器原理图。图中 LED3 为红光发射管，提供光纤光源；光通过光纤传输后由光电三极管或光电二极管接收。LED3、PHT 101、PHD 101 上面的插座用于插光纤座和光纤。

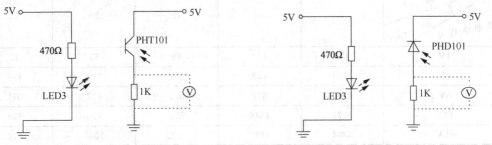

图 44-16 光纤传感器之光电三极管   图 44-17 光纤传感器之光电二极管

通过改变红光发射管供电电流的大小来改变光强，分别测量通过光纤传输后，光电三极管和光电二极管上产生的光电流，得出它们之间的函数关系。注意：流过红光发射管 LED3 的最大电流不要超过 40mA；光电三极管的最大集电极电流为 20mA，功耗最大为 75mW/25℃。

红光发射管供电电流的大小不变，即光强不变，通过改变光纤的长短来测量产生的光电流的大小与光纤长短之间的函数。

(2) 光纤通讯的基本原理

实验时按图 44-18 进行接线，把波形发生器设定为正弦波输出，幅度调到合适值，示波器将会有波形输出；改变正弦波的幅度和频率，接受的波形也将随之改变，并且喇叭盒也发出频率和响度不一样的单频声音。注意：流过 LED3 的最高峰值电流为 180mA/1kHz。

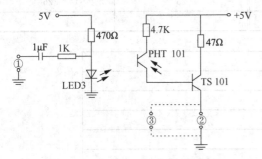

图 44-18 光纤通讯的基本应用的原理图
图中：①为波形发生器；②为喇叭；③为示波器

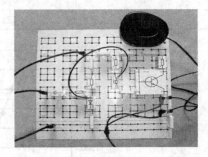

图 44-19 光纤通讯的基本应用接线图

说明：实际实验的过程中用喇叭盒代替耳机听筒，光电三极管 PHT 101 也可以换成光电二极管 PHD 101 来做实验。

【思考题】

1. 验证光照强度与距离的平方成反比（把实验装置近似为点光源）。

2. 当光敏电阻所受光强发生改变时，光电流要经过一段时间才能达到稳态值，光照突然消失时，光电流也不立刻为零，这说明光敏电阻有延时特性。试研究这一特性。

3. 什么是光敏电阻的光谱特性以及频率特性？如何研究？

附1：DH－SJ3 小灯泡光强分布参考数据

灯泡电压 V　　距离 cm　光强 Lux	5	10	15	20	25
4V	373	112	69	53	42
6V	1129	423	261	202	159
8V	2199	872	595	472	371
10V	3179	1346	951	790	653
12V	4384	1867	1302	1085	920

灯泡电压＝7.5V			
距离（cm）	光强（Lux）	距离（cm）	光强（Lux）
5	1907	16	497
6	1618	17	471
7	1358	18	451
8	1109	19	431
9	904	20	413
10	777	21	393
11	710	22	372
12	646	23	354
13	600	24	339
14	559	25	326
15	524		

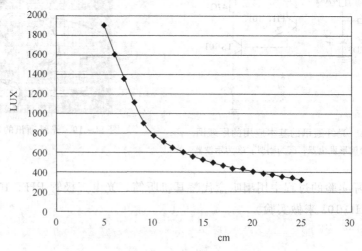

图 44－20　灯泡电压＝7.5V 时，光强分布曲线

附2：做实验时，需要更换各种光电传感器，此时只需拧开测试架，换上对应的传感器板即可，安装图如下。

图 44-21 光电传感器更换示意图

实验四十五 电流表、电压表、欧姆表的设计与改装

电流计（表头）由于构造的原因，一般只能测量较小的电流和电压，如果要用它来测量较大的电流或电压，就必须进行改装，以扩大其量程。万用表的原理就是对微安表头进行多量程改装而来，在电路的测量和故障检测中得到了广泛的应用。

【实验目的】

1. 测量表头内阻及满度电流。

2. 掌握将 $100\mu A$ 表头改成较大量程的电流表和电压表的方法。

3. 学会校准电流表和电压表的方法，画出校准曲线。

电流表、电压表、欧姆表的设计与改装

4. 设计一个 $R_{中}=15k\Omega$ 的欧姆表，要求 E 在 $1.35\sim1.6V$ 范围内使用，能调零。

【实验仪器】

1. YJ-WYB-I 万用电表的设计综合实验仪。

2. 连接线若干。

【技术参数】

1. 电压源：$0\sim2V$ $0\sim10V$ 双量程、连续可调。

2. 标准电流表：$0\sim19.99mA$，3 位半数显。

3. 标准电压表：$0\sim19.99V$，3 位半数显。

4. 自带电阻箱：$0\sim111111.0\Omega$。

【实验原理】

常见的磁电式电流计主要由放在永久磁场中的由细漆

图 45-1 YJ-WYB-I
电表综合实验仪

包线绕制的可以转动的线圈、用来产生机械反力矩的游丝、指示用的指针和永久磁铁所组成。当电流通过线圈时，载流线圈在磁场中就产生一磁力矩 $M_{磁}$，使线圈转动，从而带动指针偏转。线圈偏转角度的大小与通过的电流大小成正比，所以可由指针的偏转直接指示出电流值。

1. 测量表头内阻

电流计允许通过的最大电流称为电流计的量程，用 I_g 表示，电流计的线圈有一定内阻，用 R_g 表示，I_g 与 R_g 是两个表示电流计特性的重要参数。测量内阻 R_g 常用方法有2种。

（1）半电流法，也称中值法

测量原理图见图 45-2（a）。当被测电流计接在电路中时，调节 R_W 使电流计满偏；再用十进位电阻箱与电流计并联作为分流电阻改变电阻值即改变分流程度，当电流计指针指示到中间值，且总电流强度仍保持不变，显然这时分流电阻值就等于电流计的内阻。

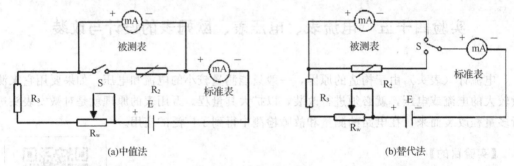

图 45-2　内阻的测量

（2）替代法

测量原理图见图 45-2（b）。当被测电流计接在电路中时，调节 R_W 使电流计满偏；用十进位电阻箱替代它，且改变电阻值，当电路中的电压不变时，且电路中的电流亦保持不变，则电阻箱的电阻值即为被测电流计内阻。替代法是一种运用很广的测量方法，具有较高的测量准确度。

2. 改装为大量程电流表

根据电阻并联规律可知，如果在表头两端并联上一个阻值适当的电阻 R_2，如图 45-3 所示，可使表头不能承受的那部分电流从 R_2 上分流通过。这种由表头和并联电阻 R_2 组成的整体（图中虚线框住的部分）就是改装后的电流表。如需将量程扩大 n 倍，则不难得出

$$R_2 = R_g / n - 1 \tag{45-1}$$

图 45-3 为扩流后的电流表原理图。用电流表测量电流时，电流表应串联在被测电路中，所以要求电流表应有较小的内阻。另外，在表头上并联阻值不同的分流电阻，便可制成多量程的电流表。

3. 改装为电压表

一般表头能承受的电压很小，不能用来测量较大的电压。为了测量较大的电压，可以给表头串联一个阻值适当的电阻 $R_M(=R_1+R_2)$，如图 45-4 所示，使表头上不能承受的

那部分电压降落在电阻 R_M 上。这种由表头和串联电阻 R_M 组成的整体就是电压表，串联的电阻 R_M 叫作扩程电阻。选取不同大小的 R_M，就可以得到不同量程的电压表。由图45-4可求得扩程电阻值为：

$$R_M = \frac{U}{I_g} - R_g \qquad (45-2)$$

实际的扩展量程后的电压表原理见图 45-4。

用电压表测电压时，电压表总是并联在被测电路上。为了不致因为并联了电压表而改变电路中的工作状态，要求电压表应有较高的内阻。

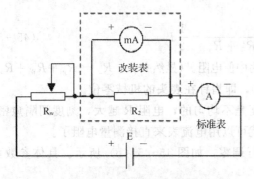

图 45-3　扩流后的电流表原理图

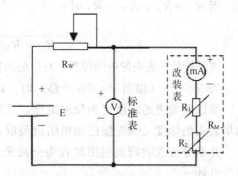

图 45-4　扩压后的电压表原理图

4. 改装微安表为欧姆表

用来测量电阻大小的电表称为欧姆表。根据调零方式的不同，可分为串联分压式和并联分流式两种。其原理电路分别如图 45-5 (a) 和 45-5 (b) 所示。

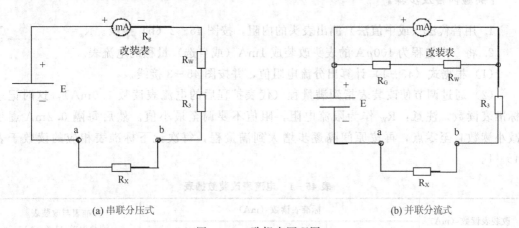

(a) 串联分压式　　　　　　　　　　　　　(b) 并联分流式

图 45-5　欧姆表原理图

图中 E 为电源，R_3 为限流电阻，R_W 为调"零"电位器，R_x 为被测电阻，R_g 为等效表头内阻。图 (b) 中，R_G 与 R_W 一起组成分流电阻。

欧姆表使用前先要调"零"点，即 a、b 两点短路，（相当于 $R_x=0$），调节 R_W 的阻值，使表头指针正好偏转到满度。可见，欧姆表的零点就在表头标度尺的满刻度（即量限）处，与电流表和电压表的零点正好相反。

在图 45-5 (a) 中，当 a、b 端接入被测电阻 R_x 后，电路中的电流为

$$I = \frac{E}{R_g + R_w + R_3 + R_x} \tag{45-3}$$

对于给定的表头和线路来说，R_x、R_w、R_3 都是常量。由此可见，当电源端电压 E 保持不变时，被测电阻和电流值有一一对应的关系。即接入不同的电阻，表头就会有不同的偏转读数，R_x 越大，电流 I 越小。短路 a、b 两端，即 $R_x = 0$ 时

这时指针满偏

$$I = \frac{E}{R_g + R_w + R_3} = I_g \tag{45-4}$$

当 $R_x = R_g + R_w + R_3$ 时

$$I = \frac{E}{R_g + R_w + R_3 + R_x} = \frac{1}{2} I_g \tag{45-5}$$

这时指针在表头的中间位置，对应的阻值为中值电阻。（显然 $R_{中} = R_x = R_g + R_w + R_3$）

当 $R_x = \infty$（相当于 a、b 开路）时，$I = 0$，即指针在表头的机械零位。

所以欧姆表的标度尺为反向刻度，且刻度是不均匀的，电阻 R 越大，刻度间隔愈密。如果表头的标度尺预先按已知电阻值刻度，就可以用电流表来直接测量电阻了。

并联分流式欧姆表利用对表头分流来进行调零，如图 45-5（b）所示。具体参数可自行设计。

欧姆表在使用过程中电池的端电压会有所改变，而表头的内阻 R_g 及限流电阻 R_3 为常量，故要求 R_w 要跟着 E 的变化而改变，以满足调"零"的要求，设计时用可调电源模拟电池电压的变化，范围取 $1.35 \sim 1.6 \text{V}$ 即可。

【实验内容及步骤】

1. 用替代法（或中值法）测出表头的内阻，按图 45-2（b）接线。$R_g = $ _____ Ω

2. 将一个量程为 $100\mu\text{A}$ 的表头改装成 1mA（或自选）量程的电流表。

（1）根据式（45-1）计算出分流电阻值，并按图 45-3 接线。

（2）通过调节使改装表指到满量程（代表扩程后的电流表读数 1.0mA），这时记录标准表读数。注意：R_w 作为限流电阻，阻值不要调至最小值。然后每隔 0.2mA 逐步减小读数直至零点，再按原间隔逐步增大到满量程，每次记下标准表相应的读数于表 45-1。

表 45-1　电流表改装数据表

改装表读数（mA）	标准表读数（mA）			标准表与改装表读数误差 ΔI（mA）
	减小时	增大时	平均值	
0.2				
0.4				
0.6				
0.8				
1.0				

(3) 以改装表读数 I 为横坐标，以示值误差 ΔI 为纵坐标，在坐标纸上作出电流表的校正曲线。

3. 将一个量程为 $100\mu A$ 的表头改装成 1.5V（或自选）量程的电压表。

(1) 根据式（45-2）计算扩程电阻 R_M 的阻值，可用 R_1、R_2 进行实验。

(2) 按图 45-4 连接校准电路。用数显电压表作为标准表来校准改装的电压表。

(3) 调节电源电压，使改装表指针指到满量程（代表扩程后的电压表读数 1.5V），记下标准表读数。然后每隔 0.3V 逐步减小改装读数直至零点，（如通过电压调节不能调到零点，可以调节 R_W）再按原间隔逐步增大到满量程，每次记下标准表相应的读数于下表：

表 45-2　电压表改装数据表

改装表读数（V）	标准表读数（V）			标准表与改装表读数误差 ΔU（V）
	减小时	增大时	平均值	
0.3				
0.6				
0.9				
1.2				
1.5				

(4) 以改装表读数 U 为横坐标，以示值误差 ΔU 为纵坐标，在坐标纸上作出电压表的校正曲线。

4. 欧姆表的改装。

(1) 根据表头参数 I_g 和 R_g 以及电源电压 E，选择 R_w 为 4.7kΩ，R_3 为 10kΩ。

(2) 调节电源 E=1.5V，按图 45-5（a）进行连线。短路 a.b 的同时调 R_w 使表头指示为零欧姆（表头最右边的读数）。

(3) 将电阻箱（即 R_x）接于欧姆表的 a、b 测量端，调节 R_1、R_2，使指针指向刻度盘的正中间，此时 $R_中 = R_1 + R_2 = R_g + R_w + R_3$。记录此时电阻箱 R_x 的电阻值，即是中值电阻（一般约 15kΩ）。

(4) 取电阻箱的电阻为一组特定的数值 R_{xi}，读出相应的偏转格数 d_i。利用所得读数 R_{xi}、d_i 绘制出改装欧姆表的标度盘。

(5) 按图 45-4（b）进行连线，设计一个并联分流式欧姆表。试与串联分压式欧姆表比较，有何异同（可选做）。

(6) 将 R_G 和表头串联，作为一个新的表头，重新测量一组数据，并比较扩程电阻有何异同（可选做）。

表 45-3　欧姆表改装数据表　　　E=　　V，$R_中$=　　Ω

R_{xi}（Ω）	$\frac{1}{5}R_中$	$\frac{1}{4}R_中$	$\frac{1}{3}R_中$	$\frac{1}{2}R_中$	$R_中$	$2R_中$	$3R_中$	$4R_中$	$5R_中$
偏转格数（d_i）									

【思考题】

1. 是否还有别的办法来测定电流计内阻？能否用欧姆定律来进行测定？能否用电桥来进行测定而又保证通过电流计的电流不超过 I_g？

2. 设计 $R_{中}=15k\Omega$ 的欧姆表，现有两块量程 $100\mu A$ 的电流表，其内阻分别为 2500Ω 和 1000Ω，你认为选哪块较好？

演示实验

实验四十六　锥体上滚

【实验目的】

通过锥体上滚的演示，加深了解在重力场中，物体总是以降低重心来力求稳定的规律。同时，坚信能量转换与守恒定律，并善于运用它分析问题和解决问题。

锥体上滚

【仪器装置介绍】

该装置由两端对称、实心的塑料圆锥体与固定在平板上的两根呈"八"字状、开口端高于闭口端的不锈钢圆管导轨组成。

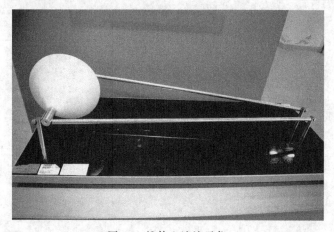

图 46　锥体上滚演示仪

【实验现象】

把锥体放于轨道的低端（闭口端）后放手，锥体就能自动地向轨道的高端（开口端）运动。

【实验原理】

锥体形状、大小与轨道开口角度及坡度的巧妙配合，使锥体受到了向开口方向运动的力及向开口方向滚动的力矩（通过质心的向下垂线与两支撑点的水平连线不相交，且水平连线位于轨道的低端（闭口端）方向），利用了质心运动定理，而给人以自由向上滚动的错觉。实际上锥体从轨道的低端（闭口端）向轨道的高端（开口端）运动时，锥体的质心是逐渐降低的，大家实际测量一下就明白了，并不违背能量转换与守恒定律。

【实验内容及步骤】

把锥体从轨道的高端（开口端、存放处）移动至轨道的低端（闭口端）后放手。

【注意事项】

避免锥体滑落砸坏导轨下面的玻璃、地板及同学们的脚。

实验四十七　茹可夫斯基凳

【实验目的】

帮助学生理解角动量守恒定律。

【仪器装置介绍】

茹可夫斯基凳

一个两边有护栏、支撑于大而稳的圆形金属底盘上、可自由转动的转椅；一对儿金属哑铃。

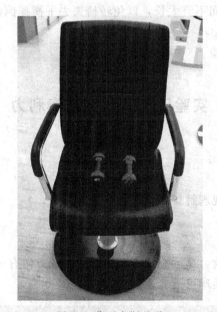

图 47　茹可夫斯基凳

【实验现象】

一个人双手各握一只哑铃，坐在旋转的转椅上，当他向外伸展双臂时，转动变慢；当他向内收缩双臂时，转动变快。

【实验原理】

绕定轴转动的物体，当其受到的对转轴的外力矩为零时，物体对转轴的角动量守恒，即 $L = J\omega$ 恒定。对刚体而言，因转动惯量 J 为常量，故 ω 不变，即刚体在不受外力矩时将维持匀角速转动，此时仅表明刚体存在转动惯性。但若转动物体是一种可变形物体，并可通过某种机制产生的内力改变它对转轴的转动惯量 J，则物体的角速度 ω 就会产生相应的变化：当 J 增大时 ω 就减小，J 减小时 ω 就增大，从而保持乘积 $J\omega$ 不变。

茹可夫斯基凳实验中，人和凳的转速随着人手臂的伸缩而改变。因为人的双臂用的力是内力，并不产生对转轴的外力矩，略去转轴受到的摩擦阻力矩，系统的角动量应保持守恒。在人伸缩双臂改变转动惯量时，系统的角速度就必然发生相应的变化。

【实验内容及步骤】

1. 实验者坐到凳子中间位置上，手握紧哑铃置于胸前。
2. 另一同学转动凳子后离开，实验者做伸缩手臂的动作，观察伸缩手臂对转动快慢的影响。
3. 观察完毕，另一同学停下转椅。

【注意事项】

1. 实验者一定要在转椅上坐好，周围同学不要靠得太近，以免砸伤。
2. 转速不易过快、时间不宜太长，以免转椅失去平衡摔倒、身体不适。
3. 下凳时注意平衡。
4. 晕车者不宜做本实验。

实验四十八　科里奥利力

【实验目的】

通过演示帮助学生直观理解科里奥利力产生的原因。

科里奥利力

【仪器装置介绍】

一个逆时针转动的圆盘，从圆心到圆盘边缘沿半径方向有一个外高内低的矩形槽导轨，乒乓球可沿着槽型导轨滚下。

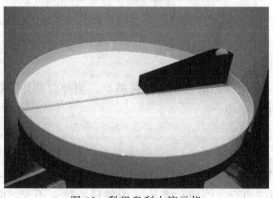

图 48　科里奥利力演示仪

【实验现象】

当转盘不转动时，从斜槽上滚下的乒乓球会径直通过圆心，并继续沿圆盘直径方向前进。若转盘逆时针旋转时，乒乓球沿半径方向的斜槽滚下后，相对于圆盘而言，不是沿半径方向前进，而是前进的同时向右侧偏移。

【实验原理】

科里奥利力的发现起始于在地球的北半球、南半球作沿经线直线运动（或有沿经线运动分量）的物体分别向右侧、左侧偏移的现象，如洋流和季风，"好像受到了"指向右侧、左侧方向的"侧向偏转力"的影响。为何会有这种现象？人们在开始时无法解释这个现象，于是把这种"侧向偏转力"称为"科里奥利力"。

通过进一步的研究发现，这种使运动物体"受到"指向右侧、左侧方向的"侧向偏转力"是由于地球自转造成的相对运动效果，并没有侧向的真实的力。因为，在此实验中，转动的圆盘是非惯性系，实验室地板是惯性系，从斜槽上下来的乒乓球要相对惯性系地板作匀速直线运动，自然地，相对逆时针转动的非惯性系圆盘就要向右侧偏移，像受到了向右侧的"侧向偏转力"一样。

同样的道理，也可以解释在北半球约束物体运动的河流右岸、单向铁轨右侧被冲刷、磨损较厉害的原因。

【实验内容及步骤】

1. 先让圆盘静止，将一个小球沿斜面滚下，观察其运行轨迹是否为直线。
2. 闭合电源开关，圆盘逆时针旋转，再把乒乓球沿斜面滚下，观察小球相对圆盘的运动轨迹与原来沿直径方向的轨迹有什么变化。

【注意事项】

圆盘旋转不要太快，只要能达到演示效果就行。转速低时便于观察小球的运行轨迹。

实验四十九　车轮进动

【实验目的】

通过实验演示帮助学生理解刚体转动定律和回转仪的回转效应。

【仪器装置介绍】

一根不锈钢杆，一端有一个金属滑块，可以固定在不同位置；另一端固定一个可绕杆转动的自行车轮子；杆的中心有竖直金属柱支撑，杆可以绕其中心支撑点自由转动，指向空间任意方向。

车轮进动

图 49-1　回转仪

【实验现象】

若滑块与车轮关于支撑点处于力学平衡状态,转动车轮后松手,系统可以保持原来的空间位置指向不动,即可以稳定在原来的任何方位;若滑块从平衡点向外移,转动车轮后松手,原来处于水平位置的系统并不在竖直面内转动,而是在水平面内旋转(回转运动,进动),车轮转速越快,进动越慢;若滑块从平衡点向内移,则水平面内旋转的方向相反。

【实验原理】

如图,当车轮式回转仪的轮子绕自转轴以角速度 ω 高速旋转时,其角动量 $\vec{L} = J_c \vec{\omega}$。若支点 O 不在系统重心,系统将受到重力矩 $\vec{M}_{外} = \vec{r}_c \times m\vec{g}$ 的作用,由角动量定理 $\vec{M} = \dfrac{\mathrm{d}\vec{L}}{\mathrm{d}t}$ 及 $\mathrm{d}\vec{L} \perp \vec{L}$ 的关系可知,车轮自转轴将绕竖直轴发生进动,其进动角速度 $\Omega = \dfrac{mgr_c}{J_c\omega}$,方向由 $\vec{\Omega}$、$\vec{M}$ 的方向决定:进动的方向总是使 $\vec{L}$ 的方向向 $\vec{M}$ 的方向靠拢。

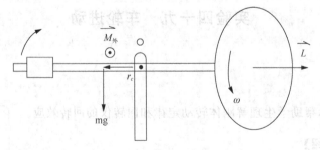

图 49-2　车轮进动原理图

【实验内容及步骤】

1. 调整滑块位置使系统平衡,并固定滑块。

2. 手握横杆，转动车轮，使车轮快速旋转；松手，观察系统运动有无变化。

3. 从平衡点向外移动滑块并固定，转动车轮，使车轮快速旋转；松手，观察系统运动变化情况。

4. 从平衡点向内移动滑块并固定，转动车轮，使车轮快速旋转；松手，观察系统运动变化情况。

5. 观察车轮自转快慢与进动快慢的关系。

【注意事项】

1. 为了使车轮快速旋转，应伸直并拢五指，用手掌快速击打车轮最外面。

2. 禁止从车轮中间转动车轮。

实验五十　车轮和人体系统的角动量守恒

【实验目的】

帮助学生进一步理解角动量守恒定律。

【仪器装置介绍】

平放于地板上的、相对于人体而言质量很小的、可自由转动的转盘；轴两端有把手的自行车车轮。

车轮和人体系统
的角动量守恒

图 50　角动量守恒演示装置

【实验现象】

人站在转盘上，双手握着车轮的转轴，转轴水平，另一人使车轮快速旋转，并保持转盘上的人不动后离开；转盘上的人把车轮轴由水平位置改变为竖直位置，这时可以看到转盘上的人沿竖直轴旋转；再把车轮轴反向，可以看到转盘上的人反向旋转；车轮转速越快，转盘上的人旋转越快。

【实验原理】

由于转盘可绕竖直轴自由转动，故车轮、人体及转盘组成的系统不受对竖直轴的外力矩，系统对竖直轴的角动量守恒。

开始时人不动，车轮的的角动量就是系统的角动量，故系统的角动量沿车轮轴，呈水平方向，系统在竖直方向的角动量为零。

当转盘上的人把车轮轴由水平位置改变为竖直位置，意味着系统依靠内力矩作用，在竖直方向上，系统一部分（车轮）的角动量由无到有发生改变，根据系统对竖直轴的角动量守恒，则系统的另一部分（人体及转盘）的角动量必然发生相应的改变，故人体必定会旋转。

若再把车轮轴反向时，因整个过程中系统对竖直轴的角动量守恒，相当于系统的一部分（车轮）沿竖直方向角动量由无到有的改变，但与前一次方向相反，根据系统对竖直轴的角动量守恒，故系统的另一部分（人体及转盘）的角动量的改变必定与前一次方向相反，即：旋转方向与前一次相反。

因角动量是转动惯量与角速度的乘积，车轮、人体的转动惯量在本实验中都是不变的，故车轮转速越快，转盘上的人旋转也越快。

【实验内容及步骤】

1. 双手紧握车轮的转轴，伸直双臂，转轴水平，人站到转盘上。
2. 另一人使车轮快速旋转，并保持转盘上的人不动后离开。
3. 转盘上的人把车轮轴由水平位置改变为竖直位置，观察转盘上的人旋转方向。
4. 把车轮轴反向，观察转盘上的人旋转方向是否与上一次相反。
5. 观察车轮的转速与人体转速是否正相关。

【注意事项】

1. 为了使车轮快速旋转，应伸直并拢五指，用手掌快速击打车轮最外面。
2. 禁止从车轮中间转动车轮。
3. 从转盘下来，使车轮停止时，应保持双手紧握车轮的转轴，让车轮胎摩擦地面停止后松手。
4. 切忌车轮未停就松手、其他人用手止停、或用其他物品在车轮内止停。

实验五十一　伯努利悬浮球

【实验目的】

1. 演示流体的流速与压强的关系，验证伯努利效应。
2. 了解伯努利效应在现实生活中的应用。
3. 尝试利用伯努利原理解释日常生活中的一些现象。

伯努利悬浮球

【仪器装置介绍】

该装置有一个开口向下的透明塑料圆形漏斗，较强的气流由上向下吹出；充满空气的塑料薄膜球。

图 51　伯努利悬浮球

【实验现象】

当有气流吹出时，手持气球接近漏斗顶部后松手，气球在漏斗顶部悬浮振动而不会掉下来。

【实验原理】

1726 年，瑞士著名科学家丹尼尔·伯努利在实验中发现：流体流速加快时，物体与流体接触界面上的压强减小，反之压强会增加。这一发现就是"伯努利效应"。

由伯努利方程可知，定常流动的流体，流速越大压强越小，所以，气流柱的压强比周围的大气压强小。当小球贴近喷气口时非但不会被吹开，反而悬浮在空中。由于小球贴近喷气口，减少了空气流动的横截面，使上半球绝大部分球面处空气流速更快而压强小；而下半球处空气流速很慢，因此压强大。虽有正对着漏斗出风口的球面处的流速更小而压强大于底部球面处大气压强（此处有气流吹出的小凹坑），但面积相对上半球很小，不足以抵消上部大部分面积的压强减少而引起的向下压力减少；正是这个上、下大部分球面面积的压强差造成了对气球向上的推力，抵消了气流对气球向下的冲力和气球的重力，而使气球悬浮起来；当上浮到堵塞气流时，又会被气流冲开，故在顶部反复振动而不会掉下来。

【实验内容及步骤】

1. 打开气泵电源开关。
2. 手持气球接近漏斗顶部后松手，观察气球运动情况。
3. 你可以用手往下拉气球，感觉一下吸力的大小。
4. 演示完毕，关掉电源开关。

【注意事项】

气球要充足空气，不要被气流冲出顶上有明显的坑出现，否则效果不明显，还有可能掉下来。

实验五十二　角速度矢量合成

【实验目的】

通过角速度矢量合成演示仪直观、形象地演示角速度矢量合成，切实理解、体会到角速度物理量是一个矢量，角速度矢量合成时遵守矢量合成的平行四边形法则。

角速度矢量合成

【仪器装置介绍】

一个以两节五号电池为动力、小电机驱动、可绕水平轴转动的圆盘 1，其边沿均匀挂有十几段长度相同、由柔软细线串成的塑料珠串，圆盘 1 通过竖直杆固定在下面的水平圆形底盘 2 上，圆形底盘 2 在外力作用下可绕竖直轴自由旋转。

图 52　角速度矢量合成演示仪

【实验现象】

闭合开关，圆盘 1 绕水平轴转动，珠串由于随圆盘 1 旋转而在竖直平面内展成一平面；当用手旋转底盘 2 时，珠串并不像人们依据日常经验而认为的那样变成一个喇叭口状，而是由竖直平面变成一个倾斜的平面；反向旋转底盘 2 时，珠串由竖直平面变成一个倾斜的平面时倾斜的方向与上一次相反。

【实验原理】

角速度是矢量，其方向沿转轴，由右手螺旋法则来确定。当圆盘 1 既沿水平转动，又沿竖直轴转动时，其角速度矢量是由沿水平方向和竖直方向的两个分矢量按照平行四边形法则来合成的；合成后的角速度矢量是斜向上或斜向下的。

【实验内容及步骤】

1. 闭合电源开关，使圆盘 1 转动起来。
2. 用手旋转圆盘 2，观察串珠平面倾斜方向，判断角速度矢量是否符合平行四边形合成法则。
3. 反向旋转底盘 2 时，观察珠串平面倾斜的方向是否相反；判断角速度矢量是否符合平行四边形合成法则。
4. 观察完毕后，关闭电源。

【注意事项】

1. 转动圆盘 2 时要轻、稳。
2. 长期不用时，要去掉电池，以防电池漏液。

实验五十三　鱼洗

【实验目的】

通过鱼洗演示驻波现象。

【仪器装置介绍】

鱼洗

一个有对称双耳的铸造黄铜盆，里面倒满水，放置于密度小且摩擦力足够的泡沫塑料板上。

图 53　鱼洗

【实验现象】

实验时,把"鱼洗"盆中放入适量水,将双手用肥皂洗干净,然后用双手去来回摩擦"鱼洗"双耳的顶部。随着双手同步的摩擦,"鱼洗"盆会发出悦耳的蜂鸣声,水珠从4个部位喷出,当声音大到一定程度时,就会有水花四溅。继续用手摩擦"鱼洗"耳,就会使水花喷溅得很高,就象鱼喷水一样有趣。

【实验原理】

用手摩擦"洗耳"时,"鱼洗"会随着摩擦的频率产生振动。当摩擦力引起的振动频率和"鱼洗"壁振动的固有频率相等或接近时,"鱼洗"壁产生共振,振动幅度急剧增大。但由于"鱼洗"盆底的限制,使它所产生的波动不能向外传播,于是在"鱼洗"壁上入射波与反射波相互叠加而形成驻波。驻波中振幅最大的点称波腹,最小的点称波节。用手摩擦一个圆盆形的物体,最容易产生一个数值较低的共振频率,也就是由4个波腹和4个波节组成的振动形态,"鱼洗壁"上振幅最大处会立即激荡水面,将附近的水激出而形成水花。当4个波腹同时作用时,就会出现水花四溅的现象。有意识地在"鱼洗壁"上的4个振幅最大处铸上四条鱼,水花就像从鱼口里喷出的一样,故称为"鱼洗"。

【实验内容及步骤】

1. 清洗双手上的油脂。
2. 鱼洗里注入适量水。
3. 双手沾水,来回同步搓动鱼洗双耳。

【注意事项】

搓动时用力、快慢要适中,动作要稳。

实验五十四 昆特管

【实验目的】

观察声波在圆柱形区域形成驻波的现象,理解分析产生驻波的原理和条件。

【仪器装置介绍】

昆特管

水平放置、透明的昆特管,里面放有球形塑料泡沫小颗粒,一端与声波发生器喇叭相连,另一端用毛玻璃塞塞住,昆特管上的喇叭与音频信号发生器的输出端相连接,适当调整音频信号发生器的信号频率和振幅旋钮,使昆特管中的空气发生驻波共振,这时可以看到管中的泡沫颗粒振动出现周期性的变化,在波腹处的振动最为激烈,波节处的振动则很小,几乎停顿。

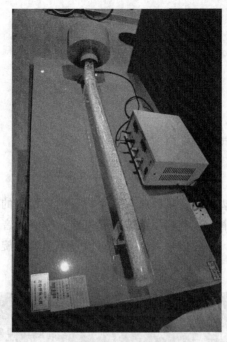

图 54　昆特管

【实验现象】

接通电源后，适当调整信号源的振幅和频率，使水平放置昆特管中的气体发生驻波共振，这时可以看到管中的泡沫颗粒振动出现周期性的变化，在波腹处的振动最为激烈，波节处的振动则很小，几乎停顿。

【实验原理】

声波是一种纵波，当其在一根管子中传播到达管子的顶端被反射回来时，向前传播的声波和反向传播的声波发生干涉会形成驻波。驻波波腹的间距为声波波长的二分之一。根据声音的频率和波长还可以算出声音传播的速度。

【实验内容及步骤】

1. 昆特管水平放置，接通电源开关，与信号发生器的输出端相连的昆特管上的喇叭振动发声。

2. 适当调整信号发生器的信号频率和振幅，使昆特管中的气体发生驻波共振，这时可以看到管中的泡沫颗粒振动出现周期性的变化，在波腹处的振动最为激烈，波节处的振动则很小，几乎停顿。

3. 调整信号频率，观察波腹间距变化。

【注意事项】

昆特管信号发生器的输出信号注意不要调得太强，以免损坏喇叭。

实验五十五　声悬浮

【实验目的】

演示声驻波在有限空气柱长度内的形成条件及表现。

声悬浮

【仪器装置介绍】

竖直放置、透明的圆塑料管，里面放有一个较管内径稍小的圆形纸片，底端是声波发生器喇叭，上端用毛玻璃塞塞住，喇叭与音频信号发生器的输出端相连接。音频信号发生器上有信号振幅调节旋钮和信号频率调节旋钮。

图 55　声悬浮装置

【实验现象】

适当调整音频信号发生器的振幅旋钮到一定位置，再慢慢调整信号频率旋钮，使管中的空气发生驻波共振，在谐振管上管口放置轻质圆纸片，可见圆纸片缓慢下落；再适当增大输出，可见圆纸片悬浮于管中一定位置，并不停飘动；改变信号频率，发现纸片发生移动；频率停止改变时，纸片就停住不移动；慢慢地反向改变信号频率，纸片移动的方向发生改变。

【实验原理】

单一频率的声波在谐振腔内传播，其入射、反射两列波相干叠加形成驻波，驻波振幅在谐振腔内相对空间位置呈周期性的极大、极小、再到极大的分布，且相邻极大值（波腹）或极小值（波节）之间的距离均为该声波的半波长，当声波谐振腔的长度恰好是该声波的半波长整数倍时产生谐振；在波源强度不变、频率不变的条件下，谐振腔内产生稳定的驻波现象，在谐振腔内某一位置放置一薄片，当其受到的上下两面压力之差足以克服其自身重力时，该薄片会悬浮起来。当频率改变时，波长也跟着改变，因为产生稳定驻波的条件是：声波谐振腔的长度恰好是该声波的半波长整数倍，谐振腔的长度不变，变的只有半波长数，即波腹、波节数。频率增加时，波腹、波节数增加；频率减小时，波腹、波节数减少。故频率改变时，每一个波腹位置都要相对谐振腔发生移动，则纸片的位置作相应的移动。

【实验内容及步骤】

1. 旋转信号发生器幅度调节旋钮，使输出幅度最小，接通电源开关。

2. 调节频率旋钮，显示信号源频率为 200Hz 左右，缓慢增大输出幅度，听扬声器有无杂音。

3. 插入谐振管，从管口放入圆纸片，增大幅度输出，使纸片漂浮在一定位置；然后慢慢减小幅度输出，使纸片出现下降后，很快增大幅度输出，使圆纸片稳定漂浮在下一个位置。

4. 缓慢改变频率，观察圆纸片漂浮位置的变化。

【注意事项】

频率不可调动幅度太大，需慢慢调节。

实验五十六　超声雾化

【实验目的】

观察超声雾化的现象，了解超声波使液体形成微细雾滴的过程。

超声雾化

【仪器装置介绍】

超声雾化器主要由内置的、产生高频振荡电流的电子振荡线路、防水的超声换能器和水盆组成。

【实验现象】

在水盆中注入适量的清水或其他溶液，淹没超声换能器，打开电源开关，稍过片刻即可观察到超声波换能片将洁净的清水或含有美容保健药物的水溶液激发而成的小水柱，同时使之产生 110 微米大小颗粒的、浓浓的雾。

【实验原理】

超声波是疏密波，在液体中会引起较大的声压振幅，将在短时间内造成对液体的拉、压作用，在液体中形成"空穴作用"或"空化现象"，致使液体瞬时破裂，形成小气泡；尺寸匹配的小气泡还能引起共振；在压缩阶段中，气泡内能产生几千度的高温和几千倍标

图 56　超声雾化器

准大气压的高压，利用这个特性可以进行清洗、乳化、粉碎操作；压缩破裂后产生极小的液滴而形成雾。

【实验内容及步骤】

在水槽中注入适量的清水或其他溶液，淹没超声换能器，打开电源开关，稍过片刻即可观察到实验现象。

【注意事项】

1. 不要把手伸入水中。
2. 注意周围环境亮度不要太亮或太暗以免影响观察效果。

实验五十七　半导体温差电堆发电机

【实验目的】

了解温差电现象，认识半导体温差电堆的结构、发电原理及应用。

【仪器装置介绍】

两块连在一起的、陶瓷封装的、$3cm \times 3cm$ 片状的半导体温差电堆，下部紧贴导热良好、较大、较厚的金属铝板底座，是低温端；上面放上同样导热良好、充分接触的平底圆柱铝杯，铝杯里可盛热水，

半导体温差
电堆发电机

是高温端；半导体温差电堆的出线与直流电压表、小风扇直接相连，没有设置开关。

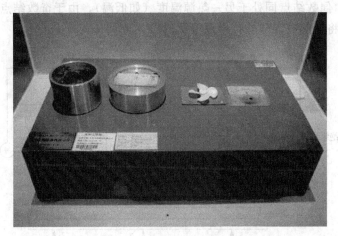

图 57－1 半导体温差电堆发电机

【实验现象】

把刚倒入热水的铝杯放到半导体温差电堆上，可见电压表有 2～3 伏的电压指示，小风扇快速转动；过一段时间后，电压降低，小风扇变慢。

【实验原理】

半导体温差发电技术，它的工作原理是在两块不同性质的半导体两端设置一个温差，于是在半导体上就产生了直流电压，如图 57－2 所示。它的温差电原理与热电偶的原理相同。

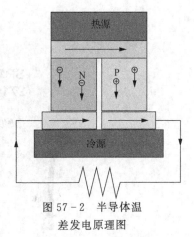

图 57－2 半导体温差发电原理图

任意的两种导体充分接触后，在接触点两端将出现电势差，即出现了电动势；换言之，两种导体接触点就是一个电源；相应的电动势叫帕尔贴电动势，或接触电动势；接触电动势的大小既与两种导体材料有关，又与两种导体材料接触点所处的温度有关；温度越高，电动势越大。经典电子论解释为：两种材料的自由电子数密度不同，相互扩散将导致接触点两端出现宏观电子分布不均的带电现象。另外，一块导体两端有温差时，导体中载流子将从高温端向低温端扩散，形成汤姆逊电动势。在由两种导体连接成的回路中，当两个接触点有温差时，回路中就会出现温差电流，这种现象叫效应，对应的回路电动势叫塞贝克电动势；可见塞贝克电动势是汤姆逊电动势和帕尔贴电动势叠加的结果。对于半导体温差发电来讲，判断电源极性时，总的效果可以这样认为：如图 57－2 所示，当 N、P 型半导体上端高温、下端低温时，载流子从高温端向低温端扩散，故出现 P 型半导体下端是电源的正极，N 型半导体下端是电源的负极。注意：温差发电模块的正负极不是固定的，是与使用时两面实际接触的热源温度高低关系有关。当温差发电模块两面实际接触的高低温热源交换时，其正负极也跟着交换。

半导体温差电堆的结构是：P、N半导体材料交替顺序串联，奇数结点处于同一热源温度（如高温），偶数结点同处于另一热源温度（如低温），由于奇数结点与偶数结点互为反电动势，温差将引起电动势差，形成电源输出。

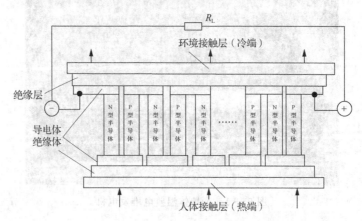

图 57-3　半导体温差电堆结构示意图

图 57-4　温差发电模块

图 57-5　模块联接单元

　　温差发电利用塞贝克效应将热能直接转换为电能。以半导体温差发电模块制造的半导体发电机，只要有温差存在即能发电。温差半导体发电有着无噪音、寿命长、性能稳定、免维护等特点。可在零下40摄氏度的寒冷环境中迅速启动，因此在实际中得到越来越广泛的应用。

【实验内容及步骤】

　　1. 铝杯中倒入足量开水。
　　2. 尽快把铝杯放到半导体温差电堆上。

【注意事项】

　　1. 不要将水撒在温差片上。
　　2. 带上厚帆布手套，防烫伤。

实验五十八　辉光球

【实验目的】

演示静电场中的辉光放电现象及静电场受附近导体的影响。

【仪器装置介绍】

　　辉光球又称为电离子魔幻球。它在一个高强度、透明玻璃球壳内充有稀薄的惰性气体（如氩气等），玻璃球中央有一个黑色球状电极。球的底部有一块震荡电路板，通过电源变换器，将12V低压直流电转变为高频的高压电加在电极上。

辉光球

【实验现象】

　　通电后，球内的辉光放电通道光芒四射，呈辐射状；飘忽不定，色彩神秘；靠近球形电极的辉光颜色发蓝、发粗，远离电极的辉光颜色发红、发细。由于电极上电压很高，故所发出的光是一些的辉光，绚丽多彩，光芒四射，在黑暗中非常好看。
　　当用手触及球时，辉光在手指的周围处变得更为明亮，产生的弧线更粗大，并顺着手的触摸移动而游动扭曲。

【实验原理】

　　通电后，震荡电路产生高频高压电场，由于球内稀薄气体中的离子受到高频电场的加速作用与其他分子碰撞电离而光芒四射。辉光球工作时，在球中央的电极周围形成一个类似于点电荷的电场。靠近球形电极的辉光颜色发蓝、发粗；远离电极的电场强度小，离子速度小，能量低，碰撞后原子发出的辉光颜色发红、发细。当用手（人与大地相连）触及球时，球周围的电场、电势分布由于受到导体手的静电感应影响不再均匀对称，而是集中

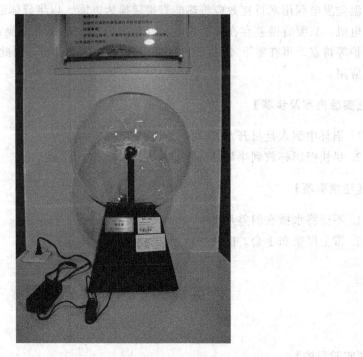

图 58　辉光球

于电极与手之间，而且强度集中增大，故辉光在手指的周围处变得更为明亮，产生的弧线更粗大，并顺着手的触摸移动而游动扭曲。

【实验内容及步骤】

实验时只须把仪器电源打开即可进行演示。

【注意事项】

在实验过程中，不要用手或其他的硬物敲打玻壳或用力太大、太猛，以免造成外壳损坏、伤人。

实验五十九　跳环

【实验目的】

准确理解和掌握楞次定律，灵活运用楞次定律分析、解决实际问题。

【仪器装置介绍】

线圈绕在用硅钢片叠合而成的铁芯上，铁芯的上面固定一个60cm高的不锈钢杆，竖杆上依次套有比竖杆稍大、一个闭合另一个

跳环

开口的两个铝环，线圈通入 220V 的交流电，线路设有一个常开按钮开关。

图 59 跳环

【实验现象】

按下电源按钮，可见闭合的铝环突然上跳；若按钮保持接通状态，可见闭合的铝环悬浮在高处不动。开口铝环无此现象，总是静止在下面不动。

【实验原理】

当线圈中有电流时，在线圈上面产生的磁场不仅有竖直分量，也有水平分量。正是这个水平磁场分量，才造成了铝环有竖直方向的受力。如果只考虑线圈与铝环之间的互感而不考虑铝环的自感作用，那么，由于线圈中是交流电，产生的磁场变化也是交流的，在一个周期内，铝环既要受到向上的电磁力，又要受到向下的电磁力，受到的总电磁冲量为零，不可能上跳或悬浮，与实验事实相矛盾。

实际上，当同时考虑铝环的自感作用时，铝环中的电流要比不考虑自感时有一个相位差，在一个周期内，使得铝环受到向上的电磁冲量大于向下的电磁冲量与重力的冲量之和时，铝环才能上跳；当上跳到一定的高度时，由于磁场随高度上升而减弱，受到的电磁力减小，向上的电磁力等于重力时，铝环悬浮。

【实验内容及步骤】

1. 将闭合铝环套入铁棒内，按动开关，观察闭合铝环变化。

2. 将闭合铝环套入铁棒内，按动开关并保持，观察闭合铝环变化。

3. 把闭合的铝环取下，将开口铝环套入铁棒内，按动操作开关并保持，观察开口铝环有无变化。

【注意事项】

不要长时间按动操作开关，以免使线圈过热而损坏。

实验六十　热磁轮

【实验目的】

演示铁磁性物质在温度超过居里点后铁磁性消失，变为顺磁性的物理现象；了解铁磁质的磁畴理论。

热磁轮

【仪器装置介绍】

一根直径约 0.5mm 细镍丝绕成一个直径约 15cm 的圆环，圆环用直径 1.2mm 的硬铜丝作支撑辐条，辐条的另一端固定在一个小圆塑料片上，塑料片可绕中心孔轴在水平面内自由转动。一块磁性较强的磁铁靠近转轮圆环，圆环下面的酒精灯火焰可以够着镍丝转轮。

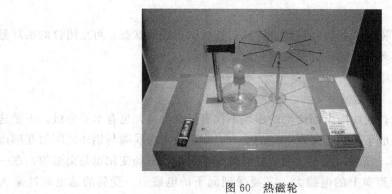

图 60　热磁轮

【实验现象】

1. 点燃酒精灯，放在转轮下面磁极附近、偏离磁极某一侧，使靠近磁铁的镍丝部分在磁极的一侧被加热，可见，转轮将从磁极向火苗一侧转动。

2. 将酒精灯移去，转轮将慢慢地停止转动。

3. 待完全停止转动后，将酒精灯放回靠近磁极的另一侧，可见，转轮仍然从磁极向火苗一侧转动，但是转向与上一次相反。

【实验原理】

铁磁质材料内部有很多"磁畴"，在常温下这些"磁畴"排列杂乱无章，铁磁质不显磁性；铁磁质超过一定的临界温度，磁畴便会瓦解，这个使铁磁质磁畴消失的临界温度点称为"居里点"。

当镍丝靠近磁极时将被磁化，即磁畴将取向一致，因而对外界显示磁性，被磁极吸引。由于镍丝关于磁极对称，故圆环受力为零，转轮静止不动。

当把点燃的酒精灯放在转轮下面偏离磁极一侧，使靠近磁铁的镍丝部分在磁场中的一侧加热时，由于铁磁质镍丝超过一定的临界温度——"居里点"，原来取向一致的磁畴瓦解，从而使铁磁质对外的磁性消失，转轮在磁场中受力失去了平衡，因而受到一力矩作用，转轮将由磁极向火焰方向转动；随着转轮的转动，原来被加热的镍丝离开火焰，温度迅速降低到居里点以下，磁畴结构恢复，转到磁极附近时，仍然会被磁极磁化而被吸引，故转轮会持续不断地转下去。

　　将酒精灯移去后，原来被加热的镍丝离开火焰，温度迅速降低到居里点以下，磁畴结构恢复，转轮在磁极磁场中受力恢复平衡而重新静止。

　　当达到居里点时，被加热的镍丝失去铁磁性，演示时应注意避免风吹。

　　待完全停止转动后，将酒精灯放回靠近磁极的另一侧时，受力平衡又被破坏，转轮仍将由磁极向火焰方向转动。

【实验内容及步骤】

　　1. 点燃酒精灯，放在转轮下面磁极附近、偏离磁极某一侧，使靠近磁铁的镍丝部分在磁极的一侧被加热，观察转轮转动情况。

　　2. 将酒精灯移去，观察转轮转动情况。

　　3. 待完全停止转动后，将酒精灯放回靠近磁极的另一侧，观察转轮转动情况。

【注意事项】

　　演示前注意检查热磁轮的灵活度。